本丛书名由中国科学院院士母国光先生题写

光学与光子学丛书

《光学与光子学丛书》编委会

国家科学技术学术著作出版基金资助项目

"十二五"国家重点图书出版规划项目

光学与光子学丛书

衍射计算及数字全息

(下　册)

李俊昌　著

科学出版社

北　京

内 容 简 介

在标量衍射理论的框架下,本书系统总结经典及广义衍射公式的数值计算方法,对空间曲面光源衍射场的数值计算进行专门讨论,并且以数字全息及3D物体的计算全息为衍射计算的应用载体,对数字全息涉及的理论、技术及数字全息干涉计量进行详细介绍,对目前迅速发展的全息3D显示技术进行研究。本书所附光盘给出全书的主要计算程序及计算时涉及的图像文件。

全书由 9 章及 4 个附录构成,分上、下两册出版。上册包含 1~5 章,下册包含 6~9 章及附录。第 1 章是数学预备知识;第 2 章介绍标量衍射理论及不同形式的衍射计算公式;第 3 章基于取样定理详细讨论不同衍射公式的数值计算方法;第 4 章对光全息术进行介绍;第 5、6 章是数字全息的基本理论;第 7、8 章介绍全息干涉计量理论及数字全息干涉计量的应用实例;第 9 章对数字全息 3D 显示及 3D 动画算法进行研究。附录 A 是计算机图像的基本知识;附录 B 循序渐进地给出 MATLAB 编写的全书主要计算程序、程序说明及计算实例;附录 C 是书中重要的彩色图像二维码;附录 D 是本书附底二维码的内容介绍。为便于阅读全书,附录 A~C 扫封底二维码也可见。

本书可作为高等院校光学、光学工程、光信息科学技术、电子科学与技术等专业的研究生教材,也可供相关专业的教师及科技工作者参考。

本书光盘已取消,相应内容皆可在封底二维码内获取。

图书在版编目(CIP)数据

衍射计算及数字全息. 下册/李俊昌著. —北京:科学出版社,2014.6
("十二五"国家重点图书出版规划项目. 光学与光子学丛书)
ISBN 978-7-03-041215-7

I.①衍… II.①李… III.①光衍射-计算方法 IV.①O436.1

中国版本图书馆 CIP 数据核字(2014) 第 126667 号

责任编辑:刘凤娟/责任校对:邹慧卿
责任印制:钱玉芬/封面设计:耕者设计工作室

科学出版社 出版
北京东黄城根北街 16 号
邮政编码:100717
http://www.sciencep.com

北京建宏印刷有限公司印刷
科学出版社发行 各地新华书店经销
*
2014 年 6 月第 一 版   开本:720×1000 1/16
2024 年 9 月第四次印刷   印张:22 1/4
字数:350 000
定价:168.00 元
(如有印装质量问题,我社负责调换)

序　言

在科学发展史中，激光是 20 世纪的一个重大成就。半个世纪以来，激光已经在科学研究、工业生产及国防科技中获得广泛应用。由于光的波粒二象性，在描述激光传播的宏观性质时，基于电磁场理论导出的波动方程是最基本的理论研究工具。实验研究表明，如果观测距离甚大于光波长，并且光传播过程中不涉及障碍物且光学元件结构尺寸接近于光波长，可以忽略波动方程中电矢量与磁矢量间的耦合关系，将电矢量视为标量，能十分准确地描述光传播的物理过程，这种理论称为标量衍射理论。根据标量衍射理论，当给定某空间平面上的光波场后，可以用不同形式的衍射积分计算与该平面相平行的空间平面上的光波场。然而，衍射积分通常无解析解，必须借助于计算机作数值计算。随着计算机技术的飞速发展，激光的应用研究与计算机已经结下不解之缘。然而，衍射计算通常是十分困难的工作。正如玻恩 (M. Born) 及沃尔夫 (E. Wolf) 在他们的名著《光学原理》(*Principles of Optics*) 中指出的那样，"衍射问题是光学中遇到的最困难的问题之一。在衍射理论中，那种在某种意义上可以认为是严格的解，是很少有的"。

近 30 年来，李俊昌教授在衍射计算及数字全息研究领域先后完成过多项国家自然科学基金项目，并且借助改革开放形成的国际科技合作环境，与法国多所大学开展了科研及教学合作，承担过法国标致汽车公司的强激光变换系统的设计项目，在衍射计算及数字全息研究领域指导了中法双方的许多博士生。长期的科研及教学实践使他在衍射计算及数字全息研究领域具有深厚的理论功底及解决实际问题的能力。李俊昌教授总结他多年研究成果撰写的这部书，其主要特点如下：

其一，经典标量衍射理论给出了空间平面间衍射场的计算公式，但当光源是曲面光源或观测面为非平面时，这些公式不能直接使用。该书认真总结了包括作者在内的国内外研究人员有代表性的计算方法，给出得到实验证明了的计算实例。这些讨论有效扩展了标量衍射理论的应用范围，具有重要的实际意义。

其二，衍射数值计算理论虽然涉及较复杂的数学表达式，但是在解决实际问题的过程中可以加深对这些公式物理意义的理解。该书除基于取样定理讨论不同形式衍射积分的计算方法外，还给出衍射数值计算在二元光学元件设计以及虚拟三维物体计算全息中的应用实例，从事衍射理论学习及应用研究的科研人员能方便地从中受益。

其三，随着计算机及 CCD 技术的进步，基于传统全息及衍射计算理论而形成的数字全息技术具有重要的应用前景，目前国内尚无 "数字全息" 专著。该书不但系统地阐述了数字全息的基本理论及实际应用,而且将数字全息作为衍射计算理论的应用载体,总结出多种形式的波前重建算法,给出详细实验证明。这些内容是相关专业的科研人员及研究生灵活应用衍射公式解决激光应用研究中遇到问题时的有益参考。

该书的实验基本取材于作者近 30 年在国内外的科研工作,所提供的程序也是作者在 MATLAB7.0 平台下编写并通过实验证实的。附录 B 及该书所附光盘循序渐进地给出书中各章节相对应的主要的衍射计算程序及数字全息物光场波前重建程序。利用所提供的程序,即便没有实验条件的读者也能在微机上证实该书的理论分析结果,对这些程序作简单修改,便能解决激光应用研究中遇到的许多实际问题。

衍射的数值计算是激光应用研究中涉及的一个基本问题,数字全息是基于衍射计算理论及现代计算机技术形成的并在不断发展的新兴技术。对于我国从事激光应用研究的科研人员及研究生,李俊昌教授的这部著作是一部非常好的参考书。

金国藩

2013 年 12 月

目 录

（下　册）

（上　册）

第 1 章　数学预备知识

第 2 章　标量衍射理论

第 3 章　衍射的数值计算及应用实例

第 4 章　光全息的基本理论

第 5 章　数字全息及物光波前重建计算

第6章　物光通过光学系统的波前重建

　　随着计算机及 CCD 探测技术的进步,用 CCD 代替传统全息感光板的数字全息 [1] 逐渐成为一个研究热点 [2~15]。在该研究领域中,获得高质量的重建物光场是实现准确检测的基本保证。由于 CCD 面阵尺寸及分辨率均远小于传统感光材料,为能让 CCD 有效接收来自物平面的高频角谱,目前存在几种提高物光场重建质量的途径: 其一,在 CCD 探测平面内平移 CCD[2],或者利用第 5 章所述的改变照明物光角度的超分辨率记录技术,通过多次记录全息图形成一个等效的大面阵CCD; 其二,设置不同形式的反射镜 [8],让本来已经逸出 CCD 窗口的高频角谱分量反射于 CCD 窗口;其三,让 CCD 平面是物体的像平面 [11],基于像全息原理重建物光场。可以看出,第一种方法需要在不同时刻记录全息图,如果不采取特殊措施,原则上只适用于静态物理量的探测;第二种方法虽然能够实现瞬态测量,但为有效获取高频角谱分量,光学系统的调整及数据处理较复杂。而第三种方法理论上是一种能够充分使用 CCD 的分辨率,最大限度地获取物光场信息的方法 [16]。然而,当 CCD 不能准确置于物体的像平面,特别是进行多种波长光束照明的数字全息检测时,如果不采取特殊的消色差措施,则不存在统一的像平面。这时,不但要研究 CCD 在光学系统后任意位置的波前重建方法,还应解决多波长照明时重建同一放大率物光场像的问题。

　　本章将对物光通过一个光学系统到达 CCD 的物光场波前重建问题进行讨论。从理论上证明,设计合适的光学系统对物光场进行变换,是高质量重建物光波前的重要措施。并且,基于柯林斯公式及经典衍射积分的研究,导出波前重建的多种算法,其中包括具有重要实际意义的多种波长光束照明统一放大率的波前重建算法,每一种算法均给出相应的实验证明。

6.1　物光通过光学系统时波前重建的一般讨论

　　对于物体到 CCD 间无光束变换元件的情况,基于第 5 章式 (5-1-33),将 CCD 拍摄数字全息图及数字重建物光场视为一个成像过程,在以 z 轴为光轴的直角坐标系 O-xyz 中,可将参考光为平面波时数字全息波前重建系统的脉冲响应表为

$$h\left(x,y\right) = \frac{NM\alpha\Delta x^3\beta\Delta y^3}{\left(\lambda d\right)^2}\mathrm{sinc}\left(\frac{N\Delta x}{\lambda d}x\right)\mathrm{sinc}\left(\frac{M\Delta y}{\lambda d}y\right) \qquad (6\text{-}1\text{-}1)$$

式中，Δx，Δy 分别是 CCD 像素在 x 及 y 方向的周期；$\alpha, \beta \in [0,1]$ 为像素填充因子；N 和 M 分别是 CCD 面阵在 x 及 y 方向的像素数；d 为物体到 CCD 的距离；λ 为光波长。

由于 δ 函数可定义为 $\delta(x,y) = \lim\limits_{P,Q \to \infty} PQ \operatorname{sinc}(Px)\operatorname{sinc}(Qy)$[17]，在式 (6-1-1) 中 $N\Delta x \times M\Delta y$ 为 CCD 的面阵尺寸，因此，CCD 面阵尺寸越大，物体到 CCD 的距离越小，脉冲响应越接近 δ 函数，成像质量越高。然而，目前市场流行的 CCD 面阵宽度只是接近厘米的量级，CCD 面阵尺寸很难增加。此外，在实验研究中，为引入参考光，物体到 CCD 间通常需要插入半反半透镜，距离 d 的减小受到限制。以下基于阿贝成像及衍射的角谱理论，对物光通过光学系统波前重建进行研究。

6.1.1   基于阿贝成像理论对 CCD 探测信息的研究

以单一透镜成像为例，图 6-1-1 给出阿贝成像原理示意图 [17]。图中透镜孔径既是系统的入射光瞳，也是系统的出射光瞳。当 CCD 置于 PC0~PC1 的任意位置时，来自物平面并穿过成像透镜的角谱均能被 CCD 接收。然而，被透镜变换后的物光角谱在像空间不同的位置有不同的分布，是否存在一个优化的位置，让重建物光场具有较高的质量是很有意义的问题。由于实际光学系统通常由多个元件构成，下面引入柯林斯公式 [18] 对任意给定的光学系统进行研究。

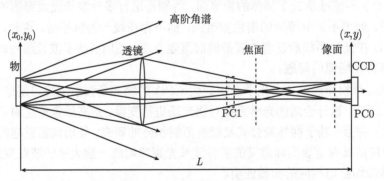

图 6-1-1   到达 CCD 探测窗角谱的阿贝成像示意图

6.1.2   数字全息波前重建系统脉冲响应讨论

1. 波前重建系统的矩阵光学描述

回顾本书第 2 章对柯林斯公式的讨论，若轴对称傍轴光学系统可由 2×2 的矩阵 $\begin{bmatrix} A & B \\ C & D \end{bmatrix}$ 描述，入射平面及出射平面的坐标分别由 (x_0, y_0) 及 (x, y) 定义。当知道进入系统的入射平面光波场 $U_0(x_0, y_0)$ 时，系统出射平面光波场 $U(x, y)$ 可通

过柯林斯公式求出

$$U\left(x,y\right) = \frac{\exp\left(\mathrm{j}kL\right)}{\mathrm{j}\lambda B}\int_{-\infty}^{\infty}\int_{-\infty}^{\infty}U_0\left(x_0,y_0\right)\exp\left\{\frac{\mathrm{j}k}{2B}\left[A\left(x_0^2+y_0^2\right)\right.\right.$$

$$\left.\left.+ D\left(x^2+y^2\right)-2\left(xx_0+yy_0\right)\right]\right\}\mathrm{d}x_0\mathrm{d}y_0 \tag{6-1-2}$$

式中, $\mathrm{j}=\sqrt{-1}$, L 为光学系统的轴上光程, $k=2\pi/\lambda$, λ 为光波长。

令物平面、CCD 探测平面及重建物平面坐标分别为 x_0y_0、xy 及 x_iy_i, 图 6-1-2 是数字全息波前重建系统示意图。不难看出, 数字全息记录及波前重建过程可以分解为两个部分。其一, 沿 z 轴传播的物光通过光学系统到达 CCD, 由 CCD 记录下与参考光干涉形成的数字全息图。这是一个实际光学过程。其二, 计算机虚拟重建光照明数字全息图, 用衍射的数值计算重建物光场。这是一个虚拟的光学过程。由于 CCD 面阵尺寸相对实际光学元件通常较小, 对于 x_0y_0 到 x_iy_i 的整个光学系统, 可以将系统的孔径光阑视为 CCD 面阵边界。这样, 根据阿贝或瑞利的成像理论, 可以只考虑孔径光阑对光传播的衍射受限问题[17]。

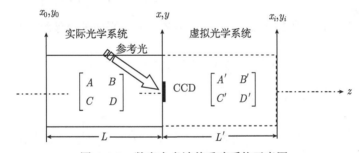

图 6-1-2　数字全息波前重建系统示意图

基于上述假定, 令 CCD 平面左侧的光学系统由矩阵 $\begin{bmatrix} A & B \\ C & D \end{bmatrix}$ 描述, CCD 平面右侧的光学系统由光学矩阵 $\begin{bmatrix} A' & B' \\ C' & D' \end{bmatrix}$ 描述, 若物光沿 z 轴传播后在 x_iy_i 平面能够重建 x_0y_0 平面的物光场, 按照矩阵光学理论应有

$$\begin{bmatrix} A' & B' \\ C' & D' \end{bmatrix}\begin{bmatrix} A & B \\ C & D \end{bmatrix} = \begin{bmatrix} 1 & 0 \\ 0 & 1 \end{bmatrix} \tag{6-1-3}$$

由此解得

$$A'=D, \quad B'=-B, \quad C'=-C, \quad D'=A \tag{6-1-4}$$

因此, 一旦得到 xy 平面的物光场后, 利用式 (6-1-4) 确定的虚拟光学系统矩阵元素, 便能用柯林斯公式进行物光场重建。

2. 波前重建系统的脉冲响应

由于成像系统的特性可由系统的脉冲响应表述[17]。现研究物平面上坐标 (ξ, η) 处的单位振幅点光源 $\delta(x_0 - \xi, y_0 - \eta)$ 通过图 6-1-2 所示系统的响应[19]。

鉴于 CCD 置于光学系统的像平面时使用像光场进行相关应用研究是最常见的情况，以下分别对 CCD 在像平面及不在像平面两种情况的脉冲响应进行讨论。

1) CCD 在光学系统像平面的情况

在式 (6-1-2) 中，令 $Ax_0 = x_a$, $Ay_0 = y_a$，将积分号内的二次相位因子作配方运算，并注意 $AD - BC = 1$，可以将柯林斯公式重新写为

$$
U(x, y) = \exp(\mathrm{j}\,kL) \exp\left[\mathrm{j}\frac{kC}{2A}\left(x^2 + y^2\right)\right]
$$

$$
\times \frac{1}{\mathrm{j}\,\lambda BA} \int_{-\infty}^{\infty} \int_{-\infty}^{\infty} \frac{1}{A} U_0\left(\frac{x_a}{A}, \frac{y_a}{A}\right)
$$

$$
\times \exp\left\{\mathrm{j}\frac{k}{2BA}\left[(x_a - x)^2 + (y_a - y)^2\right]\right\} \mathrm{d}x_a \mathrm{d}y_a \tag{6-1-5}
$$

为得到物平面点光源 $\delta(x_0 - \xi, y_0 - \eta)$ 在 CCD 平面的光波场，上式中令

$$
U_0\left(\frac{x_a}{A}, \frac{y_a}{A}\right) = \delta\left(\frac{x_a}{A} - \xi, \frac{y_a}{A} - \eta\right) \tag{6-1-6}
$$

并将 CCD 平面坐标由 (x_i, y_i) 表示，得到

$$
u_\delta(x_i, y_i; \xi, \eta) = \exp(\mathrm{j}\,kL) \exp\left[\mathrm{j}\frac{kC}{2A}\left(x_i^2 + y_i^2\right)\right] \frac{1}{\mathrm{j}\,\lambda BA} \int_{-\infty}^{\infty} \int_{-\infty}^{\infty} \frac{1}{A} \delta\left(\frac{x_a}{A} - \xi, \frac{y_a}{A} - \eta\right)
$$

$$
\times \exp\left\{\mathrm{j}\frac{k}{2BA}\left[(x_a - x_i)^2 + (y_a - y_i)^2\right]\right\} \mathrm{d}x_a \mathrm{d}y_a \tag{6-1-7}
$$

矩阵元素 $B = 0$ 的问题可以视为 $B \to 0$ 时的极限情况. 上式与熟知的菲涅耳衍射积分比较不难看出，$B \to 0$ 时，上式代表放大 A 倍的理想像经无限小距离 BA 衍射后与一相位因子的乘积. 于是有

$$
U_\delta(x_i, y_i; \xi, \eta) = \lim_{BA \to 0} u_\delta(x_i, y_i; \xi, \eta)
$$

$$
= \exp(\mathrm{j}\,kL) \exp\left[\mathrm{j}\frac{kC}{2A}\left(x_i^2 + y_i^2\right)\right] \frac{1}{A} \delta\left(\frac{x_i}{A} - \xi, \frac{y_i}{A} - \eta\right) \tag{6-1-8}
$$

以上结果表明，如果忽略光学系统的有限孔径衍射效应，到达 CCD 的仍然是 δ 函数表示的理想像点. 为简明起见，以下忽略常数相位因子 $\exp(\mathrm{j}\,kL)$。

当参考光与物光干涉并由 CCD 记录数字全息图后，利用第 5 章式 (5-1-26) 描述数字全息图[19]，用原参考光的数学表达式与数字全息图相乘，进行离散傅里叶

变换, 用滤波窗取出物光项的频谱, 再作离散傅里叶反变换, 即得到 $B = 0$ 时点源的脉冲响应

$$
h_\delta\left(x_i, y_i; \xi, \eta\right) = \alpha\Delta x\beta\Delta y\,\mathrm{rect}\left(\frac{x_i}{N\Delta x}, \frac{y_i}{M\Delta y}\right)\mathrm{comb}\left(\frac{x_i}{\Delta x}, \frac{y_i}{\Delta y}\right)
$$

$$
\times \exp\left[\mathrm{j}\frac{kC}{2A}\left(x_i^2 + y_i^2\right)\right]\frac{1}{A}\delta\left(\frac{x_i}{A} - \xi, \frac{y_i}{A} - \eta\right) \tag{6-1-9}
$$

若物平面光波场为 $O_0\left(\xi, \eta\right)$, 像平面光波场由以下叠加积分确定

$$
O\left(x_i, y_i\right) = \int_{-\infty}^{\infty}\int_{-\infty}^{\infty} O_0\left(\xi, \eta\right)h_\delta\left(x_i, y_i; \xi, \eta\right)\mathrm{d}\xi\mathrm{d}\eta
$$

$$
= \alpha\Delta x\beta\Delta y\,\mathrm{rect}\left(\frac{x_i}{N\Delta x}, \frac{y_i}{M\Delta y}\right)\mathrm{comb}\left(\frac{x_i}{\Delta x}, \frac{y_i}{\Delta y}\right)
$$

$$
\times \exp\left[\mathrm{j}\frac{kC}{2A}\left(x_i^2 + y_i^2\right)\right]\int_{-\infty}^{\infty}\int_{-\infty}^{\infty} O_0\left(\xi, \eta\right)\frac{1}{A}\delta\left(\frac{x_i}{A} - \xi, \frac{y_i}{A} - \eta\right)\mathrm{d}\xi\mathrm{d}\eta
$$

$$
= \alpha\Delta x\beta\Delta y\,\mathrm{rect}\left(\frac{x_i}{N\Delta x}, \frac{y_i}{M\Delta y}\right)\mathrm{comb}\left(\frac{x_i}{\Delta x}, \frac{y_i}{\Delta y}\right)
$$

$$
\times \exp\left[\mathrm{j}\frac{kC}{2A}\left(x_i^2 + y_i^2\right)\right]\frac{1}{A}O_0\left(\frac{x_i}{A}, \frac{y_i}{A}\right) \tag{6-1-10}
$$

以上结果表明, 若 CCD 置于光学系统的像平面, 可以通过数字全息图获得带有一个二次相位因子的理想像光场的 $M \times N$ 点取样。像光场的取样值与像素面积 $\alpha\Delta x\beta\Delta y$ 成正比, 与像的横向放大率 A 成反比, 是一个有明显物理意义的结论。

2) CCD 不在光学系统像平面的情况

利用柯林斯公式 (6-1-5), 并忽略常数相位因子 $\exp\left(\mathrm{j}kL\right)$, 到达 CCD 平面的光波复振幅可以表为

$$
u_\delta\left(x, y; \xi, \eta\right) = \exp\left[\mathrm{j}\frac{kC}{2A}\left(x^2 + y^2\right)\right]\frac{1}{\mathrm{j}\lambda BA}\int_{-\infty}^{\infty}\int_{-\infty}^{\infty}\frac{1}{A}\delta\left(\frac{x_a}{A} - \xi, \frac{y_a}{A} - \eta\right)
$$

$$
\times \exp\left\{\mathrm{j}\frac{k}{2BA}\left[\left(x_a - x\right)^2 + \left(y_a - y\right)^2\right]\right\}\mathrm{d}x_a\mathrm{d}y_a
$$

$$
= \frac{1}{\mathrm{j}\lambda B}\exp\left[\mathrm{j}\frac{kC}{2A}\left(x^2 + y^2\right)\right]
$$

$$
\times \exp\left\{\mathrm{j}\frac{k}{2BA}\left[\left(A\xi - x\right)^2 + \left(A\eta - y\right)^2\right]\right\} \tag{6-1-11}
$$

让 CCD 平面引入参考光, 若用原参考光的共轭光照射全息图形成衍射波, 全

息图透射光中的物光项则为

$$I_{\delta-}\left(x,y;\xi,\eta\right)=\alpha\Delta x\beta\Delta y\mathrm{rect}\left(\frac{x}{N\Delta x},\frac{y}{M\Delta y}\right)\mathrm{comb}\left(\frac{x}{\Delta x},\frac{y}{\Delta y}\right)u_{\delta}\left(x,y;\xi,\eta\right)$$

$$(6\text{-}1\text{-}12)$$

利用上结果，根据式 (6-1-4) 及柯林斯公式 (6-1-2)，再次忽略轴上光程引入的常数相位因子，物平面上点光源 $\delta(x_0-\xi,y_0-\eta)$ 在 x_iy_i 平面的重构场则为

$$h_{\delta}\left(x_i,y_i;\xi,\eta\right)=\frac{1}{-\mathrm{j}\lambda B}\int_{-\infty}^{\infty}\int_{-\infty}^{\infty}I_{\delta-}\left(x,y;\xi,\eta\right)$$

$$\times\exp\left\{-\frac{\mathrm{j}k}{2B}\left[D\left(x^2+y^2\right)+A\left(x_i^2+y_i^2\right)-2\left(x_ix+y_iy\right)\right]\right\}\mathrm{d}x\mathrm{d}y$$

$$(6\text{-}1\text{-}13)$$

将式 (6-1-12) 代入式 (6-1-13)，整理后可用傅里叶逆变换表为

$$h_{\delta}\left(x_i,y_i;\xi,\eta\right)=\frac{\alpha\Delta x\beta\Delta y}{(\lambda B)^2}\exp\left\{-\mathrm{j}\frac{k}{2B}A\left[\left(x_i^2+y_i^2\right)-\left(\xi^2+\eta^2\right)\right]\right\}$$

$$\times\mathcal{F}^{-1}\left\{\mathrm{rect}\left(\frac{x}{N\Delta x},\frac{y}{M\Delta y}\right)\mathrm{comb}\left(\frac{x}{\Delta x},\frac{y}{\Delta y}\right)\right\}_{f_x=\frac{x_i-\xi}{\lambda B},f_y=\frac{y_i-\eta}{\lambda B}}$$

$$(6\text{-}1\text{-}14)$$

利用矩形函数及梳状函数的傅里叶变换性质得

$$h_{\delta}\left(x_i,y_i;\xi,\eta\right)$$

$$=\frac{M\alpha\Delta x^3N\beta\Delta y^3}{(\lambda B)^2}\exp\left\{-\mathrm{j}\frac{k}{2B}A\left[\left(x_i^2+y_i^2\right)-\left(\xi^2+\eta^2\right)\right]\right\}$$

$$\times\mathrm{sinc}\left(N\Delta x\frac{x_i-\xi}{\lambda B}\right)\mathrm{sinc}\left(M\Delta y\frac{y_i-\eta}{\lambda B}\right)*\mathrm{comb}\left(\Delta x\frac{x_i-\xi}{\lambda B},\Delta y\frac{y_i-\eta}{\lambda B}\right)$$

$$(6\text{-}1\text{-}15)$$

式中，梳状函数与其余项卷积运算的结果形成的重建场是 x 方向及 y 方向的周期分别为 $\frac{\lambda B}{\Delta x}$ 及 $\frac{\lambda B}{\Delta y}$ 的周期函数。若重建场尺寸限制在这个二维周期内，则有

$$h_{\delta}\left(x_i,y_i;\xi,\eta\right)=\frac{M\alpha\Delta x^3N\beta\Delta y^3}{(\lambda B)^2}\exp\left\{-\mathrm{j}\frac{k}{2B}A\left[\left(x_i^2+y_i^2\right)-\left(\xi^2+\eta^2\right)\right]\right\}$$

$$\times\mathrm{sinc}\left(N\Delta x\frac{x_i-\xi}{\lambda B}\right)\mathrm{sinc}\left(M\Delta y\frac{y_i-\eta}{\lambda B}\right)$$

$$(6\text{-}1\text{-}16)$$

至此，导出了 $B\neq0$ 时系统的脉冲响应。

利用这个结果, 若物平面光波场为 $O_0\,(\xi,\eta)$, 重构场由以下叠加积分确定

$$
\begin{aligned}
O\,(x_i,y_i) &= \int_{-\infty}^{\infty}\int_{-\infty}^{\infty} O_0\,(\xi,\eta) h_\delta\,(x_i,y_i;\xi,\eta)\,\mathrm{d}\xi\mathrm{d}\eta \\
&= \frac{M\alpha\Delta x^3 N\beta\Delta y^3}{(\lambda B)^2}\exp\left[-\mathrm{j}\frac{k}{2B}A\,(x_i^2+y_i^2)\right] \\
&\quad\times \int_{-\infty}^{\infty}\int_{-\infty}^{\infty} O_0\,(\xi,\eta)\exp\left[\mathrm{j}\frac{k}{2B}A\,(\xi^2+\eta^2)\right] \\
&\quad\times \operatorname{sinc}\left[N\Delta x\left(\frac{x_i-\xi}{\lambda B}\right)\right]\operatorname{sinc}\left[M\Delta y\left(\frac{y_i-\eta}{\lambda B}\right)\right]\mathrm{d}\xi\mathrm{d}\eta \quad (6\text{-}1\text{-}17)
\end{aligned}
$$

可以看出, 将物平面光波场 $O_0\,(\xi,\eta)$ 视为输入信号, 波前重建对应的系统并不是一个线性空间不变系统。然而, 如果只对重建图像的强度分布感兴趣, 将 $O_0\,(\xi,\eta)\exp\left[\mathrm{j}\dfrac{k}{2B}A\,(\xi^2+\eta^2)\right]$ 视为输入信号, $O\,(x_i,y_i)$ 视为输出信号, 数字全息波前重建系统则是一个二维线性空间不变系统。脉冲响应是

$$
h\,(\xi,\eta) = \frac{M\alpha\Delta x^3 N\beta\Delta y^3}{(\lambda B)^2}\operatorname{sinc}\left[N\Delta x\left(\frac{\xi}{\lambda B}\right)\right]\operatorname{sinc}\left[M\Delta y\left(\frac{\eta}{\lambda B}\right)\right] \quad (6\text{-}1\text{-}18)
$$

由于 δ 函数可以表示为 $\delta\,(x,y) = \lim\limits_{P,Q\to\infty} PQ\operatorname{sinc}\,(Px)\operatorname{sinc}\,(Qy)$[17], 式 (6-1-18) 表明, 尽管 $N\Delta x$ 及 $M\Delta y$ 是有限值, 当 B 趋于 0 时, $h\,(\xi,\eta)$ 趋于 $\alpha\Delta x^2\beta\Delta y^2\delta\,(\xi,\eta)$。由于 $B=0$ 对应于 CCD 平面是物平面的像平面情况, 按照这个结论, 将 CCD 探测器置于物体的像平面附近可以重建较理想的像光场。

$$
h\,(x,y) = \frac{NM\alpha\Delta x^3\beta\Delta y^3}{(\lambda d)^2}\operatorname{sinc}\left(\frac{N\Delta x}{\lambda d}x\right)\operatorname{sinc}\left(\frac{M\Delta y}{\lambda d}y\right)
$$

应该指出, 式 (6-1-18) 是忽略 x_0y_0 到 xy 平面间光学系统的衍射受限作用而得到的近似结果。按照瑞利及阿贝的成像理论, CCD 平面的像光场是 x_0y_0 到 xy 平面的成像系统出射光瞳的衍射场。实际光学系统总是衍射受限系统, 出射光瞳不可能无限大, 因此, $B=0$ 时并不能得到理想像。此外, 根据取样定理, CCD 能够记录的最高频率受到像素间距离的限制, 在光学设计中盲目增大出射光瞳也是没有必要的。上结论给我们的一个启示是, 可以根据 CCD 能够接收的最高频率来合理设计光学系统, 以期获得最好的重建物光场质量。

由于任意透镜成像系统均能等价于一个单一薄透镜的成像系统, 将式 (6-1-18) 与式 (6-1-1) 比较不难看出, 当 $B < d$ 时, 在物平面与 CCD 平面间引入成像系统后, 物光通过透镜系统的变换等效于扩大了 CCD 的面阵尺寸, 有效捕捉了本来会逸出 CCD 窗口的高频角谱, 它与第 5 章的超分辨率重建研究是相似的, 可以高分辨率地重建物光场。但是, 采用透镜成像系统能有效简化全息图记录光学系统的设计及调整, 物光场的重建计算也比较简单。以下通过实验来证明上述结论。

3. 实验及波面重构计算

为验证上面的结论, 现利用两透镜组成的光学系统进行实际研究。图 6-1-3 是实验光路, 图中, 透镜 L_1 及 L_2 的焦距分别是 $f_0=710$mm, $f_1=127$mm, 物平面是透光孔为倒立字符 "龙" 的光阑, 光阑宽度 $L_x = L_y=12$mm。波长 $\lambda=0.0006328$mm 的均匀平面光波照明光阑形成物光, 物光经距离 d_0 传播到达透镜 L_1, 穿过透镜后再经距离 $f_0 + f_1$ 的传播到达第二面透镜 L_2, 穿过 L_2 的光波再穿越半反半透镜 S 形成到达 CCD 的物光。参考光 R 从 S 的上方引入, 并通过 S 的半反射导入 CCD。CCD 到透镜 L_2 的距离为 d_1, 有效像素数为 768×576, 对应宽度为 6.4512mm×4.8412mm。实验研究中取出 512×512 像素 (对应宽度 4.3mm×4.3mm) 的探测值与理论计算进行比较。

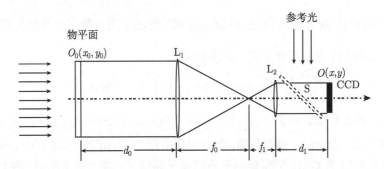

图 6-1-3　数字全息研究中物平面到 CCD 探测平面的简化光路

根据矩阵光学理论, 该光学系统的矩阵元素由下式确定

$$
\begin{bmatrix} A & B \\ C & D \end{bmatrix} = \begin{bmatrix} 1 & d_1 \\ 0 & 1 \end{bmatrix} \begin{bmatrix} 1 & 0 \\ -1/f_1 & 1 \end{bmatrix} \begin{bmatrix} 1 & f_0+f_1 \\ 0 & 1 \end{bmatrix} \begin{bmatrix} 1 & 0 \\ -1/f_0 & 1 \end{bmatrix} \begin{bmatrix} 1 & d_0 \\ 0 & 1 \end{bmatrix}
$$

$$(6\text{-}1\text{-}19)$$

容易证实, 当 $d_0 = f_0$ 以及 $d_1 = f_1$ 时矩阵元素 $B=0$, 构成常用的 4f 系统, 这时系统的输出平面是系统输入平面的像平面。选择不同的 d_0 及 d_1, 便能研究 $B \neq 0$ 的情况。

调整光学系统, 让 $d_0 = f_0$, 由 CCD 实际测得 $d_1=80$mm, 128mm 以及 232mm 的光斑图像示于图 6-1-4(a)。可以看出, 由于 $d_1=128$mm 接近像平面, 获得十分清晰的图像, 其余两幅图像随距离像平面的距离增加而模糊。

将光阑透光部分视为振幅为 1 的平面波, 不透光部分视为 0, 建立物平面光波场 $O_0(x_0, y_0)$。用柯林斯公式计算出 CCD 平面光波复振幅。根据计算结果获得的与图 6-1-4(a) 实验对应的光斑强度图像示于图 6-1-4(b)。可以看出, 理论计算与实验测量吻合很好。鉴于理论上能够准确计算 $O(x, y)$, 为简明起见, 基于式 (6-1-4)

的讨论用计算得到的 $O(x,y)$ 按下式进行波面重构。

$$
\begin{aligned}
O_i\left(x_i,y_i\right) = {} & \frac{1}{-\mathrm{j}\lambda B}\int_{-\infty}^{\infty}\int_{-\infty}^{\infty}O\left(x,y\right)w\left(x,y\right) \\
& \times \exp\left\{-\frac{\mathrm{j}k}{2B}\left[D\left(x^2+y^2\right)+A\left(x_i^2+y_i^2\right)-2\left(x_ix+y_iy\right)\right]\right\}\mathrm{d}x\mathrm{d}y
\end{aligned}
$$

$$(6\text{-}1\text{-}20)$$

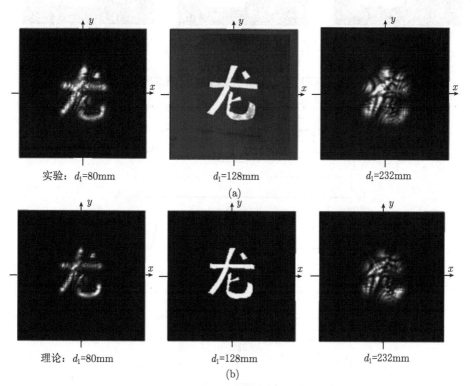

图 6-1-4　不同观测平面实验探测图像与理论模拟的比较

(取样数: 512×512; 图面尺寸: 4.3mm×4.3mm)

d_1=80mm：$A=-0.1789$, $B=262.7559$mm, $C=0$, $D=-5.5906$mm^{-1};

d_1=128mm：$A=-0.1789$, $B=-5.5906$mm, $C=0$, $D=-5.5906$mm^{-1};

d_1=232mm：$A=-0.1789$, $B=-587.0079$mm, $C=0$, $D=5.5906$mm^{-1}

　　图 6-1-5 给出与图 6-1-4 三种情况对应的物平面光波场重构的强度图像。可以看出，利用所导出的重建公式，在 CCD 偏离像平面时仍然能重构物平面。为能较好地了解重构光波场的质量，选择照明光振幅值为 1，在图 6-1-5 中每一幅图像上选择 $y_0=-2$mm 的直线区域，图 6-1-6 给出原物光场及重构光波场实部 U_r 及虚部 U_i 曲线的比较。正如理论分析所预计的，系统的矩阵元素 B 越小，重构质量越高。

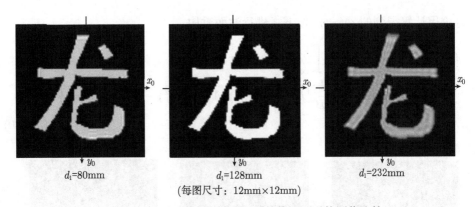

$d_1=80\text{mm}$ $\qquad$ $d_1=128\text{mm}$ $\qquad$ $d_1=232\text{mm}$

(每图尺寸：12mm×12mm)

图 6-1-5   CCD 在不同探测位置的物平面重构图像比较

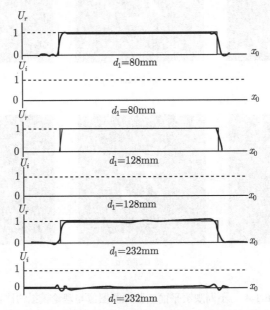

图 6-1-6 $y_0=-2\text{mm}$ 区域重构物光复振幅 (粗线) 与原物光复振幅 (细线) 的比较

以上实验仅仅是为证实理论研究而设计的, 下一节研究中我们将看到, 可以在两透镜间插入一凹透镜, 构成可调整放大率的等效 4f 系统 [15], 适应不同尺寸物体的数字全息检测。

6.2   数字全息变焦系统

为适应 CCD 面阵尺寸与被检测物体投影尺寸有较大差异的情况, 上一节研究的 4f 系统是一种常用的物光场变换系统。然而, 实际测量物尺寸千变万化, 当物体尺寸变化较大时, 4f 系统的透镜尺寸及焦距要进行相应的变化才能获得好的测量结果, 在一些情况下甚至测量不能进行。例如, 当物体投影尺寸甚大于 CCD 面阵尺寸时, 4f 系统的第二面透镜焦距变得很小。而参考光通常是从第二透镜后方引入的, 这时, 引入参考光的分束镜的宽度就有可能大于第二透镜的焦距, CCD 面阵无法放置在系统的像平面上。如何设计一个数字全息系统, 让系统能够方便地适应于被测量物体尺寸的变化, 是一个值得研究的问题。

　　基于 4f 系统及照相机变焦镜头的设计思想, 可以在原 4f 系统的两透镜中间插入一负透镜, 设计成数字全息变焦系统 [15]。对系统的理论及实验研究表明, 物光进行横向缩小变换时, 通过适当设计, 有足够的空间在最后一面透镜与 CCD 间插入光学元件引入参考光。并且, 当使用柯林斯公式或稍后将详细讨论的各种算法时, CCD 及物平面位置的选择不再受共轭像面的限制, 可以根据实验条件方便放置。此外, 通过三个透镜相对位置的调节, 还能变换横向放大率, 适应于不同尺寸物体的检测。本节对数字全息变焦系统进行理论分析并给出部分实验结果。

6.2.1　数字全息变焦系统简介

　　图 6-2-1 是基于马赫–曾德尔 (Mach-Zehnder) 干涉仪设计的数字全息变焦系统原理图。射入系统的激光经半反半透镜 S_1 分解为向下传播的照明物光及水平方向传播的参考光。被全反镜 M 反射的照明物光经透镜 F_0 及 L_0 形成剖面尺寸较大的平面波照明物体 O。球面透镜 L_1, L_2 及 L_3 构成一变焦系统, 其中 L_2 是负透镜。穿过 L_1, L_2 的光波焦点与 L_3 的左方焦点吻合, 经 L_3 出射的物光透过分束镜 S 到达 CCD。在参考光路中, 经半反半透镜 S_2 透射的激光照射到压电晶体相移反射器 PZT, 经 PZT 及 S_2 反射后再经透镜 F_1 及 L_4 组成的扩束系统, 形成平面波。该平面波经分束镜 S 反射到达 CCD 形成参考光。PZT 能在全息检测中变化参考光的

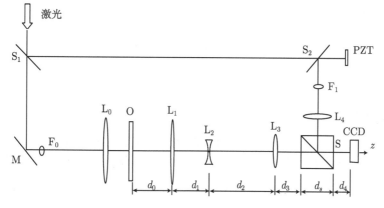

图 6-2-1　数字全息变焦系统原理图

相位, 为使用相移法获取到达 CCD 的物光复振幅提供方便。设 L_1, L_2, L_3 的焦距分别是 f_1, f_2, f_3, 理论分析将证明, 当 $f_1 > f_3$ 时, 则能在 CCD 上形成放大率小于 f_3/f_1 的物平面 O 的像。

6.2.2　变焦系统研究

图 6-2-2 是由 L_1, L_2, L_3 组成的变焦系统简图。图中, 用空心圆圈示出未插入负透镜 L_2 时右方焦点位置 P_0。负透镜放入后, 当平行于光轴的光波从左向右射入系统时, 焦点向右平移距离 d_f 到实心圆 P 处。图中实线绘出一条平行于光轴并穿过 L_1 及 L_2 到达 P 点的光线。过 P 点作光线的反向延长线, 与入射光线交于 H 点。于是, 过 H 点并垂直于光轴的平面是 L_1 及 L_2 组成的光学系统的像方主面 [20], 该主面到 L_1 的距离为 d_h。不难看出, 若让 P 点是 L_3 的物方焦点, 插入 L_2 等效于形成一个新的 4f 系统, 第一面等效透镜的焦距是 $d_h + f_1 + d_f$。系统的横向放大率为

$$\beta = -\frac{f_3}{d_h + f_1 + d_f} \tag{6-2-1}$$

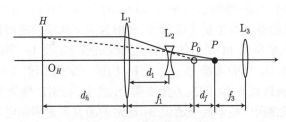

图 6-2-2　变焦系统原理图

将 P 视为负透镜 L_2 对 P_0 所成的像, 根据高斯成像公式及几何关系, d_f 及 d_h 由以下两式确定

$$\frac{1}{-f_2} = \frac{1}{-(f_1 - d_1)} + \frac{1}{(f_1 - d_1) + d_f} \tag{6-2-2}$$

$$\frac{f_1 - d_1}{f_1} = \frac{(f_1 - d_1) + d_f}{d_h + f_1 + d_f} \tag{6-2-3}$$

6.2.3　变焦系统的参数设计

在应用研究中, 通常需要解决的问题是给定 CCD 的窗口宽度 L, 三面透镜的焦距 f_1, f_2, f_3 及物平面宽度 L_0。应如何设计测量系统, 下面基于矩阵光学研究这个问题。

根据式 (6-2-1), 令

$$|\beta| = \frac{L}{L_0} = \frac{f_3}{d_h + f_1 + d_f} \tag{6-2-4}$$

当 f_1, f_2, f_3 给定后, 由式 (6-2-2)、式 (6-2-3) 及式 (6-2-4) 可以确定出 d_1, d_f 及 d_h。

图 6-2-1 中, 设分束镜的折射率为 n, 将物平面 O 到 CCD 窗口平面的光学系统视为一 $ABCD$ 系统, 系统的光学矩阵为 [20]

$$
\begin{bmatrix} A & B \\ C & D \end{bmatrix} = \begin{bmatrix} 1 & d_4 \\ 0 & 1 \end{bmatrix} \begin{bmatrix} 1 & d_s/n \\ 0 & 1 \end{bmatrix} \begin{bmatrix} 1 & d_3 \\ 0 & 1 \end{bmatrix}
$$
$$
\times \begin{bmatrix} 1 & 0 \\ -1/f_3 & 1 \end{bmatrix} \begin{bmatrix} 1 & d_2 \\ 0 & 1 \end{bmatrix} \begin{bmatrix} 1 & 0 \\ 1/f_2 & 1 \end{bmatrix}
$$
$$
\times \begin{bmatrix} 1 & d_1 \\ 0 & 1 \end{bmatrix} \begin{bmatrix} 1 & 0 \\ -1/f_1 & 1 \end{bmatrix} \begin{bmatrix} 1 & d_0 \\ 0 & 1 \end{bmatrix} \tag{6-2-5}
$$

展开可得

$$
\begin{aligned}
A &= (1 - d/f_3)(1 - d_1/f_1) + [d_2 + d(1 - d_2/f_3)][1/f_2 - (1 + d_1/f_2)/f_1] \\
B &= (1 - d/f_3)[d_0 + d_1(1 - d_0/f_1)] + [d_2 + d(1 - d_2/f_3)] \\
&\quad \times [d_0/f_2 + (1 + d_1/f_2)(1 - d_0/f_1)] \\
C &= -(1 - d_1/f_1)/f_3 + (1 - d_2/f_3)[1/f_2 - (1 + d_1/f_2)/f_1] \\
D &= -[d_0 + d_1(1 - d_0/f_1)]/f_3 + (1 - d_2/f_3)[d_0/f_2 + (1 + d_1/f_2)(1 - d_0/f_1)]
\end{aligned}
$$

其中

$$
d = d_4 + d_s/n + d_3 \tag{6-2-6}
$$

由于 $B=0$ 时输出平面是系统的像平面 [20], 因此有

$$
d = \frac{[d_0 + d_1(1 - d_0/f_1)] + [d_0/f_2 + (1 + d_1/f_2)(1 - d_0/f_1)]d_2}{[d_0 + d_1(1 - d_0/f_1)]/f_3 - (1 - d_2/f_3)[d_0/f_2 + (1 + d_1/f_2)(1 - d_0/f_1)]} \tag{6-2-7}
$$

注意到 $d_2 = f_1 + d_f + f_3 - d_1$. 根据实验条件给定 d_0 或 d, 便可以求出 d 或 d_0, 以及相关元件的位置参数。

例如, 在实验研究中有 f_1=697mm, f_2=60mm, f_3=127mm 的三面透镜及 d_s=80mm, $n \approx 1.6$ 的分束镜, 如果用第 1 和第 3 两透镜组成 4f 系统, 其横向放大率为 $\beta = -f_3/f_1 \approx -0.19$, 在 CCD 与系统最后一面透镜间放入分束镜 S 时, 由于三元件间剩余宽度只有 47mm, 元件的固定及调节很不方便, 当需要更小的放大率时不能进行测量。此外, 物平面到系统第一面透镜的距离是 697mm, 空间利用率较低。实际需要的是 d_0=390mm, 放大率 $\beta = -0.14$ 的系统, 根据式 (6-2-7) 求得 d=334mm, d_1=665mm, d_2=147mm. 在最后一面透镜与 CCD 间有足够的空间放置分束镜 S。实验时 d_3=20mm, 由式 (6-2-6) 求得 d_4=264mm。让物平面是上一节实验中使用过的透光孔为 "龙" 字的光阑, 在波长 532nm 的激光下进行了实验。图 6-2-3(a)、(c)、(d) 分别给出理论预计的像平面附近 CCD 获得的 512×512 像

素的三幅图像。由于像素宽度是 0.0032mm，对应 CCD 面阵宽度是 1.638mm. 图
6-2-3(b) 是根据光阑投影图绘出的边界宽度为 1.638mm/0.14=11.7 mm 的 "龙" 字
图案。可以看出，实验对理论分析作出了较好的证明。

　　利用光学系统物平面与像平面是共轭平面的性质, 本节的讨论也可以推广于物
体投影尺寸甚小于 CCD 面阵的情况。

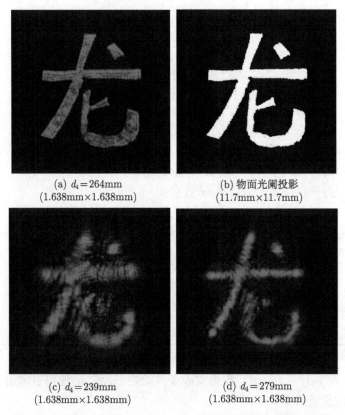

(a) $d_4=264$mm
(1.638mm×1.638mm)

(b) 物面光阑投影
(11.7mm×11.7mm)

(c) $d_4=239$mm
(1.638mm×1.638mm)

(d) $d_4=279$mm
(1.638mm×1.638mm)

图 6-2-3　物面光阑投影与 CCD 探测平面光波场强度图像比较

6.3　柯林斯公式在波前重建中的应用

　　在处理物光穿过一个光学系统后到达 CCD 的物平面波前重建问题时, 本章第
一节曾经基于矩阵光学理论导出利用柯林斯公式重建物平面光波场的计算公式。事
实上, 基于衍射场逆运算回复到物平面的概念, 也可以导出等价的计算公式。按照
这个概念, 原则上还可以使用经典的衍射公式的逆运算实现物光场的重建。因此,
若已经准确获得到达 CCD 平面的物光复振幅, 在原则上可以使用衍射场的逆向空

间追迹利用每一个经典的衍射公式完成波前重建。本节首先导出柯林斯公式的逆运算式[22], 介绍使用逆运算式实现物光通过 $ABCD$ 光学系统的数字全息波前重建。

6.3.1 用柯林斯公式的逆运算实现波前重建

在图 6-3-1 中, 若物平面到 CCD 平面的光学系统可以由 2×2 矩阵 $\begin{bmatrix} A & B \\ C & D \end{bmatrix}$ 描述, 物平面光波场为 $O_0(x_0, y_0)$, 物光通过光学系统到达 CCD 平面的光波场 $O(x, y)$ 可由柯林斯公式表出[20]

$$O(x,y) = \frac{\exp(jkL)}{j\lambda B} \int_{-\infty}^{\infty} \int_{-\infty}^{\infty} O_0(x_0, y_0)$$
$$\times \exp\left\{\frac{jk}{2B}\left[A\left(x_0^2 + y_0^2\right) + D\left(x^2 + y^2\right) - 2\left(xx_0 + yy_0\right)\right]\right\} dx_0 dy_0 \quad (6\text{-}3\text{-}1)$$

式中, $j = \sqrt{-1}$, L 为 $ABCD$ 光学系统的轴上光程, $k = 2\pi/\lambda$, λ 为光波长。

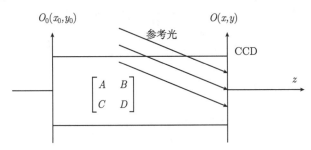

图 6-3-1 $ABCD$ 数字全息系统及坐标定义

如果存在柯林斯公式的逆运算式, 将 $ABCD$ 系统的入射平面视为数字全息系统的物平面, 出射平面视为 CCD 探测平面 (图 6-3-1), 只要能够通过 CCD 探测到的干涉图像, 处理获得到达探测平面的物光波场 $O(x, y)$, 利用逆运算式即能进行物平面光波场 $O_0(x_0, y_0)$ 的重建。下面即导出柯林斯公式的逆运算表达式。

1. 柯林斯公式的逆运算式

对式 (6-3-1) 作变量代换 $x_a = Ax_0$, $y_a = Ay_0$ 可得

$$O(x,y)\exp\left[j\frac{k}{2B}\left(\frac{1}{A} - D\right)\left(x^2 + y^2\right)\right]$$
$$= \int_{-\infty}^{\infty} \int_{-\infty}^{\infty} O_0\left(\frac{x_a}{A}, \frac{y_a}{A}\right)\frac{\exp(jkL)}{j\lambda BA^2}$$
$$\times \exp\left\{j\frac{k}{2BA}\left[(x_a - x)^2 + (y_a - y)^2\right]\right\} dx_a dy_a \quad (6\text{-}3\text{-}2)$$

等式两边作傅里叶变换并利用卷积定律

$$\mathcal{F}\left\{O\left(x,y\right)\exp\left[\mathrm{j}\frac{k}{2B}\left(\frac{1}{A}-D\right)\left(x^2+y^2\right)\right]\right\}$$

$$=\mathcal{F}\left\{O_0\left(\frac{x}{A},\frac{y}{A}\right)\right\}\mathcal{F}\left\{\frac{\exp\left(\mathrm{j}\,kL\right)}{\mathrm{j}\,\lambda BA^2}\exp\left[\mathrm{j}\frac{k}{2BA}(x^2+y^2)\right]\right\}$$

$$=\mathcal{F}\left\{O_0\left(\frac{x}{A},\frac{y}{A}\right)\right\}\frac{\exp[\mathrm{j}\,k(L-BA)]}{A}\exp\left\{\mathrm{j}kBA\left[1-\frac{\lambda^2}{2}\left(f_x^2+f_y^2\right)\right]\right\} \quad (6\text{-}3\text{-}3)$$

于是

$$\mathcal{F}\left\{O_0\left(\frac{x}{A},\frac{y}{A}\right)\right\}$$

$$=A\exp\left[-\mathrm{j}\,k(L-BA)\right]\exp\left\{-\mathrm{j}kBA\left[1-\frac{\lambda^2}{2}\left(f_x^2+f_y^2\right)\right]\right\}$$

$$\times\mathcal{F}\left\{O\left(x,y\right)\exp\left[\mathrm{j}\frac{k}{2B}\left(\frac{1}{A}-D\right)\left(x^2+y^2\right)\right]\right\}$$

$$=A\mathcal{F}\left\{\frac{\exp\left(-\mathrm{j}\,kL\right)}{-\mathrm{j}\,\lambda BA}\exp\left[-\mathrm{j}\frac{k}{2BA}\left(x^2+y^2\right)\right]\right\}$$

$$\times\mathcal{F}\left\{O\left(x,y\right)\exp\left[\mathrm{j}\frac{k}{2B}\left(\frac{1}{A}-D\right)\left(x^2+y^2\right)\right]\right\}$$

再对等式两边作逆傅里叶变换

$$O_0\left(\frac{x_a}{A},\frac{y_a}{A}\right)=\frac{\exp\left(-\mathrm{j}\,kL\right)}{-\mathrm{j}\,\lambda B}\int_{-\infty}^{\infty}\int_{-\infty}^{\infty}O\left(x,y\right)\exp\left[\mathrm{j}\frac{k}{2B}\left(\frac{1}{A}-D\right)\left(x^2+y^2\right)\right]$$

$$\times\exp\left\{-\mathrm{j}\frac{k}{2BA}\left[\left(x-x_a\right)^2+\left(y-y_a\right)^2\right]\right\}\mathrm{d}x\mathrm{d}y \quad (6\text{-}3\text{-}4)$$

对上式利用 $x_a=Ax_0$, $y_a=Ay_0$ 的坐标变换关系, 即得

$$O_0\left(x_0,y_0\right)=\frac{\exp\left(-\mathrm{j}kL\right)}{-\mathrm{j}\lambda B}\int_{-\infty}^{\infty}\int_{-\infty}^{\infty}O\left(x,y\right)\exp\left\{-\frac{\mathrm{j}k}{2B}[D\left(x^2+y^2\right)\right.$$

$$\left.+A\left(x_0^2+y_0^2\right)-2\left(x_0x+y_0y\right)]\right\}\mathrm{d}x\mathrm{d}y \quad (6\text{-}3\text{-}5)$$

于是, 式 (6-3-1) 和式 (6-3-5) 构成轴对称傍轴光学系统入射平面及出射平面光波场间的相互运算关系。将上式与式 (6-1-4) 的矩阵光学讨论比较可以看出，两种方法得出的重建公式事实上是相同的。

利用柯林斯公式能显著简化傍轴光学系统的数字全息研究。参照第 3 章的讨论，可以建立使用一次快速傅里叶变换 (1-FFT) 及两次快速傅里叶变换 (2-FFT) 的计算方法，完成波前重建的相关计算 [10,21]。

2.ABCD 系统数字全息的波前重建实验研究

为进一步证实柯林斯公式逆运算重建的可行性, 现进行图 6-3-2 所示的另一个傍轴光学系统的数字全息实验研究。实验中让参考光引入一个非 2π 整数倍的相移, 引用频域消零级衍射光干扰的技术 [23], 用柯林斯公式的逆运算重建被测量物平面的波前。

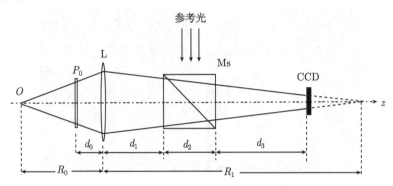

图 6-3-2 *ABCD* 系统数字全息实验研究简化光路

由图可见, 照明物光是来自 O 点的发散球面波, 穿过物平面的光波通过透镜 L 后成为会聚的物光波, 该列光波穿过立方分束镜 Ms 后投向 CCD 成为物光。平面参考光自上而下由立方分束镜 Ms 引入, 经反射到达 CCD 成为参考光。在该实验中, 我们通过在参考光路中插入和取出平晶的两种状态来产生参考光的相移, 以便使用两幅干涉图的差值图像消除零级衍射光的干扰。

不难看出, 上实验光路能够适应于被测量物体尺寸变化的情况, 当物体尺寸较小时, 可以让物体移近 O 点, 让携带物体信息的光波较好地充满 CCD 窗口。反之, 当物体尺寸较大时, 让物体移近 L, 让 CCD 较满意地获取物光信息。

模拟及实际测量的物体仍然用变焦系统研究中使用过的透光孔为 "龙" 字的平面光阑 (图 6-3-3(a))。与装置相关的实验参数为: d_0=147mm, d_1=135mm, d_2=80mm, d_3=1100mm, R_1=2070mm, R_0=1055mm。透镜 L 的焦距 $f = (1/R_0 + 1/R_1)^{-1} = 698.83$mm, CCD 面阵尺寸为 6.4512mm×4.8412mm。有效像素为 552×784。物平面取样宽度 11mm。

将物平面到 CCD 平面视为一个 *ABCD* 系统, 并将点源 O 对物平面的照射作用视为紧贴物平面有一焦距为 $R_0 - d_0$ 的负透镜, 其矩阵元素由下式确定 [22]

$$\begin{bmatrix} A & B \\ C & D \end{bmatrix} = \begin{bmatrix} 1 & d_3 \\ 0 & 1 \end{bmatrix} \begin{bmatrix} 1 & d_2/n \\ 0 & 1 \end{bmatrix} \begin{bmatrix} 1 & d_1 \\ 0 & 1 \end{bmatrix}$$
$$\times \begin{bmatrix} 1 & 0 \\ -1/f & 1 \end{bmatrix} \begin{bmatrix} 1 & d_0 \\ 0 & 1 \end{bmatrix} \begin{bmatrix} 1 & 0 \\ 1/(R_0 - d_0) & 1 \end{bmatrix} \tag{6-3-6}$$

将相关参数代入上式求得：$A=0.4387$，$B=1164.3\text{mm}$，$C=-0.0005613\text{mm}^{-1}$，$D=0.7896$。

3.柯林斯公式逆运算重建物平面

图 6-3-3(b)，(c) 是相移前后 CCD 探测的干涉图，图 6-3-3(e)，(f) 分别是差值

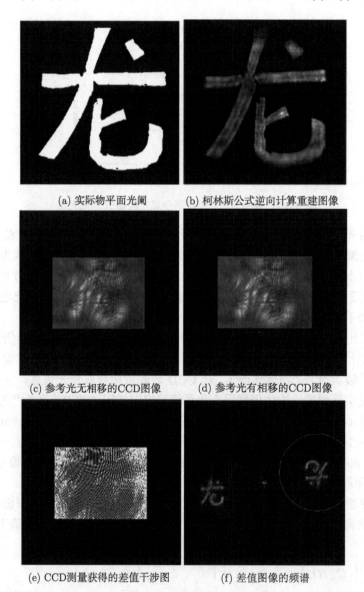

(a) 实际物平面光阑　　　　　(b) 柯林斯公式逆向计算重建图像

(c) 参考光无相移的CCD图像　　　(d) 参考光有相移的CCD图像

(e) CCD测量获得的差值干涉图　　　(f) 差值图像的频谱

图 6-3-3　数字全息实验及波前重建结果 (图像宽度 11mm×11mm)

图像灰度及其频谱图。从频谱图中可以看出，零级衍射光已经基本消失。参照第 3 章对柯林斯公式逆运算的讨论，利用式 (6-3-6) 求出系统的 $ABCD$ 参数，并将图 6-3-3(f) 滤波获得的物光频谱代入柯林斯公式的 D-FFT 逆运算式 (参见本书 3.3.4 节的讨论)，即能对物平面光波场进行重建。

　　物平面光阑的二值图像及柯林斯公式逆运算重建的物平面图像绘于图6-3-3(a)，(b) 中。可以看出，用柯林斯公式的逆运算实现波前重建是可行的。

6.3.2 光波通过傍轴光学系统的可控放大率波前重建

　　上一节介绍了用柯林斯公式的 D-FFT 逆运算进行波前重建的方法。由于 D-FFT 算法重建场的物理宽度与初始场的宽度一致，这种算法通常需要对数字全息图进行补零操作，引入了冗余计算。当用柯林斯公式逆运算的 S-FFT 算法重建时，重建场的宽度是光学系统的光学矩阵元素 B、波长 λ 及取样数 N 的函数，对于综合多波长照明的复杂物理量检测信息造成不便。基于第 5 章给出的球面波为重建波可以改变全息图重建光波场放大率的基本原理 [24,25]，对柯林斯公式的进一步研究表明，球面波照射数字全息图后，数字全息图的透射波中同样存在形成物体实像及虚像的两列光波，可以基于光学系统的 $ABCD$ 参数准确地确定重建球面波的波面半径及重建距离，在 CCD 所在的像空间中使用经典的衍射积分重建放大率可以变化的物光场。

　　以下导出基于柯林斯公式的光波通过傍轴光学系统的可控放大率波前重建方法 [28]，并给出实验证明。

1.可控放大率波前重建的理论分析

　　设轴对称傍轴光学系统可由 2×2 的矩阵 $\begin{bmatrix} A & B \\ C & D \end{bmatrix}$ 描述，图 6-3-4 是物光通过光学系统到达 CCD 的数字全息简化光路。图中定义 CCD 窗口平面是 $z=0$ 平面，$z=-z_0$ 是物平面，$z=z_i$ 是重建像平面。

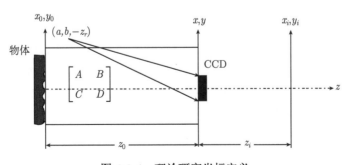

图 6-3-4　理论研究坐标定义

　　将物光场的数值重建过程视为透过 CCD 的光波在虚拟空间成像的过程，图 6-3-4 所示的光学系统则是孔径光阑为 CCD 窗口的衍射受限相干光成像系统。现研究物平面上坐标 (ξ, η) 处的单位振幅点光源 $\delta(x_0 - \xi, y_0 - \eta)$ 通过光学系统的成像问题。利用柯林斯公式，并忽略光学系统的轴上光程引入的常数相位因子，到达 CCD 平面的光波复振幅可以表为

$$U_\delta (x, y; \xi, \eta) = \frac{1}{\mathrm{j}\lambda B} \int_{-\infty}^{\infty} \int_{-\infty}^{\infty} \delta (x_0 - \xi, y_0 - \eta)$$
$$\times \exp\left\{ \frac{\mathrm{j}k}{2B} \left[A \left(x_0^2 + y_0^2 \right) + D \left(x^2 + y^2 \right) - 2 \left(xx_0 + yy_0 \right) \right] \right\} \mathrm{d}x_0 \mathrm{d}y_0$$
$$= \frac{1}{\mathrm{j}\lambda B} \exp\left\{ \frac{\mathrm{j}k}{2B} \left[A \left(\xi^2 + \eta^2 \right) + D \left(x^2 + y^2 \right) - 2 \left(x\xi + y\eta \right) \right] \right\} \quad (6\text{-}3\text{-}7)$$

式中，$\mathrm{j} = \sqrt{-1}$，$k = 2\pi/\lambda$，λ 是光波长。为不失一般性，令到达 CCD 的参考光是由 $(a, b, -z_0)$ 点发出的振幅为 A_r 的均匀球面波

$$R (x, y) = A_r \exp\left\{ \frac{\mathrm{j}k}{2z_r} \left[(x - a)^2 + (y - b)^2 \right] \right\} \quad (6\text{-}3\text{-}8)$$

CCD 平面上物光及参考光的干涉场强度则为

$$I_\delta (x, y) = \left| O_\delta (x, y; \xi, \eta) \right|^2 + A_r^2 + R (x, y) O_\delta^* (x, y; \xi, \eta) + R^* (x, y) O_\delta (x, y; \xi, \eta)$$
$$(6\text{-}3\text{-}9)$$

设 CCD 窗口函数为 $w(x, y)$，数字全息图在单位振幅球面波

$$R_c (x, y) = \exp\left[\frac{\mathrm{j}k}{2z_c} \left(x^2 + y^2 \right) \right] \quad (6\text{-}3\text{-}10)$$

照射下，透射光可以表示为

$$w (x, y) R_c (x, y) I_\delta (x, y; \xi, \eta) = U_{0\delta} (x, y; \xi, \eta) + U_{+\delta} (x, y; \xi, \eta) + U_{-\delta} (x, y; \xi, \eta)$$
$$(6\text{-}3\text{-}11)$$

式中

$$U_{0\delta} (x, y; \xi, \eta) = w (x, y) R_c (x, y) \left[\left| O_\delta (x, y; \xi, \eta) \right|^2 + A_r^2 \right]$$
$$U_{+\delta} (x, y; \xi, \eta) = w (x, y) R_c (x, y) R (x, y) O_\delta^* (x, y; \xi, \eta)$$
$$U_{-\delta} (x, y; \xi, \eta) = w (x, y) R_c (x, y) R^* (x, y) O_\delta (x, y; \xi, \eta)$$

它们依次称为零级衍射光、共轭物光及物光。合适选择参考光参数 a, b，可以通过不同的方法分离出共轭物光或物光。

　　为简明起见，设已经取出共轭物光 $U_{+\delta} (x, y; \xi, \eta)$，点光源在像平面的重构场可以用菲涅耳衍射近似表示为

$$U_{i\delta} (x_i, y_i; \xi, \eta) = \frac{\exp (\mathrm{j}kz_i)}{\mathrm{j}\lambda z_i} \int_{-\infty}^{\infty} \int_{-\infty}^{\infty} U_{+\delta} (x, y; \xi, \eta)$$

$$\times \exp\left\{\frac{jk}{2z_i}\left[(x-x_i)^2+(y-y_i)^2\right]\right\}\mathrm{d}x\mathrm{d}y \qquad (6\text{-}3\text{-}12)$$

相关各量代入得

$$U_{i\delta}\left(x_i,y_i;\xi,\eta\right)=A_r\frac{\exp\left(jkz_i\right)}{\lambda^2 Bz_i}\int_{-\infty}^{\infty}\int_{-\infty}^{\infty}w\left(x,y\right)$$

$$\times \exp\left\{-\frac{jk}{2B}\left[A\left(\xi^2+\eta^2\right)+D\left(x^2+y^2\right)-2\left(x\xi+y\eta\right)\right]\right\}$$

$$\times \exp\left\{\frac{jk}{2z_r}\left[(x-a)^2+(y-b)^2\right]\right\}\exp\left[\frac{jk}{2z_c}\left(x^2+y^2\right)\right]$$

$$\times \exp\left\{\frac{jk}{2z_i}\left[(x-x_i)^2+(y-y_i)^2\right]\right\}\mathrm{d}x\mathrm{d}y \qquad (6\text{-}3\text{-}13)$$

对于像平面, 积分号内二次相位因子应消失, 于是有

$$-\frac{D}{B}+\frac{1}{z_r}+\frac{1}{z_c}+\frac{1}{z_i}=0 \qquad (6\text{-}3\text{-}14)$$

代入式 (6-3-13) 整理后得

$$U_{i\delta}\left(x_i,y_i;\xi,\eta\right)=\Theta\left(x_i,y_i;\xi,\eta\right)\int_{-\infty}^{\infty}\int_{-\infty}^{\infty}w\left(\lambda z_i u,\lambda z_i v\right)$$

$$\times \exp\left\{-j2\pi\left[u\left(\frac{z_i a}{z_r}+x_i-M\xi\right)+v\left(\frac{z_i b}{z_r}+y_i-M\eta\right)\right]\right\}\mathrm{d}u\mathrm{d}v$$

$$(6\text{-}3\text{-}15)$$

其中

$$u=\frac{x}{\lambda z_i},\quad v=\frac{y}{\lambda z_i},\quad M=z_i/B \qquad (6\text{-}3\text{-}16)$$

以及

$$\Theta\left(x_i,y_i;\xi,\eta\right)=A_r M\exp\left(jkz_i\right)\exp\left\{-\frac{jk}{2B}\left[A\left(\xi^2+\eta^2\right)\right]\right\}$$

$$\times \exp\left\{\frac{jk}{2z_r}\left[a^2+b^2\right]\right\}\exp\left\{\frac{jk}{2z_i}\left[x_i^2+y_i^2\right]\right\}$$

若 CCD 面阵边宽分别是 L_x 及 L_y, 则 $w\left(\lambda z_i u,\lambda z_i v\right)=\mathrm{rect}\left(\dfrac{u}{L_x/\left(\lambda z_i\right)},\dfrac{v}{L_y/\left(\lambda z_i\right)}\right)$。
式 (6-3-15) 表明, 物平面上的点 (ξ,η) 将在重建平面上形成中心在 $\left(-\dfrac{z_i a}{z_r}+M\xi,\right.$
$\left.-\dfrac{z_i b}{z_r}+M\eta\right)$ 的矩形孔的夫琅禾费衍射斑。将物平面视为大量散射基元的组合,
将得到中心在 $\left(-\dfrac{z_i a}{z_r},-\dfrac{z_i b}{z_r}\right)$ 的放大 M 倍的物平面光波场的像。当给定重建放

大率 M 并由式 (6-3-16) 确定出重建距离 z_i 后，重建光的波面半径 z_c 可以根据式 (6-3-14) 写出

$$z_c = \left(\frac{D}{B} - \frac{1}{z_r} - \frac{1}{z_i} \right)^{-1} \tag{6-3-17}$$

2. 可控放大率波前重建的计算公式

令到达 CCD 平面的物光场为 $U(x,y)$，根据式 (6-3-11)，可以将 CCD 获得的数字全息图表示为

$$w(x,y) R_c(x,y) I(x,y) = U_0(x,y) + U_+(x,y) + U_-(x,y) \tag{6-3-18}$$

式中

$$U_0(x,y;\xi,\eta) = w(x,y) R_c(x,y) \left[|U(x,y)|^2 + A_r^2 \right]$$
$$U_+(x,y;\xi,\eta) = w(x,y) R_c(x,y) R(x,y) U^*(x,y)$$
$$U_-(x,y;\xi,\eta) = w(x,y) R_c(x,y) R^*(x,y) U(x,y)$$

同样，它们依次称为零级衍射光、共轭物光及物光。基于第 5 章可控放大率波前重建的研究，以下导出重建表达式。

对式 (6-3-18) 进行傅里叶变换，其中，共轭物光的频谱为

$$\begin{aligned}
G_+(f_x,f_y) &= \mathcal{F}\{U_+(x,y)\}\\
&= \int_{-\infty}^{\infty}\int_{-\infty}^{\infty} w(x,y) U^*(x,y) \exp\left\{ \frac{\mathrm{j}k}{2z_r}\left[(x-a)^2 + (y-b)^2 \right] \right\}\\
&\quad \times \exp\left[\frac{\mathrm{j}k}{2z_c}(x^2+y^2) \right] \exp\left[-\mathrm{j}2\pi(xf_x + yf_y) \right]\mathrm{d}x\mathrm{d}y\\
&= \exp\left[\frac{\mathrm{j}k}{2z_r}(a^2+b^2) \right] \int_{-\infty}^{\infty}\int_{-\infty}^{\infty} w(x,y) U^*(x,y)\\
&\quad \times \exp\left[\frac{\mathrm{j}k}{2}\left(\frac{1}{z_c}+\frac{1}{z_r}\right)(x^2+y^2) \right]\\
&\quad \times \exp\left[-\mathrm{j}2\pi\left(x\left(f_x + \frac{a}{\lambda z_r}\right) + y\left(f_y + \frac{b}{\lambda z_r}\right) \right) \right]\mathrm{d}x\mathrm{d}y \tag{6-3-19}
\end{aligned}$$

对重建物光场有贡献的透射波是 $w(x,y) U^*(x,y) \exp\left[\frac{\mathrm{j}k}{2}\left(\frac{1}{z_c}+\frac{1}{z_r}\right)(x^2+y^2) \right]$。式 (6-3-19) 表明，$G_+(f_x,f_y)$ 是频谱中心在 $\left(-\frac{a}{\lambda z_r}, -\frac{b}{\lambda z_r} \right)$ 的能够重建物光场的透射波频谱。适当设计参考光，让该列光波的频谱能与其余衍射波的频谱分离，在式 (6-3-18) 的频谱中设计滤波窗 $p_+(f_x,f_y)$ 取出 $G_+(f_x,f_y)$ 后，重建物光场可以用角谱衍射公式表示为

$$U_i(x_i,y_i) = \mathcal{F}^{-1}\left\{ p_+\left(f_x + \frac{a}{\lambda z_r}, f_y + \frac{b}{\lambda z_r} \right) G_+\left(f_x + \frac{a}{\lambda z_r}, f_y + \frac{b}{\lambda z_r} \right) \right.$$

$$\times \exp\left[jkz_i\sqrt{1-\lambda^2\left(f_x^2+f_y^2\right)}\right]\Bigg\} \tag{6-3-20}$$

研究式 (6-3-2) 表示的柯林斯公式可知, 物光通过傍轴光学系统的衍射等效于衍射距离为 BA, 横向放大 A 倍的物光场的菲涅耳衍射。若全息图的宽度为 L, 取样数为 N, 1-FFT 重建平面的像素宽度则为 $\lambda BA/L$。若像面滤波窗宽度为 N_s 像素, 为让滤波窗取出的图像再放大重建后充分布满重建平面, 其放大率应满足

$$M = \frac{L}{N_s\left(\lambda BA/L\right)/A} = \frac{L^2}{N_s\lambda B} \tag{6-3-21}$$

由于重建放大率与系统的光学矩阵参数 B 相关, 如果采用多波长照明, 只要能够确定出与不同色光相对应的矩阵参数, 就能按同一放大率对不同色光进行重建。

当根据期待的放大率确定出重建波面半径及重建距离后, 重建步骤可以归纳如下: ①利用 1-FFT 法计算在球面波照射下数字全息图的重建像; ②设计滤波器取出物体实像复振幅, 并将像移到重建像平面中心; ③通过衍射逆运算获得 CCD 平面的共轭物光场; ④计算共轭物光场的频谱; ⑤将共轭物光频谱与角谱衍射传递函数相乘并通过傅里叶逆变换进行像光场的再次重建。

由于多种波长照明的数字全息检测具有重要的实际意义, 彩色数字全息逐渐形成近年来国内外的一个研究热点 [14,25~28], 以下通过红绿蓝三种激光照明下的彩色数字全息实验, 对上面的研究作出证明。

3. 可控放大率彩色数字全息波前重建实验证明

图 6-3-5 是散射物离轴数字全息的简化光路。物体是宽度约 65mm 的彩绘泥塑猴王头像, 在 $\lambda=632.8\text{nm}$、$\lambda=532\text{nm}$ 以及 $\lambda=487\text{nm}$ 的红绿蓝三色激光照射下, 从物体表面散射的光波通过凹透镜 L_0 及分束镜 Ms 到达 CCD 形成物光。由分束镜 Ms 上方引入的参考光是平面波, 通过实验调整参考光, 使物体的 1-FFT 重建像在重建平面的第二象限 (图 6-3-6)。对于 $\lambda=532\text{nm}$ 的绿色光, 相关的实验参数为: $z_r=\infty$ (参考光是平行光), 凹透镜焦距 $f_0=-110\text{mm}$, 分束镜折射率 $n=1.5$, $d_0=220\text{mm}$, $d_1=406\text{mm}$, $d_2=25\text{mm}$, $d_3=100\text{mm}$。CCD 面阵有效像素为 1024×1024, 物理宽度 $L=4.76\text{mm}$。

按照上述参数, 由物平面到 CCD 平面的光学矩阵为

$$\begin{bmatrix} A & B \\ C & D \end{bmatrix} = \begin{bmatrix} 1 & d_3 \\ 0 & 1 \end{bmatrix}\begin{bmatrix} 1 & d_2/n \\ 0 & 1 \end{bmatrix}\begin{bmatrix} 1 & d_1 \\ 0 & 1 \end{bmatrix}$$

$$\times \begin{bmatrix} 1 & 0 \\ -1/f_0 & 1 \end{bmatrix}\begin{bmatrix} 1 & d_0 \\ 0 & 1 \end{bmatrix} \tag{6-3-22}$$

相关参数代入上式后求得 $A=5.9788$, $B=1713.5$mm, $C=0.091$mm^{-1}, $D=2.7727$。

图 6-3-6(a) 给出重建球面波照射下绿色光数字全息图的 1-FFT 重建图像。从像平面上设计 356×356 像素的区域取出待放大的图像，为让重建后图像充分布满重建平面，按照式 (6-3-21) 求得放大率 $M=0.0697$，由式 (6-3-16) 求得 $z_i=119.43$mm，将 z_i 及 z_r 的值代入式 (6-3-17) 求得 $z_c=-148.42$mm。图 6-3-6(b) 给出使用像面滤波技术重建的放大图像。

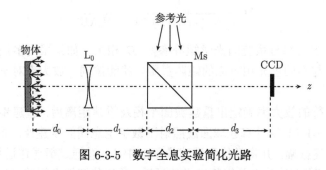

图 6-3-5　数字全息实验简化光路

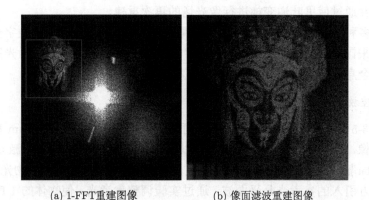

(a) 1-FFT重建图像　　　　　　　(b) 像面滤波重建图像

图 6-3-6　绿色光 1-FFT 重建图像及像面滤波重建的放大图像

由于不同色光的 1-FFT 重建场物理宽度与波长成正比，为对物体同一区域进行重建，红色光的像平面滤波窗宽度为 $356\times532/632.8\approx300$ 像素，蓝色光的为 $356\times532/473\approx400$ 像素。由于 1-FFT 重建像平面清晰地显示了重建图像，可以十分方便地在不同色光的重建平面上选择需要重建的区域。根据波长的变化对不同色光确定出相应的 $ABCD$ 矩阵参数后，图 6-3-7 给出物体同一区域按照同一放大率 $M=0.0697$ 的三种色光的重建像及合成的彩色图像。

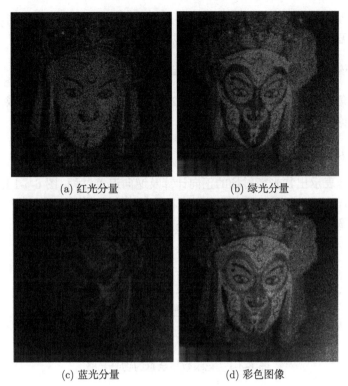

(a) 红光分量   (b) 绿光分量

(c) 蓝光分量   (d) 彩色图像

图 6-3-7 三种色光分量的重建图像及合成的彩色图像

(4.76mm×4.76mm, 1024×1024 像素, $M = 0.0697$)

(彩图见附录 C 或者见随书所附光盘)

6.4 经典衍射积分在物光通过光学系统波前重建中的应用

本章上述研究中, 物平面波前重建主要采用的是柯林斯公式, 而柯林斯公式是基于菲涅耳衍射公式以及矩阵光学理论导出的结果 [22]。菲涅耳衍射积分是基尔霍夫公式、瑞利–索末菲公式及衍射的角谱理论公式的傍轴近似 [17]。因此, 如果数字全息波前重建局限于使用菲涅耳衍射积分及柯林斯公式, 从严格的理论意义上, 其结果只对于满足傍轴近似的光学系统才成立。为实现准确的波前重建, 应该使用严格满足亥姆霍兹方程的理论公式 [17] 作为衍射计算的基本工具。由于任何光学系统均由不同空间位置排列的光学元件组成, 光波穿过光学系统的过程事实上是光波依次在不同元件间传播的过程。在第 3 章中, 已经建立了这些精确公式的逆向运算方法, 将这些方法用于数字全息的波前重建可以看出, 如果将邻近物体的平面视为光学系统的入射平面, CCD 平面视为光学系统的出射平面, 一旦获得到达 CCD 平面的物光复振幅后, 我们在原则上能够通过衍射场的逆向追迹重建物光场。当然，由于不同的计算公式遵循不同的取样条件，在应用研究中，应根据实际情况及测量精度的要求选择不同的数学工具实现波前重建。

6.4.1　利用精确衍射公式通过光波场空间追迹进行波前重建

下面以角谱衍射公式为例，对图 6-3-2 数字全息实验的全息图形成及波前重建过程进行理论模拟及实验重建。

1. 从全息图的记录到物光波前重建的光波场空间追迹

为直观地表示出物光衍射场的正向计算及逆向追迹过程, 图 6-4-1 绘出图 6-3-2 的物光光路。为便于与实验检测相比较，将实验研究中透光孔为 "龙" 字的平面光阑的投影图像作为物光场。图 6-4-2(a) 是光阑图像。

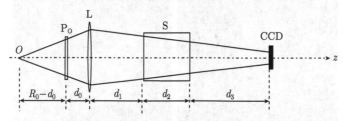

图 6-4-1　记录数字全息的物光光路

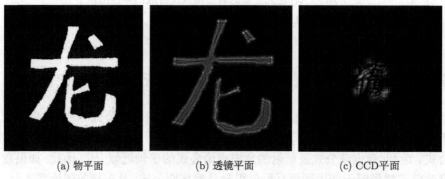

(a) 物平面　　　　　　　(b) 透镜平面　　　　　　(c) CCD平面

图 6-4-2　物平面及正向追迹过程中部分平面的光波场强度图像

(12.8mm×12.8mm, 1024×1024 像素)

模拟研究按下面 5 个步骤进行 [17]：① 沿物光传播时通过的介质空间及光学元件逐一进行光波场的追迹，获取到达 CCD 的物光场；② 按照能够分离物光的条件引入参考光，形成两幅数字全息图 (其中一幅参考光是引入一非 2π 整数倍相移形成的)，让两全息图相减形成差值全息图；③ 计算差值全息图频谱；④ 设计滤波窗取出到达 CCD 的物光频谱；⑤ 利用角谱衍射公式的逆运算式沿物光光路的反向进行光波场的逆向空间追迹, 直至物平面。

下面, 按照上述步骤详细给出光波场的空间追迹全过程。

1) 沿物光传播时通过的介质空间及光学元件逐一进行光波场的追迹, 获取到达 CCD 的物光场

令 $x_0 y_0$ 为物平面, $o_0 (x_0, y_0)$ 为平面波照射下透过物平面光阑的光波场。考虑到物平面被球面波照射, 物光场表示为

$$O_0 (x_0, y_0) = o_0 (x_0, y_0) \exp \left[jk \frac{x_0^2 + y_0^2}{2 (R_0 - d_0)} \right] \tag{6-4-1}$$

图 6-4-2(a) 给出宽度 $D_0 = 12.8$mm、取样数 $N = 1024$ 的物平面光波场强度图像。

令透镜平面坐标为 $x_1 y_1$, 到达透镜前表面的光波场为

$$O_1 (x_1, y_1) = \mathcal{F}^{-1} \left\{ \mathcal{F} \{ O_0 (x_0, y_0) \} \exp \left[j \frac{2\pi}{\lambda} d_0 \sqrt{1 - (\lambda f_x)^2 - (\lambda f_y)^2} \right] \right\} \tag{6-4-2}$$

基于上式的计算结果, 图 6-4-2(b) 给出到达透镜前表面的光波场强度图像。可以清楚地看出, 除图像边沿出现衍射条纹外, 由于发散球面波的照射, 光波场已经被横向轻微放大。

令 $x_2 y_2$ 为分束镜 S 的左侧平面坐标, 该平面上光波场则为

$$O_2 (x_2, y_2) = \mathcal{F}^{-1} \left\{ \mathcal{F} \{ O_1 (x_1, y_1) T_1 (x_1, y_1) \} \exp \left[j \frac{2\pi}{\lambda} d_1 \sqrt{1 - (\lambda f_x)^2 - (\lambda f_y)^2} \right] \right\} \tag{6-4-3}$$

式中, $T_1 (x_1, y_1) = \exp \left(-jk \frac{x_1^2 + y_1^2}{2f} \right)$ 表示透镜 L 的复振幅透过函数。

令 $x_3 y_3$ 为分束镜 S 的右侧平面坐标, 按下式得到分束镜 S 右侧平面的光波场

$$O_3 (x_3, y_3) = \mathcal{F}^{-1} \left\{ \mathcal{F} \{ O_2 (x_2, y_2) \} \exp \left[j \frac{2\pi}{\lambda_s} d_2 \sqrt{1 - (\lambda_s f_x)^2 - (\lambda_s f_y)^2} \right] \right\} \tag{6-4-4}$$

式中, $\lambda_s = \lambda / n$, n 为分束镜 S 的折射率, 模拟计算中采用 $n = 1.6$。

最后, 到达 CCD 平面的光波场表示为

$$O (x, y) = \mathcal{F}^{-1} \left\{ \mathcal{F} \{ O_3 (x_3, y_3) \} \exp \left[j \frac{2\pi}{\lambda} d_3 \sqrt{1 - (\lambda f_x)^2 - (\lambda f_y)^2} \right] \right\} \tag{6-4-5}$$

图 6-4-2(c) 给出通过计算获得的到达 CCD 平面的光波场强度图像。显然, 由于透镜的会聚作用, 相对于物平面, CCD 平面的衍射图像又变小了。

2) 形成两幅数字全息图

令到达 CCD 平面的参考光为

$$R (x, y) = a_r \exp [jk (\theta_x x + \theta_y y)] \tag{6-4-6}$$

CCD 探测平面的物光与参考光干涉的强度则为

$$I\left(x,y\right) = \left|R\left(x,y\right) + O\left(x,y\right)\right|^2 \tag{6-4-7}$$

为让参考光与物光 $O\left(x,y\right)$ 干涉形成的全息图有较好的对比度，在上式的计算中将参考光振幅 a_r 选择为 3 倍物光振幅的平均值，让参考光倾斜角度的选择使得物光频谱落在全息图频谱平面的第一象限。

由于用角谱衍射公式计算衍射场时，初始平面与观测平面的物理宽度始终是 12.8mm, 为能模拟探测平面窗口宽度为 6.4512mm× 4.8412mm 的 CCD 获得的数字全息图，干涉场强度分布 $I\left(x,y\right)$ 必须被 CCD 窗口截取。图 6-4-3(a) 形象地显示出模拟计算中全息图的相对尺寸。图中，黑色区域是零值，全息图是计算结果归一化后采用 0~255 亮度等级显示的。让式 (6-4-6) 表示的参考光引入 $\pi/3$ 的相移，可以获得第二幅数字全息图。

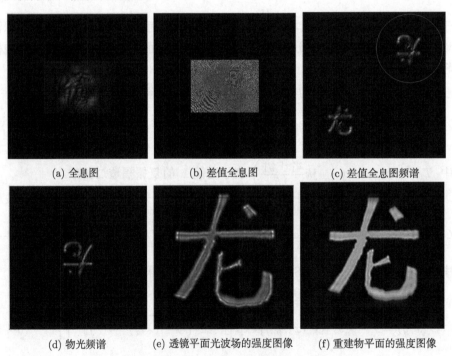

| (a) 全息图 | (b) 差值全息图 | (c) 差值全息图频谱 |
| (d) 物光频谱 | (e) 透镜平面光波场的强度图像 | (f) 重建物平面的强度图像 |

图 6-4-3   物平面重建过程的模拟图像

3) 计算差值全息图频谱

利用两幅全息图相减的绝对值绘出的差值全息图示于图 6-4-3(b)。通过对差值全息图作离散傅里叶变换求得的频谱示于图 6-4-3(c)。由于采用了消零级衍射干扰的技术，频谱图中已经无零级衍射光的频谱，物光及共轭物光的频谱则分别位于频谱平面的第一及第三象限。

利用 240 像素为半径的圆形滤波窗取出物光频谱 (见图 6-4-3(c))。将滤波窗中心视为频谱平面中心，通过周边补零形成 1024×1024 像素的物光频谱 $\mathcal{F}\{O(x,y)\}$，图 6-4-3(d) 给出该频谱图像。

4) 利用角谱衍射公式的逆运算式沿物光光路的反向进行光波场的逆向空间追迹

在第 3 章中，已经建立了角谱衍射公式的逆运算式，分束镜 S 右侧的光波场可以表为

$$O_3(x_3, y_3) = \mathcal{F}^{-1}\left\{\mathcal{F}\{O(x,y)\} \exp\left[-\mathrm{j}\frac{2\pi}{\lambda}d_3\sqrt{1 - (\lambda f_x)^2 - (\lambda f_y)^2}\right]\right\} \quad (6\text{-}4\text{-}8)$$

利用上结果，可以得到分束镜左侧的光波场

$$O_2(x_2, y_2) = \mathcal{F}^{-1}\left\{\mathcal{F}\{O_3(x_3, y_3)\} \exp\left[-\mathrm{j}\frac{2\pi}{\lambda_s}d_2\sqrt{1 - (\lambda_s f_x)^2 - (\lambda_s f_y)^2}\right]\right\} \quad (6\text{-}4\text{-}9)$$

透镜 L 右侧平面的光波场则为

$$O_1(x_1, y_1) = \mathcal{F}^{-1}\left\{\mathcal{F}\{O_2(x_2, y_2)T_0(x_1, y_1)\} \exp\left[-\mathrm{j}\frac{2\pi}{\lambda}d_1\sqrt{1 - (\lambda f_x)^2 - (\lambda f_y)^2}\right]\right\}$$
$$(6\text{-}4\text{-}10)$$

通过计算，上式表示的光波场 $O_1(x_1, y_1)$ 强度图像示于图 6-4-3(e)。可以看出，该图像与正向计算时到达该平面的光波场强度图像 (图 6-4-2(b)) 很吻合。

为得到物光场 $O_0(x_0, y_0)$，还应考虑透镜 L 曾经对正向传播光波场的振幅变换作用。因此，其运算式应为

$$O_0(x_0, y_0) = \mathcal{F}^{-1}\left\{\mathcal{F}\{O_1(x_1, y_1)T_1^*(x_1, y_1)\} \exp\left[-\mathrm{j}\frac{2\pi}{\lambda}d_0\sqrt{1 - (\lambda f_x)^2 - (\lambda f_y)^2}\right]\right\}$$
$$(6\text{-}4\text{-}11)$$

其中，$T_1^*(x_1, y_1) = \exp\left(\mathrm{j}k\dfrac{x_1^2 + y_1^2}{2f}\right)$。

由于物平面光阑被波面半径 $R_0 - d_0$ 的球面波照射，平面波照射下透过物平面光阑的光波场则为

$$o_0(x_0, y_0) = O_0(x_0, y_0) \exp\left[-\mathrm{j}k\frac{x_0^2 + y_0^2}{2(R_0 - d_0)}\right] \quad (6\text{-}4\text{-}12)$$

利用上式的数值计算结果，图 6-4-3(f) 给出重建物光面光波场的强度图像。与图 6-4-2(a) 比较不难看出，通过衍射逆运算进行波前重建在理论上是完全可行的。然而，应该指出，由于光学元件的空间滤波作用，损失了物光场的部分高频角谱，重建图像的边沿相对模糊。

2. 光波场空间追迹重建的实验证明

利用实际物面光阑, 在上述光学系统中进行实验, 并且按照同一方法根据 CCD 探测的全息图进行了物光场重建。按照与图 6-4-3 相同的显示方式, 图 6-4-4 给出根据实际全息图重建的结果。

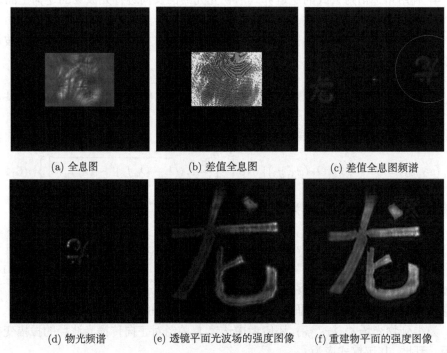

　　(a) 全息图　　　　　　　(b) 差值全息图　　　　　(c) 差值全息图频谱

　(d) 物光频谱　　(e) 透镜平面光波场的强度图像　(f) 重建物平面的强度图像

图 6-4-4　根据实验记录的全息图进行的物平面重建过程

比较图 6-4-4 与图 6-4-3 可以看出, 尽管实验研究中的参考光倾斜角度的调整未能达到理论研究规定的理想状态, 但是仍然能够很好地从差值全息图中取出物光频谱 (图 6-4-4(c)), 光波场逆向追迹重建的实验研究完全证实了上述理论分析的可行性。

应该指出, 物平面到 CCD 平面间无光学零件的数字全息系统事实上可以视为最简单的光学系统 [29], 将角谱衍射公式与重建波为球面波的可控放大率重建方法相结合, 可以较满意地解决物体邻近 CCD 时使用菲涅耳衍射的 1-FFT 重建计算遇到的困难。在应用研究中, 应根据实际测量条件及精度要求, 选择合适的计算公式较满意地实现数字全息检测。

6.4.2　数字全息物光场在像空间及物空间的重建研究

在上面的研究中, 讨论了柯林斯公式的逆运算以及光波场的逆向追迹进行波前重建的方法。事实上,基于阿贝及瑞利处理光波通过光学系统衍射问题的理论 [17],还可以用经典的衍射计算公式按照下面两种途径实现波前重建 [30]:

其一,根据阿贝的理论,光波通过光学系统的衍射效应来自于光学系统的入射光瞳 [17]。如果将物平面视为孔径光阑所在平面,在像空间中对物体的像进行重建,利用理想像与物之间的理论关系,便能实现物光场的重建。这种方法简称为像空间重建法。

其二,根据瑞利的理论,光波通过光学系统的衍射效应来自于光学系统的出射光瞳 [17]。由于波前重建过程等效于光波通过 CCD 窗口在计算机的虚拟空间的成像过程,将 CCD 窗口视为系统的出射光瞳。将数字全息图成像于物空间,便能在物空间进行物光场重建。这种方法简称物空间重建法。

由于平面波可以视为波面半径无限大的球面波,为让研究较具一般性,以下令参考光为球面波,引入矩阵光学 [31] 对上述两种方法进行理论及实验研究。

1. 数字全息记录及成像系统的矩阵光学描述

图 6-4-5 是数字全息记录系统的坐标及相关参数定义图。图中,x_0y_0 为物平面;x_cy_c 为 CCD 平面,并且,物平面到 CCD 平面间的光学系统由 $\begin{pmatrix} A & B \\ C & D \end{pmatrix}$ 光学矩阵描述 [20]。为便于后续讨论,以物平面及 CCD 平面为参考平面,分别定义物空间及像空间中的下述平面。

x_iy_i: x_0y_0 在像空间的像平面;

$x_{0c}y_{0c}$: x_cy_c 在物空间的共轭像面;

x_ry_r: 参考光点源所在平面 (当参考光为平行光时,该平面在无穷远处);

$x_{0r}y_{0r}$: x_ry_r 在物空间的共轭像面。

各坐标面间的距离如图所示,以下分别对物空间及像空间波前重建算法进行研究。

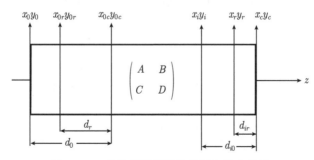

图 6-4-5 理论研究坐标及相关参数定义图

2.像空间波前重建 —— 瑞利成像理论的应用

按照图 6-4-5，光波从 x_0y_0 平面传播到 x_iy_i 平面时，对应的光学矩阵为

$$\begin{bmatrix} A' & B' \\ C' & D' \end{bmatrix} = \begin{bmatrix} 1 & -d_{i0} \\ 0 & 1 \end{bmatrix} \begin{bmatrix} A & B \\ C & D \end{bmatrix} = \begin{bmatrix} A - Cd_{i0} & B - Dd_{i0} \\ C & D \end{bmatrix} \tag{6-4-13}$$

当 x_0y_0 与 x_iy_i 为共轭像面时，矩阵元素 $B' = 0^{[20,31]}$，于是有

$$d_{i0} = B/D \tag{6-4-14}$$

物平面在像空间的放大率为

$$M_i = A - Cd_{i0} = 1/D \tag{6-4-15}$$

令到达 CCD 的物光场为 $U(x_c, y_c)$，参考光是 x_ry_r 平面上坐标为 (a, b) 的点源发出的球面波

$$R(x_c, y_c) = A_r \exp\left\{ \frac{jk}{2d_{ir}} \left[(x_c - a)^2 + (y_c - b)^2 \right] \right\}$$

式中，A_r 为实常数，$j = \sqrt{-1}$，$k = 2\pi/\lambda$，CCD 记录的数字全息图可以表为

$$\begin{aligned} I_h(x_c, y_c) = {}& |U(x_c, y_c)|^2 + |R(x_c, y_c)|^2 + U^*(x_c, y_c) R(x_c, y_c) \\ & + U(x_c, y_c) R^*(x_c, y_c) \end{aligned} \tag{6-4-16}$$

由式 (6-4-16) 可知，如果将像空间的物体像视为物体，将 d_{i0} 视为像空间的物平面到 CCD 平面的距离，令重建波为波面半径 $-d_{ir}$ 沿光轴传播的单位振幅球面波，d_{i0} 为重建距离，即可对像光场进行重建.

若 CCD 的面阵像素数为 $N \times N$，宽度为 L，照明光的波长为 λ，按照离散傅里叶变换理论，当使用菲涅耳衍射积分的 1-FFT 计算法重建时，重建场宽度为

$$L_{0i} = \lambda d_{i0} N/L \tag{6-4-17}$$

令像平面光波场为 $U_i(x_i, y_i)$，按照瑞利的衍射效应来自于成像系统出射光瞳的理论 [22]，物光场 $U_0(x_0, y_0)$ 和像光场 $U_i(x_i, y_i)$ 的关系是

$$U_i(x, y) = \frac{1}{M_i} U_0\left(\frac{x}{M_i}, \frac{y}{M_i} \right) \exp\left[jk\left(1 - \frac{1}{M_i} \right) \frac{x^2 + y^2}{2d_h} \right] \tag{6-4-18}$$

式中，d_h 是光学系统像方主面到像平面的距离。因此，当像空间中重建了光波场 $U_i(x_i, y_i)$ 后，可以通过式 (6-4-18) 求得物平面光波场.

3. 物空间波前重建方法 —— 阿贝成像理论的应用

按照图 6-4-5，光波从 $x_{0c}y_{0c}$ 平面传播到 $x_c y_c$ 平面时，对应的光学矩阵为

$$\begin{bmatrix} A'' & B'' \\ C'' & D'' \end{bmatrix} = \begin{bmatrix} A & B \\ C & D \end{bmatrix} \begin{bmatrix} 1 & -d_0 \\ 0 & 1 \end{bmatrix} = \begin{bmatrix} A & -Ad_0 + B \\ C & -Cd_0 + D \end{bmatrix} \tag{6-4-19}$$

当 $x_{0c}y_{0c}$ 与 $x_c y_c$ 为共轭像面时，矩阵元素 $B'' = 0$[31]，于是有

$$d_0 = B/A \tag{6-4-20}$$

CCD 窗口相对于 CCD 在物空间像的放大率为[31]

$$M_c = A \tag{6-4-21}$$

另外，光波从 $x_{0r}y_{0r}$ 平面传播到 $x_r y_r$ 平面时，对应的光学矩阵为

$$\begin{aligned} \begin{bmatrix} A''' & B''' \\ C''' & D''' \end{bmatrix} &= \begin{bmatrix} 1 & -d_{ir} \\ 0 & 1 \end{bmatrix} \begin{bmatrix} A & B \\ C & D \end{bmatrix} \begin{bmatrix} 1 & -(d_0 - d_r) \\ 0 & 1 \end{bmatrix} \\ &= \begin{bmatrix} 1 & -d_{ir} \\ 0 & 1 \end{bmatrix} \begin{bmatrix} A & -A(d_0 - d_r) + B \\ C & -C(d_0 - d_r) + D \end{bmatrix} \\ &= \begin{bmatrix} A - Cd_{ir} & -(A - d_{ir}C)(d_0 - d_r) + B - d_{ir}D \\ C & -C(d_0 - d_r) + D \end{bmatrix} \end{aligned} \tag{6-4-22}$$

当 $x_{0r}y_{0r}$ 与 $x_r y_r$ 为共轭像面时，$B''' = 0$，即 $-(A - d_{ir}C)(d_0 - d_r) + B - d_{ir}D = 0$，于是有

$$d_r = \frac{d_{ir}D - B}{A - d_{ir}C} + d_0 \tag{6-4-23}$$

根据图 6-4-5，物空间中参考光点源所在平面到 $x_{0c}y_{0c}$ 平面的距离为 d_r，物体到 $x_{0c}y_{0c}$ 平面的距离为 d_0，若 CCD 像素数为 $N \times N$，CCD 面阵宽度为 L，将物空间全息图的宽度定义为 L/M_c，令重建距离为 d_0，重建波为半径 $-d_r$ 沿光轴传播的球面波，便能进行物光场重建。当使用菲涅耳衍射积分的 1-FFT 计算法重建时，重建场宽度则为

$$L_{00} = \lambda d_0 M_c N / L \tag{6-4-24}$$

根据以上讨论很容易证明

$$L_{0i}/L_{00} = \frac{d_{i0}}{d_0 M_c} = \frac{1}{D} = M_i \tag{6-4-25}$$

由于 M_i 是物体通过系统成像后的放大率，上述结论表明，两种方法重建物体的像在重建平面上保持相同的相对尺度. 但是，应该指出，物空间波前重建的结果即式 (6-4-18) 中的物光场 $U_0(x_0, y_0)$。

4. 数字全息实验及波前重建

为简明起见，使用图 6-3-5 的数字全息系统，物体仍然是宽度约 $h_0 = 65\text{mm}$ 的彩绘泥塑猴王头像，但只以 $\lambda = 532\text{nm}$ 的绿色激光照射下记录的全息图为例，分别进行像空间及物空间的波前重建实验证明。

根据式 (6-3-22) 知，物光通过的傍轴光学系统的矩阵光学参数分别为：$A = 5.9788$, $B = 1713.5\text{mm}$, $C = 0.091\text{mm}^{-1}$, $D = 2.7727$。

1) 像空间波前重建

将相关参数代入式 (6-4-14) 及式 (6-4-15) 得：$d_{i0} = B/D = 617.99\text{mm}$, $M_i = 0.3607$。因此，可以将数字全息物光场重建问题简化为对距离 CCD 平面 617.99 mm 处高度约为 $M_i h_0 \approx 16.23\text{mm}$ 的物体进行重建。令重建距离为 617.99 mm，选择平面波为重建波，使用 1-FFT 重建的物光场强度图像示于图 6-4-6(a)。由式 (6-4-17) 知，重建物平面宽度为 $L_{0i} \approx 70.7\text{mm}$。

2) 物空间波前重建

将相关参数代入式 (6-4-20)、式 (6-4-21) 及式 (6-4-23) 得：$d_0 = 286.61\text{mm}$, $M_c = 5.9788$, $d_r = -18.398\text{mm}$。令重建距离为 d_0，重建球面波的波面半径为 $-d_r$，重建物光场的强度图像示于图 6-4-6(b)。

(a) 1-FFT像空间重建　　　　　　(b) 1-FFT物空间重建
(70.7mm×70.7mm)　　　　　　(196mm×196mm)

图 6-4-6　两种波前重建方法重建图像的比较

由式 (6-4-24) 求得重建物平面宽度为 $L_{00} \approx 196.0426\text{mm}$。显然，$L_{0i}/L_{00} \approx 0.3607 = 1/D$，式 (6-4-25) 的研究结果获得证明。

3) 两种重建算法的简单比较

从图 6-4-6 可以看出，在物空间及像空间重建物体的强度图像没有明显区别。然而，该图事实上只显示出物光场振幅重建的等价性。在数字全息的应用研究中，物光场相位的准确重建在许多情况下是必需的 (例如，与绝对相位检测发生直接关系的三维面形的检测 [32,33]）。按照理论分析，对于与相位测量相关的数字全息研究，如果采用像空间重建法获得物光场的像后，还必须确定光学系统像方主面到像平面的距离，按照式 (6-4-18) 计算物光场。然而，物空间重建则能避免这种运算。从这个意义上看，物空间重建法优于像空间重建法。

6.4.3　光学系统光学矩阵元素的数字全息检测

根据矩阵光学理论，为获得光学系统的矩阵元素，必须准确知道组成光学系统的每一元件的光学参数及各元件的准确位置。在应用研究中，当光学系统给定后，许多情况下较难获取这些参数。如果能够建立一种测量方法，不需要知道光学系统的内部结构却能较准确地确定系统的光学矩阵元素，具有重要的实际意义。为此，本节将光学系统视为不必知道内部结构的"黑箱"，介绍利用数字全息技术简明地测量系统光学矩阵元素的方法 [34]。

1.利用点源全息图检测光学矩阵元素 $ABCD$

图 6-4-7 是理论研究的轴对称傍轴光学系统示意图，若入射平面及出射平面的坐标分别为 $x_0 y_0$ 及 xy，柯林斯建立了根据入射平面光波场 $U_0(x_0,y_0)$ 计算出射平面光波场 $U(x,y)$ 的表达式 [18]

$$U(x,y) = \frac{\exp(jkL_{\text{axe}})}{j\lambda B} \int_{-\infty}^{\infty} \int_{-\infty}^{\infty} U_0(x_0,y_0)$$
$$\times \exp\left\{\frac{jk}{2B}\left[A\left(x_0^2 + y_0^2\right) + D\left(x^2 + y^2\right) - 2(xx_0 + yy_0)\right]\right\} dx_0 dy_0$$

$$(6-4-26)$$

式中，L_{axe} 为光学系统的轴上光程，$k=2\pi/\lambda$，λ 为光波长。

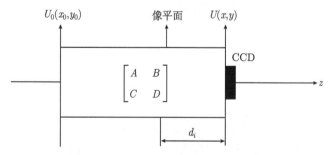

图 6-4-7　物平面到 CCD 平面光学系统相关参数的定义图

令入射光为物平面 (ξ, η) 处的点源，代入式 (6-4-26) 得

$$U(x,y) = \frac{\exp(jkL_{\text{axe}})}{j\lambda B} \int_{-\infty}^{\infty} \int_{-\infty}^{\infty} \delta(x_0 - \xi, y_0 - \eta)$$

$$\times \exp\left\{\frac{\mathrm{j}k}{2B}\left[A\left(x_0^2 + y_0^2\right) + D\left(x^2 + y^2\right) - 2\left(xx_0 + yy_0\right)\right]\right\}\mathrm{d}x_0\mathrm{d}y_0$$

$$(6\text{-}4\text{-}27)$$

利用 δ 函数的性质, 上式简化为

$$U\left(x,y\right) = \frac{\exp\left(\mathrm{j}kL_{\mathrm{axe}}\right)}{\mathrm{j}\lambda B}\exp\left\{\frac{\mathrm{j}k}{2B}\left[A\left(\xi^2 + \eta^2\right) + D\left(x^2 + y^2\right) - 2\left(x\xi + y\eta\right)\right]\right\}$$

$$(6\text{-}4\text{-}28)$$

通过配方运算得

$$U\left(x,y\right) = \frac{\exp\left(\mathrm{j}kL_{\mathrm{axe}}\right)}{\mathrm{j}\lambda B}\exp\left\{\frac{\mathrm{j}k}{2B}\left(A - \frac{1}{D}\right)\left(\xi^2 + \eta^2\right)\right\}$$

$$\times \exp\left\{\frac{\mathrm{j}k}{2B/D}\left[\left(x - \frac{\xi}{D}\right)^2 + \left(y - \frac{\eta}{D}\right)^2\right]\right\} \qquad (6\text{-}4\text{-}29)$$

上式表明, 物空间的点源在像空间中将形成波面半径为 $d_i = B/D$ 的球面波[17]。换言之, 像空间的点源是物空间点源的像。因此, 如果在物平面放置物体, 则在 CCD 前方距离 d_i 处将形成物体的像。

根据矩阵光学理论及图 6-4-7, 物面 1 到像面 1 的光学矩阵为

$$\begin{bmatrix} 1 & -d_i \\ 0 & 1 \end{bmatrix}\begin{bmatrix} A & B \\ C & D \end{bmatrix} = \begin{bmatrix} A - d_iC & B - d_iD \\ C & D \end{bmatrix} \qquad (6\text{-}4\text{-}30)$$

对于像平面, 有[34]

$$B - d_iD = 0 \qquad (6\text{-}4\text{-}31)$$

并且, 像的横向放大率 G 满足以下两式[34]

$$G = 1/D \qquad (6\text{-}4\text{-}32)$$

$$G = A - d_iC \qquad (6\text{-}4\text{-}33)$$

CCD 记录了数字全息图后, 如果波面半径 d_i 能够检测, 可以利用 1-FFT 在像空间重建物体的像。由于重建像的宽度能够根据光波长、重建距离、CCD 像素的宽度及重建像在像平面所占有的像素数确定, 当物体的宽度预先设定时, 物体重建像宽度与物体宽度之比即放大率 G。根据式 (6-4-32) 可直接求得矩阵元素 $D = 1/G$, 矩阵元素 B 可由式 (6-4-31) 确定。当 B, D 确定后, 利用式 (6-4-33) 及光学矩阵的性质[20]

$$AD - BC = 1 \qquad (6\text{-}4\text{-}34)$$

则能确定另外两个矩阵元素 A 和 C。

下面给出根据点源全息图确定像空间成像距离 d_i 的方法。

若物体是物平面上的点源, 到达 CCD 的像光场可以视为像空间中初始相位为 φ_i 坐标为 $(x_i, y_i, -d_i)$ 的点源发出的光波

$$u_i(x,y) = Q_i \exp\left[\frac{\mathrm{j}k}{2d_i}\left((x-x_i)^2 + (y-y_i)^2\right) + \mathrm{j}\varphi_i\right] \tag{6-4-35}$$

设到达 CCD 的参考光是沿光轴传播的波面半径为 d_r, 初始相位 φ_r、坐标为 $(x_r, y_r, -d_r)$ 的点源发出的球面波

$$u_r(x,y) = Q_r \exp\left\{\frac{\mathrm{j}k}{2d_r}\left[(x-x_r)^2 + (y-y_r)^2\right] + \mathrm{j}\varphi_r\right\} \tag{6-4-36}$$

在 CCD 平面上两光波的叠加场则为 $u_r(x,y) + u_i(x,y)$, CCD 记录的全息图可以表为

$$\begin{aligned}
|u_r(x,y) + u_i(x,y)|^2 = {}& Q_r^2 + Q_i^2 + 2Q_rQ_i \\
& \times \cos\left\{\frac{\pi}{\lambda}\left(\frac{1}{d_i} - \frac{1}{d_r}\right)\left[(x-x_1)^2 + (y-y_1)^2\right] + \Phi\right\}
\end{aligned} \tag{6-4-37}$$

式中, x_1, y_1 是与 $x_i, y_i, d_i, x_r, y_r, d_r$ 相关的实常数, Φ 是与 φ_i, φ_r 相关的实常数。

上结果表明, 干涉图像是以 (x_1, y_1) 为中心的圆形干涉条纹。令 r 为观测点到 (x_1, y_1) 的距离, 式 (6-4-37) 可重新写为

$$I(r) = Q_r^2 + Q_i^2 + 2Q_rQ_i \cos\left[\frac{\pi}{\lambda}\left(\frac{1}{d_i} - \frac{1}{d_r}\right)r^2 + \Phi\right] \tag{6-4-38}$$

不难看出, 当式中相角 $\dfrac{\pi}{\lambda}\left(\dfrac{1}{d_i} - \dfrac{1}{d_r}\right)r^2 + \Phi = 2n\pi$ 时出现干涉亮纹。令 $n = 0, 1, 2, \cdots$ 对应的干涉亮纹半径为 $r_0, r_1, r_2, \cdots$, 相邻亮纹对应相角的差为

$$\left(\frac{1}{d_i} - \frac{1}{d_r}\right)\left(r_{n+1}^2 - r_n^2\right) = 2\lambda \tag{6-4-39}$$

于是有

$$\frac{1}{d_i} = \frac{1}{d_r} + \frac{2\lambda}{\left(r_{n+1}^2 - r_n^2\right)} \tag{6-4-40}$$

利用 CCD 记录的点源全息图很容易测量 $r_0, r_1, r_2, \cdots$, 当给定光波长及参考光半径 d_r 后, 可以用式 (6-4-40) 确定 d_i。

2. 光学矩阵元素 $ABCD$ 的实验检测

为验证以上的研究，现给出实验检测实例。

1) 实验系统简介

图 6-4-8 是在物体与 CCD 间引入一变焦系统的数字全息系统光路图 [15]。实验在波长 $\lambda = 0.0006328$mm 的红色激光照明下进行，射入系统的激光经半反半透镜 S_1 分解为向下传播的照明物光及水平方向传播的参考光。被全反镜 M_0 反射的照明物光经透镜 F_0 及 L_0 形成剖面尺寸较大的平面波照明物体 O。球面透镜 L_1、L_2 及 L_3 构成一变焦系统, 其中 L_2 是焦距 $f_2 = -100$mm 的负透镜, L_1 与 L_3 是焦距 $f_1 = f_3 = 300$ mm 的正透镜，经 L_3 出射的物光透过分束镜 S 到达 CCD，分束镜的折射率 $n = 1.5$。在参考光路中, 经反射镜 M_1 反射的激光经透镜 F_1 形成球面波。该球面波经分束镜 S 反射到达 CCD 形成参考光。CCD 像素宽度为 0.00465mm，取样数 $N = 1024$，即 CCD 面阵宽度 $L = 4.76$mm。实验测得到达 CCD 的参考光波面半径为 $d_r = 858$ mm，各元件间距离分别为 $d_0 = 60$mm，$d_1 = 210$mm，$d_2 = 1112$mm，$d_3 = 300$mm，$d_s = 25.4$mm，$d_4 = 216$mm。

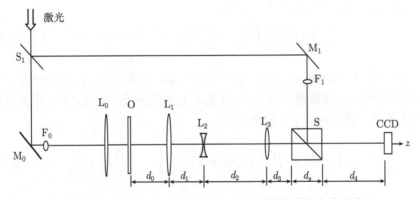

图 6-4-8　物体与 CCD 间引入一变焦系统的数字全息光路

2) $ABCD$ 参数的实验测定

实验时首先不放入透镜 L_0 及物体 O，平移透镜 F_0，让 F_0 的右方焦点在物平面，形成物平面的点光源。由 CCD 记录的点源全息图示于图 6-4-9(a)。将全息图的干涉条纹进行骨架化处理 [35]，处理后图像示于图 6-4-9(b)。

由于 CCD 的像素宽度已知，不难根据图 6-4-9(b) 中像素为单位的亮纹坐标求出干涉环的半径。表 6-4-1 给出分别沿上下左右四个方向测量出的 8 个相邻干涉环半径，将干涉环半径视为这四个方向测量结果的平均值，根据式 (6-4-40) 可求得 7 个 d_i 的值，取平均后得 $d_i = 132.6218$mm。

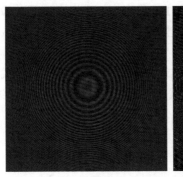 

(a) 点源全息图   (b) 骨架化处理图像

图 6-4-9 点源全息图及干涉条纹骨架化处理图像 (1024×1024 像素，4.76mm×4.76mm)

表 6-4-1 干涉环半径及像空间成像距离 d_i 的实验测量   (单位：mm)

	r_1	r_2	r_3	r_4	r_5	r_6	r_7	r_8	d_i
上方	0.4882	0.6556	0.7951	0.9114	1.0091	1.1067	1.1950	1.2741	
下方	0.4882	0.6742	0.7998	0.9207	1.0230	1.1160	1.1997	1.2834	
左方	0.4882	0.6649	0.7951	0.9160	1.0183	1.1067	1.1950	1.2787	132.6218
右方	0.4929	0.6696	0.7998	0.9207	1.0183	1.1160	1.1997	1.2787	
平均	0.4893	0.6661	0.7975	0.9172	1.0172	1.1114	1.1974	1.2787	

为证实实验结果及进行矩阵元素的检测，在预先设计的物平面放入一刻有倒置的"光"字透光孔的光阑作为物体 O。将透镜 F_0 向左平移，再在 O 和 F_0 间放入透镜 L_0，让透过 L_0 的光为平行光照明物体。图 6-4-10(a) 及图 6-4-10(b) 分别给出 CCD 记录的全息图及利用 1-FFT 方法重建的物平面图像 (为便于后续检测，重建时使用了全息图局域平均法消除零级衍射干扰)。重建物平面上已经清楚地看出正立的"光"字透光孔的重建像，说明点源全息图测量的成像距离 d_i 是可靠的。

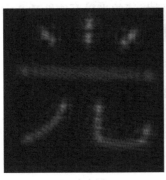 

(a) 全息图   (b) 1-FFT 重建平面
4.76mm×4.76mm   18.048mm×18.048mm

图 6-4-10 CCD 记录的全息图及利用 1-FFT 方法重建的物平面图像

根据图 6-4-10(b) 测得重建像宽度为 138 像素, 由于 1-FFT 重建像平面的宽度为 $L_i = \lambda d_i N/L = 18.048\text{mm}$, 即像的物理宽度为 $138/1024 \times 18.048\text{mm} = 2.432\text{mm}$。由于 "光" 字透光孔的宽度准确检测值为 22mm, 物和像的方向相反, 放大率 $G = -2.432/22 = -0.1105$。由式 (6-4-32) 得 $D = 1/G = -9.046$; 利用式 (6-4-31) 得 $B = Dd_i = -1199.7\text{mm}$。将式 (6-4-33) 代入式 (6-4-34) 有 $GD + d_iCD - BC = 1$, 即 $C = \dfrac{1-GD}{d_iD-B} = \dfrac{1-1}{d_iD-B} = 0$。再利用式 (6-4-34) 得 $A = 1/D = -0.1105$。

综上所述, 实验检测的光学矩阵为

$$\begin{bmatrix} A & B \\ C & D \end{bmatrix} = \begin{bmatrix} -0.1105 & -1199.6\text{mm} \\ 0.000\text{mm}^{-1} & -9.045 \end{bmatrix} \tag{6-4-41}$$

为验证上述结果, 按照矩阵光学理论[20], 图 6-4-8 中物平面 O 到 CCD 窗口平面的光学系统的光学矩阵为

$$\begin{aligned} \begin{bmatrix} A & B \\ C & D \end{bmatrix} &= \begin{bmatrix} 1 & d_4 \\ 0 & 1 \end{bmatrix} \begin{bmatrix} 1 & d_s/n \\ 0 & 1 \end{bmatrix} \begin{bmatrix} 1 & d_3 \\ 0 & 1 \end{bmatrix} \\ &\times \begin{bmatrix} 1 & 0 \\ -1/f_3 & 1 \end{bmatrix} \begin{bmatrix} 1 & d_2 \\ 0 & 1 \end{bmatrix} \begin{bmatrix} 1 & 0 \\ -1/f_2 & 1 \end{bmatrix} \\ &\times \begin{bmatrix} 1 & d_1 \\ 0 & 1 \end{bmatrix} \begin{bmatrix} 1 & 0 \\ -1/f_1 & 1 \end{bmatrix} \begin{bmatrix} 1 & d_0 \\ 0 & 1 \end{bmatrix} \end{aligned} \tag{6-4-42}$$

相关参数代入上式求得

$$\begin{bmatrix} A & B \\ C & D \end{bmatrix} = \begin{bmatrix} -0.110 & -1194.9\text{mm} \\ 0.000\text{mm}^{-1} & -9.10 \end{bmatrix} \tag{6-4-43}$$

与式 (6-4-41) 比较不难看出, 两组参数描述的光学系统性质基本一致。因此, 研究并有效控制实验检测误差, 利用实验检测的 $ABCD$ 参数研究光学系统是可能的。

3) 检测误差分析

应该指出, 式 (4-4-41) 的计算结果仍然是存在误差的, 误差来源于各元件的光学参数误差及元件位置的测量误差。当组成系统的元件较多时, 理论分析容易证明, 误差因累积而增大。因此, 不能用式 (4-4-41) 作为判断检测方法可行性的标准。为研究测量误差, 对式 (6-4-31) ∼ 式 (6-4-34) 求关于误差的微分运算, 得

$$\Delta D = \left| 1/G^2 \right| \Delta G \tag{6-4-44}$$

$$\Delta A = \left| 1/D^2 \right| \Delta D \tag{6-4-45}$$

$$\Delta B = d_i \Delta D + D \Delta d_i \tag{6-4-46}$$

$$\Delta C = \frac{D\Delta A + A\Delta D + C\Delta B}{B} \tag{6-4-47}$$

当实验研究中每一环节的检测误差给定后，不难确定 ΔG 及 Δd_i，再利用以上四式确定 $ABCD$ 参数的测量误差。根据误差，便能界定测试结果的适用范围。

上述检测方法表明，对于一个任意给定的轴对称傍轴光学系统，可以不必详细知道组成光学系统的元件个数、每一元件的光学参数及各元件的配置位置，通过数字全息实验就能够确定系统的矩阵元素。检测方法对矩阵光学的实际应用以及数字全息应用研究中物光通过光学系统到达 CCD 的波前重建提供了有益的参考。

参 考 文 献

[1] Goodman J W, Lawrence R W. Digital image formation from electronically detected holograms. Appl. Phys. Lett., 1967, 11(3): 77-79

[2] Le Clerc F, Gross M, Collot L. Synthetic-aperture experiment in the visible with on-axis digital heterodyne holography. Opt. Lett., 2001, 26(20): 1550-1552

[3] Thomas K. Handbook of Holographic Interferometry Optical and Digital Methods. Berlin: Wiley-VCH, 2004

[4] 刘诚, 朱健强. 数字全息形貌测量的基本特性分析. 强激光与粒子束, 2002, 14(3): 328-330

[5] Picart P, Moisson E, Mounier D. Twin-sensitivity measurement by spatial multiplexing of digitally recorded holograms. Applied Optics, 2003, 42: 11

[6] 吕且妮, 葛宝臻, 张以谟. 一种消除数字离轴全息零级像的实验方法. 光子学报, 2004, 33(3): 1014-1017

[7] 张莉, 国承山, 荣振宇, 等. 同轴相移数字全息中相移角的选取及相移误差的消除. 光子学报, 2004, 33(3): 353-356

[8] 应朝福, 马利红, 王辉, 等. 大视角数字全息的研究. 中国激光, 2005, 32(1): 87-90

[9] 徐莹, 赵建林, 范琦, 等. 利用数字全息干涉术测定材料的泊松比. 中国激光, 2005, 32(6): 787-790

[10] Li J C, Zhu J, Peng Z J. The S-FFT calculation of collins formula and its application in digital holography. Eur. Phys. J. D, 2007, 45: 325-330

[11] 周文静, 于瀛洁, 陈明仪. 数字全息显微测量技术的发展与最新应用. 光学技术, 2007, 33(6): 870-874

[12] Liu Z W, Martin C, George P, et al. Holographic recording of fast events on a CCD camera. Opt. Lett, 2002, 27(1): 22-24

[13] 翟宏琛, 王晓雷, 母国光. 记录飞秒级超快瞬态过程的脉冲数字全息技术. 激光与光电子学进展, 2007, 44(2): 19

[14]　Zhao J L, Jiang H H, Di J L. Recording and reconstruction of a color holographic image by using digital lensless Fourier transform holography. Optics Express, 2008, 16: 2514

[15]　李俊昌, 樊则宾, 彭祖杰. 数字全息变焦系统的研究及应用. 光子学报, 2008, 37(7): 1420-1424

[16]　李俊昌, 张亚萍, 许蔚. 高质量数字全息波前重建系统研究. 物理学报, 2009, 58(8): 5385-5391

[17]　Goodman J W. 傅里叶光学导论. 第 3 版. 秦克城, 等, 译. 北京: 电子工业出版社, 2006

[18]　Collins S A. Lens-system diffraction integral written in terms of matrix optics. J. Opt. Soc. Am., 1970, 60: 1168

[19]　李俊昌, 楼宇丽, 桂进斌, 等. 数字全息图取样模型的简化研究. 物理学报, 2013, 62(12): 124203

[20]　吕百达. 激光光学. 第 3 版. 北京: 高等教育出版社, 2003

[21]　Li J C, Li C G. Algorithm study of Collins formula and inverse Collins formula. Applied Optics, 2008, 47(4): A97-A102

[22]　李俊昌. 激光的衍射及热作用计算. 修订版. 北京, 科学出版社, 2008

[23]　Zhang Y M, Lü Q N, Ge B Z. Elimilation of zero-order diffraction in digital off-axis holography. Optics Communication, 2004, 240: 261-267

[24]　Li J C, Tankam P, Peng Z J, et al. Digital holographic reconstruction of large objects using a convolution approach and adjustable magnification. Opt. Lett., 2009, 34(5): 572-574

[25]　Pascal P, Patrice T, Denis M, et al. Spatial bandwidth extended reconstruction for digital color Fresnel holograms. Optics Express, 2009, 17: 9145

[26]　Tankam P, Song Q H, Karray M, et al. Real-time three-sensitivity measurements based on three-color digital Fresnel holographic interferometry. Opt. Lett., 2010, 35(12): 2055-2057

[27]　Song Q H, Wu Y M, Tankam P, et al. Research on the recording hologram with Foveon in digital color holography. SPIE, PA2010 Beijing, 2010

[28]　Li J C, Yuan C J, Song Q H, et al. The application of collins formula in the wavefront reconstruction of color digital holography. Optics Communications, 2013, 287: 53-57

[29]　李俊昌. 角谱衍射公式的 FFT 计算及在数字全息波前重建中的应用. 光学学报, 2009, 29(5): 1163-1167

[30]　Li J C, Peng Z J, Fu Y C. The research of digital holographic object wave field reconstruction in image and object space. Chinese Physics Letters, 2011, 28(6): 064201

[31]　PÉREZ J P. Optique géométrique matricielle et ondulatoire. Paris: MASSON, 1983

[32]　Wagner C, Osten W. Direct shape measurement by digital wavefront reconstruction and multiwavelength contouring. Optical Engineering, 2000, 39(1): 79-85

[33]　Li J C, Peng Z J. Measurement: statistic optics discussion on the formula of digital holographic 3D surface profiling measurement. Journal of the International Measurement

Confederation, 2010, 43(3): 381-384

[34] 李俊昌, 楼宇丽, 桂进斌, 等. 光学系统光学矩阵元素的数字全息检测. 光学学报, 2013, 33(2): 0209001

第7章 全息干涉计量的基本原理及常用技术

全息干涉计量是全息技术最重要、最成功的应用之一 [1~3]。随着计算机及电荷耦合器件 CCD 技术的进步，用 CCD 阵列代替传统全息感光板的数字全息及数字全息检测正取得瞩目发展 [4,5]，但是，数字全息的物理原理仍然与使用传统感光板的全息相同。因此，在第 8 章讨论数字全息在光学检测中的应用之前，本章分别对使用传统全息感光板的三种全息干涉计量的基本原理及常用技术进行介绍。

传统全息干涉计量可大致分为三种类型。一是单曝光法或实时法，它利用单次曝光形成的全息图的再现像与测量时的物光之间的干涉进行检测；二是双曝光法，它利用两次曝光形成的两个再现像之间的干涉进行检测；三是连续曝光法，它利用持续曝光形成的一系列再现像之间的干涉进行检测。

7.1 单曝光法或实时全息法

7.1.1 单曝光法基本原理

单次曝光法是通过一次曝光把初始物光波前记录在全息图上，全息记录材料经处理后用变形的物光波和参考光同时照射全息图，获得变形物光和初始物光的干涉图的方法 [2,3]。以透明物的实时全息检测为例，图 7-1-1 给出实验光路。图中，来自激光器的激光被分束镜 BS 分为两部分，由 BS 反射的光束经反射镜 M_1 反射后，投向空间滤波器 SF_1，经扩束及透镜 L_1 准直后形成照明物光，照明物体 O 并穿过被检测物到达记录屏 H；由 BS 透射的光束经反射镜 M_2、M_3 依次反射后，穿过可调衰减器 VA 到达空间滤波器 SF_2，经扩束及透镜 L_2 准直后成为参考光投向全息记录屏 H。调节 M_2 和 M_3 的位置可以让到达 H 的物光和参考光具有相同的光程，可变衰减器 VA 的作用则是调节两光束的光束比，以便获得最佳的条纹衬比。

在光学系统中建立直角坐标 $o\text{-}xyz$，全息记录屏平面与 $z = 0$ 平面重合，到达 H 的初始物光波为 $O(x,y) = O_0(x,y)\exp[j\varphi_0(x,y)]$，参考光波为 $R(x,y) = R_0(x,y)\exp[j\varphi_r(x,y)]$，记录干板曝光时间为 τ。初始物光波与参考光波干涉后干版上的曝光量即为 [3]

$$E(x,y) = \tau\left[O_0^2 + R_0^2 + 2O_0R_0\cos(\varphi_0 - \varphi_r)\right] = E_0\left[1 + V\cos(\varphi_0 - \varphi_r)\right] \quad (7\text{-}1\text{-}1)$$

为简明起见，上式右端略去与坐标相关变量的表示，并且

$$E_0 = \tau \left(O_0^2 + R_0^2 \right), \quad V = 2\sqrt{B}/(1+B), \quad B = R_0^2/O_0^2$$

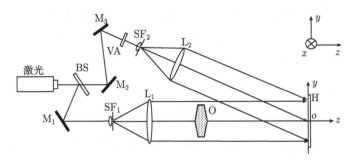

图 7-1-1　实时全息用于检测透明物体的实验光路

由于相位型全息图具有较高的衍射效率，通常将全息图处理为相位型。引入与干板材料及制作工艺相关的系数 b_t 及 γ 后，全息图的复振幅透过率 t_H 为

$$\begin{aligned}
t_H \left(x, y \right) &= b_t \exp \left\{ j\gamma E_0 \left[1 + V \cos \left(\varphi_0 - \varphi_r \right) \right] \right\} \\
&= K \exp \left[j\alpha \cos \left(\varphi_0 - \varphi_r \right) \right]
\end{aligned} \tag{7-1-2}$$

式中

$$K = b_t \exp \left(j\gamma E_0 \right), \quad \alpha = \gamma E_0 V$$

应用贝塞尔函数展开式 (7-1-2)，当参考光与物光的夹角大于 30° 时 [3,5]，在全息片后只出现与 0 及 ±1 级贝塞尔函数展开相对应的衍射光波，注意到整数阶贝塞尔函数 $J_{+1} = J_{-1}$，只考虑零级和一级衍射时有

$$\begin{aligned}
t_H \left(x, y \right) &= K J_0 \left(\alpha \right) \\
&+ K J_1 \left(\alpha \right) \exp \left[j \left(\varphi_0 - \varphi_r + \pi/2 \right) \right] \\
&+ K J_1 \left(\alpha \right) \exp \left[j \left(-\varphi_0 + \varphi_r + \pi/2 \right) \right]
\end{aligned} \tag{7-1-3}$$

对于透明的折射率变化不大的待测物体，可以认为物体折射率的变化只影响透射光波的相位，变形物光可设为

$$O' \left(x, y \right) = O_0 \left(x, y \right) \exp \left\{ j \left[\varphi_0 \left(x, y \right) + \Delta\varphi_0 \left(x, y \right) \right] \right\} \tag{7-1-4}$$

当未变形的初始物光波与参考光波干涉形成的全息图精确复位后，用原参考光和变形后的物光波照射全息图，这时，透过全息图的衍射波可写为

$$\left(O' + R \right) t_H = O' t_H + R t_H \tag{7-1-5}$$

将相关各量代入上式可得

$$
\begin{aligned}
O't_H = {} & K\mathrm{J}_0\left(\alpha\right)O_0\exp\left\{\mathrm{j}\left[\varphi_0+\Delta\varphi_0\left(x,y\right)\right]\right\}\\
& + K\mathrm{J}_1\left(\alpha\right)O_0\exp\left\{\mathrm{j}\left[2\varphi_0-\varphi_r+\Delta\varphi_0\left(x,y\right)+\pi/2\right]\right\}\\
& + K\mathrm{J}_1\left(\alpha\right)O_0\exp\left\{\mathrm{j}\left[\varphi_r+\Delta\varphi_0\left(x,y\right)+\pi/2\right]\right\} \quad\quad\quad\text{(7-1-5a)}
\end{aligned}
$$

$$
\begin{aligned}
Rt_H = {} & K\mathrm{J}_0\left(\alpha\right)R_0\exp\left(\mathrm{j}\varphi_r\right)\\
& + K\mathrm{J}_1\left(\alpha\right)R_0\exp\left[\mathrm{j}\left(\varphi_0+\pi/2\right)\right]\\
& + K\mathrm{J}_1\left(\alpha\right)R_0\exp\left[\mathrm{j}\left(2\varphi_r-\varphi_0+\pi/2\right)\right] \quad\quad\quad\text{(7-1-5b)}
\end{aligned}
$$

沿着物光传播方向的衍射光波中，与初始物光波和变形物光波有关的分量波由式 (7-1-5a) 右边第一项及式 (7-1-5b) 右边第二项确定 [3]，即

$$
U_t\left(x,y\right)=K\mathrm{J}_0\left(\alpha\right)O_0\exp\left[\mathrm{j}\left(\varphi_0+\Delta\varphi_0\right)\right]+K\mathrm{J}_1\left(\alpha\right)R_0\exp\left[\mathrm{j}\left(\varphi_0+\pi/2\right)\right] \quad\text{(7-1-6)}
$$

沿着参考光传播方向的衍射光波中，与初始物光波和变形物光波有关的分量波由式 (7-1-5a) 右边第三项及式 (7-1-5b) 右边第一项确定

$$
U_r\left(x,y\right)=K\mathrm{J}_1\left(\alpha\right)O_0\exp\left[\mathrm{j}\left(\varphi_r+\Delta\varphi_0+\pi/2\right)\right]+K\mathrm{J}_0\left(\alpha\right)R_0\exp\left(\mathrm{j}\varphi_r\right) \quad\text{(7-1-7)}
$$

与上面两式对应的由分量波干涉形成的干涉场强度分布分别为

$$
I_t\left(x,y\right)=\left|K\right|^2\left\{\left[O_0\mathrm{J}_0\left(\alpha\right)\right]^2+\left[R_0\mathrm{J}_1\left(\alpha\right)\right]^2+2O_0\mathrm{J}_0\left(\alpha\right)R_0\mathrm{J}_1\left(\alpha\right)\cos\left(\Delta\varphi_0-\frac{\pi}{2}\right)\right\}
$$
$$
\text{(7-1-8)}
$$

$$
I_r\left(x,y\right)=\left|K\right|^2\left\{\left[O_0\mathrm{J}_1\left(\alpha\right)\right]^2+\left[R_0\mathrm{J}_0\left(\alpha\right)\right]^2+2O_0\mathrm{J}_0\left(\alpha\right)R_0\mathrm{J}_1\left(\alpha\right)\cos\left(\Delta\varphi_0+\frac{\pi}{2}\right)\right\}
$$
$$
\text{(7-1-9)}
$$

　　由此可见，可以在垂直于物光或参考光传播的方向设置观测屏，看到初始物光和检测时刻穿过物体的变形物光干涉条纹，条纹的明暗变化相位相差 π。但对于光学检测，二者是等价的。图 7-1-2 是一次力学检测中在垂直于物光和参考光传播的方向设置观测屏后的干涉条纹比较 [3]。从图中可以看出，除了两图的条纹明暗变化相反外，两图的干涉条纹是相似的。上面的分析得到了一个很好的实验证明。

　　由于单次曝光法能够实时地观测物体变化引起的干涉条纹变化，在光学检测中有许多重要应用。例如，检测燃烧场的折射率分布、透明物体的蠕变、检测玻璃板的平行度、检测光学元件的质量、稳定性等 [6]。

　　在实时全息法中，用参考光再现的物体像必须与原来位置的物体本身严格地重合。为实现精确的检测，复位精度不得低于波长的量级。如此苛刻的要求给实时全息图的摄制带来一定的困难，特别是在使用卤化银乳胶作为记录材料的情况下，必须借助专门的设备和方法。例如，瑞典 N.Abramson 教授设计的复位架 (reposition plate holder)[3]，以及原位曝光及化学处理方法。为简明起见，只对原位曝光及化学处理的 "液门闸盒" (liquid gate) 进行介绍。

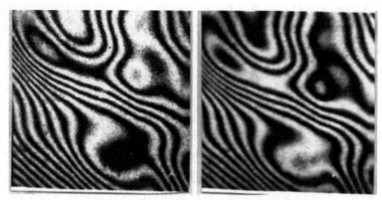

物光方向　　　　　　　　　　　参考光方向

图 7-1-2　物光及参考光方向干涉条纹比较

　　"液门闸盒" 简称 "液门"，是一个前后有透明玻璃窗口、侧面狭窄的容器，如图 7-1-3 所示。将全息记录干板夹持在全息干板夹持器上后，通过液闸盒上方的夹持器插入槽口插入液闸盒。水和化学试剂可直接从图示的进液入口注入液门盒。实验时，关闭排液出口，先将蒸馏水注入液闸盒，使之浸没全息干板。待系统充分稳定、全息干板的乳胶吸收溶液，膨胀完毕达到稳定态后，可以进行曝光。

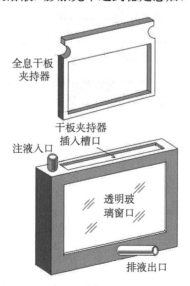

图 7-1-3　液门闸盒及其控制系统示意图

曝光后的全部处理过程在液闸盒内进行，整个过程中全息干板保持原位不动。

首先打开排液出口，将蒸馏水通过排液出口所接的橡皮软管泄放，然后关闭排液出口注入显影液进行显影。显影完毕后，用相同的方法泄放显影液。之后，重复类似的操作。注入蒸馏水以清洗全息干板，然后泄放；注入定影液进行定影，然后泄放；注入蒸馏水进行清洗，然后泄放；注入漂白液进行漂白，然后泄放；注入蒸馏水进行清洗，然后泄放；再次注入蒸馏水进行清洗，然后泄放；注入蒸馏水进行观察。由于乳胶与水的折射率比空气更为匹配，这就大大减小了乳胶畸变的影响。

可以看出，使用银盐感光板进行原位记录及处理是一项十分精细而复杂的工作。此外，从图 7-1-2 还可以看出，包含检测信息的相位变化 $\Delta\varphi_0$ 必须从干涉条纹中获取。由于干涉条纹通常由余弦函数表示的图像描述 (如式 (7-1-8) 及式 (7-1-9))，余弦函数是 2π 为周期的函数，当 $\Delta\varphi_0$ 的变化范围超过 2π 时，干涉条纹的灰度事实上只对应于 $\Delta\varphi_0$ 对 2π 取模后的值，这个数值称包裹相位，只有正确获取了真实相位 $\Delta\varphi_0$ 后，干涉检测才能实现。从包裹相位中获取真实相位的工作称为相位解包裹。相位解包裹是一件烦杂的工作，存在许多不同的方法，稍后将给出检测实例。

7.1.2　实时全息干涉计量实例

实时全息干涉计量通常用于变化物理量的实时检测，光波透过被检测物体或从物体表面反射时，变化的物理量 (例如透明物体密度的变化或物体受力下的形变) 对光波的振幅及相位进行调制，为从干涉图像中准确获取被检测物体的检测信息，认真研究与检测量相关的物理问题，建立相应的数学模型是十分重要的工作。在许多情况下，基于衍射计算理论，利用计算机模拟研究干涉图像，实际干涉图像的相位解包裹能提供重要依据。昆明理工大学熊秉衡教授领导的实验室完成了许多重要的理论及实验研究工作 [3]。这里，以白炽灯逐渐加电压点燃过程的实时全息干涉计量为例 (图 7-1-4)，较详细地进行分析研究。

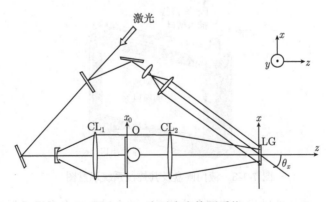

图 7-1-4　实时全息检测系统

1.透明体实时全息干涉检测系统简介

实验采用一套带有液门的实时全息系统，光路布局及坐标定义如图 7-1-4 所示。被检测物为 100W 的白炽灯，研究白炽灯两端的电压逐渐增加时灯内气体密度场的变化。全息干涉图像的记录沿物光方向 (即逆着图中 z 轴方向拍摄)，为避免拍摄干涉图像时物体后方的光学元件对图像的影响，在灯前方靠近准直透镜 CL_1 一侧增加一作为背景的毛玻璃[3]。毛玻璃的引入仅让照明物光增加了一个随机相位，对于式 (7-1-8) 及式 (7-1-9) 表述的干涉图像无影响。

2.白炽灯逐渐加电压过程的实时全息干涉图像

全息图曝光时，未通电的白炽灯和毛玻璃已经放入光路。拍摄全息图并利用液门将全息图原位处理完毕后，开启原参考光及照明物光，通过调压器逐步增加施加到灯泡两极的电压。在不同电压状态下，用相机在物光方向拍摄的部分干涉条纹图像示于图 7-1-5。图中，由 01 到 12 的图像依次对应电压增加的状态。

3.三维轴对称折射率场的检测

在检测研究围绕着锥状物体、喷管、热卷流、火焰、等离子弧等问题进行时，会遇到轴对称的相位物体。在这些情况中，折射率分布仅是半径的函数。对于本实验，如果将灯内折射率场近似视为轴对称场，对这些图像进行处理，可以获得灯内

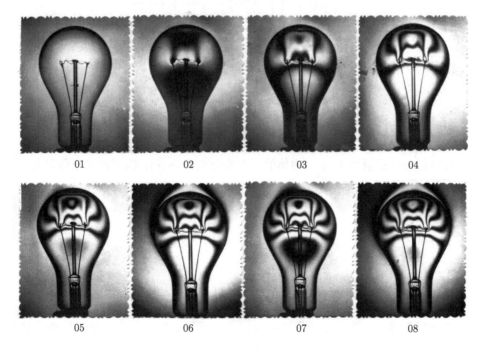

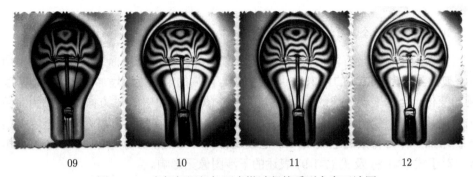

09　　　　　　　10　　　　　　　11　　　　　　　12

图 7-1-5　白炽灯逐级加压点燃过程的系列全息干涉图

折射率的三维分布 [7]，根据折射率的三维分布可以确定出灯内的三维温度分布。以下，对三维轴对称折射率场的检测进行理论研究。

为便于理论分析，图 7-1-6 给出一折射率相对于 y 轴对称的物体示意图。

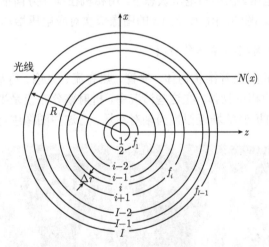

图 7-1-6　折射率径向对称物体的横断面

设物体外的折射率为 n_0，物体的折射率分布为 $n(r)$，根据图中坐标定义，有 $r = \sqrt{x^2 + z^2}$，以及

$$f(r) = n(r) - n_0 \tag{7-1-10}$$

由于 $z = \sqrt{r^2 - x^2}$，$\mathrm{d}z = \dfrac{r\mathrm{d}r}{\sqrt{r^2 - x^2}}$，图 7-1-6 中所示光线通过物体后引起的光程变化为

$$\Delta L(x) = 2 \int_0^{\sqrt{R^2 - x^2}} f(r)\,\mathrm{d}z = 2 \int_x^R \frac{f(r)\,r\mathrm{d}r}{\sqrt{r^2 - x^2}} \tag{7-1-11}$$

在许多实际问题中，所遇到的物体可以视为某个很大的半径平滑地衰减至零并且

没有间断点，在这种情况下式 (7-1-11) 可改写为

$$\Delta L\left(x\right) = 2\int_x^\infty \frac{f\left(r\right)r\mathrm{d}r}{\sqrt{r^2 - x^2}} \tag{7-1-12}$$

式 (7-1-12) 的右方是 $f\left(r\right)$ 的 Abel 变换。因此，一个径向对称相位物体的干涉图样显示出 $f(r)$ 的 Abel 变换值的等值线。式 (7-1-12) 的反演式为

$$f\left(r\right) = -\frac{\lambda}{\pi}\int_r^\infty \left(\frac{\mathrm{d}\Delta N\left(x\right)}{\mathrm{d}x}\right)\frac{\mathrm{d}x}{\sqrt{r^2 - x^2}} \tag{7-1-13}$$

在干涉计量数据的分析中，通常使用 CCD 相机实现干涉条纹的灰度测量，$\Delta L\left(x\right)$ 只是在 x 的一些有限个分离点上有数值。因此，$f\left(r\right)$ 通常使用式 (7-1-12) 或式 (7-1-13) 的数值计算求解。数值求解时，设想将物体分成 I 个等宽度为 Δr 的单个环状体的组合，如图 7-1-6 所示。其目的是从 I 个 $\Delta L\left(x\right)$ 值的数据中决定 I 个 $f\left(r\right)$ 的离散值。

对式 (7-1-12) 的最简单的求解方法是认为每个环状元素具有均匀的折射率。令 $r_k = k\Delta r$, $x_i = r_i = i\Delta r$, 并假定 f_k 是半径 r_k 处物体的折射率变化量。由于式 (7-1-12) 中光线所通过路径的 x 坐标值在整个积分过程中保持为恒量，方程 (7-1-12) 离散为

$$\Delta L_i = 2\sum_{k=i}^{I-1} f_k \int_{r_k}^{r_{k+1}} \frac{r\mathrm{d}r}{\sqrt{r^2 - r_i^2}} \tag{7-1-14}$$

注意到 $r\mathrm{d}r/\sqrt{r^2 - r_i^2}$ 的积分为 $\sqrt{r^2 - r_i^2}$。故式 (7-1-14) 中的定积分可表示为

$$\sqrt{r_{k+1}^2 - r_i^2} - \sqrt{r_k^2 - r_i^2} = \Delta r\left[\sqrt{\left(k+1\right)^2 - i^2} - \sqrt{k^2 - i^2}\right]$$

于是，式 (7-1-14) 可以改写为

$$\frac{\Delta L_i}{2\Delta r} = \sum_{k=i}^{I-1} f_k\left[\sqrt{\left(k+1\right)^2 - i^2} - \sqrt{k^2 - i^2}\right] \tag{7-1-15}$$

令

$$A_{ki} = \left[\sqrt{\left(k+1\right)^2 - i^2} - \sqrt{k^2 - i^2}\right] \tag{7-1-16}$$

不难看出，式 (7-1-15) 即为一线性代数方程组，对它求解可以求出未知数 f_k。并且，f_k 满足下面的递推公式

$$\frac{\Delta L_{I-1}}{2\Delta r} = A_{I-1,I-1}f_{I-1}$$

$$\frac{\Delta L_{I-2}}{2\Delta r} = A_{I-2,I-2}f_{I-2} + A_{I-1,I-2}f_{I-1}$$

$$\frac{\Delta L_{I-3}}{2\Delta r} = A_{I-3,I-3}f_{I-3} + A_{I-2,I-3}f_{I-2} + A_{I-1,I-3}f_{I-1}$$

$$\vdots$$

求解时，首先确定最外圈元素的位置，使得 $f_I = 0$。这样，从外圈开始，可以逐渐向中心的每个 f_k 值依次计算。编程计算时，如果先求出式 (7-1-16) 确定的系数，还可以进一步提高计算效率。

当上述近似的检测精度不能满足实际要求时，为提高计算精度，可以假定 $f(r)$ 在每个环状区域中随 r 线性变化，下面导出类似的递推计算式 [7]。

根据式 (7-1-11)，按照 $f(r)$ 在每个环状元素中随 r 线性变化的假定，有

$$\Delta L_i = 2\sum_{k=i}^{I-1}\int_{r_k}^{r_{k+1}} \frac{f_k + (f_{k+1} - f_k)\frac{r-k\Delta r}{\Delta r}}{\sqrt{r^2 - k^2\Delta r^2}}r\mathrm{d}r \tag{7-1-17}$$

即

$$\Delta L_i = 2\sum_{k=i}^{I-1}\left\{ [(k+1)f_k - kf_{k+1}]\int_{r_k}^{r_{k+1}} \frac{r}{\sqrt{r^2 - k^2\Delta r^2}}\mathrm{d}r \right.$$
$$\left. + \frac{f_{k+1} - f_k}{\Delta r}\int_{r_k}^{r_{k+1}} \frac{r^2}{\sqrt{r^2 - k^2\Delta r^2}}\mathrm{d}r \right\}$$

由于式中两个定积分均有解析解，最终可得

$$f_i = \frac{1}{A_{ii}}\left[\frac{\Delta L_i}{\Delta r} - \sum_{k=i+1}^{I-1} A_{ki}f_k \right] \quad (i = 0,1,2,\cdots,I-1) \tag{7-1-18}$$

其中

$$A_{ki} = (k+1)\left[(k+1)^2 - i^2 \right]^{1/2} - k\left(k^2 - i^2 \right)^{1/2} - i^2\ln\frac{k+1+\left[(k+1)^2 - i^2 \right]^{1/2}}{k^2 + (k^2 - i^2)^{1/2}}$$

$$A_{ii} = (i+1)\sqrt{2i+1} - i^2\ln\frac{i+1+\sqrt{2i+1}}{i}$$

令 $f(I\Delta r) = f_I = 0$，根据式 (7-1-18)，便能从外向圈内圈，逐一获得折射率场的分布。

对式 (7-1-12) 及式 (7-1-13) 的数值计算还存在其他形式的方法，有兴趣的读者可以参考相关文献 [8~10]。

4. 干涉图像模拟研究

分析白炽灯点燃过程可知，由于气体被密封在玻璃外壳内，白炽灯内气体被灯丝加热后，在灯丝上方的气体密度总体应低于通电前灯泡内气体的密度，灯丝下方的密度则高于通电前灯泡内气体的密度。根据气体密度减小后折射率减小的知识 [1]，选择下述模拟研究方案。

将灯泡近似为一个球体与柱体的组合 (图 7-1-7)，在过球心的水平面上设置一个环形折射率极小值区；在该平面上下两方对称轴上分别设置折射率极小及极大值点，并让折射率在组合体内部平滑变化。为近似模拟组合体外气体折射率的分布，设组合体外存在一个以模拟球体的球心为对称中心，由内向外折射率逐步增加的折射率空间分布。

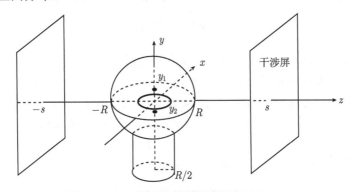

图 7-1-7 理论模拟研究对象及坐标定义

令 $\Delta N(x, y, z, t)$ 为图 7-1-7 所定义的直角坐标系中折射率随时间 t 变化的函数，按照上述方案将模拟研究函数选择如下：

(1) 当 $y \geqslant -R\sqrt{3}/2$ 时

$$\Delta N (x, y, z, t) = \begin{cases} \Delta N_0 (x, y, z, t) & (x^2 + y^2 + z^2 > R^2) \\ \sum_{i=1}^{3} \Delta N_i (x, y, z, t) & (x^2 + y^2 + z^2 \leqslant R^2) \end{cases}$$

(2) 当 $y < -R\sqrt{3}/2$ 时

$$\Delta N (x, y, z, t) = \begin{cases} \Delta N_0 (x, y, z, t) & (x^2 + z^2 > R^2/4) \\ \sum_{i=1}^{3} \Delta N_i (x, y, z, t) & (x^2 + z^2 \leqslant R^2/4) \end{cases}$$

其中

$$\Delta N_0 (x, y, z, t) = a_0 (t) \exp \left[-\frac{x^2 + y^2 + z^2}{w_0^2} \right]$$

$$\Delta N_1 (x, y, z, t) = a_1 (t) \exp \left[- \frac{x^2 + (y - y_1)^2 + z^2}{w_1^2} \right]$$

$$\Delta N_2 (x, y, z, t) = a_2 (t) \exp \left[- \frac{x^2 + (y - y_2)^2 + z^2}{w_2^2} \right]$$

$$\Delta N_3 (x, y, z, t) = a_3 (t) \exp \left(- \frac{y^2}{w_y^2} \right) \left(\frac{x^2 + z^2}{w_3^2} \right) \exp \left(- \frac{x^2 + z^2}{w_3^2} \right)$$

以上诸式中，y_1，y_2，w_0，w_1，w_2，w_3 为常数，并且 $a_0(t)$，$a_1(t)$，$a_2(t)$，$a_3(t)$ 设计为随参数 t 逐渐增加的函数，以便模拟灯泡通电时灯内外气体折射随时间 t 变化的情况。忽略从被测量物体到干涉图样观测屏的菲涅耳衍射效应，令 $k = 2\pi / \lambda$，λ 为光波长。光波从 $z = -s$ 平面到 $z = s$ 平面因折射率变化引起的相位变化即为

$$\Delta \varphi (x, y, t) = k \int_{-s}^{s} \Delta N (x, y, z, t) \, \mathrm{d} z \tag{7-1-19}$$

将所设 $\Delta N(x, y, z, t)$ 代入式 (7-1-19) 并引入误差函数后很容易求解。

设模拟干涉图强度分布为 $I_m(x, y, t) = 127.5 + 127.5 \cos[\Delta \varphi(x, y, t) + \pi]$，并令 $s = 50\text{mm}$，$R = 35\text{mm}$，$w_0 = 60\text{mm}$，$w_1 = w_2 = 30\text{mm}$，$w_3 = 9\text{mm}$，$y_1 = 20\text{mm}$，$y_2 = -25\text{mm}$，$\lambda = 0.0006328\text{mm}$，$a_0(t) = -0.0004[1 - \exp(-t^2)]$，$a_1(t) = -0.0002[1 - \exp(-t^2)]$，$a_2(t) = 0.0001[1 - \exp(-t^2)]$，$a_3(t) = -0.0084[1 - \exp(-t^2)]$，图 7-1-8 给出 0~255 灰度等级的从参考光方向观测的部分干涉图像。

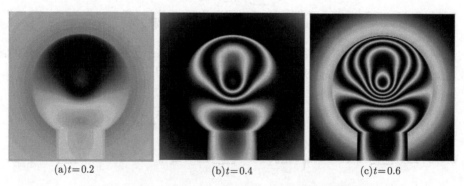

(a) $t = 0.2$ (b) $t = 0.4$ (c) $t = 0.6$

图 7-1-8   灯泡点燃过程的实时全息干涉图的模拟图像

干涉图上下两方形成两组干涉条纹，上方一组干涉条纹对应于球体上方折射率减小的分布，下方则对应于折射率增加的分布。若忽略物体外空气折射率变化对干涉图像的影响，两组条纹的分界区域对应于物体内折射率基本保持不变的区域。不难看出，模拟研究能为处理实际干涉图提供很大方便。

模拟研究干涉图与相应的程差曲线容易发现，物体外的空间折射率分布会对干涉图像结构发生影响，当 $a_0(t) \neq 0$ 时，干涉图像上零相位区事实上不是两组干

涉条纹的分界区，图 7-1-9 给出 $t=0.6$ 时 $a_0(t)\neq0$ 及 $a_0(t)=0$ 的两幅干涉图像。在每一幅图像右侧是变化物光与原始物光到达干涉屏时沿图像纵轴的程差曲线。显然，$a_0(t)\neq0$ 时干涉图像的零程差区已经移到下面一组干涉条纹内。在上述实际测量研究中，选择两组干涉条纹的交界区为零程差参考点等价于将实际程差分布统一地减去一个常数值。这在事实上是将灯泡通电前后外部空间的折射率视为均匀变化。当灯泡外空间的折射率变化不均匀时，不但在干涉图像上灯泡投影区域外出现相应的干涉条纹，而且灯泡投影区域内的干涉图像将同时带有灯内外气体折射率变化的信息。考查所研究的实际干涉图像可以看出，在灯泡外存在干涉条纹，因此，所给出的测量实例是未考虑周围空间折射率非均匀分布影响的一种近似。利用干涉图像中灯泡投影区域外干涉条纹的测量结果可以对实际测量结果进行修正。

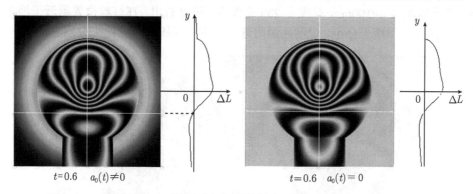

$t=0.6 \quad a_0(t)\neq0$ $t=0.6 \quad a_0(t)=0$

图 7-1-9　测量环境对干涉图零相位区的影响 (图像尺寸 100mm×100mm)

综上所述，根据实际测量的物理问题建立数学模型，并利用计算机图像模拟技术能为测量结果的正确处理提供很多方便。

5. 实际图像的处理

分析图 7-1-5 对应的白炽灯的结构及实时全息干涉图像可以看出，灯内折射率场可以足够好地视为是轴对称场。现按照上面给出的方法对三维折射率场求解。

由于两光束的相位差为 $2n\pi\pm\delta(n=0,\pm1,\pm2,\cdots)$ 时，观察点将具有同样的干涉强度，这意味着被测量对象折射率增加及减小相同的数值时，在观察点将获得同样的干涉强度信息。因此，如何正确判断光程差变化的正负，是获得正确测量的关键。在应用研究中，还需要引入许多重要的技术。例如，在参考光路中增加 PZT 相移器，根据条纹移动方向判断光程差变化方向的方法就是一种重要的方法 [3]。对于所研究的问题，将灯丝及支架作为背景噪声清除后，根据物理问题的先验知识及计算机模拟研究容易证明 [7]，干涉图上下两方形成两组干涉条纹。上方一组干涉条纹对应于温度较高灯内气体密度减小而折射率减小的分布，下方则对应于气体密度增加而折射率增加的情况。若忽略物体外空气折射率变化对干涉图像的影响，则两组条纹的分界区域对应于物体内折射率基本保持不变的区域。将分界区定义为零级干涉条纹，往上的条纹强度每变化一个周期则对应于物体折射率变化后引起透射光的一个光波长的正向光程差，反之，往下强度每变化一个周期对应透射光的一个光波长的负向光程差。

选择图 7-1-5 第 9 幅图像参数相同但在参考光方向拍摄的检测图像为研究对象，对干涉图像进行处理，步骤如下。

1) 清除图像背景噪声

从干涉图灰度测量的角度看，实测图像中的灯丝及其支架是噪声。将灯丝及支架作为背景噪声清除后，图 7-1-10 给出实际测量图像及清除灯丝及其支架后的图像，图像宽度 L_x=100mm 对应于 256 个像素。可以看出，在灯丝位置附近干涉条纹的空间变化周期十分小，说明热源附近气体密度或折射率变化十分剧烈。

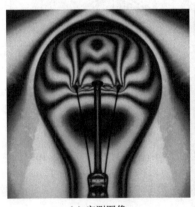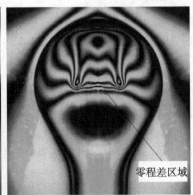

零程差区域

(a) 实测图像　　　　　　　　　(b) 处理后图像

图 7-1-10　测量图像处理实例 (横向宽度 $L_x = 100$mm)

2) 确定干涉图像强度分布函数的基本参数

干涉图像的强度分布可表为

$$I(x,y) = A(x,y) + B(x,y) \cos\left(\frac{2\pi}{\lambda}\left[\Delta L(x,y) \pm \frac{\lambda}{2}\right]\right) \tag{7-1-20}$$

式中，$A(x,y)$，$B(x,y)$ 是反映实验研究中照明光源及记录材料非均匀性的函数；$\Delta L(x,y)$ 是灯泡点燃前后穿过灯泡的物光到达干涉屏的光程差，式中 $\lambda/2$ 前符号的选择是当观察在物光方向时取负号，在参考光方向取正号。根据我们的实验情况，可以将 $A(x,y)$，$B(x,y)$ 视为常数 A 和 B。并且，由于实验记录在参考光方向，上式简化为

$$I(x,y) = A + B \cos\left(\frac{2\pi}{\lambda}\left[\Delta L(x,y) + \frac{\lambda}{2}\right]\right) \tag{7-1-21}$$

于是光程差 $\Delta L(x,y)$ 由下式描述

$$\Delta L\left(x,y\right) = \frac{\lambda}{2\pi}\left\{\arctan\sqrt{\frac{B^2}{\left[I\left(x,y\right)-A\right]^2}-1}+2n\pi\right\}-\frac{\lambda}{2} \qquad (7\text{-}1\text{-}22)$$

式中，$n= 0$，± 1，$\pm 2,\cdots$，为干涉条纹级次，具体数值将根据干涉图上零级干涉条纹的选择及观测位置确定。设干涉图像强度极大及极小值分别为 $I_{\max}$，$I_{\min}$，根据式 (7-1-21) 容易求得

$$A = \frac{I_{\max}+I_{\min}}{2}, \quad B = \frac{I_{\max}-I_{\min}}{2}$$

测量实际图像后得 $A=133.5$，$B=104.5$。

3) 干涉图相位参考点的确定

图 7-1-11 给出干涉图上 $y = 8.6\text{mm}$ 的剖面位置及 $0\sim 255$ 等级的干涉条纹强度曲线。根据理论研究提供的信息，零级干涉条纹是强度曲线中从左往右第二个极大值点 a 处所对应的条纹。其余各级条纹的级次 n 标注于强度曲线中。

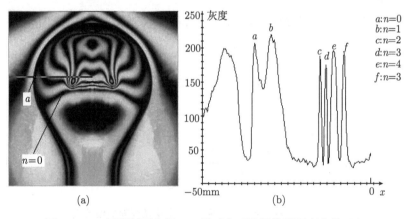

图 7-1-11 层析剖面位置 (a) 及对应干涉图像的强度曲线 (b)

根据条纹的灰度曲线还可以看出，在相邻极大之间还存在极小值。由于在极小值两侧同一灰度所对应的光程差事实上取不同的数值，在实际计算中还应确定出极小值的位置后才能根据干涉条纹的灰度 $I(x,y)$ 的数值使用式 (7-1-21) 计算出正确的光程差。选择图 7-1-11 中 a 点为零程差参考点，利用式 (7-1-21) 求得光程差 $\Delta L(x,y)$ 的曲线示于图 7-1-12。

4) 三维折射率场的重建

设折射率场沿半径方向满足线性近似，根据图 7-1-11(a)，令 a 点左侧的折射率变化为零，利用图 7-1-12 的光程差计算结果及式 (7-1-18) 即可求得观察剖面的

折射率变化分布。为便于与相应的程差曲线比较，图 7-1-13 同时给出折射率及程差曲线。

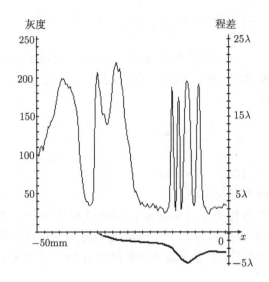

图 7-1-12　干涉图灰度 (细线) 及光程差 $\Delta L(x, y)$(粗线) 比较

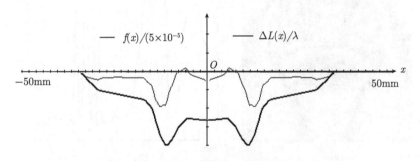

图 7-1-13　观察剖面的折射率变化及光程差曲线比较

利用类似的方法，可以求出整个灯泡内气体折射率在灯泡通电时的空间变化。由于气体折射率的变化与气体的密度及温度分布有确定的数学关系 [11]，根据上述测量结果不难获得灯内气体密度及温度的三维分布。

7.1.3　空间载波相移法在实时全息检测中的应用

从 7.1.2 节的检测实例中可以看出，确定零级干涉条纹的位置、确定每一级干涉条纹灰度的极大及极小位置、根据检测对象准确判断光程差变化的方向以及通过图像处理消除与干涉条纹无关的灰度噪声，是获得正确检测结果的重要环节。对于所研究的实例，所使用的全息干涉图像质量是很高的。但是在应用研究中，通常会有一些意外的因素影响图像质量, 例如, 材料的不均匀性、光束的不均匀性及全息图的意外污染会形成背景噪声。虽然, 从理论上而言, 在准确知道物光和参考光的振幅分布以及记录材料的不均匀特性时, 可以根据干涉图样的强度分布测量理论上求出变形后物光的相位变化。然而, 物光和参考光的振幅分布, 特别是记录材料的不均匀或光照响应的非线性实际上较难准确测量, 这对于根据干涉条纹灰度进行检测的测量必然形成误差。为此, 下面基于空间载波相移法的基本理论 [12], 介绍利用空间载波相移法进一步提高实时全息干涉条纹质量的方法 [13]。

1) 基本原理

为便于讨论, 根据式 (7-1-3) 重新写出相位型全息图透射率的表达式

$$
\begin{aligned}
t_H\left(x,y\right) = &\, KJ_0\left(\alpha\right) \\
& + KJ_1\left(\alpha\right)\exp\left[j\left(\varphi_0 - \varphi_r + \pi/2\right)\right] \\
& + KJ_1\left(\alpha\right)\exp\left[j\left(-\varphi_0 + \varphi_r + \pi/2\right)\right]
\end{aligned} \tag{7-1-23}
$$

式中, 各量的意义见本章对式 (7-1-3) 的讨论。

对于透明的折射率变化不大的待测物体, 物体折射率的变化只影响透射光波的相位, 变形物光设为

$$
O'\left(x,y\right) = O_0\left(x,y\right)\exp\left\{j\left[\varphi_0\left(x,y\right) + \Delta\varphi_0\left(x,y\right)\right]\right\} \tag{7-1-24}
$$

设照明光束的波长为 λ 以及 $k = 2\pi/\lambda$, 当未变形的初始物光波与参考光波干涉形成的全息图精确复位后, 将参考光沿 x 轴方向旋转一微小角度 $\Delta\theta_x$, 用变形后的物光波及旋转了一微小角度的参考光波 $R'(x,y) = r_0\left(x,y\right)\exp[j\varphi_r\left(x,y\right) + ikx\sin\Delta\theta_x]$ 照射全息图, 在沿着物光传播方向的衍射光波中, 与初始物光波和变形物光波有关的分量波为 [3]

$$
U_t\left(x,y\right) = KJ_0\left(\alpha\right)O_0\exp\left[j\left(\varphi_0 + \Delta\varphi_0\right)\right] + KJ_1\left(\alpha\right)r_0\exp\left[j\left(kx\sin\Delta\theta_x + \varphi_0 + \pi/2\right)\right] \tag{7-1-25}
$$

沿着参考光传播方向的衍射光波中, 与初始物光波和变形物光波有关的分量波为

$$
U_r\left(x,y\right) = KJ_1\left(\alpha\right)O_0\exp\left[j\left(\varphi_r + \Delta\varphi_0 + \pi/2\right)\right] + KJ_0\left(\alpha\right)r_0\exp\left[j\left(kx\sin\Delta\theta_x + \varphi_r\right)\right] \tag{7-1-26}
$$

令 $T_x = \lambda/\sin\Delta\theta_x$, 与上面两式对应的由分量波干涉形成的图像强度分布分别为

$$
I_t\left(x,y\right) = |K|^2\left\{\left[O_0J_0\left(\alpha\right)\right]^2 + \left[r_0J_1\left(\alpha\right)\right]^2 + 2O_0J_0\left(\alpha\right)r_0J_1\left(\alpha\right)\cos\left(\Delta\varphi_0 - \frac{\pi}{2} - \frac{2\pi}{T_x}x\right)\right\} \tag{7-1-27}
$$

$$I_r\left(x,y\right)=\left|K\right|^2\left\{\left[O_0\mathrm{J}_1\left(\alpha\right)\right]^2+\left[r_0\mathrm{J}_0\left(\alpha\right)\right]^2+2O_0\mathrm{J}_0\left(\alpha\right)r_0\mathrm{J}_1\left(\alpha\right)\cos\left(\Delta\varphi_0+\frac{\pi}{2}-\frac{2\pi}{T_x}x\right)\right\}$$
$$(7\text{-}1\text{-}28)$$

以上结果表明，沿参考光方向及物光方向均能得到因物光相位变化而产生的干涉条纹，干涉条纹呈现为 $\Delta\varphi_0\left(x,y\right)$ 对周期为 T_x 的载波调制的形式。由于两组干涉条纹间只有 π 的相差，可以用任意一组干涉条纹来讨论物体的 "形变" 问题。为简单起见，只对沿着物光传播方向的干涉图像处理进行讨论，并将式 (7-1-27) 写为

$$I_t\left(x,y\right)=A\left(x,y\right)+B\left(x,y\right)\cos\left(\Delta\varphi_0\left(x,y\right)-\frac{\pi}{2}-\frac{2\pi}{T_x}x\right)\tag{7-1-29}$$

在实际测量中，干涉图像的强度分布通常用 CCD 相机记录并通过计算机直接处理。设 CCD 列阵上的干涉图像像素尺寸为 Δx，通常情况下，式 (7-1-29) 中 $A(x,y),B(x,y)$ 的变化在 Δx 的尺寸量级可以忽略，如果选择合适的 $\Delta\theta_x$ 使 $T_x=\lambda/\sin\Delta\theta_x$ 足够小，使得 Δx 的范围内 $\Delta\varphi_0(x,y)$ 的变化相对于 $2\pi\Delta x/T_x$ 可以忽略，则下面两式近似成立

$$I_t\left(x+\Delta x,y\right)=A\left(x,y\right)+B\left(x,y\right)\cos\left[\Delta\varphi_0\left(x,y\right)-\frac{\pi}{2}-\frac{2\pi}{T_x}\left(x+\Delta x\right)\right]\tag{7-1-30}$$

$$I_t\left(x-\Delta x,y\right)=A\left(x,y\right)+B\left(x,y\right)\cos\left[\Delta\varphi_0\left(x,y\right)-\frac{\pi}{2}-\frac{2\pi}{T_x}\left(x-\Delta x\right)\right]\tag{7-1-31}$$

根据式 (7-1-29)～ 式 (7-1-31) 有

$$\frac{I_t\left(x+\Delta x,y\right)-I_t\left(x,y\right)}{I_t\left(x-\Delta x,y\right)-I_t\left(x,y\right)}=\frac{\tan\left(\dfrac{\pi}{T_x}\Delta x\right)-\tan\left[\Delta\varphi_0\left(x,y\right)-\dfrac{\pi}{2}-\dfrac{2\pi}{T_x}x\right]}{\tan\left(\dfrac{\pi}{T_x}\Delta x\right)+\tan\left[\Delta\varphi_0\left(x,y\right)-\dfrac{\pi}{2}-\dfrac{2\pi}{T_x}x\right]}\tag{7-1-32}$$

经整理得

$$\Delta\varphi_0\left(x,y\right)=\frac{\pi}{2}+\frac{2\pi}{T_x}x+\arctan\frac{\left[I_t\left(x-\Delta x,y\right)-I_t\left(x+\Delta x,y\right)\right]\tan\left(\dfrac{\pi}{T_x}\Delta x\right)}{I_t\left(x-\Delta x,y\right)+I_t\left(x+\Delta x,y\right)-2I_t\left(x,y\right)}$$
$$(7\text{-}1\text{-}33)$$

由于 T_x 可以在测量物体变形前通过未变形物光及旋转了微小角度 $\Delta\theta_x$ 的参考光的干涉图准确测出，Δx 是由 CCD 列阵记录图像给定的已知量，上式的计算只与物体变形过程中给定时刻的一幅干涉图的强度测量有关。在实际测量中，只要充分记录下不同时刻的干涉图像，便能在测试结束后进行不同时刻物体形变的计算。并且，由于式 (7-1-33) 的计算量小，实际测量中完全有可能在 CCD 列阵的两次采样间隔内完成物体形变的计算，特别适于实时全息的测量。

2) 图像处理实例

为证实上面的讨论, 现给出实验证明。图 7-1-14 给出三幅在不同状态下由 CCD 拍摄的实时全息干涉图像 [11]。它们是重现的物光波与原始物光有一微小夹角时拍摄的实时全息干涉图。实验时测量对象是一垂直放置的电热丝通过不同电流时在电炉丝周围产生的三维温度场。

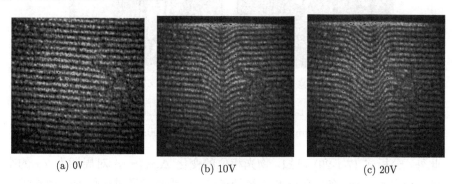

(a) 0V   (b) 10V   (c) 20V

图 7-1-14 电热丝通电过程的全息干涉图样 (图像尺寸: 80mm×80mm; 像素数: 400×400)

图 7-1-14(a) 是电热丝未通电时两列平行光的干涉图。图 7-1-14(b), (c) 是加 10V 及 20V 电压时电热丝升温后拍摄的全息干涉图。将 x 坐标定义在垂直方向, 条纹间隔 T_x 直接通过图像测量获得后, 便能计算 "形变" 物光的复振幅。

鉴于常用 CCD 相机拍摄的干涉图灰度等级是 0~255, 将空间载波相移法用于图 7-1-14(c), 并将处理获得的相位 $\Delta\varphi_0(x,y)$ 表述如下式

$$I(x,y) = 127.5 + 127.5\cos[\Delta\varphi_0(x,y)] \tag{7-1-34}$$

设电热丝通电时在干涉图面上引起的相位变化为 $\Delta\varphi_0(x,y)$, 根据式 (7-1-29) 可将检测时参考光无偏转时的全息干涉图表示为

$$I_t(x,y) = A(x,y) + B(x,y)\cos\left[\Delta\varphi_0(x,y) - \frac{\pi}{2}\right] \tag{7-1-35}$$

对比以上两式可知, 如果空间载波相移法可行, 根据式 (7-1-34) 由计算机模拟建立的 0~255 灰度等级图像与将全息图精确复位后在同一电压下实际拍摄的干涉图像相近。

为此, 在图 7-1-15(a) 中我们给出全息图精确复位且电热丝加电压 20 V 后拍摄的实时干涉图, 基于式 (7-1-33) 及式 (7-1-34) 并利用图像处理技术获得的模拟图像示于图 7-1-15(b)。不难看出, 两幅图像十分相近, 空间载波法的可行性获得证明。

 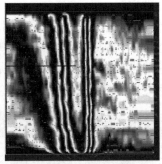

(a) 同轴实时全息干涉图   (b) 空间载波相位解调模拟图

图 7-1-15   空间载波相移法的实验证明

(图像尺寸：80mm×80mm；像素数：400×400；电压：20V)

此外，分析式 (7-1-29) 可知，物光相位的变化 $\Delta\varphi_0(x, y)$ 对周期为 T_x 的空间载波条纹调制后，干涉条纹仍然是连续的条纹，这为我们通过图像处理消除噪声提供了方便。图 7-1-16 给出通过条纹连续性的图像处理消除噪声的一个实例。

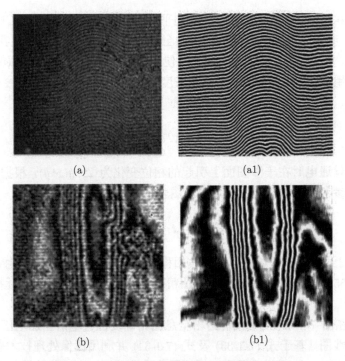

(a)   (a1)

(b)   (b1)

图 7-1-16   条纹连续性的图像处理消除噪声实例

图 7-1-16(a) 是现场拍摄的带有背景噪声的空间载波干涉图，在图像右侧有一

片区域因干板上意外沾染的污渍而使条纹间断。因此, 按照式 (7-1-33) 及式 (7-1-34) 直接处理获得的干涉图像不但出现灰度变化跳跃的大量噪声, 而且有部分干涉条纹中断 (图 7-1-16(b)), 这给直接根据干涉条纹灰度确定光程变化的检测带来困难。

根据空间载波条纹的连续性及计算机图像处理技术容易将图 7-1-16(a) 处理为图 7-1-16(a1)。利用处理后的图像重建的干涉图绘于图 7-1-16(b1)。处理后的图像不但有效消除了整幅图像的灰度变化的不连续跳跃, 而且清除了干板沾染的污渍造成的影响, 恢复了与实际物理现象相吻合的干涉条纹的连续性。

3) 空间载波相移法适用范围讨论

回顾空间载波相移法的推导过程知, 该方法成立的基本条件是 CCD 图像的像素尺寸 Δx 足够小, 使得在 Δx 变化的范围内 $\Delta\varphi_0(x,y)$ 的变化相对于 $2\pi\Delta x/T_x$ 可以忽略, 即

$$\Delta\varphi_0\left(x+\Delta x,y\right)-\Delta\varphi_0\left(x,y\right)\ll\frac{2\pi}{T_x}\Delta x \tag{7-1-36}$$

因此, 这个表达式可以作为衡量使用空间载波相移法可行性的重要参考。例如, 使用 CCD 相机拍摄干涉图像时, CCD 能够分辨的最短的载波周期为 $T_x=2\Delta x$, 这样, 在使用式 (7-1-33) 求得的物光位相变化结果中, 满足式 (7-1-36) 或相邻像素引起的 $\Delta\varphi_0(x,y)$ 变化远小于 π 时, 其解调相位值才可能是准确的。因此, 选择合适的参考光偏转角 $\Delta\theta_x$, 产生能够由 CCD 分辨并尽可能小的载波周期 T_x 是提高测量精度的关键。考查图 7-1-14(a) 及图 7-1-15(b) 可以看出, 图像中垂线附近灰度变化较剧烈, 但对于我们所研究的情况, 灰度变化周期为 3 次 (即 6π 的相位变化) 时约对应于 50 像素的长度, 满足相邻像素相位变化远小于 π 的条件, 采用空间载波相移法是可行的。

7.2 双 曝 光 法

7.2.1 双曝光法基本原理

双曝光法或二次曝光法是 1965 年 Haines 和 Hildebrand 提出的方法 [3]。该方法对同一张感光板曝光两次来制作全息图, 第一次记录原始物光与参考光的干涉图像, 第二次记录变化后的物光与同一参考光的干涉图像。于是, 再现时就再现出两个物光波。它们之间相互干涉, 形成干涉条纹。分析这些条纹, 就可以了解物体前后发生的变化。与单曝光法看到的条纹不同的是: 双曝光法看到的条纹是静止不动的, 被称为是 "冻结" 的条纹 (frozen fringe); 而单曝光法看到的条纹实时地随着物体的变化而变化, 因此条纹是活动的, 被称为 "动态" 条纹 (live fringe)。故实时全息干涉计量也被称为动态全息干涉计量 (live holographic interferometry)。

设物体变化时，到达记录屏的光波强度分布不变，只是相位分布发生了变化。第一次曝光时，物光及参考光在记录平面上的复振幅分布分别为

$$O_1(x,y) = O_0(x,y)\exp[-\mathrm{j}\phi_{01}(x,y)] \tag{7-2-1}$$

$$R(x,y) = R_0\exp[-\mathrm{j}\phi_R(x,y)] \tag{7-2-2}$$

记录屏上相应的光强分布则为

$$I_1(x,y) = |O_1(x,y) + R(x,y)|^2 \tag{7-2-3}$$

设曝光时间为 τ_1，则曝光量为

$$E_1 = I_1(x,y)\tau_1 = |O_1(x,y) + R(x,y)|^2\,\tau_1 \tag{7-2-4}$$

第二次曝光时，若物体在强度分布上没有变化，仍为 $O_0(x,y)$，只是相位分布变化为 $\phi_{02}(x,y)$，则物光的复振幅分布可表示为

$$O_2(x,y) = O_0(x,y)\exp[-\mathrm{j}\phi_{02}(x,y)] \tag{7-2-5}$$

若参考光不变，干板上相应的光强分布为

$$I_2(x,y) = |O_2(x,y) + R(x,y)|^2 \tag{7-2-6}$$

设第二次曝光时间为 τ_2，则相应的曝光量为

$$E_2 = I_2(x,y)\tau_2 = |O_2(x,y) + R(x,y)|^2\,\tau_2 \tag{7-2-7}$$

两次曝光的总曝光量则为

$$E = E_1 + E_2 = |O_1(x,y) + R(x,y)|^2\,\tau_1 + |O_2(x,y) + R(x,y)|^2\,\tau_2 \tag{7-2-8}$$

若制作的实时全息图是振幅型的，经过合适的曝光、显影、定影后，在线性条件下，全息图的振幅透射率为

$$\begin{aligned}
t(x,y) &= t_0 + \beta(E_1 + E_2)\\
&= t_0 + \beta\left(|O_1|^2 + |R|^2 + O_1 R^* + O_1^* R\right)\tau_1 + \beta\left(|O_2|^2 + |R|^2 + O_2 R^* + O_2^* R\right)\tau_2\\
&= \left[t_0 + \beta(\tau_1 + \tau_2)|R|^2\right] + \left[\beta\left(\tau_1|O|_1^2 + \tau_2|O_2|^2\right)\right]\\
&\quad + \left[\beta(\tau_1 O_1 + \tau_2 O_2)R^*\right] + \left[\beta(\tau_1 O_1^* + \tau_2 O_2^*)R\right]\\
&= t_1 + t_2 + t_3 + t_4
\end{aligned} \tag{7-2-9}$$

当用原参考光再现时, 有

$$u(x,y) = Rt(x,y) = u_1 + u_2 + u_3 + u_4 \tag{7-2-10}$$

考虑第三项衍射光 u_3

$$
\begin{aligned}
u_3(x,y) = Rt_3 &= \beta(\tau_1 O_1 + \tau_2 O_2) RR^* \\
&= \beta R_0^2 O_0 \{\tau_1 \exp j[-\phi_{01}(x,y)] + \tau_2 \exp j[-\phi_{02}(x,y)]\}
\end{aligned} \tag{7-2-11}
$$

衍射光包含两次曝光时对应物光的复振幅, 它们互相干涉的光强分布为

$$I_3 = \left(\beta R_0^2 O_0\right)^2 \{\tau_1^2 + \tau_2^2 + 2\tau_1\tau_2 \cos[\phi_{02}(x,y) - \phi_{01}(x,y)]\}$$

令

$$I_{30} = \left(\beta R_0^2 O_0\right)^2 \left(\tau_1^2 + \tau_2^2\right) \tag{7-2-12}$$

$$V_3 = \frac{2\tau_1\tau_2}{\tau_1^2 + \tau_2^2} \tag{7-2-13}$$

可得

$$I_3 = I_{30} \{1 + V_3 \cos[\phi_{02}(x,y) - \phi_{01}(x,y)]\} \tag{7-2-14}$$

由于 $V_3 = 1$ 对应于最佳的条纹衬比, 根据式 (7-2-13), 为获得最佳的条纹衬比, 应该取两次曝光时间相等, 即 $\tau_1 = \tau_2 = \tau$。这时, 式 (7-2-14) 可写为

$$
\begin{aligned}
I_3 &= I_{30} \{1 + \cos[\phi_{02}(x,y) - \phi_{01}(x,y)]\} \\
&= I_{30} \{1 + \cos[\Delta\phi(x,y)]\} \\
&= 2I_{30} \cos^2\left[\frac{\Delta\phi(x,y)}{2}\right]
\end{aligned} \tag{7-2-15}
$$

式中, $I_{30} = 2\left(\tau\beta R_0^2 O_0\right)^2$ 为第三项衍射光 u_3 的平均光强。因此, 两束物光干涉场的光强分布按余弦规律变化, 通过分析干涉图像, 就可以了解物体所发生的变化。当然, 在具体分析物体某物理量的变化状态时, 还需要将相位增量 $\Delta\phi(x,y)$ 表示为该物理量的函数。例如物体发生位移, 就需要将相位增量表示为位移量的函数。

在双曝光全息干涉计量术中采用脉冲周期很小的相邻激光脉冲拍摄全息图时, 可以对快速变化的过程进行研究分析。作为实例, 图 7-2-1 给出子弹飞行时一幅双曝光全息干涉图 [14]。子弹在实验室内的一个气室里飞行的过程是用双脉冲激光拍摄下来的。子弹进入气室前利用第一个光脉冲先对气室作第一次曝光, 子弹进入气室后用第二个光脉冲作第二次曝光。在子弹冲击波区域内, 由于气体密度发生变化引起折射率变化, 从而引起再现时的干涉条纹。

图 7-2-1　子弹飞行时用双脉冲激光拍摄的一幅双曝光全息图

7.2.2　物体的位移测量及一维位移测量实例

1. 测量原理

全息干涉计量方法测量位移是利用物体位移引起物光的相位变化来间接测定相应的位置变化。利用双曝光全息干涉计量方法测量时，在物体没有发生位移时作第一次曝光，在物体位移后作第二次曝光。根据式 (7-2-15)，只要找出第一次曝光和第二次曝光时刻物光的相位增量 $\Delta\phi = [\phi_{O2}(x,y) - \phi_{O1}(x,y)]$ 和物体位移之间的关系，便可利用全息图显示的干涉条纹分布来求出物体上各个点的位移量分布。下面在物体的其他物理量没有变化的情况下，导出物光相位增量 $[\phi_{O2}(x,y) - \phi_{O1}(x,y)]$ 与物体位移量之间的函数关系。

图 7-2-2 中，设物体上某点 P_1 发生了一个微小位移，从 P_1 点移动到了 P_2 点，$S(x_S, y_S, z_S)$ 为照明点光源，$V(x_V, y_V, z_V)$ 为全息图上的某任意点。测量时，观察者将通过这一点观看物体上的 P_1 点。位移矢量由 P_1 点指向 P_2 点，可表示为 $\boldsymbol{d}(d_x, d_y, d_z)$，括号中 d_x, d_y, d_z 为位移矢量在三个坐标轴上的分量。设光扰动在 S 点的初相位为 ϕ_S，物体 P_1 点位移发生前从点光源 S 发射的光线经 P_1 点反射到 V 点，在点 V 的相位 ϕ_{01} 为

$$\phi_{01} = -\left(\boldsymbol{k}_1 \cdot \overrightarrow{SP_1} + \boldsymbol{k}_2 \cdot \overrightarrow{P_1V}\right) + \phi_S \tag{7-2-16}$$

式中，$\overrightarrow{SP_1}$ 为由 S 点指向 P_1 点的矢量，$\boldsymbol{k}_1$ 为位移前光源 S 照向 P_1 点的波矢量；$\overrightarrow{P_1V}$ 为由 P_1 点指向 V 点的矢量，$\boldsymbol{k}_2$ 为位移前从 P_1 点射向全息图 V 点反射光线的波矢量，$|\boldsymbol{k}_1| = |\boldsymbol{k}_2| = \dfrac{2\pi}{\lambda}$。

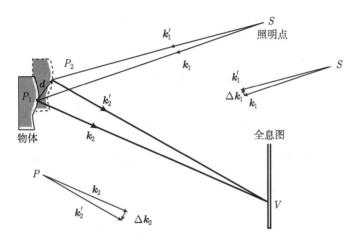

图 7-2-2　测量不透明表面形变的全息光路

位移发生后 V 点的相位 ϕ_{02} 为

$$
\begin{aligned}
\phi_{02} &= -\left(\boldsymbol{k}_1' \cdot \overrightarrow{SP_2} + \boldsymbol{k}_2' \cdot \overrightarrow{P_2V}\right) + \phi_S \\
&= -\left[(\boldsymbol{k}_1 + \Delta\boldsymbol{k}_1) \cdot \overrightarrow{SP_2} + (\boldsymbol{k}_2 + \Delta\boldsymbol{k}_2) \cdot \overrightarrow{P_2V}\right] + \phi_S
\end{aligned}
\tag{7-2-17}
$$

式中，$\overrightarrow{SP_2}$ 为由 S 点指向 P_2 点的矢量，相应的波矢量为 $\boldsymbol{k}_1' = \boldsymbol{k}_1 + \Delta\boldsymbol{k}_1$，也就是位移后光源照向 P_2 点的波矢量；$\overrightarrow{P_2V}$ 为由 P_2 点指向 V 点的矢量，相应的波矢量为 $\boldsymbol{k}_2' = \boldsymbol{k}_2 + \Delta\boldsymbol{k}_2$，也就是位移后从 P_2 点射向全息图 V 点光线的波矢量，$|\boldsymbol{k}_1'| = |\boldsymbol{k}_2'| = \dfrac{2\pi}{\lambda}$。

于是，位移前后全息图上 V 点物光的相位增量 $\Delta\phi$ 为

$$
\Delta\phi = \phi_{02} - \phi_{01} = \boldsymbol{k}_1 \cdot \left(\overrightarrow{SP_1} - \overrightarrow{SP_2}\right) - \Delta\boldsymbol{k}_1 \cdot \overrightarrow{SP_2} + \boldsymbol{k}_2 \cdot \left(\overrightarrow{P_1V} - \overrightarrow{P_2V}\right) - \Delta\boldsymbol{k}_2 \cdot \overrightarrow{P_2V}
\tag{7-2-18}
$$

注意到，当位移量 d 很小时，$\boldsymbol{k}_1$ 的增量 $\Delta\boldsymbol{k}_1$ 的方向与 $\boldsymbol{k}_1$ 相垂直；$\boldsymbol{k}_2$ 的增量 $\Delta\boldsymbol{k}_2$ 也与 $\boldsymbol{k}_2$ 相垂直，即 $\Delta\boldsymbol{k}_1 \perp \overrightarrow{SP_2}$，$\Delta\boldsymbol{k}_2 \perp \overrightarrow{P_2V}$，故

$$
\Delta\boldsymbol{k}_1 \cdot \overrightarrow{SP_2} = 0, \quad \Delta\boldsymbol{k}_2 \cdot \overrightarrow{P_2V} = 0
\tag{7-2-19}
$$

此外，从图 7-2-2 还可以看出

$$
\overrightarrow{SP_1} + \boldsymbol{d} = S\vec{P_2}, \quad \boldsymbol{d} + \overrightarrow{P_2V} = \overrightarrow{P_1V}
\tag{7-2-20}
$$

于是

$$
\Delta\phi = \phi_{02} - \phi_{01} = \boldsymbol{k}_1 \cdot \left(\overrightarrow{SP_1} - \overrightarrow{SP_2}\right) + \boldsymbol{k}_2 \cdot \left(\overrightarrow{P_1V} - \overrightarrow{P_2V}\right)
$$

$$= \boldsymbol{k}_1 \cdot (-\boldsymbol{d}) + \boldsymbol{k}_2 \cdot \boldsymbol{d} = (\boldsymbol{k}_2 - \boldsymbol{k}_1) \cdot \boldsymbol{d} \tag{7-2-21}$$

定义灵敏度矢量

$$\boldsymbol{K} = \boldsymbol{k}_2 - \boldsymbol{k}_1 \tag{7-2-22}$$

则有

$$\Delta\phi = \phi_{02} - \phi_{01} = \boldsymbol{K} \cdot \boldsymbol{d} \tag{7-2-23}$$

令 $\boldsymbol{K}$ 的单位矢量为 $\hat{e} = \dfrac{\boldsymbol{K}}{K}$，$\boldsymbol{k}_1$ 的单位矢量为 $\hat{e}_1 = \dfrac{\boldsymbol{k}_1}{k_1}$，$\boldsymbol{k}_2$ 的单位矢量为 $\hat{e}_2 = \dfrac{\boldsymbol{k}_2}{k_2}$，$\hat{e}_2 - \hat{e}_1 = e$(注意 $|\hat{e}| \neq |e|$，e 不是单位矢量)。于是，式 (7-2-23) 也可表示为

$$\Delta\phi = \phi_{02} - \phi_{01} = (\boldsymbol{k}_2 - \boldsymbol{k}_1) \cdot \boldsymbol{d} = K \cdot \boldsymbol{d} = \frac{2\pi}{\lambda}\left[\hat{e}_2 - \hat{e}_1\right] \cdot \boldsymbol{d} = \frac{2\pi}{\lambda} e \cdot \boldsymbol{d} \tag{7-2-24}$$

点 P_2 和点 P_1 虽然在微观尺度上是不同的两个点，然而当位移量 d 极小时，在宏观尺度上它们可以看成是同一个点 P，即在宏观尺度上有 $P_1 = P_2 = P$。

注意到 P 点的坐标为 (x_P, y_P, z_P)，S 点的坐标为 (x_S, y_S, z_S)，于是，可将 $\boldsymbol{k}_1$ 和 $\boldsymbol{k}_2$ 的单位矢量 $\hat{e}_1$，$\hat{e}_2$ 表示如下

$$\hat{e}_1(P) = \begin{bmatrix} e_{1x}(P) \\ e_{1y}(P) \\ e_{1z}(P) \end{bmatrix} = \frac{1}{\sqrt{(x_P - x_S)^2 + (y_P - y_S)^2 + (z_P - z_S)^2}} \begin{bmatrix} x_P - x_S \\ y_P - y_S \\ z_P - z_S \end{bmatrix} \tag{7-2-25}$$

$$\hat{e}_2(P) = \begin{bmatrix} e_{2x}(P) \\ e_{2y}(P) \\ e_{2z}(P) \end{bmatrix} = \frac{1}{\sqrt{(x_V - x_P)^2 + (y_V - y_P)^2 + (z_V - z_P)^2}} \begin{bmatrix} x_V - x_P \\ y_V - y_P \\ z_V - z_P \end{bmatrix} \tag{7-2-26}$$

全息图中物体虚像上相应条纹的亮纹条件为

$$\Delta\phi(P) = \frac{2\pi}{\lambda}\boldsymbol{d}(P) \cdot [\hat{e}_2(P) - \hat{e}_1(P)] = \frac{2\pi}{\lambda}\boldsymbol{d}(P) \cdot e(P) = 2\pi N \tag{7-2-27}$$

式中，N 为条纹序数，可取一系列整数值，也可以表示为波长的关系。注意到相位增量 $\Delta\phi(P)$ 与对应的光程增量 $\Delta\delta(P)$ 之间的关系为

$$\Delta\phi(P) = -\frac{2\pi}{\lambda}\Delta\delta(P) \tag{7-2-28}$$

于是，亮纹条件式 (7-2-28) 还可表示为

$$-\Delta\delta(P) = \boldsymbol{d} \cdot [\hat{e}_2(P) - \hat{e}_1(P)] = \boldsymbol{d}(P) \cdot e(P) = N\lambda \tag{7-2-29}$$

以上表明, 每一点的干涉相位由该点的位移矢量和灵敏度矢量的数性积决定。而灵敏度矢量仅仅由全息光路布局的几何结构所决定。当位移矢量和灵敏度矢量相垂直时, 干涉相位总是为零, 与位移大小无关。为便于说明, 图 7-2-3 给出观察二次曝光全息图再现像上 P 点的示意图。不难看出, k_1, k_2 均是 P 点的函数或 V 点的函数。为以后叙述的方便, 将 k_1 称为照明波矢量; 将 k_2 称为观察波矢量。将 $\hat{e}_1$ 称为照明矢量; 将 $\hat{e}_2$ 称为观察矢量。

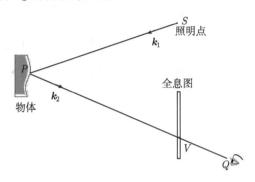

图 7-2-3 观察二次曝光全息图再现像上 P 点的示意图

2. 位移测量实例

下面是一个应用双曝光全息方法检测一维位移的简单例子, 测定悬臂梁自由端的微小位移。设待研究的悬臂梁位置处于 x 轴上, 其一端固定在刚性基座上, 另一端是自由端, 可在 xz 平面内摆动, 见图 7-2-4。照明光是一束单色平面波, 沿 z 轴反方向垂直照射在梁上。当悬臂梁处于静止状态, 也就是整个梁身处于 x 轴上时, 作第一次曝光, 然后, 在 z 方向微微对悬臂梁的自由端加力, 使其稍稍偏离平衡位置时, 作第二次曝光。

将这张双曝光全息图在参考光照明下再现时, 将会看到再现像上分布有明暗相间的干涉条纹, 如图 7-2-5(c) 所示。考察梁上任意点 $P(x,y,z)$, 第一次曝光时, 梁上所有的点, 包括任意点 $P(x,y,z)$, 都有 $z=0$。第二次曝光时, 设任意点 $P(x,y,z)$ 在 z 方向移动的距离为 $z(x)$。在所选取的坐标情况下, 对于考察点 $P(x,y,z)$ 有 $e_{2x}=e_{2y}=0$, $e_{1x}=e_{1y}=0$, $-e_{1z}=e_{2z}=1$, $d_x=d_y=0$, $d_z=z(P)=z(x)$。

根据式 (7-2-29), 干涉条纹的亮纹条件为

$$\boldsymbol{d}(P)\cdot\boldsymbol{e}(P)=d_z e_z=z(x)(e_{2z}-e_{1z})=N\lambda$$

即

$$2z(x)=N\lambda \ \text{或者} \ z(x)=\frac{1}{2}N\lambda \tag{7-2-30}$$

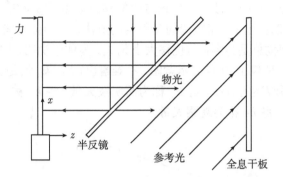

图 7-2-4　悬臂梁的垂直变形的全息记录示意图

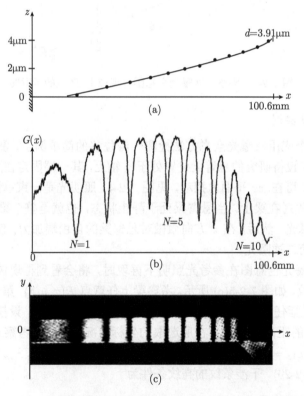

图 7-2-5　悬臂梁再现像上的双曝光干涉条纹及检测结果比较

　　由于刚性基座没有移动,其对应的相移为 0,对应的条纹序数为 $N = 0$,其他条纹序数依次为 $N = 1, 2, 3, \cdots$ 整数。因此,任何一点偏离 z 轴的距离,可简单地数出该位置的条纹序数根据式 (7-2-30) 确定。

图 7-2-5(b) 表示了观察者沿 z 轴的反方向观察二次曝光全息图时,悬臂梁在 xy 平面上的干涉条纹的亮度值沿 x 轴的分布 [2]。图 7-2-5(a) 为根据式 (7-2-30) 确定的沿 z 轴的偏移量。曲线上的点与干涉条纹的暗纹位置相对应。

7.2.3 双曝光法三维位移场的检测

一般情况下,物体的位移是三维的,需要有三个方程式来求解。下面介绍一种简单、常用的多全息图分析法 [1]。

为了确定位移 d 的 3 个独立分量,必须测出 3 个参量,建立 3 个独立的方程式。为此,可以同时记录 3 张不同位置的双曝光全息图。在物体位移前,对 3 张不同位置的全息干板作第一次曝光。在物体位移后,对这 3 张全息干板作第二次曝光。处理后对 3 张双曝光全息图分别在 V_1,V_2 和 V_3 三点进行相位测量,如图 7-2-6 所示。

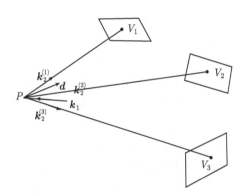

图 7-2-6　多全息图分析系统简图

对于每个观测点 $V_i (i=1,2,3)$,可以确定一个观察方向从 P 点指向 V_i 点的波矢量 $k_2^{(i)}$,它们与照明光波的波矢量 k_1 一起决定它们分别对应的灵敏度矢量。对于每个观察方向 i,可以写出一个相位增量 $\Delta\phi$ 和位移的关系式。为了简化表达式的形式,以 $\Phi^{(i)}$ 表示对于观察点 V_i 的相位增量 $\Delta\phi^{(i)}(i=1,2,3)$,相应的灵敏度矢量为 $K_i = k_2^{(i)} - k_1$,于是

$$\left.\begin{array}{l}\Phi^{(1)} = (k_2^{(1)} - k_1) \cdot d = K_1 \cdot d \\ \Phi^{(2)} = (k_2^{(2)} - k_1) \cdot d = K_2 \cdot d \\ \Phi^{(3)} = (k_2^{(3)} - k_1) \cdot d = K_3 \cdot d\end{array}\right\} \qquad (7\text{-}2\text{-}31)$$

若三个灵敏度矢量是非共面的,则式 (7-2-31) 方程组将决定位移矢量 $\vec{d}$。这种测量位移的方法称为多全息图分析法。它首先是由 A. E. Ennos[3] 提出的。他利

用两张全息图和接近掠入射的照明相配合去测量金属箔片的面内形变。显然，若 V_1，V_2 和 V_3 是位于同一张大全息图上的三个观察点，式 (7-2-31) 也是同样有效的。

由式 (7-2-31) 可知，确定位移矢量 d 的最方便的方法是将全部矢量分解为 xyz 坐标系中互相垂直的分量。如果物体是平面，可使坐标的 xy 平面与物体相平行将是很方便的。在其他情况下，坐标系的选取，总是以最简便为原则。

式 (7-2-31) 可以写成线性代数方程组，并用矩阵形式表示如下

$$\begin{bmatrix} \Phi^{(1)} \\ \Phi^{(2)} \\ \Phi^{(3)} \end{bmatrix} = \begin{bmatrix} K_{1x} K_{1y} K_{1z} \\ K_{2x} K_{2y} K_{2z} \\ K_{3x} K_{3y} K_{3z} \end{bmatrix} \begin{bmatrix} d_x \\ d_y \\ d_z \end{bmatrix} \tag{7-2-32}$$

亮纹条件为

$$\begin{bmatrix} K_{1x} K_{1y} K_{1z} \\ K_{2x} K_{2y} K_{2z} \\ K_{3x} K_{3y} K_{3z} \end{bmatrix} \begin{bmatrix} d_x \\ d_y \\ d_z \end{bmatrix} = 2\pi \begin{bmatrix} N_1 \\ N_2 \\ N_3 \end{bmatrix} \tag{7-2-33}$$

系数矩阵完全由全息系统的几何位置和光波波长决定。式右的条纹序数 $N_1 \sim N_3$ 由观察干涉条纹而得到。由式 (7-2-33) 可以解出位移的三个正交分量 d_x，d_y 和 d_z。计算时，首先在物体上确定零级条纹所在位置，即在第一次曝光和第二次曝光时位置保持不变的那些点。然后数出从零级条纹所在位置到 V_1 点的亮条纹数目，即确定出 V_1 点的条纹序数 N_1(所选择的观察点为亮点)。同样的办法，逐一确定 V_2 和 V_3 点的条纹序数 N_2 和 N_3。这就意味着全息图记录的物体上必须存在有一个在两次曝光过程中保持不动的点或区域，然而，并不能总是如此。譬如，与静止的夹具连接不牢时就会造成物体整体的移动，有时，即便物体上存在有两次曝光过程中保持不动的点或区域，但却很难找到它们的位置。参考文献 [15] 和 [16] 提出了解决这个问题的一个简单方法，即把一个易于弯曲的细条的一端固定在全息图视场内某个在检测中保持静止不动的物体上，细条另一端固定在待测物体上，并被轻轻拉紧。这样，就在干涉图中引入了一个可靠的零级条纹参考点。

单全息图分析法是测量位移矢量的又一种方法，是由 E. B. Aleksandrov 和 A. M. Bonch-Bruevich[17] 提出来的。它通过全息图上三个不同的点 V_1，V_2 和 V_3 观察物点 P，可对三个独立的相位变化进行测量。如果 $\Phi^{(1)}$，$\Phi^{(2)}$ 和 $\Phi^{(3)}$ 是通过一个零级条纹数出其他条纹序数来确定的，那么，对于多全息图分析所作出的全部讨论和方程式都是适用的。然而，采用单个的大全息图，可以应用另外一种不需要依靠零级条纹的方法。有兴趣的读者可以参看文献 [17]，不再作介绍。

7.3 时间平均法

7.3.1 时间平均法基本原理

时间平均法也称连续曝光法。这种方法常用于研究物体的振动。在物体振动过程中拍摄一张全息照片,对振动物体在一定时间间隔 T 内连续地曝光。这相当于在同一片全息干板上记录下一系列的物光波前,这样拍摄下来的全息图用原参考光照明再现时,将再现出物体振动过程中所有的像。观察者所看到的是所有再现像互相干涉的总效果。下面介绍这种方法的基本原理。

设物体表面上点 $P(x,y,z,t)$ 发出的物光和参考光在全息干版上的复振幅分别为 $O(x,y,t)$ 和 $R(x,y)$,曝光时间为 T,记录平面上的曝光量为

$$E(x,y) = \int_0^T (O_0^2 + R_0^2 + OR^* + O^*R)\mathrm{d}t \tag{7-3-1}$$

在线性记录的情况下,对于振幅型全息图,有

$$
\begin{aligned}
t(x,y) &= t_0 + \beta E(x,y) \\
&= t_0 + \beta T(O_0^2 + R_0^2) + \beta R^* \int_0^T O(x,y,t)\mathrm{d}t + \beta R \int_0^T O^*(x,y,t)\mathrm{d}t
\end{aligned} \tag{7-3-2}
$$

以 t_3 表示第三项,以 T_0 表示振动周期,并设

$$T = NT_0 + T_\varepsilon \tag{7-3-3}$$

若 $NT_0 \gg T_\varepsilon$,则 t_3 可表示为

$$t_3 = N\beta R^* \int_0^{T_0} O(x,y,t)\mathrm{d}t$$

以原参考光照明全息图,再现的原始像所对应的衍射光复振幅为

$$u_3 = N\beta R_0^2 \int_0^{T_0} O(x,y,t)\mathrm{d}t \tag{7-3-4}$$

若物体在平衡位置附近作谐振动,任意点 $P(x,y,z)$ 相对平衡位置 P_0 的位移可表为

$$\boldsymbol{d}(x,y,z,t) = \boldsymbol{A}_d(x,y,z)\cos\left(\frac{2\pi}{T_0}t + \psi\right) \tag{7-3-5}$$

式中,ψ 是初相位。

设物体振动过程中,物光振幅变化极其微小,可忽略不计,仅其相位发生变化,即

$$O(x,y,t) = O_0(x,y)\exp[-\mathrm{j}\phi(x,y,t)] \tag{7-3-6}$$

式中，$O_0(x,y)$ 分布保持不变，只是相位 $\phi(x,y,t)$ 随时间发生变化。物体初始状态在平衡位置 P_0，相位为 $\phi_0(x,y)$。某瞬间移动到任意点 $P(x,y,z,t)$，相位变为 $\phi(x,y,t)$。引入与观测位置相关的灵敏度矢量 $\boldsymbol{K}$，可以将 t 时刻的相位变化表示为

$$
\begin{aligned}
\Delta\phi(x,y,t) &= \phi(x,y,t) - \phi_0(x,y) = \boldsymbol{K}\cdot\boldsymbol{d} \\
&= |\boldsymbol{K}\cdot\boldsymbol{A}_d(x,y,z)|\cos\left(\frac{2\pi}{T_0}t+\psi\right)
\end{aligned}
\tag{7-3-7}
$$

将上式代入式 (7-3-6)，则式 (7-3-4) 可以写为

$$
\begin{aligned}
u_3 &= N\beta R_0^2\int_0^{T_0} O_0(x,y)\exp\left\{-\mathrm{j}|\boldsymbol{K}\cdot\boldsymbol{A}_d(x,y,z)|\cos\left(\frac{2\pi}{T_0}t+\psi\right)-\mathrm{j}\phi_0(x,y)\right\}\mathrm{d}t \\
&= N\beta R_0^2 O_0(x,y)\exp\left[-\mathrm{j}\phi_0(x,y)\right] \\
&\quad\times\int_0^{T_0}\exp\left\{-\mathrm{j}|\boldsymbol{K}\cdot\boldsymbol{A}_d(x,y,z)|\cos\left(\frac{2\pi}{T_0}t+\psi\right)\right\}\mathrm{d}t
\end{aligned}
\tag{7-3-8}
$$

注意到零阶贝塞尔函数 $\mathrm{J}_0(\alpha)$ 的表达式

$$
\mathrm{J}_0(\alpha) = \frac{1}{2\pi}\int_0^{2\pi}\exp\left[-\mathrm{j}\alpha\cos(\theta-\varphi)\right]\mathrm{d}\theta
$$

可以将 u_3 化简成

$$
u_3 = N\beta R_0^2 O_0(x,y)\exp\left[-\mathrm{j}\phi_0(x,y)\right]T_0\mathrm{J}_0\left(\left|\vec{K}\cdot\vec{A}_d(x,y,z)\right|\right)
\tag{7-3-9}
$$

最后，得到 u_3 对应的光波场强度

$$
\begin{aligned}
I_3 &= N^2\beta^2 R_0^4 O_0^2(x,y)T_0^2\mathrm{J}_0^2\left(|\boldsymbol{K}\cdot\boldsymbol{A}_d(x,y,z)|\right) \\
&= \mu O_0^2(x,y)\mathrm{J}_0^2\left(|\boldsymbol{K}\cdot\boldsymbol{A}_d(x,y,z)|\right)
\end{aligned}
\tag{7-3-10}
$$

该式表明，在时间平均全息干涉术中，再现像的光强按零阶贝塞尔函数的平方分布。其分布曲线如图 7-3-1 所示。由图可以看出，当贝塞尔函数自变量为零，即 $|\boldsymbol{K}\cdot\boldsymbol{A}_d(x,y,z)| = 0$ 时，函数取最大值。因此，在再现像的振动图样中不运动的区域 (即节线处) 将显示最亮的条纹，随着条纹级次的增加，亮条纹的强度逐渐下降。由于 $\dfrac{\mathrm{d}\mathrm{J}_0(x)}{\mathrm{d}x} = -\mathrm{J}_1(x)$，除零级外条纹的位置外，其余极值点的位置都由一阶贝塞尔函数取零值的根给出。无论是亮条纹还是暗条纹，它们的条纹间距均不同。

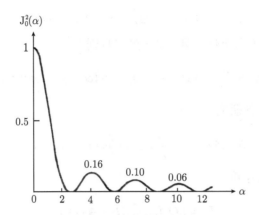

图 7-3-1 零阶贝塞尔函数的平方分布曲线

时间平均全息干涉方法不仅可以对简谐振动进行分析, 还可以对其他运动规律的稳态现象进行分析研究。根据时间平均全息图上干涉条纹的分布状态, 可以分析振动物体各个部位的振幅分布以及振动体的振动模式。这种方法已发展成为全息振动分析的一种成熟技术。但是, 根据式 (7-3-10) 知, 时间平均全息计量方法所形成的条纹的重要局限之一就是随条纹级数增加, 条纹能见度不断下降, 这就限制了可以测量的振动的振幅。另外一个局限性是, 这种方法不能测量振动的相位, 不能作全面的振动测量 [18]。

7.3.2 时间平均法测量实例

现给出一个簧片的振动过程的测量研究实例 [2]。簧片一端夹紧在固定基座上, 坐标如图 7-3-2 所示。

设簧片在平衡位置附近沿 z 方向作谐振动, t 时刻簧片上任意点 $P(x)$ 相对平衡位置 P_0 的位移可表为

$$\boldsymbol{d}(x,t) = \boldsymbol{A}(x) \cos\left(\frac{2\pi}{T_0} t + \psi\right) \tag{7-3-11}$$

式中, 振幅 A 为 x 的函数, T_0 为振动周期, ψ 为振动的初相位。

设簧片振动过程中, 物光振幅变化极其微小, 可忽略不计, 仅其相位发生变化, 即

$$O(x) = O_0(x) \exp[-\mathrm{j}\phi(x,t)] \tag{7-3-12}$$

物体初始状态在平衡位置 P_0, 相位为 $\phi_0(x)$; 某瞬间移动到任意点 $P(x)$, 相位为 $\phi(x)$。注意到在图 7-3-2 所选取的坐标中, 照明矢量和观察矢量的各个分量为

$$e_{1x} = -\sin\theta_1, \quad e_{1y} = 0, \quad e_{1z} = -\cos\theta_1$$

$$e_{2x} = -\sin\theta_2, \quad e_{2y} = 0, \quad e_{2z} = \cos\theta_2$$

令 i 和 k 为 x 及 z 方向单位矢量，灵敏度矢量则为

$$\boldsymbol{K} = \boldsymbol{k}_2 - \boldsymbol{k}_1 = \frac{2\pi}{\lambda}\left[(\sin\theta_1 - \sin\theta_2)\,\boldsymbol{i} + (\cos\theta_2 + \cos\theta_1)\,\boldsymbol{k}\right] \tag{7-3-13}$$

根据式 (7-3-10) 的研究，求得

$$|\boldsymbol{K}\cdot\boldsymbol{A}(x)| = \frac{2\pi}{\lambda}\,|\boldsymbol{A}(x)(\cos\theta_2 + \cos\theta_1)| \tag{7-3-14}$$

于是得到重现物光场强度

$$I_3 = \mu O_0^2(x)\mathrm{J}_0^2(|\boldsymbol{K}\cdot\boldsymbol{A}(x)|) \tag{7-3-15}$$

式中，J_0 是第一类零阶贝塞尔函数。

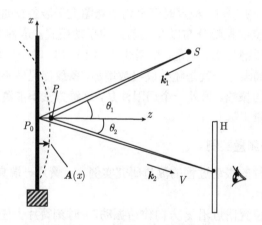

图 7-3-2　簧片的振动分析坐标定义

簧片作振动时，各处 $\boldsymbol{A}(x)$ 不等，物面呈现节线和暗区。由于其强度分布与 $\mathrm{J}_0^2(|\boldsymbol{K}\cdot\boldsymbol{A}(x)|)$ 成比例，可参照图 7-3-1 分析测量结果。这时，与零级亮纹对应的节线宽度比其他各级节线大许多，亮度也高得多。暗纹条件是 $\mathrm{J}_0^2(|\boldsymbol{K}\cdot\boldsymbol{A}(x)|) = 0$，为第一类零阶贝塞尔函数之根值。表 7-3-1 列出了前 6 个根值。

表 7-3-1　前 6 个暗纹位置

条纹序数	$|\boldsymbol{k}\cdot\boldsymbol{A}(x)|$	条纹序数	$|\boldsymbol{k}\cdot\boldsymbol{A}(x)|$
1	2.4048	4	11.7915
2	5.5201	5	14.9309
3	8.6537	6	18.0710

表 7-3-2 列出了前 6 级亮纹的亮度与零级亮纹亮度之比。可以看出,除零级亮纹外,其余亮纹的亮度都很低。

表 7-3-2 各级亮纹与零级比的相对亮度

条纹序数	相对亮度	条纹序数	相对亮度
0	1	3	0.06
1	0.16	4	0.04
2	0.10	5	0.03

根据上述分析,不难通过全息的时间平均法解决实际给定的检测问题。图 7-3-3 给出一个测量实例 [2]。图中,下方的图像是参考光照射全息图时拍摄的时间平均干涉图,中间部分是干涉图的亮度,上方给出物体振动时的位移分布。从位移分布曲线中可以看出,在 $x = 0.793l$ 处振动的振幅为零,其余部分在振动过程中的振幅在两条曲线包围的范围内。

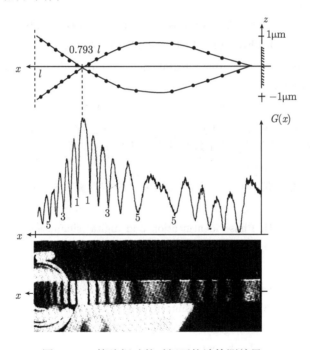

图 7-3-3 簧片振动的时间平均法检测结果

时间平均全息干涉方法不仅可以对简谐振动进行分析,还可以对其他运动规律的稳态现象进行分析研究。根据时间平均全息图上干涉条纹的分布状态,可以分析振动物体各个部位的振幅分布以及振动体的振动模式。这种方法已发展成为全息振动分析的一种成熟技术,并在航空制造业、机床制造业、汽车工业、乐器研究、振动模式分析等方面获得应用 [19,20]。

参 考 文 献

[1] 维斯特 C M. 全息干涉度量学. 樊雄文, 王玉洪, 译. 北京: 机械工业出版社, 1984

[2] Smigielski P. Holographie Industrielle. Toulouse: TEKNA, 1994

[3] 熊秉衡, 李俊昌. 全息干涉计量 —— 原理和方法. 北京: 科学出版社, 2009

[4] Thomas K. Handbook of Holographic Interferometry-Optical and Digital Methods. Berlin: Wiley-VCH, 2004

[5] Li J C, Picart P. Holographie Numérique: Principe, algorithmes et applications. Paris: Editions Hermès Sciences, 2012

[6] Picart P, Li J C. Digital Holography. London: ISTE WILEY, 2012

[7] 李俊昌, 熊秉衡. 图像模拟在白炽灯气体折射率全息 CT 测量中的应用. 中国激光, 2005, 32(2): 252-256

[8] Ladenburg R, Winkler J, Van Voorhis C C. Interferometric study of faster than sound phenomena. Part I, Phys. Rev., 1968, 73: 1359-1377

[9] Barakat R. Solution of an Abel integral equation for band-limited functions by means of sampling theorems. J. Math. Phys., 1964, 43: 325-331

[10] Sweeney D W. A comparision of Abel integral inversion schemes for interferometric applications. J. Opt. Soc. Am., 1974, 64: 559

[11] 陈希慧, 焦春妍, 李俊昌. 空间载波相移法用于全息 CT 测量气体温度场的研究. 激光杂志, 2006, 30(4): 412-414

[12] 钱克矛, 续伯钦, 伍小平. 光学干涉计量中的位相测量方法. 实验力学, 2001, 16(3): 239-245

[13] Li J C, Xiong B H. Phase identification and digital simulation study of a real-time hologram. Proceedings of SPIE-The International Society for Optical Engineering, 2003, 331-337

[14] 采用 Q 开关红宝石激光器拍摄的子弹飞行的双曝光全息图. 引自 http://www.ph.ed.ac.uk/~wjh/teaching/mo/slides/holo-interferometry/holo-inter.pdf, 20.04.04

[15] Abramson N. The holo-diagram. II: A practical device for information retrieval in hologram interferometry. Appl. Opt., 1970, 9: 97-101

[16] Sciammarella C A, Gibert J A. Strain analysis of a disk subjected to diametral compression by means of holographic interferometry. Appl. Opt., 1973, 12: 1951-1956

[17] Aleksandrov E B, Bonch-Bruevich A M. Investigation of surface strains by the hologram technique. Soc. Phys. Tech. Phys., 1967, 12: 258-265

[18] 陈家璧, 苏显渝. 光学信息技术原理及应用. 北京: 高等教育出版社, 2002

[19] Feng S Y. Some acoustical measurements on the Chinese musical instrument Pi-Pa. J. Acoust. Soc. Am., 1984, 75(2): 599

[20] 哈尔滨科技大学激光研究室. 浙江古编钟的振动模式与结构分析. 哈尔滨科技大学学报，1982, 1

第 8 章　数字全息在光学检测中的应用

随着计算机及电荷耦合器件 CCD 技术的进步，用 CCD 阵列代替传统全息感光板的数字全息检测正取得瞩目发展 [1~4]。数字全息检测的物理原理与使用银盐感光板的传统全息相同，尽管 CCD 的分辨率及感光面阵尺寸远小于银盐全息感光板，然而，由于 CCD 记录全息图时免去银盐全息感光板耗时而烦杂的湿处理过程，能够快速地获得高质量的检测结果。根据 CCD 的特点优化设计光学系统后，能足够满意地完成大量光学干涉计量工作。

数字全息重建物光场的相位是通过复振幅的虚部与实部之比的反正切确定的，其数值被限定在 $[-\pi, \pi]$，超过此区间的物光场相位被包裹在相位分布图中，必须通过相位解包裹获取物光场的真实相位。此外，在进行变化量的干涉计量时，干涉图像是 2π 为周期的强度分布，超过 2π 的相位变化量也被包裹在干涉图像中。因此，为实现光学检测，必须通过相位解包裹获得与检测量对应的真实相位。由于物光场相位解包裹与干涉图像的相位解包裹相似，本章以干涉图像的相位解包裹为研究对象，对干涉图像的形成及常用干涉图像相位解包裹的基本方法进行讨论。此后，介绍数字全息干涉计量的常用技术及应用实例。由于 CCD 尺寸通常与被检测物体尺寸有较大差异，为让 CCD 能够较好地获取物光信息，通常采用光学系统对物光场进行变换。因此，将对具有物光变换系统的数字全息检测技术进行专门讨论。此外，还介绍基于 CCD 记录全息图的特点近年来出现的一些特殊的数字全息检测方法。

8.1　数字全息干涉图的形成及干涉图的相位解包裹

数字全息干涉图是物光场变化前后的光场干涉图，物光场的变化通常由物体的物理量变化引起。例如，透明物体受到外力作用后，物体内部应力变化导致的折射率的变化可以引起透过物体的光波场相位变化；不透明物体受力形变时，表面的形变可以引起物体表面散射光相位的变化。当记录了物体变化前后的数字全息图后，便能利用计算机重建物体变化前后的光波场，形成相应的干涉图像。本节以一个物体受力前后的双曝光数字全息干涉图为例，对干涉图像的形成及其相位解包裹进行分析研究。

8.1.1 数字全息干涉图像的形成及表示方法

1. 双曝光数字全息实验系统简介

图 8-1-1(a) 是使用两种不同激光照明的双曝光数字全息检测光路[4]。图中，PBS 为偏振分束镜，HWP 为半波片，POL 为偏振片，M 为全反射镜，L 为正透镜 (8 个正透镜组成 4 个激光扩束及准直系统)。波长为 532nm 的 YAG 激光及 632.8nm 的氦氖激光 (He-Ne) 构成两组物光及参考光, 它们的振动面相互垂直。被测量物体是直径为 25mm 的铝垫圈，通过实验测量沿垫圈侧面横向加力前后垫圈的微形变。实验时物体到 CCD 平面的距离为 900mm, CCD 像素宽度 4.65μm，1024×1024 像素。利用角分复用技术[5]，通过参考光角度的调整，让两种色光照明下被检测物体的 1-FFT 重建像分别呈现于重建平面的第 1，2 象限，图 8-1-1(b)、(c) 分别给出 YAG 激光及氦氖激光照明的某一时刻 1-FFT 的重建像平面。

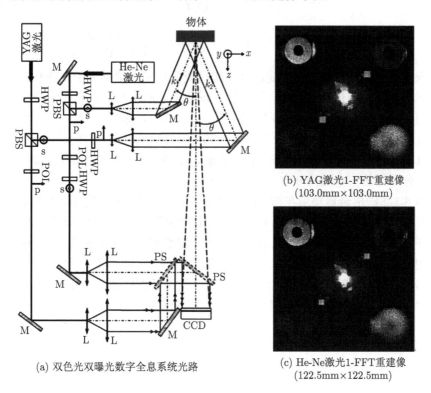

(a) 双色光双曝光数字全息系统光路

(b) YAG激光1-FFT重建像
(103.0mm×103.0mm)

(c) He-Ne激光1-FFT重建像
(122.5mm×122.5mm)

图 8-1-1 数字全息检测系统光路及某时刻的 1-FFT 重建图像

基于第 7 章的讨论，取出物体加载前后的重建像进行干涉，便能测量物体沿两个灵敏度矢量方向的位移分布。由于两种色光干涉图像的处理完全相似，为简明起见，后面仅就 YAG 激光检测图像进行讨论，并且，由于 1-FFT 重建像只占有重建平面的一个小区域, 不便于详细表示干涉图像, 将在 1-FFT 重建平面上设计刚好包含垫圈的方形滤波窗, 基于 FIMG4FFT 重建方法进行相关研究。

2. 重建物光场叠加的干涉图像

令物体形变前后 FIMG4FFT 重建物光场的复振幅分别为 $O_0(x, y)$ 及 $O_1(x, y)$, 根据光波复函数表示的物理意义, 重建物光场的振幅和相位可由以下 4 式求出。

形变前的振幅和相位

$$A_0(x, y) = |O_0(x, y)| \tag{8-1-1a}$$

$$\varphi_0(x, y) = \arg\{O_0(x, y)\} = \arctan\left\{\frac{\mathrm{Im}[O_0(x, y)]}{\mathrm{Re}[O_0(x, y)]}\right\} \tag{8-1-1b}$$

形变后的振幅和相位

$$A_1(x, y) = |O_1(x, y)| \tag{8-1-2a}$$

$$\varphi_1(x, y) = \arg\{O_1(x, y)\} = \arctan\left\{\frac{\mathrm{Im}[O_1(x, y)]}{\mathrm{Re}[O_1(x, y)]}\right\} \tag{8-1-2b}$$

应用研究中, 物体表面的局部区域起伏变化尺度通常甚大于光波长, 在光波照射下反射光的相位是随机量, 重建物光场通常是散斑场。由于光波场的相位由反正切函数表示, 反正切函数变化区间为 $[-\pi, \pi]$, 式 (8-1-1b) 及式 (8-1-2b) 计算的相位事实上是实际相位取 2π 的模后的值, 仍然是随机量。因此, 式 (8-1-1a) 或式 (8-1-2a) 能表示具有散斑特征的物体形貌, 式 (8-1-1b) 及式 (8-1-2b) 计算的物光场相位分布则是一个随机分布。

图 8-1-2 给出金属垫圈在横向轻微受力后的 FIMG4FFT 重建像的振幅及相位分布取绝对值后的图像。不难看出, 由于物体形变微小, 振幅分布图像上完全不能觉察到物体形变, 尽管物体加载形变前后的光波场相位发生了变化, 但相位是实际随机相位取 2π 的模后的随机量, 不能直接从相位图中察觉这个变化。

然而, 物体形变前后的重建物光场事实上包含了物体形变的信息。按照光波场的叠加原理, 物体形变前后重建物光场的干涉图像为

$$\begin{aligned}
I_a(x, y) &= |O_0(x, y) + O_1(x, y)|^2 \\
&= A_0^2(x, y) + A_1^2(x, y) + 2A_0(x, y) A_1(x, y) \cos[\varphi_1(x, y) - \varphi_0(x, y)] \tag{8-1-3}
\end{aligned}$$

由于 $\varphi_1(x, y) - \varphi_0(x, y)$ 准确地反映出物体表面形变引起的相位变化。利用图 8-1-2 的重建物光场, 图 8-1-3(a) 给出根据式 (8-1-3) 获得的物体形变前后物光场的干涉图像。可以看出, 由于重建物光场是散斑场, 干涉图像的振幅及相位均受到随机噪声的干扰, 如果进行光学检测, 消除干涉条纹的噪声是必须解决的问题。

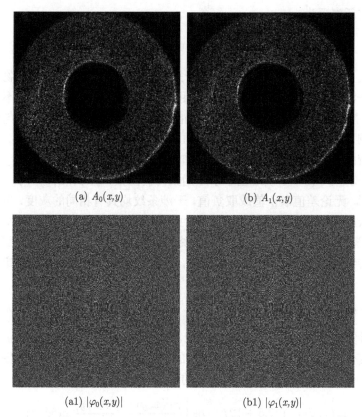

(a) $A_0(x,y)$ (b) $A_1(x,y)$

(a1) $|\varphi_0(x,y)|$ (b1) $|\varphi_1(x,y)|$

图 8-1-2 金属垫圈加载前后的重建平面的光波场图像 (1024×1024 像素)

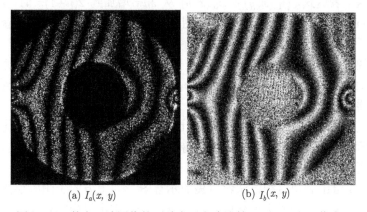

(a) $I_a(x, y)$ (b) $I_b(x, y)$

图 8-1-3 数字干涉图像的两种表示方式比较 (1024×1024 像素)

鉴于式 (8-1-1b) 及式 (8-1-2b) 能够准确计算物体形变前后物光场的相位, 利用计算机图像的像素灰度由 8 比特字节表示的特点 (即灰度等级 0~255), 可以将

干涉图像重新表示为

$$I_b(x,y) = 127.5 + 127.5\cos\left[\varphi_1(x,y) - \varphi_0(x,y)\right] \tag{8-1-4}$$

比较式 (8-1-3) 及式 (8-1-4) 知，由于式 (8-1-3) 的干涉图像中重建物光场的振幅分布对干涉条纹的强度分布有调制作用，振幅分布的不均匀性形成不利于测量的干扰，而按照式 (8-1-4) 表示的干涉图能够有效抑制振幅分布的不均匀性对干涉条纹的影响。图 8-1-3(b) 给出根据式 (8-1-4) 求得的干涉图像。很明显，干涉图中的噪声相较图 8-1-2(a) 得到较大程度的抑制。

然而，分析式 (8-1-4) 知，由于余弦函数为偶函数，当 $\varphi_1(x,y) - \varphi_0(x,y)$ 的绝对值给定后，无论差值取正值或取负值，干涉条纹均具有相同的灰度，单纯使用干涉条纹的灰度不能判断相位变化的正负。此外，余弦函数还是周期函数，相位变化超过 2π 的整数倍后，余弦函数的取值始终是实际相位变化取 2π 的模后的余弦值，相位变化的绝对值被 "包裹" 于干涉图中，必须通过相位解包裹才能确定实际的相位变化。

3. 便于相位解包裹的干涉图像

利用计算机能够方便处理信息的特点，可以修改式(8-1-4)，让 $\varphi_1(x,y) - \varphi_0(x,y)$ 的数值沿变化方向每经过 2π 时干涉图像的灰度发生一次跃变，将干涉图表示成便于判断相位变化方向及便于相位解包裹的形式

$$I_c(x,y) = 127.5 + 127.5\cos\left[\frac{\varphi_1(x,y) - \varphi_0(x,y)}{2} \bmod \pi\right] \tag{8-1-5}$$

按照这个表达式，$\varphi_1(x,y) - \varphi_0(x,y)$ 从 $2n\pi$ 增加到 $2(n+1)\pi$ 时，$I_c(x,y)$ 是灰度的增函数 (亮度从最亮变到最暗)，图 8-1-4(a) 给出根据式 (8-1-5) 获得的干涉图。为便于比较干涉图像产生的变化，图 8-1-4(b) 给出按照式 (8-1-4) 表示的图像。比较两图像可以清楚地看出，图 8-1-4(a) 的相位变化经过 2π 时产生灰度跃变，同时，干涉条纹的灰度变化体现出相位差 $\varphi_1(x,y) - \varphi_0(x,y)$ 在图像从左到右的大部分区域是增加变化的情况。

按照式 (8-1-5) 表示干涉图后，原则上能够根据灰度变化与相位变化成正比的关系对观测点相位赋值，通过沿干涉图像的横向或纵向逐点获取图像的灰度进行相位解包裹。

图 8-1-5 给出利用这种方法解包裹的示意图 [4]，上方的子图所绘曲线是包裹相位曲线，由于反正切函数变化区间为 $[-\pi, +\pi]$，图中纵坐标是将灰度转化为弧度表示的包裹相位值。下方的子图是解包裹后的相位曲线，解包裹时，利用上方图像的包裹相位曲线从左到右考察图像灰度变化，每产生一次灰度跃变时，后续相位的赋值增加 2π。

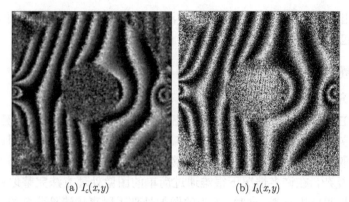

(a) $I_c(x,y)$ (b) $I_b(x,y)$

图 8-1-4 干涉图像 $I_c(x,y)$ 与干涉图像 $I_b(x,y)$ 的比较 (1024×1024 像素)

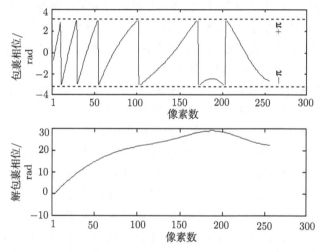

图 8-1-5 相位差是 2π 的模的干涉图像相位解包裹示意图

应该指出, 按照式 (8-1-5) 表示干涉图并利用图 8-1-5 的分析方法进行相位解包裹仅阐述了处理干涉图的基本原则。然而, 由于实际测量环境及噪声、欠采样、阴影、调制度过低等各种因素的存在, 干涉图的干涉特征千变万化, 因此很难利用一种算法解决所有解包裹问题。在实际应用中, 需要根据实际情况选择算法, 以便找到既迅速又准确的优化算法。在后续研究中, 将对相位解包裹面临的主要问题及解包裹的常用技术进行介绍。

8.1.2 干涉图像的相位解包裹

相位解包裹是数字全息检测的应用中必须进行的重要工作[6]。本节对相位解包裹面临的主要问题及解包裹的基本过程进行讨论。此后, 基于干涉图理论模型的研究, 提出理论辅助下的相位解包裹方法。最后, 介绍目前常用的相位解包裹技术, 给出解包裹的实例。

1.相位解包裹面临的主要问题及解包裹的基本过程

应用研究中容易发现, 实际干涉图上存在不同形式的噪声干扰。

例如, 在图 8-1-2 中, 干涉图上不但出现物体的重建像, 而且有重建像的背景, 物体背景的灰度分布是与检测无关的噪声。为消除这种噪声, 必须利用计算机图像处理技术获取物体的投影, 设计投影窗消除背景噪声。由于实际检测物体形状及灰度变化十分复杂, 在许多情况下很难通过简单的图像处理方法完整地将带有干涉条纹的物体与背景相分离, 这时, 人为的图像处理手段直接清除残余的背景噪声则成为必须进行的工作。

又如, 当物体表面形状复杂时, 物体的局部区域受另一部分物体的遮挡而形成阴影, 这时, 不但不能完整显示物体的重建像, 而且干涉条纹会在阴影区域间断。为获得完整的检测信息, 许多情况下不得不人为地根据条纹变化的趋势, 通过图像插值或物理量变化的概率等手段补充干涉信息。

再如, 对于被检测的实际物体, 由于表面的局部起伏通常甚大于光波长, 重建物光场是散斑场, 成像区域振幅及相位的随机取值也会形成影响检测的噪声。为消除这类噪声, 通常还需要对干涉图像进行局域平均处理。

因此, 根据上一节介绍的相位解包裹基本原则, 不同的实际问题采用不同的处理方法是完成实际检测的主要途径, 作为实例, 利用上面垫圈形变的二次曝光全息图, 下面给出检测垫圈沿某一方向形变的相位解包裹过程。

(1) 由于垫圈干涉图像存在散斑噪声, 首先对图像灰度作局域平均处理 (如某一像素的灰度值由该像素与相邻像素灰度的平均值代替)。图 8-1-6(a) 给出经过 5×5 像素局域平均处理后的图像。

(2) 根据 8-1-6(a) 中重建图像的灰度分布设计图像二值化阈值, 形成表征垫圈投影的二值化图像 (图 8-1-6(b))。

(3) 令二值化图像中垫圈投影区域值为 1, 其余为零, 形成滤除背景噪声的模板。让模板与干涉图相乘, 形成滤除背景噪声的干涉图像 (图 8-1-6(c))。

(4) 设计一个阈值形成能够分离图 8-1-6(c) 相位跃变密切邻近区域的二值图像, 然后, 对二值图像作条纹细化处理, 形成只有一个像素宽度的相位跃变边界曲线 (图 8-1-6(d))。

(5) 确定干涉图的零相位点, 以图 8-1-6(c) 的灰度分布为基本依据, 利用图 8-1-6(d) 作为相位跃变 2π 的边界曲线进行相位解包裹。图 8-1-6(e) 是相位解包裹后绘出的物体表面沿观测方向的有若干个波长范围的微形变图像。

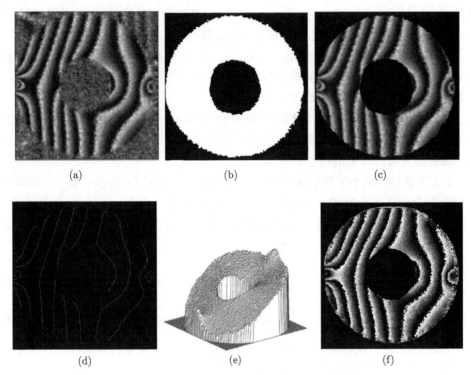

(a)　　　　　　　　　(b)　　　　　　　　　(c)

(d)　　　　　　　　　(e)　　　　　　　　　(f)

图 8-1-6　垫圈形变的二次曝光全息图处理过程

为保证检测结果的可靠，利用解包裹后的相位重新绘出干涉图像是验证检测结果的一种重要手段。图 8-1-6(f) 给出利用解包裹后的相位按照式 (8-1-4) 重新绘出的干涉图。与图 8-1-6(c) 比较不难看出，检测结果是可信的。

2. 基于干涉图理论模型辅助下的相位解包裹

利用干涉图像进行检测时，根据实际问题，利用先验的理论知识建立干涉图理论模型，在理论模型辅助下确定引起物光场相位变化的物理量变化方向，这是有实用价值的工作。为能够在理论指导下较好地进行干涉图像的处理，以下基于统计光学的基本理论，对散射光干涉图像的形成进行理论研究，介绍基于干涉图理论模型辅助下的相位解包裹技术。

1) 散射光的统计光学解释

根据统计光学理论 [7~9]，若物体表面是非光学平滑的空间曲面，可以将物体表面视为大量微小基元面的组合，从物体表面散射的波被视为物体表面所有基元散射波的叠加。中心坐标为 (x_0, y_0, z_0) 的基元散射波可以表为

$$A_0(x_0, y_0, z_0) = a_0(x_0, y_0, z_0) \exp\left[j\phi_0(x_0, y_0, z_0)\right] \tag{8-1-6}$$

式中，$j = \sqrt{-1}$；$a_0 (x_0, y_0, z_0)$ 及 $\phi_0 (x_0, y_0, z_0)$ 是与表面特性及照明光波长有关的两个随机变量. 并且，散射光场具有如下统计特性：

(1) 振幅 $a_0 (x_0, y_0, z_0)$ 与相位 $\phi_0 (x_0, y_0, z_0)$ 是与表面特定的散射基元相关的量，彼此统计独立。不同散射基元的散射光场复振幅彼此统计独立，$\phi_0 (x_0, y_0, z_0)$ 的取值概率在期间 $[-\pi, \pi]$ 均匀分布。

(2) 散射基元非常细微，与照明区域及测量系统在物面上形成的点扩散函数的有效覆盖区域相比足够小，但与光波长相比又足够大。当物体表面产生微小位移时，散射基元对光波的散射特性基本保持不变。

(3) 当散射距离小于照射激光的相干长度时，对于任意给定的位置，实际观测到的是所有相干基元对在该点的干涉场的强度的叠加。

基于上面对散射光波场的统计光学描述，形变前后物体表面的第 i 个相干基元对的光波场分别写为

$$A_{0i} (x_{0i}, y_{0i}, z_{0i}) = a_{0i} (x_{0i}, y_{0i}, z_{0i}) \exp [j\phi_{0i} (x_{0i}, y_{0i}, z_{0i})] \tag{8-1-7}$$

$$A_{1i} (x_{1i}, y_{1i}, z_{1i}) = a_{1i} (x_{1i}, y_{1i}, z_{1i}) \exp [j\phi_{1i} (x_{1i}, y_{1i}, z_{1i})] \tag{8-1-8}$$

式中，$a_{0i} (x_{0i}, y_{0i}, z_{0i})$、$\phi_{0i} (x_{0i}, y_{0i}, z_{0i})$、$a_{1i} (x_{1i}, y_{1i}, z_{1i})$ 及 $\phi_{1i} (x_{1i}, y_{1i}, z_{1i})$ 是不同的随机变量。但彼此间有关联，其关联性质是

$$a_{1i} (x_{1i}, y_{1i}, z_{1i}) = a_{0i} (x_{0i}, y_{0i}, z_{0i}) \tag{8-1-8a}$$

$$\phi_{1i} (x_{1i}, y_{1i}, z_{1i}) = \phi_{0i} (x_{0i}, y_{0i}, z_{0i}) + \delta_i \tag{8-1-8b}$$

式中，δ_i 为第 i 个散射基元形变后的相位变化，δ_i 的确定与全息干涉计量中的灵敏度矢量密切相关。为便于后续讨论，参照第 7.2.2 节对灵敏度矢量的讨论，下面导出 δ_i 与灵敏度矢量的关系。

令照明光是一个点光源 S，观测点是 W，物体形变前空间表面是 S_0，形变后空间表面变为 S_1，物体形变前后第 i 个基元对的位置分别是 P_{0i}，P_{1i}。图 8-1-7 示出该基元对在物体形变前后的位移矢量 d_i 与相关矢量的关系 [8]。其中

r：由直角坐标原点指向观测点的矢径；

r_{0i}，r_{1i}：从照明光源指向形变前后该基元的矢量；

k_{0i}，k_{1i}：从照明光源指向形变前后基元的照明光传播矢量；

r_{2i}，r_{3i}：从形变前后该基元指向观测点的矢量；

k_{2i}，k_{3i}：形变前后基元散射光指向观测点的光传播矢量。

以上各量中，所有光传播矢量的数值均为 $2\pi/\lambda$。

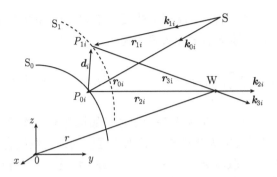

图 8-1-7　物体形变前后散射基元的位移矢量与相关矢量的关系

由图可知, 对于给定的观测点, 形变前基元的散射光的相对形变后基元散射光相位变化是

$$\delta_i(\boldsymbol{r}) = (\boldsymbol{k}_{0i} \cdot \boldsymbol{r}_{0i} + \boldsymbol{k}_{2i} \cdot \boldsymbol{r}_{2i}) - (\boldsymbol{k}_{1i} \cdot \boldsymbol{r}_{1i} + \boldsymbol{k}_{3i} \cdot \boldsymbol{r}_{3i}) \tag{8-1-9}$$

面位移矢量为

$$\boldsymbol{d}_i(\boldsymbol{r}) = \boldsymbol{r}_{1i} - \boldsymbol{r}_{0i} = \boldsymbol{r}_{2i} - \boldsymbol{r}_{3i} \tag{8-1-10}$$

注意到在实际测量中位移通常很小, 因此有 $\boldsymbol{k}_{0i} \approx \boldsymbol{k}_{1i}$ 以及 $\boldsymbol{k}_{2i} \approx \boldsymbol{k}_{3i}$。由于灵敏度矢量

$$\boldsymbol{s}_i(\boldsymbol{r}) = \boldsymbol{k}_{2i} - \boldsymbol{k}_{0i} \tag{8-1-11}$$

可以将形变后基元散射光相位变化式 (8-1-9) 足够准确地表为

$$\delta_i(\boldsymbol{r}) \approx -\boldsymbol{k}_{0i} \cdot (\boldsymbol{r}_{1i} - \boldsymbol{r}_{0i}) + \boldsymbol{k}_{2i} \cdot (\boldsymbol{r}_{2i} - \boldsymbol{r}_{3i})$$
$$= \boldsymbol{d}_i(\boldsymbol{r}) \cdot \boldsymbol{s}_i(\boldsymbol{r}) \tag{8-1-12}$$

2) 散射光全息干涉图像的理论模型

参照图 8-1-7, 将每一基元的散射光视为以基元中心为点源的球面波, 由于球面波的振幅与点源到观测点的距离成反比, 为避免分母为零时数值计算遇到的问题, 第 i 个相干基元对发出的光波在观测位置 (x, y, z) 的光波场可以表为 [8]

$$U_{0i}(x, y, z) = \frac{a_{0i}(x_{0i}, y_{0i}, z_{0i})}{|\boldsymbol{r}_{2i}| + 1} \exp\{\mathrm{j}[\phi_{0i}(x_{0i}, y_{0i}, z_{0i}) + (\boldsymbol{k}_{0i} \cdot \boldsymbol{r}_{0i} + \boldsymbol{k}_{2i} \cdot \boldsymbol{r}_{2i})]\}$$
$$\tag{8-1-13a}$$

$$U_{1i}(x, y, z) = \frac{a_{1i}(x_{1i}, y_{1i}, z_{1i})}{|\boldsymbol{r}_{3i}| + 1} \exp\{\mathrm{j}[\phi_{0i}(x_{0i}, y_{0i}, z_{0i}) + (\boldsymbol{k}_{1i} \cdot \boldsymbol{r}_{1i} + \boldsymbol{k}_{3i} \cdot \boldsymbol{r}_{3i})]\}$$
$$\tag{8-1-13b}$$

设物体表面由 N 个相干基元组成, 二次曝光干涉光波场的强度是

$$I(x, y, z) = \sum_{i=1}^{N} U_{0i}(x, y, z) \sum_{p=1}^{N} U_{1p}^{*}(x, y, z) \tag{8-1-14}$$

基于散射基元光场的统计特性，展开上式后，可以将 $i \neq p$ 的所有项视为干涉图的随机背景噪声，而将干涉场强度分布表示为

$$I\left(x,y,z\right) = \sum_{i=1}^{N} \left|U_{0i}\left(x,y,z\right) + U_{1i}\left(x,y,z\right)\right|^2 + 背景噪声 \tag{8-1-15}$$

由于物体表面总是由数量庞大基元组成，如果观测位置远离位移前后的物体表面，在观测位置各基元对发出的光波叠加后强度的强弱取值有相同的概率，事实上形成的是菲涅耳衍射散斑场，看不到干涉条纹。但是，当观测位置选择在邻近形变前后物体的表面时，情况则大不相同。为便于分析，可将观测点邻近第 p 个散射基元时的光波干涉场强度重新写为

$$\begin{aligned} I_p\left(x,y,z\right) &= \left|U_{0p}\left(x,y,z\right) + U_{1p}\left(x,y,z\right)\right|^2 \\ &\quad + \sum_{i \neq p}^{N} \left|U_{0i}\left(x,y,z\right) + U_{1i}\left(x,y,z\right)\right|^2 + 背景噪声 \end{aligned} \tag{8-1-16}$$

根据式 (8-1-13a) 及式 (8-1-13b)，观测点无论落在形变前或形变后基元附近位置，散射基元的振幅都取很大的数值，这时，与来自与之配对的距离不远的相干基元的光波进行相干叠加后，将产生强烈的干涉，即式 (8-1-16) 右边第一项将起显著作用，后面所有项可视为是第一项表述的干涉条纹的背景。按照这个分析，可将式 (8-1-16) 重新写为

$$\begin{aligned} I_p\left(x,y,z\right) &= \left[\frac{a_{0p}\left(x_{0p},y_{0p},z_{0p}\right)}{\left|\boldsymbol{r}_{2p}\right| + 1}\right]^2 + \left[\frac{a_{1p}\left(x_{1p},y_{1p},z_{1p}\right)}{\left|\boldsymbol{r}_{3p}\right| + 1}\right]^2 \\ &\quad + 2\left[\frac{a_{0p}\left(x_{0p},y_{0p},z_{0p}\right)}{\left|\boldsymbol{r}_{2p}\right| + 1}\right]\left[\frac{a_{1p}\left(x_{1p},y_{1p},z_{1p}\right)}{\left|\boldsymbol{r}_{3p}\right| + 1}\right]\cos\left(\delta_p\left(\boldsymbol{r}\right)\right) + 背景噪声 \end{aligned}$$

$$\tag{8-1-17}$$

式中，$\delta_p\left(\boldsymbol{r}\right)$ 由式 (8-1-12) 确定。

在作数字全息检测时，重构的物平面是邻近物体的表面。因此，当重构平面上的观测点给定后，可以用最邻近形变前或形变后物体上某基元散射到该点的光波场近似代替该点的光波场。令式 (8-1-17) 中 $\boldsymbol{r}_{2p} = \boldsymbol{r}_{3p} = 0$ 以及 $a_{0p}\left(x_{0p},y_{0p},z_{0p}\right) = a_{1p}\left(x_{1p},y_{1p},z_{1p}\right)$，干涉图像可以参照式 (8-1-5) 最终被简明地表示为

$$I_p\left(x_{0p},y_{0p},z_{0p}\right) = 2\left[a_{0p}\left(x_{0p},y_{0p},z_{0p}\right)\right]^2\left[1 + \cos\left(\frac{\delta_p\left(\boldsymbol{r}\right)}{2}\bmod\pi\right)\right] + 背景噪声$$

$$\tag{8-1-18}$$

利用上结果可以方便地研究散射物体微形变引起的双曝光干涉条纹。文献 [8] 给出该式在物体微形变的双曝光数字全息研究中的可行性实验证明。

3) 基于干涉图理论模型辅助下的相位解包裹

应该指出，式 (8-1-18) 虽然是从物体的微形变研究导出的，但应用研究容易证明，只要将式中 $\delta_p(r)$ 视为其他物理量变化所引起的物光场相位变化，则可以利用该式模拟其他物理量变化而形成的全息干涉图。根据对实际问题的分析，建立待测物理量变化引起物光场相位变化物理模型，利用式 (8-1-18)，不但能对相位解包裹的正确性作出定性判断，而且能够辅助相位解包裹工作。参照上面介绍的实验，以下给出垫圈沿纵向有一复杂形变的模拟研究实例。

图 8-1-8 是模拟实验研究的简化光路，建立空间坐标 $O\text{-}xyz$，令 CCD 平面为 $z=0$ 平面，物平面为 $z=-d$ 平面。设照明光波长为 λ，照明光矢量在 xz 平面，与 z 轴的夹角 $\theta = 45°$，垫圈受力前第 i 个散射基元的中心坐标为 $P_{0i}(x_{0i}, y_{0i}, z_{0i})$，受力后该散射基元中心坐标变为 $P_{1i}(x_{1i}, y_{1i}, z_{1i})$，受力前后该基元的坐标有以下关系

$$\begin{cases} x_{1i} = x_{0i} \\ y_{1i} = y_{0i} \\ z_{1i} = z_{0i} + 3\lambda \exp\left[-\dfrac{(x_{1i}-5)^2 + (y_{1i}+2)^2}{180}\right] + 2\lambda \exp\left[-\dfrac{(x_{1i}+9)^2 + (y_{1i}-5)^2}{10}\right] \end{cases}$$
$$(8\text{-}1\text{-}19)$$

根据图 8-1-8，灵敏度矢量则为

$$\boldsymbol{s}_p(\boldsymbol{r}) = \frac{2\pi}{\lambda}\sin\theta\, \boldsymbol{i} + \frac{2\pi}{\lambda}(1+\cos\theta)\boldsymbol{k} \qquad (8\text{-}1\text{-}20)$$

由于位移矢量是

$$\boldsymbol{d}_p(\boldsymbol{r}) = z_{1i}\boldsymbol{k} \qquad (8\text{-}1\text{-}21)$$

式 (8-1-18) 中的相位变化即为

$$\delta_p(\boldsymbol{r}) = \boldsymbol{d}_p(\boldsymbol{r}) \cdot \boldsymbol{s}_p(\boldsymbol{r}) = z_{1p}\frac{2\pi}{\lambda}(1+\cos\theta) \qquad (8\text{-}1\text{-}22)$$

图 8-1-8　模拟实验简化光路

代入式 (8-1-18) 得

$$I_p(x, y, 0) = 2\left[a_{0p}(x, y, 0)\right]^2 \left\{1 + \cos\left[\frac{z_{1p}\pi}{\lambda}(1 + \cos\theta) \bmod \pi\right]\right\} + 背景噪声$$

(8-1-23)

利用式 (8-1-23)，图 8-1-9(a) 及图 8-1-9(b) 分别给出理论模拟沿 z 轴正向突起及相位解包裹的检测结果，图 8-1-9(c) 是下陷形变的干涉图像。该模拟对图 8-1-6 垫圈形变检测的正确性提供了理论证明。

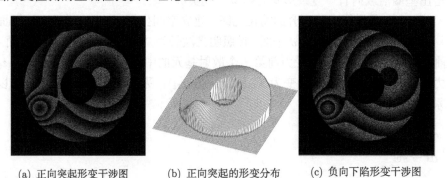

(a) 正向突起形变干涉图　　　(b) 正向突起的形变分布　　　(c) 负向下陷形变干涉图

图 8-1-9　干涉图像的理论模拟及相位解包裹

附录 B20 介绍按照上述模拟编写的 MATLAB 程序，运行该程序后，可以获得物体形变前后的数字全息图。附录 B21 是读取双曝光数字全息图，重建物光场及形成双曝光全息干涉图像的程序。读者可以参照这两个程序加深对本节所阐述内容的理解。

以上理论模拟虽然只对物体沿一个方向的形变进行了研究，但是，对于其他方向的模拟方法是相同的。在数字全息检测的应用研究中，如果能根据实际问题合理设计形变的物理模型，对两程序功能作相应扩展，修改及完善后的程序将能为获得准确的检测结果提供帮助。

3. 相位解包裹常用技术简介

相位解包裹是实现数字全息检测的重要环节，以上对相位解包裹的讨论仅是作者针对图 8-1-1 的实验所作的总结。近 10 年来，我国研究人员对相位解包裹进行了积极的探索研究，取得许多重要成果 [10~21]。例如，2006 年，九江学院及华南师范大学的研究人员提出利用模拟退火算法的相位展开算法 [10]。该算法可以对欠采样包裹相位和含有噪声的欠采样包裹相位进行有效展开；2007 年，上海光学精密机械研究所的研究人员为减少噪声对相位恢复过程的影响，快速得到正确的解包裹相位，提出了一种改进的相位解包裹方法 —— 加权离散余弦变换解包裹算法 [11]。该方法把离散余弦变换和标识相位数据好坏的质量权值结合起来，兼有速度快和可靠度高的优势。2008 年，四川大学研究人员为了实现对单幅载频干涉图进行相位重构，提出了一种避免相位解包裹的简易算法 [14]。该算法从载频干涉图中解出所求相位的两个偏导数，然后对两个偏导数积分从而得到所求的相位。利用该算法分别对计算机模拟的干涉图和实验所得干涉图进行相位重构，重构结果均表明该算法能够很好地从载频干涉图样中实现相位重构。2009 年，北京工业大学研究人员在 L^p 范数框架下，研究了二维相位解包裹算法统一的数学模型，分别运用多种算法对数字全息显微实验得到的包裹相位图进行了实验分析 [15]，让人们对常用相位解包裹算法的特点建立了较清晰的概念；2010 年，昆明理工大学研究人员将剪切干涉的原理引入到数字全息再现光场的重构中，提出了基于最小二乘原理的相位重构算法 [16]。实验研究表明，这种方法特别适合于在干涉条纹致密情况下完成相位解包裹运算；2011 年，西安应用光学研究所的研究人员针对非球面光学元件面形检测中的欠采样问题，提出了一种欠采样包裹相位图的恢复方法 [19]。模拟研究结果表明，该方法可以高精度地对欠采样包裹相位图进行恢复重建。2012 及 2013 年，河北工程大学研究人员用理论分析、计算机模拟及实验验证相结合的方法，对基于 FFT 的四种典型的相位解包裹算法作了介绍及研究。通过研究指出，基于 FFT 的相位解包裹算法是比较有应用前景的一类算法 [21,22]。

相位解包裹的研究还将继续，为简明起见，以下仅基于文献 [16] 及 [22]，对横向剪切最小二乘法相位解包裹技术以及基于 FFT 的四种相位解包裹算法作简要介绍。

1) 横向剪切最小二乘相位解包裹理论与实验

剪切干涉计量是光学测量中的一种重要方法，它利用被测波面与其自身经某种变换后的波面进行干涉并完成计量，根据剪切方向可分为横向剪切、纵向剪切、径向剪切和旋转剪切等。其主要特点是两光波共光路，对机械振动、温度扰动，以及空气流动都不敏感，便于在实验室外进行现场检测。所以，剪切干涉法已经在很多领域获得广泛的应用，如光学系统和光学器件的检测，液体和气体流动的研究，实验力学中的应力、应变和振动分析甚至生物观测等领域。

将数字全息与剪切干涉计量两者作比较可以发现，一般情况下，剪切干涉的光路和装置要比数字全息复杂些，但所得干涉条纹的空间频率要远低于数字全息。既然数字全息可以数字化地再现光场，而剪切干涉从原理上讲只需将光场作一定剪切后再相互叠加干涉即可，且灵敏度可以用调节剪切量的大小来实现，于是将剪切干涉的原理引入到数字全息再现光场的相位解包裹中，不借助引入新的物理器件和新的试验条件，仅用计算机通过作数字化的光场剪切，建立包含原光场信息的新光场 —— 剪切干涉光场，以达到降低相位的空间变化频率，方便完成相位解包裹和去噪运算的目的。

设在数字全息像平面上的像素数为 $N_x \times N_y$，沿 x 方向和 y 方向上的间隔分

别为 Δx_i 和 Δy_i, 则在 $(m\Delta x_i, n\Delta y_i)$ 点处 (其中 $1 \leqslant m \leqslant N_x$, $1 \leqslant n \leqslant N_y$), 数字全息再现光场 $U(x_i, y_i)$ 可以表示为

$$U(m\Delta x_i, n\Delta y_i) = a(m\Delta x_i, n\Delta y_i) \exp[j\varphi(m\Delta x_i, n\Delta y_i)] \tag{8-1-24}$$

其中, $a(m\Delta x_i, n\Delta y_i) = a_{mn}$ 和 $\varphi(m\Delta x_i, n\Delta y_i) = \varphi_{mn}$ 分别为该点处光场的振幅和相位.

　　将该再现光场, 在像平面内沿某个方向 (以沿 x 方向为例) 作平移 (即剪切, 如图 8-1-10 所示), 若剪切量为 s 个像素 (s 为整数), 则创建一个新光场 $U'(x_i, y_i)$, 在原来的 $(m\Delta x_i, n\Delta y_i)$ 点处

$$U'(m\Delta x_i, n\Delta y_i) = a[(m+s)\Delta x_i, n\Delta y_i] \exp\{j\varphi[(m+s)\Delta x_i, n\Delta y_i]\} \tag{8-1-25}$$

　　若剪切量 s 不大, 可以忽略像平面上 $(m\Delta x_i, n\Delta y_i)$ 与 $((m+s)\Delta x_i, n\Delta y_i)$ 点处原光场振幅的差异. 将两光场相除, 可以得到

$$\frac{U'(m\Delta x_i, n\Delta y_i)}{U(m\Delta x_i, n\Delta y_i)} = \frac{\exp\{j\varphi[(m+s)\Delta x_i, n\Delta y_i]\}}{\exp\{j\varphi[m\Delta x_i, n\Delta y_i]\}} = \exp[j\Delta\varphi(m\Delta x_i, n\Delta y_i)] \tag{8-1-26}$$

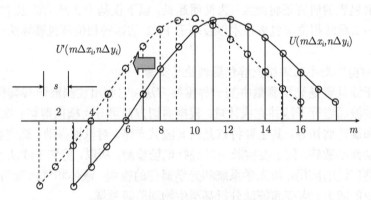

图 8-1-10　横向剪切重构光场示意图

其中

$$\Delta\varphi(m\Delta x_i, n\Delta y_i) = \varphi[(m+s)\Delta x_i, n\Delta y_i] - \varphi(m\Delta x_i, n\Delta y_i) = \frac{\partial\varphi}{\partial x_i}s\Delta x_i \tag{8-1-27}$$

是 $(m\Delta x_i, n\Delta y_i)$ 处两光场相位的差值, 而 $\dfrac{\partial\varphi}{\partial x_i}s\Delta x_i$ 是原再现光场在该点处的相位沿 x 方向上的梯度. 对 $\Delta\varphi(m\Delta x_i, n\Delta y_i)$ 直接取余弦, 可以得到两光场的干涉图, 即实现剪切干涉, 由于剪切量 s 是可调的, 所以, 通过一幅全息图, 经衍射计算得到其再现光场后, 可以得到不同剪切量的剪切干涉图. 值得注意的是, $\Delta\varphi(m\Delta x_i, n\Delta y_i)$

为两光场相位的差值, 其数值要远小于 $\varphi(m\Delta x_i, n\Delta y_i)$ 本身 (特别是在剪切量 s 取 1 的情况下), 所以剪切干涉图应该变疏很多。

下面用最小二乘算法求解待求相位 φ_{mn}。为方便起见, 剪切量 s 取 1。

将实验得到的重构光场相位在横向上分别沿 x 和 y 方向作 $s=1$ 的剪切, 对应相位差为

$$\Delta\varphi^x_{mn}(m\Delta x_i, n\Delta y_i) = \varphi[(m+1)\Delta x_i, n\Delta y_i] - \varphi(m\Delta x_i, n\Delta y_i) \tag{8-1-28}$$

$$\Delta\varphi^y_{mn}(m\Delta x_i, n\Delta y_i) = \varphi[m\Delta x_i, (n+1)\Delta y_i] - \varphi(m\Delta x_i, n\Delta y_i) \tag{8-1-29}$$

显然, $\Delta\varphi^x_{mn}$ 和 $\Delta\varphi^y_{mn}$ 都可以直接从实验数据求出。假定 $\Psi_{mn} = \Psi(m\Delta x_i, n\Delta y_i)$ 为二维离散点上满足最小二乘解的待求相位, 即能使方程 (8-1-30) 定义的 S 取最小值的 Ψ_{mn}

$$S = \sum_{m=1}^{M-2}\sum_{n=1}^{N-2}\left(\Psi_{(m+1)n} - \Psi_{mn} - \Delta\varphi^x_{mn}\right)^2 + \sum_{m=1}^{M-2}\sum_{n=1}^{N-2}\left(\Psi_{m(n+1)} - \Psi_{mn} - \Delta\varphi^y_{mn}\right)^2$$
$$\tag{8-1-30}$$

该最小二乘矩阵的求解方程为

$$\Psi_{(m+1)n} + \Psi_{(m-1)n} + \Psi_{m(n+1)} + \Psi_{m(n-1)} - 4\Psi_{mn}$$
$$= \Delta\varphi^x_{mn} - \Delta\varphi^x_{(m-1)n} + \Delta\varphi^y_{mn} - \Delta\varphi^y_{m(n-1)} \tag{8-1-31}$$

其恒等关系式为

$$\left[\Psi_{(m+1)n} - 2\Psi_{mn} + \Psi_{(m-1)n}\right] + \left[\Psi_{m(n+1)} - 2\Psi_{mn} + \Psi_{m(n-1)}\right] = \rho_{mn} \tag{8-1-32}$$

其中, $\rho_{mn} = [\Delta\varphi^x_{mn} - \Delta\varphi^x_{(m-1)n}] + [\Delta\varphi^y_{mn} - \Delta\varphi^y_{m(n-1)}]$ 也可以从实验数据求出。

方程 (8-1-32) 是 $N_x \times N_y$ 矩形网格上的离散 Poisson 方程, 即

$$\frac{\Delta^2}{\Delta x^2}\Psi(x,y) + \frac{\Delta^2}{\Delta y^2}\Psi(x,y) = \rho(x,y) \tag{8-1-33}$$

于是, 计算相位在数学上等于求解离散的 Poisson 方程, 可以用离散余弦变换 (DCT) 等求解出 φ_{mn} 的最小二乘解 Ψ_{mn}。

为简明起见, 仍然使用上面介绍的垫圈形变的双曝光全息图。要定量计算垫圈的形变, 必须得到两个再现光场的相位差, 计算结果如图 8-1-11 所示。其中图 8-1-11(a) 是先分别计算两光场的包裹相位, 再将它们相减得到的相位差 $\Delta\varphi$, 显然还是包裹着的相位。而图 8-1-11(b) 是用横向剪切最小二乘相位解包裹理论所得解包裹相位的三维图。方法是用两光场的相位差构建一个等效光场 $U = \exp(\mathrm{j}\Delta\varphi)$, 再用横向剪切最小二乘法相位解包裹算法求解 $\Delta\varphi$。为形象地显示相位解包裹的结

果, 在该三维图上叠加了用解包裹相位取余弦重构的干涉条纹, 与图 8-1-6 的检测结果比较可以看到, 两者是非常吻合的。

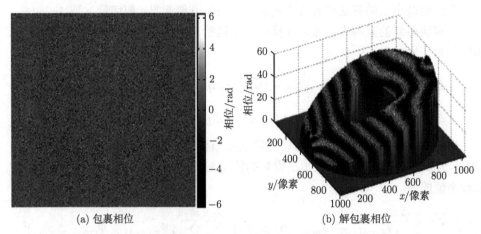

(a) 包裹相位　　　　　　　　　　　　(b) 解包裹相位

图 8-1-11　垫圈加力前后再现光场相位变化定量计算结果

2) 基于 FFT 的四种相位解包裹算法

为便于讨论, 将二维相位解包裹的数学模型表为

$$\phi_{x,y} = \varphi_{x,y} + 2\pi k_{x,y} \quad (k_{x,y} \in Z, 0 \leqslant x \leqslant M-1, 0 \leqslant y \leqslant N-1) \tag{8-1-34}$$

式中, $-\pi < \varphi_{x,y} \leqslant \pi$; (x,y) 是实数域的像素坐标; M 为行像素数, N 为列像素数。二维相位解包裹的任务就是从包裹相位 $\varphi_{x,y}$ 中估计适当的整数 $k_{x,y}$, 从而得到真实连续的相位场 $\phi_{x,y}$。

基于 FFT 的相位解包裹算法中的四种经典算法延续了 FFT 算法运行速度快的特点, 然而又因各自的原理不同使得它们对相位解包裹的处理效果也存在很大差异。下面简单介绍四种经典算法的基本原理。

A. 基于 4 次 FFT 的算法

基于 4 次 FFT 的算法, 需要进行四次傅里叶变换和四次逆傅里叶变换, 从计算量看, 快速傅里叶变换及逆变换需要的时间相同, 事实上等价于 8 次 FFT 的计算量。该项算法还需要作 "镜像" 操作, 计算量较大。根据该算法的基本原理 [23], 可以得到解包裹相位的估计值

$$\phi_e = \text{FFT}^{-1} \left\{ \frac{\text{FFT}\left\{\cos\varphi_{x,y}\text{FFT}^{-1}\left[(p^2+q^2)\text{FFT}(\sin\varphi_{x,y})\right]\right\}}{p^2+q^2} \right\}$$
$$- \text{FFT}^{-1} \left\{ \frac{\text{FFT}\left\{\sin\varphi_{x,y}\text{FFT}^{-1}\left[(p^2+q^2)\text{FFT}(\cos\varphi_{x,y})\right]\right\}}{p^2+q^2} \right\} \tag{8-1-35}$$

式中，FFT 和 FFT^{-1} 分别表示二维傅里叶变换及逆变换，(p,q) 是频域的像素坐标。通过估计值按照下式进行迭代可以求得最终的解包裹相位分布

$$\phi_{k+1} = \phi_k + 2\pi \cdot \mathrm{round}\left[(\phi_e - \phi_k)/2\pi\right] \qquad (8\text{-}1\text{-}36)$$

式中，round 函数为取整函数；当 $k = 0$ 时，ϕ_0 为包裹相位。

B. 基于 2 次 FFT 的算法

基于 2 次 FFT 的相位解包裹算法的优越性体现在运行速度上[24]。由式 (8-1-34) 及傅里叶变换的性质，有

$$\nabla \phi_{x,y} = 2\pi \mathrm{j} \mathrm{FFT}^{-1}\left\{\mathrm{FFT}\left(\phi_{x,y}\right)\left(p^2 + q^2\right)\right\} \qquad (8\text{-}1\text{-}37)$$

式中，$\mathrm{j} = \sqrt{-1}$，$\nabla = \dfrac{\partial}{\partial x}\boldsymbol{x}_0 + \dfrac{\partial}{\partial y}\boldsymbol{y}_0$ 为矢量-微分算符，$\boldsymbol{x}_0$、$\boldsymbol{y}_0$ 分别为 x、y 方向的单位矢量。

对式 (8-1-37) 进行傅里叶变换有

$$\phi_{x,y} = \mathrm{Re}\left(\frac{1}{2\pi \mathrm{j}}\mathrm{FFT}^{-1}\left\{\frac{\mathrm{FFT}\left\{\partial_x \phi_{x,y}\right\}p^2 + \mathrm{FFT}\left\{\partial_y \phi_{x,y}\right\}q^2}{p^2 + q^2}\right\}\right) \qquad (8\text{-}1\text{-}38)$$

式中，$\mathrm{Re}\left(\cdots\right)$ 表示求复数的实部；$\partial_x \phi_{x,y}$ 表示 $\phi_{x,y}$ 在 x 方向的偏微分，$\partial_y \phi_{x,y}$ 表示 $\phi_{x,y}$ 在 y 方向的偏微分。可见，只要求出 $\partial_x \phi_{x,y}$ 和 $\partial_y \phi_{x,y}$，代入式 (8-1-38) 即可求出真实相位分布。$\partial_x \phi_{x,y}$ 和 $\partial_y \phi_{x,y}$ 的求法详见文献 [24]。

这种算法运行速度比 4 次 FFT 算法快，因为在运算过程中只需要进行两次傅里叶变换和一次逆傅里叶变换。

C. 基于 4 次 DCT 的算法

针对基于 4 次 FFT 算法比较费时的问题，中国科学院上海光学精密机械研究所研究人员提出了一种基于 4 次离散余弦变换的算法[13]，该算法的原理和基于 4-FFT 的算法原理类似，只是将式 (8-1-35) 中的 FFT 和 FFT^{-1} 替换为 DCT 和 DCT^{-1}，由此可得到展开相位的估计值如下

$$\begin{aligned}
\phi_e = {} & \mathrm{DCT}^{-1}\left\{\frac{\mathrm{DCT}\left\{\cos\varphi_{x,y}\mathrm{DCT}^{-1}\left[\left(p^2 + q^2\right)\mathrm{DCT}\left(\sin\varphi_{x,y}\right)\right]\right\}}{p^2 + q^2}\right\} \\
& - \mathrm{DCT}^{-1}\left\{\frac{\mathrm{DCT}\left\{\sin\varphi_{x,y}\mathrm{DCT}^{-1}\left[\left(p^2 + q^2\right)\mathrm{DCT}\left(\cos\varphi_{x,y}\right)\right]\right\}}{p^2 + q^2}\right\}
\end{aligned} \qquad (8\text{-}1\text{-}39)$$

联立式 (8-1-36) 和式 (8-1-39) 即可得到真实的相位值。

D. 基于 LS-FFT 的算法

针对欠采样的问题，西安应用光学研究所的研究人员[17] 提出了 LS-FFT 算法，该算法的基本思路和主要步骤如下[18]：

(1) 首先求出 x、y 上相差 s 个像素 (通常取 1 个像素) 的相邻点的包裹相位差;

(2) 然后用一种相位解包裹算法对上面得到的包裹相位差进行相位解包裹, 解包裹后的相位差 $\Delta\varphi_x(x,y)$、$\Delta\varphi_y(x,y)$ 与真实相位间的关系如下式所示

$$\Delta\varphi_x(x,y) = \phi(x+s,y) - \phi(x,y) \tag{8-1-40}$$

$$\Delta\varphi_y(x,y) = \phi(x,y+s) - \phi(x,y) \tag{8-1-41}$$

(3) 对式 (8-1-40)、式 (8-1-41) 分别作一维傅里叶变换, 并应用位移定理, 可以推得真实相位在 x、y 方向的一维估计

$$\phi_x(x,y) = \mathrm{FFT}^{-1}\left\{\frac{\mathrm{FFT}_x\{\Delta\varphi_x(x,y)\}}{\exp(2\pi\mathrm{j}ps)-1}\right\} \tag{8-1-42}$$

$$\phi_y(x,y) = \mathrm{FFT}^{-1}\left\{\frac{\mathrm{FFT}_y\{\Delta\varphi_y(x,y)\}}{\exp(2\pi\mathrm{j}qs)-1}\right\} \tag{8-1-43}$$

式中, FFT_x、FFT_x^{-1} 和 FFT_y、FFT_y^{-1} 分别为 x 和 y 方向的一维傅里叶变换及其逆变换。

(4) 利用最小二乘原理求出真实相位 $\phi(x,y)$ 与 x、y 方向的一维估计 $\phi_x(x,y)$、$\phi_y(x,y)$ 之间的关系, 表达式如下

$$\phi(x,y) = \{[\phi_x(x,y) + d_x(x)] + [\phi_y(x,y) + d_y(y)]\}/2 \tag{8-1-44}$$

式中, $\phi_x(x,y)$、$\phi_y(x,y)$ 与 $\phi(x,y)$ 之间的相位偏差分别记为 $d_x(x)$、$d_y(y)$。

在光学干涉计量的应用研究中, 为能够利用干涉图像准确获取被检测物理量, 相位解包裹还将继续是一个热点研究课题。目前, 还没有形成一种公认及普适的算法。应用研究中应根据实际情况选择合适的相位解包裹方法, 获得需要精度的检测结果。

8.2　数字全息干涉计量常用技术

由于 CCD 记录全息图时免去了传统全息感光板耗时而烦杂的湿处理过程, 能够快速地获得高质量的检测结果, 用数字全息取代传统全息进行光学检测是近年来的一个重要研究趋势。实际研究表明, 第 7 章介绍的传统全息干涉计量技术几乎都能直接移植于数字全息, 这些技术简称为数字全息干涉计量常用技术。本节结合数字全息的特点进行理论描述并给出应用实例。

8.2.1 三维面形的数字全息检测

由于数字全息能够计算邻近物体的物平面光波场, 通过对光波场的振幅及相位变化的分析, 原则上能获得邻近物平面物体的三维形貌。但在实际中存在以下困难: 其一, 通过数值重建得到的是反正切函数在其主值范围内的相位分布, 需要进行相位解包裹; 其二, 对于深度变化较大的实际物体, 根据散射光的统计光学分析, 重建平面上事实上是一个相位随机变化的散斑场, 不可能完成高度测量。

然而, 理论及实验研究表明, 借助于两种波长差异较小的照明物光或照明物光角度变化的数字全息技术, 可以等效地重建出一个波长较大的物平面光波场 [4]。并且, 通过适当的处理, 还能有效地消除散射光随机相位变化对测量的影响, 实现三维面形的检测。

1. 数字全息三维面形检测原理

为便于实际应用, 以下导出数字全息三维面形检测的基本公式 [25]。图 8-2-1 是研究数字全息三维形貌测量原理的相关坐标定义图。在直角坐标 $o\text{-}xyz$ 中定义与被测量物体相切的平面为 $z = 0$ 平面, 该平面也将是数字全息重建平面; CCD 窗口在 $z = d_1$ 平面。为简明起见, 图中未标出参考光。

根据统计光学理论 [7], 光学粗糙表面的散射光场可以视为来自表面的大量散射基元的散射光。引入 δ 函数可将中心坐标为 (ξ, η, ζ) 的散射基元的散射光近似为

$$u_0(\xi, \eta, \zeta) = o(\xi, \eta, \zeta) \delta(x - \xi, y - \eta) \exp[\mathrm{j}\phi(\xi, \eta, \zeta) + \mathrm{j}\phi_r] \tag{8-2-1}$$

式中, $o(\xi, \eta, \zeta)$ 是随机振幅, 其平方值正比于投向观测方向的漫反射光的强度; $\phi(\xi, \eta, \zeta)$ 对应于物体表面经光学平滑处理后照明光的相位; ϕ_r 是与照明光及与所研究散射基元相关的随机相位, 变化范围为 $-\pi \sim \pi$。

令该散射基元到 CCD 平面的距离为 d, 在 CCD 平面的光波场由菲涅耳衍射积分表出

$$
\begin{aligned}
u_\delta(x_1, y_1; \xi, \eta, \zeta) = {} & \frac{\exp(\mathrm{j}kd)}{\mathrm{j}\lambda d} o(\xi, \eta, \zeta) \exp[\mathrm{j}\phi(\xi, \eta, \zeta) + \mathrm{j}\phi_r] \\
& \times \int_{-\infty}^{\infty} \int_{-\infty}^{\infty} \delta(x_0 - \xi, y_0 - \eta) \\
& \times \exp\left\{ \frac{\mathrm{j}k}{2d}[(x_0 - x_1)^2 + (y_0 - y_1)^2] \right\} \mathrm{d}x_0 \mathrm{d}x_0
\end{aligned}
\tag{8-2-2}
$$

式中, $\mathrm{j} = \sqrt{-1}, k = 2\pi/\lambda, \lambda$ 是光波长。

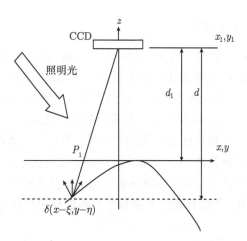

图 8-2-1 数字全息三维形貌测量原理图

利用 δ 函数的筛选性质即得

$$u_\delta(x_1,y_1;\xi,\eta,\zeta) = \frac{\exp[\mathrm{j}kd + \mathrm{j}\phi(\xi,\eta,\zeta) + \mathrm{j}\phi_r]}{\mathrm{j}\lambda d} o(\xi,\eta,\zeta)$$

$$\times \exp\left\{\frac{\mathrm{j}k}{2d}[(x_1-\xi)^2 + (y_1-\eta)^2]\right\} \tag{8-2-3}$$

定义到达 CCD 的参考光为振幅为 a_r, 相位为 $\psi(x_1,y_1)$ 的均匀光波

$$R(x_1,y_1) = a_r \exp[\mathrm{j}\psi(x_1,y_1)]$$

参考光与物光在平面 x_1y_1 的干涉场强度则为

$$I_\delta(x_1,y_1;\xi,\eta,\zeta)$$
$$= |u_\delta(x_1,y_1;\xi,\eta,\zeta) + R(x_1,y_1)|^2$$
$$= \frac{o^2(\xi,\eta,\zeta)}{\lambda^2 d^2} + a_r^2 + u_\delta^*(x_1,y_1;\xi,\eta,\zeta)R(x_1,y_1) + u_\delta(x_1,y_1;\xi,\eta,\zeta)R^*(x_1,y_1)$$
$$\tag{8-2-4}$$

由 CCD 记录的干涉图为干涉场强度分布与 CCD 窗口函数 $w(x_1,y_1)$ 之积

$$I_{w\delta}(x_1,y_1;\xi,\eta,\zeta) = I_\delta(x_1,y_1;\xi,\eta,\zeta)w(x_1,y_1) \tag{8-2-5}$$

假定 CCD 的取样满足取样定理, 窗口函数可以直接用探测器列阵的宽 L_x 和高 L_y 表为

$$w(x_1,y_1) = \mathrm{rect}\left(\frac{x_1}{L_x}\right)\mathrm{rect}\left(\frac{y_1}{L_y}\right) \tag{8-2-6}$$

让全息图 $I_{w\delta}(x_1, y_1; \xi, \eta, \zeta)$ 与参考光 R 相乘，并假定已经消除零级衍射及共轭光，重建场可由菲涅耳衍射逆运算给出

$$
\begin{aligned}
h_\delta(x, y; \xi, \eta, -d_1) = {} & \frac{\exp(-\mathrm{j}\,kd_1)}{-\mathrm{j}\,\lambda\,d_1} \\
& \times \int_{-\infty}^{\infty}\int_{-\infty}^{\infty} w(x_1, y_1)\, u_\delta(x_1, y_1; \xi, \eta, \zeta)\, a_r^2 \\
& \times \exp\left\{-\frac{\mathrm{j}\,k}{2d_1}\left[(x_1 - x)^2 + (y_1 - y)^2\right]\right\}\mathrm{d}x_1\mathrm{d}y_1 \quad (8\text{-}2\text{-}7)
\end{aligned}
$$

将 u_δ 的表达式 (8-2-3) 代入上式，令 $d_m = \left(\dfrac{1}{d} - \dfrac{1}{d_1}\right)^{-1}$, $x_m = x_1\dfrac{d_1}{d_m} - \dfrac{d_1\xi}{d}$ 以及 $y_m = y_1\dfrac{d_1}{d_m} - \dfrac{d_1\eta}{d}$，经整理可得

$$
\begin{aligned}
h_\delta(x, y; \xi, \eta, \zeta) = {} & \frac{\exp\left[\mathrm{j}\,k(d - d_1) + \mathrm{j}\phi(\xi, \eta, \zeta) + \mathrm{j}\phi_r\right]}{\lambda^2 dd_1^3}\,d_m^2 a_r^2 o(\xi, \eta, \zeta) \\
& \times \exp\left\{\frac{\mathrm{j}\,k}{2}\left(\frac{\xi^2 + \eta^2}{d} - \frac{x^2 + y^2}{d_1}\right) - \frac{\mathrm{j}\,k}{2}d_m\right. \\
& \times \left.\left[\left(\frac{\xi}{d} - \frac{x}{d_1}\right)^2 + \left(\frac{\eta}{d} - \frac{y}{d_1}\right)^2\right]\right\} \\
& \times \int_{-\infty}^{\infty}\int_{-\infty}^{\infty} w\left(\frac{x_m + \xi d_1/d}{d_1/d_m}, \frac{y_m + \eta d_1/d}{d_1/d_m}\right) \\
& \times \exp\left\{\frac{\mathrm{j}\,k}{2d_1(d_1/d_m)}\left[(x_m + x)^2 + (y_m + y)^2\right]\right\}\mathrm{d}x_m\mathrm{d}y_m \quad (8\text{-}2\text{-}8)
\end{aligned}
$$

上式是一个相关运算，但将积分式中 $(x_m + x)^2 + (y_m + y)^2$ 写成 $[x_m - (-x)]^2 + [y_m - (-y)]^2$ 后，重建场也可以视为放大 (d_1/d_m) 倍的 CCD 窗口经距离 $(d_1/d_m)d_1$ 的菲涅耳衍射。由于放大率 $|d_1/d_m| = |d_1/d - 1| \ll 1$ 通常是满足的。因此，重建场是中心在 $-x = -\dfrac{d_1}{d}\xi$, $-y = -\dfrac{d_1}{d}\eta$ 的一个很小矩形孔的衍射斑。

当 $-x = -\dfrac{d_1}{d}\xi$, $-y = -\dfrac{d_1}{d}\eta$ 时，式 (8-2-8) 表述的衍射光没有任何偏斜，二重积分值是实数 c。令 $C_R = \dfrac{c}{\lambda^2 dd_1^3}d_m^2 a_r^2$，则有

$$
\begin{aligned}
& h_\delta\left(\frac{d_1}{d}\xi, \frac{d_1}{d}\eta; \xi, \eta, \zeta\right) \\
& = C_R o(\xi, \eta.\zeta)\exp\left[\mathrm{j}\,k(d - d_1) + \mathrm{j}\phi(\xi, \eta, \zeta) + \mathrm{j}\phi_r\right]\exp\left[-\frac{\mathrm{j}\,k}{2}\left(\frac{\xi^2 + \eta^2}{d/(d_1/d_m)}\right)\right]
\end{aligned}
$$
$$(8\text{-}2\text{-}9)$$

为分析这个结果, 在图 8-2-1 中令 P_1 是散射基元中心 (ξ, η, ζ) 到 CCD 中心的连线与 $z=0$ 平面的交点. 根据几何关系知, 上式是 P_1 点的重建场复振幅。因此, 中心坐标为 (ξ, η, ζ) 的散射基元发出的光波在 $z=0$ 平面上的数字全息重建场的强度分布与一个尺寸很小的矩形孔的近距离衍射斑相似, 衍射斑中心的复振幅由式 (8-2-9) 描述. 此外, 由于 $\zeta = -(d - d_1)$ 代表以切平面 $z=0$ 为参考面的物体表面点 (ξ, η, ζ) 的深度, 于是, 在直角坐标 $o\text{-}xyz$ 中, 若物体表面由曲面 $z = z(x,y)$ 表示, 可以将式 (8-2-9) 在 $o\text{-}xyz$ 直角坐标中重新写为

$$h_\delta \left(\frac{d_1}{d} x, \frac{d_1}{d} y, 0 \right)$$

$$= C_R o(x,y,z) \exp\left[-\mathrm{j}kz + \mathrm{j}\phi(x,y,z) + \mathrm{j}\phi_r\right] \exp\left[-\frac{\mathrm{j}k}{2}\left(\frac{x^2 + y^2}{d/(d_1/d_m)}\right)\right] \quad (8\text{-}2\text{-}10)$$

上式右边最后一项是半径为 $|d/(d_1/d_m)|$ 的球面波相位因子。由于 $|d_1/d_m| \ll 1$, 并且所研究物体通常位于离光轴不远的区域, 以至于 $\dfrac{x^2 + y^2}{d/(d_1/d_m)} \ll \lambda$ 通常能够满足。这时, 式 (8-2-10) 还可简化为

$$h_\delta \left(\frac{d_1}{d} x, \frac{d_1}{d} y, 0 \right) = C_R o(x,y,z) \exp\left[-\mathrm{j}kz + \mathrm{j}\phi(x,y,z) + \mathrm{j}\phi_r\right] \quad (8\text{-}2\text{-}11)$$

将来自物体表面的散射光视为许多不同位置基元的具有统计独立的随机振幅及相位的散射光叠加, 注意到中心坐标 (x,y,z) 的基元发出的光波在重建平面上的衍射场将是中心坐标为 $\left(\dfrac{d_1}{d} x, \dfrac{d_1}{d} y, 0 \right)$ 的衍射斑, 并且条件 $|d_1/d_m| = |d_1/d - 1| \ll 1$ 满足时, 有 $x \approx \dfrac{d_1}{d} x, y \approx \dfrac{d_1}{d} y$。将所有扩展到衍射斑中心的光波场用振幅及相位均是随机数的函数 $e_r \exp(\mathrm{j}\Psi_r)$ 表示, 整个物体在 $z = 0$ 平面的重建的光波场将具下述形式

$$O(x,y,0) = e_r \exp(\mathrm{j}\Psi_r) + C_R o(x,y,z) \exp[\mathrm{j}\phi(x,y,z) + \mathrm{j}\phi_r - \mathrm{j}kz] \quad (8\text{-}2\text{-}12)$$

虽然在形式上相邻散射基元的衍射场能够扩展到该衍射斑内, 但是每一小矩形孔在重建平面的衍射场能量仅仅局限于矩形孔的几何投影区附近, 衍射距离 $|(d_1/d_m) d_1|$ 越短, 它能扩展到相邻衍射斑内的光波振幅值就越小。此外, 相邻基元的影响对应于偏离相邻矩形孔衍射场中心的光波场, 其衍射波的相位将随偏离其中心距离的变化而强烈变化。从统计的观点看, 这将使得扩展到所研究位置的所有相邻基元衍射波的叠加成为一个有微小振幅值 e_r 以及相位 $\Psi_r \approx 0$ 的准零相位光波场。因此, $e_r \exp(\mathrm{j}\Psi_r)$ 对相位测量的影响通常可以忽略。

事实上，重建物平面的计算等效于对物体在计算机虚拟空间的成像计算，式 (8-2-12) 右边第一项能够忽略对应于 $|e_r/C_{RO}(x,y,z)| \ll 1$ 或者数字全息重建像在像的 "焦深" 范围内的情况[15,16]。作为实验证明，用一个身高 150mm 的仿制陶兵马俑为物体，图 8-2-2 给出重建平面与兵马俑头部前后切面及中间剖面相吻合的三幅数字全息重建像。

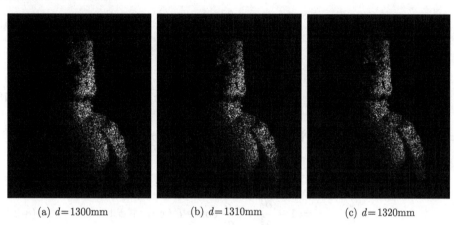

(a) d=1300mm   (b) d=1310mm   (c) d=1320mm

图 8-2-2   物体前后切平面 (d =1300mm，d =1320mm) 及中央剖面 (d =1310mm)
重建图像比较

根据第 5 章数字全息焦深的研究容易证明，上面实例的物体重建像距变化 20mm，在焦深范围内，重建图像没有可以察觉的变化，能够较清晰地反映出兵马俑的轮廓及照明的情况。这个结果表明，重建场强度与从物体表面漫反射光的强度 $|C_{RO}(x,y,z)|^2$ 近似成正比。这正是式 (8-2-12) 右边第二项在邻近物体的重建光波场中起主导作用的一个实验证明。

基于上面的讨论，可以足够好地将邻近物体的重建场最终表示成

$$O(x,y,0) = C_{RO}(x,y,z) \exp[\mathrm{j}\phi(x,y,z) + \mathrm{j}\phi_r - \mathrm{j}kz] \tag{8-2-13}$$

若图 8-2-1 中照明光是平行于 xoz 与 z 轴的夹角为 θ 的平行光，可将相位写成

$$\phi(x,y,z) = k(x\sin\theta - z\cos\theta) \tag{8-2-14}$$

数字全息重建的物平面光波场则为

$$O(x,y,0) = C_{RO}(x,y,z) \exp\{\mathrm{j}k[x\sin\theta - z(1+\cos\theta)] + \mathrm{j}\phi_r\} \tag{8-2-15}$$

在 $z=0$ 平面上，振幅为 a_0 的照明光的复振幅可以表为

$$E(x,y,0) = a_0 \exp(\mathrm{j}kx\sin\theta) \tag{8-2-16}$$

令物体高度分布函数为 $z = z(x,y)$, 于是有

$$\frac{O(x,y,0)}{E(x,y,0)} = C_R \frac{o(x,y,z)}{a_0} \exp[-\mathrm{j}kz(x,y)(1+\cos\theta)+\mathrm{j}\phi_r] \tag{8-2-17}$$

定义与照明光的几何配置有关的 $c_g = 1+\cos\theta$ 为几何因子, 并定义绝对相位

$$\Gamma(x,y) = \frac{2\pi}{\lambda}c_g z(x,y) \tag{8-2-18}$$

式 (8-2-17) 也可写为

$$\frac{O(x,y,0)}{E(x,y,0)} = C_R \frac{o(x,y,z)}{a_0} \exp[-\mathrm{j}\Gamma(x,y)+\mathrm{j}\phi_r] \tag{8-2-19}$$

上式所描述的光波在 $z=0$ 平面与沿 z 轴传播的平面光波干涉的图像为

$$I(x,y) = \left|1+\frac{O(x,y,0)}{E(x,y,0)}\right|^2$$
$$= 1+\frac{o^2}{a_0^2}+2\frac{o}{a_0}\cos[-\Gamma(x,y)+\phi_r] \tag{8-2-20}$$

如果 ϕ_r 是变化范围甚小于 2π 的随机值, 该式事实上给出了带有相位噪声 ϕ_r 的物体的等高线图案。等高线间距是

$$\Delta z = \frac{\lambda}{c_g} \tag{8-2-21}$$

令最大噪声相位是 $|\phi_r|_{\max} = \varepsilon 2\pi \ (0 < \varepsilon < 1)$, 则高度测量的绝对误差为

$$\delta z = \frac{\varepsilon\lambda}{c_g} \tag{8-2-22}$$

由于平面 $z=0$ 上的光波场绝对相位通过数值重建可以直接得到, 原则上通过式 (8-2-19) 或式 (8-2-20) 可以获得物体的三维形貌信息。

基于上述研究结果, 如果直接用可见光作数字全息, 当物体表面不是光学平滑表面时, ϕ_r 项是 $-\pi$ 和 π 间的随机噪声, 这时, 式 (8-2-20) 中的干涉条纹亦被噪声湮没, 无法通过等高线的识别获得物体的高度分布, 测量事实上不能进行。此外, 即使是物体表面为光学平滑面, 重建像的景深也足够大, 由于等高线间隔是波长量级, 物体高度的测量还必须进行烦杂的相位解包裹计算。这些原因让物体形貌测量只能局限于若干波长量级的深度变化范围, 显著限制了它的实际应用。但是, 如果能够让测量时对应的是一个较大的波长, 情况则大不相同。这就是下面将继续讨论的等效光波照明的数字全息及多波长等高线相位绝对测量技术 [26,27]。

2.等效光波照明的数字全息及绝对相位的计算

设 $\lambda_1 > \lambda_0$, 用波矢 $|\boldsymbol{k}_0| = 2\pi/\lambda_0$ 及 $|\boldsymbol{k}_1| = 2\pi/\lambda_1$ 的光波作数字全息时, 邻近物体表面的散射光复振幅分别是

$$O_0(\boldsymbol{r}) = o_0(\boldsymbol{r}) \exp\left[j\boldsymbol{k}_0 \cdot \boldsymbol{r} + j\phi_{r0}\right] \tag{8-2-23}$$

$$O_1(\boldsymbol{r}) = o_1(\boldsymbol{r}) \exp\left[j\boldsymbol{k}_1 \cdot \boldsymbol{r} + j\phi_{r1}\right] \tag{8-2-24}$$

式中, $o_0(\boldsymbol{r}), o_1(\boldsymbol{r}), \phi_{r0}, \phi_{r1}$ 均是随机变量.

当分别通过数字全息重建了物平面光波场时, 利用计算机不难获得

$$O'(\boldsymbol{r}) = \frac{O_0(\boldsymbol{r})}{O_1(\boldsymbol{r})} = \frac{o_0(\boldsymbol{r})}{o_1(\boldsymbol{r})} \exp\left[j(\boldsymbol{k}_0 - \boldsymbol{k}_1) \cdot \boldsymbol{r} + j(\phi_{r0} - \phi_{r1})\right] \tag{8-2-25}$$

现在考查这个结果. $O'(\boldsymbol{r})$ 的振幅 $o'(\boldsymbol{r}) = o_0(\boldsymbol{r})/o_1(\boldsymbol{r})$ 是随机变量; 非光学平滑表面散射引起的附加相位 $\phi_r = \phi_{r0} - \phi_{r1}$ 仍然是随机变量, 但是, 如果让 λ_1 与 λ_0 差别很小, 表面非光学平滑引起的两照明光的随机相位变化非常接近, 使得 ϕ_r 的随机变化范围也显著减小; 相位因子中 $\boldsymbol{k}_0$ 和 $\boldsymbol{k}_1$ 是方向相同但数值不一的波矢量。令 $\boldsymbol{k} = \boldsymbol{k}_0 - \boldsymbol{k}_1$ 以及 $|\boldsymbol{k}| = 2\pi/\Lambda_1$, 显然有

$$\Lambda_1 = \frac{\lambda_1 \lambda_0}{\lambda_1 - \lambda_0} \tag{8-2-26}$$

因此, 式 (8-2-25) 可以重新写为

$$O'(\boldsymbol{r}) = o'(\boldsymbol{r}) \exp\left[j\boldsymbol{k} \cdot \boldsymbol{r} + j\phi_r\right] \tag{8-2-27}$$

不难看出, 式 (8-2-27) 等效于使用一个较长波长 Λ_1 的光束对物体照明。由于物体表面位移是由散射光相位变化 $\Delta(\boldsymbol{r}) = \boldsymbol{d}(\boldsymbol{r}) \cdot \boldsymbol{s}(\boldsymbol{r})$ 给出的, 当波长 Λ_1 较大时, 灵敏度矢量 $\boldsymbol{s}(\boldsymbol{r})$ 的数值将减小. 对于给定的位移场 $\boldsymbol{d}(\boldsymbol{r})$, 可以通过适当地选择 Λ_1, 让整个物体位移场测量中相位变化 $\Delta(\boldsymbol{r})$ 控制在 2π 之内, 不作复杂的相位展开就能根据形变前后重建物平面相位差获得物体的表面位移信息。

3.改变照明光倾角的测量技术

研究上面绝对相位的测量方法可以发现, 让两次不同波长照明条件下重建的物平面光波场在计算机的虚拟空间进行叠加, 是获得等高线的关键. 理论及实验研究证明, 如果使用单一波长的激光照明, 使用改变投射角获得的两个重建场进行叠加, 也能形成等高线。

根据式 (8-2-14), 当用波长 λ, 倾角为 θ 及 $\theta + \Delta\theta$ 的平行光照明物体时, 重建物平面光波场的相位分布分别为

$$\phi_1(x, y) = \frac{2\pi}{\lambda}\left[x\sin\theta - z(1 + \cos\theta)\right] + \phi_{r1} \tag{8-2-28}$$

$$\phi_2(x,y) = \frac{2\pi}{\lambda}\left\{x\sin\left(\theta+\Delta\theta\right) - z\left[1+\cos\left(\theta+\Delta\theta\right)\right]\right\} + \phi_{r2} \tag{8-2-29}$$

式中，ϕ_{r1}，ϕ_{r2} 均是在 $-\pi$ 到 π 有均匀取值概率的随机相位.

于是，两式之差为

$$
\begin{aligned}
&\phi_1\left(x,y\right) - \phi_2\left(x,y\right) \\
&= \frac{2\pi}{\lambda}\{x[\sin\theta - \sin(\theta+\Delta\theta)] - z[\cos\theta - \cos(\theta+\Delta\theta)]\} + \phi_{r1} - \phi_{r2}
\end{aligned} \tag{8-2-30}
$$

当 $\Delta\theta$ 较小时，可以认为物体表面对同一光波散射的特性变化不大. 上式中 $\phi_{r1} - \phi_{r2}$ 不再是由 $-\pi$ 到 π 有均匀取值概率的随机数。注意到 $\cos\Delta\theta \approx 1$，$\sin\Delta\theta \approx \Delta\theta$，定义 $\phi_{r1} - \phi_{r2} = \varepsilon 2\pi\ (0 < \varepsilon < 1)$ 为相位测量噪声。令 $\Delta\phi\left(x,y\right) = \phi_1\left(x,y\right) - \phi_2\left(x,y\right)$，式 (8-2-30) 重新写为

$$\Delta\phi(x,y) = \frac{2\pi}{\lambda}[-x\Delta\theta\cos\theta - z\Delta\theta\sin\theta] + \varepsilon 2\pi \tag{8-2-31}$$

由于物体表面高度随坐标变化，上式也可写为

$$z\left(x,y\right) = \left[-\frac{\Delta\phi\left(x,y\right)}{2\pi} - \frac{1}{T_x}x\right]\Lambda_\theta + \varepsilon\Lambda_\theta \tag{8-2-32}$$

其中

$$\Lambda_\theta = \frac{\lambda}{\Delta\theta\sin\theta} \tag{8-2-33}$$

$$T_x = \frac{\lambda}{\Delta\theta\cos\theta} \tag{8-2-34}$$

因此，就如双波长分别照明可以等效于合成波长的一次照明一样，也可以通过旋转照明光的角度，用单一波长 λ 光波的两次测量来等效一个较大波长 Λ_θ 的一次照明测量。当照明物光倾角 θ 测定后，适当选择一个垂直于 z 轴的平面为参考平面，通过参考平面上条纹周期 T_x 的测量及式 (8-2-34) 即能确定旋转角 $\Delta\theta$，对 Λ_θ 的数值进行标定，令 Λ_θ 大于或等于测量的最大深度 $z_{\max}$，便能完成相应的三维面形测量。当物体是非光学平滑的散射物时，参照前面多波长等高线相位绝对测量的讨论，原则上也能通过序列角度旋转的多次测量，形成一种 "多角度等高线相位绝对测量" 方法，实现精度较高的数字全息三维形貌检测。

4. 三维面形测量实例

应用研究中，利用染料激光器可以在一个很宽的波长范围内提供出所需要的相干光波，一些稳定的半导体激光也能提供所需的不同波长。文献 [27] 给出一个高度有跃变的铰链套测量实例 (图 8-2-3)。

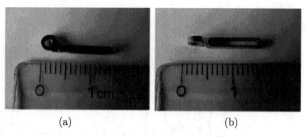

(a)   (b)

图 8-2-3　铰链套侧面图 (a) 和顶视图 (b)

根据多波长法测量得到的三维形貌图，如图 8-2-4 所示。在给定的误差范围内，该方法测量的结果与用另外的精密检测获得的结果一致 [27]。

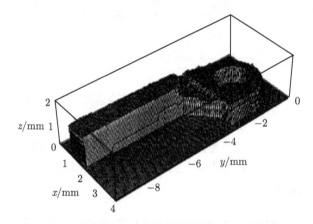

图 8-2-4　根据绝对相位绘出的铰链套三维形貌图

8.2.2　物体微形变的数字全息检测

物体的形变通常必须用三维坐标描述，利用数字全息检测时必须使用三种不同波长的激光沿不同方向照明物体，形成不共面的三个灵敏度矢量。当利用彩色 CCD 记录下物体形变前后的双曝光全息图后，分别对每一色光的双曝光全息图进行处理，并且，利用像面滤波技术综合物体沿三个不同方向的形变信息，则能获得物体的实际形变。

本节介绍文献 [28] 进行的物体微形变检测实例。利用波长分别为 $\lambda_R = 671\mathrm{nm}$, $\lambda_G = 532\mathrm{nm}$, $\lambda_B = 457\mathrm{nm}$ 的三色激光照明，图 8-2-5 是材料加载过程中的实时位移场检测系统的示意图。图中，PBS 为分束镜，M 为全反射镜，BS 为半反半透镜；被测物体是带有两个孔洞的铝合金板，尺寸为 $35\mathrm{mm} \times 25\mathrm{mm} \times 3\mathrm{mm}$。沿试件纵向加载，研究加载前后试件的三维微形变。彩色全息图由 Foveon CMOS 记录，像素尺寸 $p_x = p_y = 5\mu\mathrm{m}$，采样数 2048×2048；物体与 CMOS 的距离 $d_0 = 1630\mathrm{mm}$。

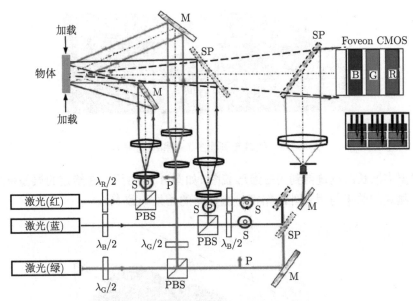

图 8-2-5　材料加载过程中的位移场数字全息实时检测系统示意图

图 8-2-6 是利用三色光全息图获得的 1-FFT 重建平面振幅分布图像, 由图可见, 三种色光重建像的像素尺寸不一致。为综合三色光检测的信息, 统一重建像的像素尺寸是必须进行的工作。

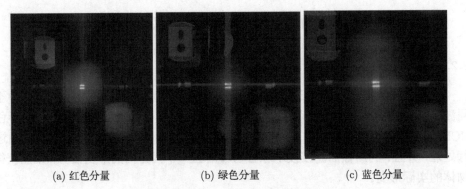

(a) 红色分量　　　　　　　　(b) 绿色分量　　　　　　　　(c) 蓝色分量

图 8-2-6　利用三色光全息图获得的 1-FFT 重建平面振幅分布图像 (2048×2048 像素)

基于图 8-2-6, 在 1-FFT 像平面上选择包含物体像的区域, 利用 FIMG4FFT 方法重建的图像示于图 8-2-7。由图可见, 利用 FIMG4FFT 方法不但让三种色光重建像拥有统一的尺寸, 而且能够获得 2048×2048 像素高分辨率的显示。

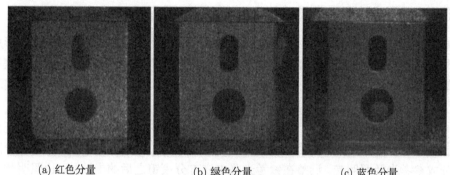

(a) 红色分量   (b) 绿色分量   (c) 蓝色分量

图 8-2-7   利用 FIMG4FFT 方法重建的物体振幅图像 (2048×2048 像素)

基于物体加载前后的重建出物光场,图 8-2-8 给出便于相位解包裹的双曝光干涉图。

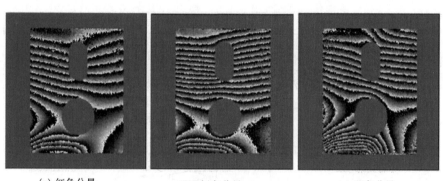

(a) 红色分量   (b) 绿色分量   (c) 蓝色分量

图 8-2-8   便于相位解包裹的双曝光干涉图

基于图 8-2-8,通过相位解包裹后获得的三个不共面的坐标方向位移场示于图 8-2-9。

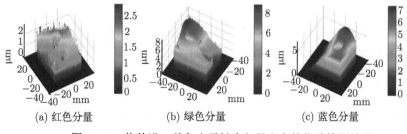

(a) 红色分量   (b) 绿色分量   (c) 蓝色分量

图 8-2-9   物体沿三种色光灵敏度矢量方向的位移检测结果

8.2.3　时间平均法数字全息振动分析

传统全息干涉计量中, 由于银盐感板能够记录时间累积的光辐射能, 从而形成了时间平均法 [29,30] 研究振动的技术。虽然作为电荷耦合器件阵列的 CCD 采集图像的机理与银盐感光板不同, 但理论及实验研究表明, 也可以用数字全息方法实现振动分析。这里, 介绍 2005 年法国研究人员报道的一个研究成果 [31]。

实验设置如图 8-2-10 所示, 物体为直径 60mm 的扬声器, 被 3700Hz 的正弦波激励, 置于离探测器距离为 $d_0=1037$mm 处。连续输出的 He-Ne 激光被偏振分束镜分成参考光及照明光。调整在参考光路中立方分束镜之后的半波片, 让照明物光及参考光均在 S 方向偏振。照明物光通过透镜 L_3 扩束及全反镜反射投向物体, 由物体散射的光波形成物光。穿过立方分束镜的参考光束在通过组合透镜 L_1 和 L_2 后被扩束成剖面与 CCD 窗口尺寸相适应的平面波。该列光波经半反半透镜反射到 CCD 形成参考光。参考光相对于光轴的角度通过对 L_2 的精密平移控制实现。

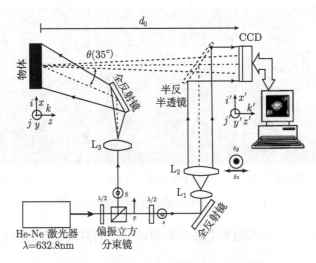

图 8-2-10　时间平均法数字全息振动测量

实验研究中探测器 CCD 包含 $M \times N = 1024 \times 1360$ 像素, 像素宽度 $P_x = P_y = 4.65\mu$m。CCD 曝光时间为 1s。图 8-2-11(a), (b), (c) 分别给出扬声器受低、中、高三种不同振幅激励时数字重建的时间平均干涉图像。

通过图像处理获得的与图 8-2-11(a), (b), (c) 对应的等高线图像分别示于图 8-2-11(a1), (b1), (c1)。不难看出, 数字全息的时间平均干涉测量在形式上得到与传统的全息检测相似的结果。为证实数字全息检测的可靠性, 文献 [31] 的作者用同样的参数进行了传统的数字全息实验, 将实验获得的干涉图与数字全息重建图进行比较。比较结果表明, 两种方法得到的干涉图是相似的。不同之处是数字全息能够通过对作者提出的 "过零点相位"[31] 的检测较方便地获取干涉图中的等高线, 而传统全息图像只能通过灰度图像的处理来进行相应分析。当然, 数字全息重建图像的分辨率还远不如传统图像, 但这并未显著影响该方法的实用价值。

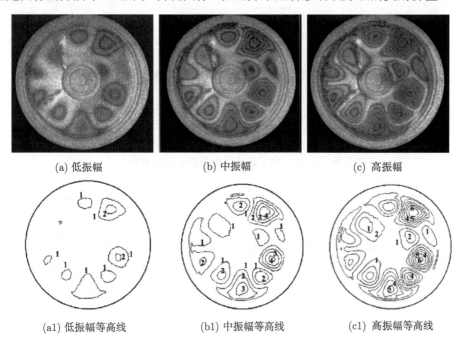

(a) 低振幅　　　　　　　　(b) 中振幅　　　　　　　　(c) 高振幅

(a1) 低振幅等高线　　　　　(b1) 中振幅等高线　　　　　(c1) 高振幅等高线

图 8-2-11　三种不同振幅激励时数字重建的时间平均干涉图像及其振幅等高线

8.2.4　三维粒子场检测

数字全息术可以对透明介质中的粒子场进行分析。自从 B.J.Thompson[32] 1964 年首次利用同轴夫琅禾费全息成功地测量了大气中的云雾后, 粒子场全息分析技术得到很大的发展, 逐步实现了全自动数据处理, 已成为三维粒子场分析的主要方法。国内外已经有不少研究人员针对上面分析的问题进行了卓有成效的研究, 目前逐步在喷雾、雾滴、聚合物粒子生长、微小粒子跟踪和微生物测量及分析等方面形成了实用的数字全息检测技术。作为实例, 这里介绍 2009 年报道的天津大学对柴油喷雾粒子场检测的工作 [33]。

图 8-2-12 为柴油喷雾粒子场的数字全息记录光路系统, ECU 为电控单元, FAI 为自由电枢喷射, 激光器最大功率为 40mW, 波长 $\lambda=632.8nm$ 的 He-Ne 激光器发出的细光束经扩束准直系统后形成直径为 25mm 的平行平面光束。平面平行光垂直入射喷雾场, 在 CCD 靶面干涉, 形成雾场粒子的全息图。为了防止喷雾场对光学元器件及 CCD 靶面的污染和损害, 将喷油喷嘴部分放在一 400mm×400mm×450mm

的有机玻璃罩中，使整个雾场处在玻璃罩内。在玻璃罩两侧壁各打一孔，以便于光束通过，孔的直径约为 30mm。

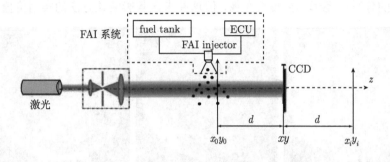

图 8-2-12　粒子场三维层析重建实验系统

1. 理论分析

为较定量地讨论粒子场重建原理，在图 8-2-12 中建立直角坐标系，令 z 为光轴，定义 CCD 探测器面阵所在平面为 xy 平面，CCD 左边距离 d 处的平面为穿过粒子场的平面 x_0y_0。设该平面上共有 N 个半径不同的粒子，粒子分布为

$$O_0(x_0, y_0) = \sum_{p=1}^{N} \text{circ}\left(\frac{\sqrt{(x_0 - x_p)^2 + (y_0 - y_p)^2}}{r_p^2}\right) \tag{8-2-35}$$

式中，(x_p, y_p) 为第 p 个粒子中心的坐标，r_p 为该粒子的半径。

令透过粒子场的照明光为单位振幅平面波，当粒子场密度不高时，可以将 x_0y_0 平面两侧的空间视为均匀介质空间，到达 CCD 的光波场可以用菲涅耳衍射近似表为 [33]

$$U(x, y) = \frac{\exp(jkd)}{j\lambda d}$$
$$\times \int_{-\infty}^{\infty} \int_{-\infty}^{\infty} [1 - O_0(x_0, y_0)] \exp\left\{\frac{jk}{2d}\left[(x_0 - x)^2 + (y_0 - y)^2\right]\right\} dx_0 dy_0 \tag{8-2-36}$$

式中，$j = \sqrt{-1}$，$k = 2\pi/\lambda$，λ 为光波长。

理论分析证明 [33]，$I(x, y) = U(x, y)U^*(x, y)$ 等价于一同轴数字全息图，形成全息图时，被粒子衍射的光波为物光波，经过粒子场而没有被粒子衍射的光波为参考光波。于是，可以在全息图右方距离 d 处的 x_iy_i 平面用菲涅耳衍射积分重建粒子场 $O_0(x_0, y_0)$ 的实像，即

$$U_i(x_i, y_i) = \frac{\exp(jkd)}{j\lambda d}$$

$$\times \int_{-\infty}^{\infty} \int_{-\infty}^{\infty} I\left(x,y\right) \exp \left\{ \frac{\mathrm{j}k}{2d} \left[\left(x_i-x\right)^2 + \left(y_i-y\right)^2\right] \right\} \mathrm{d}x\mathrm{d}y \qquad (8\text{-}2\text{-}37)$$

上式重建的图像中不但存在共轭光干扰, 而且, 检测层面前后空间中的粒子的离焦像必然形成检测噪声。但是, 由于重建层面中粒子像的强度较高, 通过适当的图像处理, 可以较好地获取 x_0y_0 平面上的粒子场 $O_0\left(x_0,y_0\right)$。当通过实验记录下全息图后, 选择不同的距离 d, 便能对粒子场进行逐层分析, 最终获取粒子场的三维分布。采用较小的时间间隔用 CCD 高速记录下喷雾场的多幅全息图后, 通过相邻时刻重建场的比较及粒子识别技术, 还能够获得粒子场中不同粒子在检测时间内的运动规律。

2. 测量实例

图 8-2-13 是经过层析重建的某一时刻的三维粒子场分布。

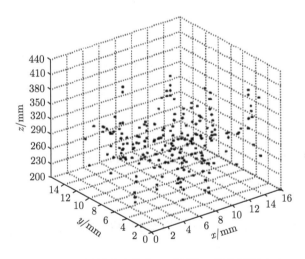

图 8-2-13　层析重建的某一时刻的三维粒子场分布

图 8-2-14 是 $d=320\mathrm{mm}$ 时三维粒子场中某一组粒子在检测期间的运动规律。其中, 图 8-2-14(a) 是通过图像处理后, 综合检测期间相邻的 6 幅全息图得到的包含了一组粒子运动信息的全息图局部; 图 8-2-14(b) 是利用综合全息图重建的该组粒子在不同时刻的重建像。从图像上可以清晰地看出不同粒子不同方向不同的速度的运动轨迹。图 8-2-14(c) 是根据图 8-2-14(b) 整理的在该层面上不同粒子运动的图像。图 8-2-14(d) 是根据检测结果统计的粒子直径与运动速度的关系图像。

可以看出, 粒子场的数字全息检测不但能真实地测量给定时间内喷雾场油滴粒子的大小和油滴群的空间分布, 而且能获取动态三维粒子场的信息。

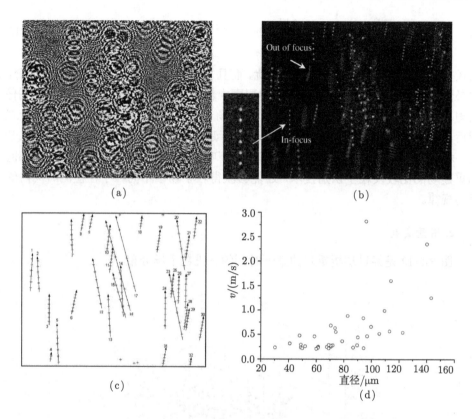

图 8-2-14　三维粒子场中某一组粒子在检测期间的运动规律

8.3　具有物光变换系统的数字全息检测

在光学检测的应用研究中, 被检测物体的投影尺寸通常与 CCD 探测器的尺寸有较大差异, 为让 CCD 充分探测到物光信息, 在物体和 CCD 间插入一光学变换系统是常用的措施。例如, 目前已经广泛获得应用的显微数字全息就是将尺寸甚小于 CCD 面阵的物体通过显微光学系统让物光场在 CCD 面阵上成像[4]。事实上, 根据第 6 章的讨论, 可以将物体在像空间的像视为像空间的物体, 较简明地重建物体在像空间的像, 正确利用物和像之间的数学关系, 也能进行相关的数字全息检测。

本节以 CCD 在物体像平面的数字全息系统为例, 对此进行理论分析。基于研究结果, 给出像面实时数字全息用于检测对象甚小于 CCD 面阵及甚大于 CCD 面阵的检测实例。

8.3.1 像面数字全息系统的一般讨论

令物平面到 CCD 平面间的光学系统由 $\begin{pmatrix} A & B \\ C & D \end{pmatrix}$ 光学矩阵描述 [34~36]，令 N 和 M 分别是 CCD 沿 x 和 y 方向上的像素数，像素填充因子为 $\alpha, \beta \in [0,1]$，像素沿 x 和 y 方向上的间隔分别为 $\Delta x, \Delta y$；根据第 6 章式 (6-1-10)，物光场 $U_0(x_0, y_0)$ 和像光场 $U_i(x_i, y_i)$ 的关系是

$$U_i(x_i, y_i) = \alpha \Delta x \beta \Delta y \operatorname{rect}\left(\frac{x_i}{N\Delta x}, \frac{y_i}{M\Delta y}\right) \operatorname{comb}\left(\frac{x_i}{\Delta x}, \frac{y_i}{\Delta y}\right)$$
$$\times \frac{1}{A} U_0\left(\frac{x_i}{A}, \frac{y_i}{A}\right) \exp\left[j\frac{kC}{2A}\left(x_i^2 + y_i^2\right)\right] \tag{8-3-1}$$

分析式 (8-3-1) 可知，相对于原物光场，重建像放大了 A 倍，但附加了一个二次相位因子。基于这个数学关系，原则上可以将第 7 章介绍的传统全息检测方法逐一移植于数字全息检测领域，在多数情况下能够显著简化检测系统，高效率地获得准确的检测结果。例如，传统实时全息检测需要进行未变形的初始物光波与参考光波干涉形成的全息图的湿处理与精确复位，实际应用很不方便，下面将检测原理移植于数字全息。

若物光场随时间的变化只是相位变化，任意给定时刻 $t_p (p = 0, 1, 2, \cdots)$ 的物光场，可表示为

$$U_{0p}(x_0, y_0) = U_0(x_0, y_0) \exp[j\varphi_p(x_0, y_0)] \tag{8-3-2}$$

对应时刻在相空间的重建场则为

$$U_{ip}(x_i, y_i) = U_i(x_i, y_i) \exp\left[j\varphi_p\left(\frac{x_i}{A}, \frac{y_i}{A}\right)\right] \tag{8-3-3}$$

任意两个时刻 t_m, t_n 之间像空间重建场的相位变化即为

$$\Delta\varphi_{mn}(x_i, y_i) = \arctan\frac{\operatorname{Im}[U_{im}(x_i, y_i)]}{\operatorname{Re}[U_{im}(x_i, y_i)]} - \arctan\frac{\operatorname{Im}[U_{in}(x_i, y_i)]}{\operatorname{Re}[U_{in}(x_i, y_i)]} \tag{8-3-4}$$

将相关量代入上式容易得到

$$\Delta\varphi_{mn}(x_i, y_i) = \varphi_m\left(\frac{x_i}{A}, \frac{y_i}{A}\right) - \varphi_n\left(\frac{x_i}{A}, \frac{y_i}{A}\right) \tag{8-3-5}$$

上结果表明，像空间重建像的附加二次相位因子对相位变化的检测无影响。利用上式，便于相位解包裹的灰度等级为 0~255 的干涉条纹可以表示为

$$I_{mn}(x_i, y_i) = 127.5 + 127.5\cos\left[\frac{\Delta\varphi_{mn}(x_i, y_i)}{2} \bmod \pi\right] \tag{8-3-6}$$

令 t_0 是初始时刻 (即让上式中 $n=0$)，通过上式应能得到时刻 t_m 与传统的实时全息测量相似的结果。特别应该指出的是，由于能够通过不同时刻记录的全息图

重建不同时刻的物光场, 数字全息能够获取任意两个时刻 t_m, t_n 重建场的相对相位变化, 不但显著简化了传统实时全息检测系统, 而且为仔细分析物理量的变化过程提供了新的手段。

8.3.2   微小物体的显微数字全息检测

由于商用 CCD 面阵宽度通常只在若干毫米量级, 利用显微镜头放大微小物体, 让物体的像与 CCD 面阵尺寸相匹配并在 CCD 面阵上成像的显微数字全息获得广泛应用研究 [37~47]。在该研究领域, 我国西北工业大学 [38,39]、北京工业大学 [41~44]、西安光学精密机械研究所 [45~47] 以及昆明理工大学 [40] 等研究院所的研究人员有许多研究成果。例如, 西安光学精密机械研究所的研究人员采用低相干的 LED 作光源, 设计了等光程同轴显微数字全息系统, 获得高质量的检测图像 [47]; 北京工业大学研究人员针对生物活细胞的观测, 基于预放大离轴光路设计和构建了一套倒置式像面数字全息显微成像系统, 该系统可以分辨的最小细节信息为 0.87 μm。以老鼠的大脑海马区神经元活细胞为成像物体, 实现了其在自然状态下的定量相衬成像, 清晰观察到了海马区神经元活细胞的胞体、树突等形态结构, 获得了细胞形态的基本参数 [44]。

文献 [40] 的研究采用了较简明的显微数字全息系统及经典的波前重建方法, 下面以该研究为例对显微数字全息作介绍。

图 8-3-1 是文献 [40] 采用的显微数字全息系统的光学路图, 实验记录的样本是新鲜洋葱表皮细胞。He-Ne 激光器发出的激光束 (λ=632.8nm) 经正弦型光栅相移器 PSD 分成三束 (0 级和 ±1 级衍射光), 其中 0 级由分光镜 BS$_1$ 反射后作为物光, 取 +1 级 (或 −1 级) 通过分光镜 BS$_1$ 后作为参考光。光栅相移器的光栅可以在垂直于光栅条纹的方向上作微小平移, 根据傅里叶变换平移定理, 调节平移量的大小可以定量地改变 0 级与 +1 级 (或 −1 级) 光 (即参、物光) 之间的相位。0 级光经反射镜 M$_2$ 后照射到样本细胞 (object) 上, 再由显微物镜 L$_1$(10×/160, 0.25NA) 成像在 CCD 记录面上 (物光); +1 级 (或 −1 级) 光经反射镜 M$_1$ 后, 通过与 L$_1$ 相同的显微物镜 L$_2$ 及分光镜 BS$_2$ 后到达 CCD 面上 (参考光), 两光干涉形成全息图。

记录用 CCD 是卸去镜头的 MTV–1802CB 摄像头, 其像素数为 795(H)×596(V), 像素大小为 0.010mm×0.0108mm。显微物镜焦距是 13.223mm, 样本细胞到 CCD 面的距离是 246mm, 根据物像之间的关系可得此时显微物镜对样本的实际垂轴放大率为 16.5 倍。

图 8-3-2 是实验记录的两幅细胞全息图, 需要说明的是, 为作比较记录时所用的参考光各不相同。其中图 8-3-2(a) 是以平面光波作为参考光波, 而图 8-3-2(b) 以球面光作为参考光波。由图容易看出, 以平面光作为参考光记录的全息图, 干涉条纹比用球面光作参考光记录的全息图密得多, 受 CCD 自身空间分辨率的限制, 全

息图条纹过密的区域无法满足抽样定理而使记录的全息图失去使用价值。

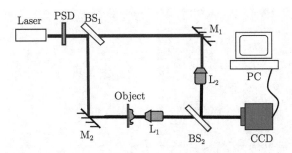

图 8-3-1 数字全息显微光路示意图

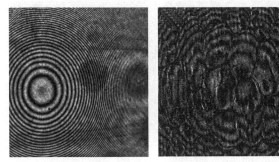

(a) 平面波作为参考光的全息图   (b) 球面波作为参考光的全息图

图 8-3-2 细胞全息图

图 8-3-3 为洋葱表皮细胞及其相位图。其中图 8-3-3(a) 是无参考光时细胞在 CCD 面上所成的实像,图 8-3-3(b) 为由四幅全息图经四步相移计算后得到的包裹相位图,图 8-3-3(c) 为解包后细胞的相位图。根据式 (8-3-1) 知,解包裹后获得的物体像还包含球面波相位因子,因此图 8-3-3(c) 是包含球面波相位的图像。将物平面到 CCD 间的光学系统视为一个轴对称傍轴系统求出系统的矩阵参数,根据式 (8-3-1) 求出相位因子,图 8-3-3(d) 是去除球面波相位后的细胞相位图。

根据图 8-3-3(d) 中白色线框样部分 (200×200 像素,121.2×130.8μm) 的相位值,图 8-3-4 给出该区域细胞相位的三维图像。

将数字全息用于显微术中,能获得显微物体的相位信息,这是普通显微镜不能做到的,因此数字全息显微对生命科学等领域有着重要的意义。

8.3.3 大尺寸物体的数字全息检测实例

在流体力学检测中,传统的像面实时全息检测技术曾经获得成功应用 [48],随着计算机及 CCD 技术的进步,传统全息检测逐渐被数字全息检测取代。以下介绍检测区域甚大于 CCD 面阵时,法国研究人员用实时数字全息取代传统实时全息检测的一个实例[49]。

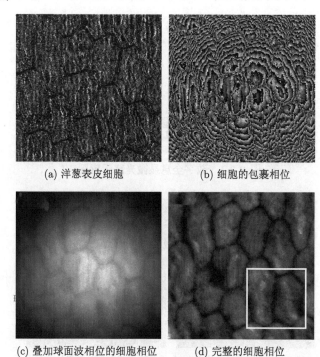

(a) 洋葱表皮细胞　　　　　　　(b) 细胞的包裹相位

(c) 叠加球面波相位的细胞相位　　(d) 完整的细胞相位

图 8-3-3　新鲜洋葱表皮细胞及其相位图

图 8-3-4　细胞相位的三维图像

1.二维气体流场的传统实时全息检测

图 8-3-5 是检测二维气体流场的传统实时全息检测系统,图中,偏振分束镜放置于空间滤波器及全息图之间。照明光是沿同一方向射入系统的三色激光 (波长

647nm，532nm 及 457nm)。透过空间滤波器的激光形成球面波，穿过偏振分束镜到达消色差透镜的光束直径约 80mm。被检测的流动气体被限制于两个透明板之间，平面反射镜放置于实验检测流体层后，它将透过流体的照明物光反射回气体并投向全息干板。因此，全息图左右两侧同时受到直接来自分束器的照明物光及来自流体的反射光的照射。插入全息图与偏振分束镜间的 $\lambda/4$ 波片将改变透过光束的偏振面，让来自检测气体的物光更好地被分束镜反射，投向高速相机。

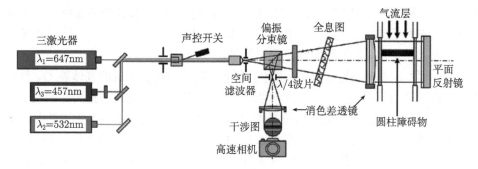

图 8-3-5 二维气体流场传统实时全息检测系统

在实时检测前，通过精密复位的全息图已经记录了气体静止不动时的干涉图像 (该系统的工作原理参看第 7.1 节的讨论)。

实验研究表明，当气体层静止时，高速相机的感光屏上的干涉图像是无干涉条纹的均匀图像。然而，若气体层的气体产生流动，气体层内气体折射率发生变化，原始物光与检测物光的干涉将在高速相机的感光屏上形成彩色干涉条纹，根据干涉条纹的变化则能了解气体层内气体流动的情况。

作为实验检测实例，在气体层内放置了一个垂直于气体流动方向的圆柱作为气体流动的障碍物 (图 8-3-5)。将气体流速马赫数固定为 0.45 Mach，图 8-3-6 给出高速相机拍摄的一组时间间隔为 117μs 的 6 幅测试图像。

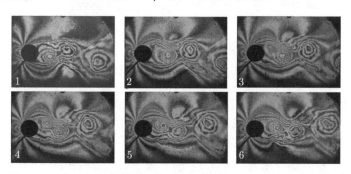

图 8-3-6 高速相机拍摄的一组时间间隔为 117μs 的 6 幅测试图像
(彩图见附录 C 或者见随书所附光盘)

从图中可以看出，不同颜色的环形干涉环表出了在圆柱后形成的涡旋。在后续的研究中将看到，由于气体流动时流场内折射率的变化对应于气体密度的变化，根据干涉条纹可以确定流体密度的分布。

2. 二维气体流场的数字实时全息检测

法国空间研究中心的学者 DESS 等利用数字全息对上述传统实时全息测试系统进行了改进 [49]，他们用三个 CCD 构成的复合探测器代替传统的彩色全息干板分别记录三种色光的全息图，不但免除了彩色干板进行显影定影的湿处理及精确复位的复杂过程，而且显著提高了测试质量。

图 8-3-7 是该系统的示意图，图中，左上方是两透明板构成的气体腔 O，气体腔左侧是一平面反射镜 M_O。实验检测时，自左向右沿水平方向传播的红绿蓝三束激光分别经过 1/2 波片形成平面偏振光，然后，分别通过反射或半反半透镜合成垂直向上传播的一束激光进入光学系统。进入系统的激光依次经过声光调制器 M_{OA}、消色差的 1/2 波片及空间滤波器 F_1 后形成球面波投向偏振分束镜 PBS，偏振分束镜 PBS 将光束分解为向左传播的照明物光及向上传播的参考光，两束光的后续传播过程如下。

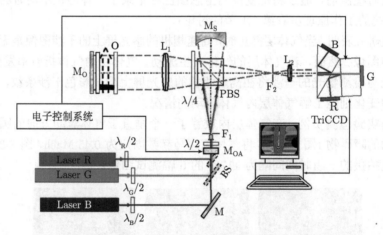

图 8-3-7　TriCCD 彩色实时数字全息系统示意图

照明物光透过消色差透镜 L_1 后，形成平行光穿过气体腔 O，光波被反射镜 M_O 反射后再次穿过气体腔形成检测物光，该光束通过消色差透镜 L_1 及 1/4 波片后，穿过偏振分束镜 PBS，投向焦距小于 L_1 的另一消色差透镜 L_2。由于 L_1 的右方焦点与 L_2 左方焦点重合，透过 L_2 的光波形成直径较小的平行物光到达三个 CCD 构成的全息图探测器 TriCCD。

向上传播的参考光经球面反射镜 M_S 反射后形成会聚的球面波投向 PBS，经

PBS 反射后的光束焦点与透镜 L_2 的左方焦点近似重合,通过球面反射镜 M_S 的轻微转动调整,让透过 L_2 的光束形成与光轴有一定夹角的平行参考光波投向 TriCCD。参考光与物光的干涉形成离轴数字全息图。

实验时,电子控制系统控制声光调制器 M_{OA} 及全息图探测器 TriCCD,让连续激光变成脉冲激光进入系统,并让 TriCCD 同步地记录下数字全息图。

对于图示光学系统,虽然在理论上可以利用物光通过光学系统的波前重建方法重建物光场,但为简单起见,让 TriCCD 的每一 CCD 平面与气体腔 O 的像平面重合,这样,只需要对全息图进行傅里叶变换,通过频率空间的滤波取出物光或共轭物光的频谱,再反变换则能得到物光场的像。

根据图 8-3-7,设待测气体为折射率等于 1 的空气,由于照明物光两次穿过气体层,在 t_p 时刻 t 时间内记录一幅全息图时气体层引入的物光相位变化可表为

$$\varphi_p(x, y) = 2 \times \frac{2\pi}{\lambda \Delta t} \int_{t_p}^{t_p + \Delta t} \int_0^e [n(x, y, z, t) - 1] \, dz dt \qquad (8\text{-}3\text{-}7)$$

式中,e 为气体层厚度,$n(x, y, z, t)$ 是 t 时刻流动气体层的折射率分布。

根据格拉斯通–戴尔 (Gladstone-Dale) 公式,空气折射率的变化与空气密度成正比

$$(n - 1) = K\rho_m \qquad (8\text{-}3\text{-}8)$$

式中,K 是与介质折射率相关的 Gladstone-Dale 常数,而 ρ_m 为介质密度。由于气体流动将引起气体密度分布的变化。将上式改写为 $n(x, y, z, t) - 1 = K\rho_m(x, y, z, t)$ 代入式 (8-3-7) 得

$$\varphi_p(x, y) = 2 \times \frac{2\pi}{\lambda \Delta t} \int_{t_p}^{t_p + \Delta t} \int_0^e K\rho_m(x, y, z, t) \, dz dt \qquad (8\text{-}3\text{-}9)$$

由于本实验能够测量任意两个记录时刻 t_m 及 t_n 光波场的相位变化 $\Delta\varphi_{mn}(x_i, y_i) = \varphi_m\left(\frac{x_i}{M_i}, \frac{y_i}{M_i}\right) - \varphi_n\left(\frac{x_i}{M_i}, \frac{y_i}{M_i}\right)$,因此,根据式 (8-3-6) 表述的干涉图像的干涉条纹能够求出气体流动时气体密度变化的等高线。

根据上述分析,气体静止时,利用红绿蓝三种激光不同时刻记录的全息图获得的干涉图是无干涉条纹的均匀彩色图,让三幅彩色图的像素值分别作为彩色像素的三基色分量进行综合,将能得到一幅均匀的某一色调的彩色图像。适当调整不同照明光的强度,可以让综合的彩色图像变为白色图像。由于 Gladstone-Dale 常数 K 与波长相关,当气体流动时,按照上述方法将每种色光确定的干涉图像进行综合叠加,将能得到一幅复杂彩色的干涉图。然而,干涉图上的白色条纹对应于气体

层密度无变化的等高线, 给实验研究中气体层密度无变化的 "零点" 区域标注提供了依据。

对于离轴数字全息, 每种色光记录的全息图是受到检测信息调制的平行干涉条纹, 以蓝色光的检测为例, 图 8-3-8 给出在圆柱形障碍物附近记录的两幅全息图及局部区域放大图, 其中, 图 8-3-8(a) 是气体静止时的全息图, 图 8-3-8(b) 是气体以 4.5Mach 速度流动时拍摄的全息图。从图 8-3-8(b) 的局部放大区域图像可以看出邻近圆柱表面区域的垂直干涉条纹被测试信息调制而扭曲的情况。

图 8-3-9 是上述两幅全息图的频谱强度图像。每幅图像上均能清楚看出 0 级衍射光频谱及对称分布于两侧的物光和共轭物光频谱。

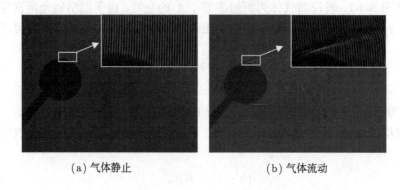

(a) 气体静止   (b) 气体流动

图 8-3-8   气体静止及流动情况下蓝色光记录的全息图实例

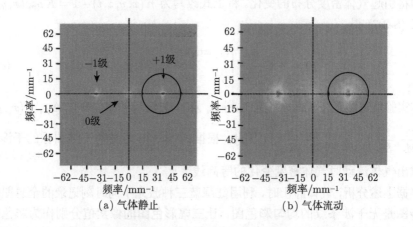

(a) 气体静止   (b) 气体流动

图 8-3-9   气体静止及流动时蓝光全息图的频谱强度图像

在频谱面上设计滤波窗 (图中圆圈) 取出物光频谱, 将取出的频谱移到频谱平面中央, 周边补零后则得到物光频谱。利用傅里叶逆变换则能得到气体静止及流动情况像平面的光波场 $U_{i0}(x_i, y_i)$ 和 $U_{im}(x_i, y_i)$。按照式(8-3-8)~式(8-3-10)的讨论，则能得到 t_m 时刻蓝光的检测图像。利用相似的方法，可以对 t_m 时刻记录的红绿两色激光的全息图进行处理，再利用三幅检测图像综合出彩色的检测图。

图 8-3-10(a)~ 图 8-3-10(d) 分别给出红绿蓝三色激光在气体流速为 4.5Math 时某一时刻的检测图及综合而得的彩色检测图像。为对实时数字全息获得的检测图像质量有一个直观的概念，图 8-3-10(e) 给出在同一条件下利用传统实时全息获得的彩色检测图。图 8-3-10(d) 与图 8-3-10(e) 比较不难看出，实时数字全息获得的干涉条纹质量明显高于传统全息。

 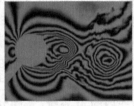

(a) 红光检测图   (b) 绿光检测图   (c) 蓝光检测图

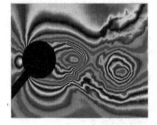 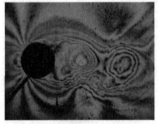

(d) 彩色实时数字全息检测图   (e) 传统彩色实时全息检测图

图 8-3-10 彩色实时数字全息与传统实时全息检测质量的比较

(彩图见附录 C 或者见随书所附光盘)

8.4 数字全息干涉计量的特殊技术

由于数字全息图是利用计算机控制的 CCD 记录，具有许多传统全息不具备的特点，本节介绍近年来基于这些特点而形成的新的数字全息干涉计量的特殊技术。

8.4.1 飞秒级瞬态过程的数字全息检测技术

我国南开大学的研究人员对飞秒级超快动态过程的数字显微全息记录及应用取得了卓有成效的研究成果[50,51]。他们采用脉冲激光器的全息记录系统将激光单脉冲分割成具有飞秒量级时间延迟的物光子脉冲序列和具有同样时间延迟的角度不同的参考光子脉冲序列, 利用空间角分复用方法 (SADM) 及波长复用的方法 (WDM) 进行超快过程的检测, 通过对飞秒激光激发空气电离过程的全息记录获得了具有飞秒量级时间分辨的等离子体形成和传播过程的动态图像。

SADM 脉冲数字全息记录的系统光路布局如图 8-4-1 所示。偏振分束器 PBS 将光脉冲分为两部分: 反射部分为激励光脉冲, 通过可调节时间延迟光路 Delay$_1$ 后, 由透镜 L$_1$ 聚焦以电离空气; 透射部分为全息光脉冲, 它通过分束器 BS$_1$ 再将光脉冲分为两部分, 透射部分为物光脉冲, 它通过空气电离区域, 并最后通过分束器 BS$_2$ 反射后到达 CCD; 反射部分为参考光, 最后透射过分束器 BS$_2$ 到达 CCD。物光脉冲和参考光脉冲分别通过各自的一组分束镜和反射镜组成的光路 SPG$_1$ 和 SPG$_2$ 形成三对参物光子脉冲序列, 每对参物光子脉冲可分别同时到达 CCD, 以不同的时间延迟记录下携带有电离区信息的三帧不同时间的子全息图, 它们都记录在 CCD 的同一幅图片上, 形成一张重叠有三帧子全息图的组合全息图。该系统的光源为掺钛蓝宝石超短脉冲激光放大系统, 脉冲宽度 50fs; 脉冲间隔 1ms; 中心波长 800nm; 单脉冲能量 2mJ; 光束直径 5mm。光路调节可以使光脉冲的时间延迟从 300fs 到皮秒量级。包括 L$_2$、L$_3$ 在内的 4f 系统, 焦距分别为 $f_2 = 1.5$cm、$f_3 = 15$cm。电离区的图像以 $M = f_2/f_1 = 10$ 的放大倍率记录在像素为 576×768 的 CCD 上, 像素尺寸为 10.8μm×10μm。

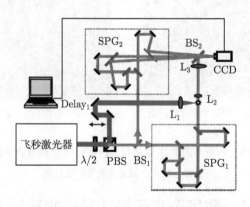

图 8-4-1　SADM 脉冲数字全息记录系统

图 8-4-2 是用角分复用方法拍摄的重叠有三帧子全息图的组合全息图和它们的傅里叶频谱, 从图 8-4-2(b) 可明显看到, 它们的傅里叶频谱彼此分离, 具有不同的方位。

图 8-4-3 表示了用这种方法记录的空气电离的超快过程。图 8-4-3(a)～图 8-4-3(c) 是在一个激光脉冲激励下空气电离过程的三帧时间序列图像, 三帧图的曝光时间均为 50fs, 图 8-4-3(a) 与图 8-4-3(b) 的时间间隔为 300fs, 图 8-4-3(b) 与

图 8-4-3(c) 的时间间隔为 550fs, 图 8-4-3 上方为强度图像, 下方为它们对应的相位差等值线图形, 是根据图 8-4-2 的 SADM 子全息图用数字全息方法重建的。

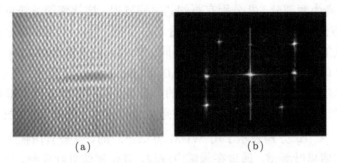

(a)   (b)

图 8-4-2 重叠有三幅子全息图的组合全息图和它的傅里叶频谱

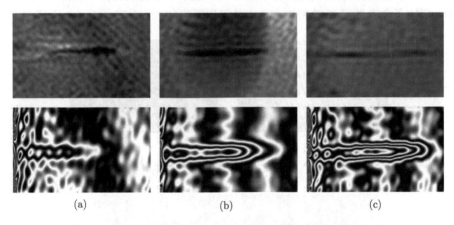

(a)   (b)   (c)

图 8-4-3 强度图像 (上) 及它们对应的相位差等值线图形 (下)

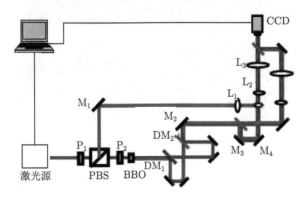

图 8-4-4 WDM 脉冲数字全息记录系统

此外, 他们还采用了 WDM 进行超快过程的检测, 图 8-4-4 是 WDM 脉冲数字全息记录系统。输出激光由偏振分束器 PBS 分成激励脉冲和记录脉冲两部分。前者通过 L$_1$ 透镜聚焦激励空气电离,后者用作全息记录。P$_1$ 与 P$_2$ 用来调节入射脉冲的偏振状态以使 BBO 晶体能产生倍频、基频和倍频脉冲。由于不同的波长被二色镜 DM$_1$ 分离为两部分,并分别有不同的时间延迟,这就使得系统可以记录两帧基于 WDM 方法的、不同时间的子全息图。从二色镜 DM$_2$ 以后,继后的光程是迈克尔逊干涉仪的光路布局。为了使两个不同波长的脉冲光程相等,M$_3$ 和 M$_4$ 被用来保证两光臂具有精确相等的光程。包括 L$_2$ 和 L$_3$ 在内的 4f 系统,在 CCD 上记录放大倍率为 $M = f_3/f_2$ 的两帧有时间差的、不同波长的子全息图。和前面 SADM 脉冲数字全息记录系统参数基本一样,只是记录的两帧子全息图的波长不同。

图 8-4-5(a)、(b) 分别表示了用 WDM 方法记录的、重叠有两帧子全息图的组合全息图及其傅里叶频谱。通过在频域内滤波、并作逆傅里叶变换,可重建振幅和相位分布,并重构它们对应的强度分布与相位差分布等值线图样,如图 8-4-6 所示。图中,两帧子全息图曝光时间为 50fs,时间间隔为 400fs。

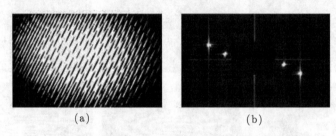

(a)　　　　　　　　(b)

图 8-4-5　WDM 组合全息图及其傅里叶频谱

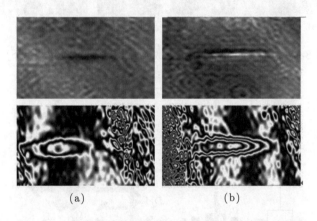

(a)　　　　　　　　(b)

图 8-4-6　数字重构的强度分布与相位差分布等值线图样

南开大学现代光学研究所的 SADM 和 WDM 超快数字全息记录系统可在相同的视角下,以 50fs 的曝光时间和 300~550fs 的可调时间间隔记录下连续两帧 (WDM) 或三帧 (SADM) 子全息图。通过数字重建结果能清晰显示空气电离的超快动态过程,时间分辨率达到 50fs。这是当前在此领域有关文献中报道的最好结果。

8.4.2 共光程同轴显微数字全息检测

通常的干涉仪,如马赫–曾德尔干涉仪或泰曼–格林干涉仪,参考光束与物光束采用分离较远的路径,因此,容易受到机械振动及温度波动的影响。如果没有很好的预处理措施,在观察平面看到的条纹图样是不稳定的,通常采用共光程干涉仪来解决这一类问题。然而,常见的共光程干涉仪都是基于物光与参考光分离的离轴装置,不能充分利用数字相机的横向分辨率 (参见第 5 章 5.7.1 节的讨论),一个与相移机制相联系的同轴装置是高分辨测量的较好的选择。西安光学精密机械研究所研究人员 [45] 提出一种新的共光程及同轴干涉仪来测量微小物体的相位分布,通过在光栅矢量方向上移动光栅来实现相移。由于相移装置是消色差的,可以方便地用于彩色数字全息显微检测。

实验装置如图 8-4-7 所示。波长为 633nm 的 He-Ne 激光器为光源,一对线偏振片 P 调节照明光的强度。光束经空间滤波、扩束及准直后,再通过由透镜 L_1 射向物镜 MO_1 组成的 4f 系统来照明样品。样本放置在与 MO_1 相同的物镜 MO_2 的前焦面上。由物镜 MO_2 及透镜 L_2 组成的 4f 系统对样本成像,放大的像呈现在透镜 L_2 的后焦面上。在这个像平面上放置一个朗奇相位光栅,使得在光栅的每一衍射级都是像光场的衍射波。该朗奇相位光栅以 1:1 的占空比蚀刻在熔融的石英上,相位阶为 π,±1 级,有较高的衍射效率 (40.5%),将分别被用于物光和参考光。在该实验系统中,显微物镜 MO_1 及 MO_2 放大率为 10,数值孔径均为 0.3,$L_1 \sim L_6$ 为消色差透镜,透镜焦距分别为 $f_1 = 50$mm,$f_2 = 200$mm,$f_3 = f_4 = 80$mm,$f_5 =$

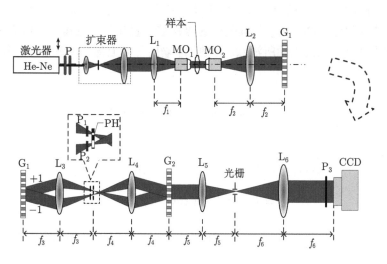

图 8-4-7 共光程同轴显微衍射干涉测量仪

100mm，$f_6 = 300$mm，P，$P_1 \sim P_3$ 为线偏振片，PH 为 20μm 的针孔，G_1 和 G_2 是周期 $\Lambda = 15$μm 的朗奇相位光栅。

该实验系统中，通过光栅传递的光波复振幅可以表示为傅里叶级数

$$\tilde{T}(x,y) = \sum_{n=-\infty}^{+\infty} a_n \exp(\mathrm{j}nKx) \tag{8-4-1}$$

其中，n 表示整数，$K = 2\pi/\Lambda$ 表示光栅矢量，Λ 表示光栅周期，a_n 表示傅里叶变换系数。根据该式数值计算知，每一个光栅的 $+1$ 级和 -1 级都有 40.53% 的衍射效率。入射到第一个光栅 G_1 上的放大的物光波 $O_{\text{test}}(x,y)$，± 1 级的复振幅可以写为

$$\begin{cases} O_{+1}(x,y) = O_{\text{test}}(x,y)\, a_1 \exp(\mathrm{j}Kx) \\ O_{-1}(x,y) = O_{\text{test}}(x,y)\, a_{-1} \exp(-\mathrm{j}Kx) \end{cases} \tag{8-4-2}$$

光波通过透镜 L_3 和 L_4 组成的 4f 滤波系统后，针孔 PH(孔径为 20μm) 对 O_{+1} 进行了低通滤波 (形成参考光)，而 O_{-1} 波保持不变 (仍作为物光)。在透镜 L_4 的后焦平面上滤波形成的参考光可表示为 $O_{1f}(x,y) = O_0 a_1 \exp(\mathrm{j}Kx)$，其中，$O_0 = F^{-1}\{F\{O_{\text{test}}(x,y)\, T_{\text{PH}}\}\}$ 表示没有衍射的部分或者传输物光波的平均振幅，T_{PH} 表示针孔滤波的传递函数。在 4f 系统后焦面上，O_{-1} 和 O_{1f} 光束都被与 G_1 周期相同的第二个朗奇光栅 G_2 再次衍射。G_2 和 G_1 的光栅方向平行，但在光栅矢量方向上有一个小的位移 Δx。因此，G_2 的复透过率可使用 $\tilde{T}(x + \Delta x, y)$ 来表示。经过光栅 G_2 后物光 O_{-1} 的 $+1$ 级衍射级及参考光 O_{1f} 的 -1 级衍射级重新沿轴向方向传播，并到达 CCD。G_2 的其他衍射级次被放置在包含透镜 L_5 和 L_6 的望远镜系统傅里叶平面上的光阑所消除。光栅 G_2 输出平面上物光及参考光的复振幅可以分别表示为

$$O(x,y) = O_{-1}(x,y)\, a_1 \exp[\mathrm{j}K(x + \Delta x)]$$
$$= T_0 O_{\text{test}}(x,y) \exp(\mathrm{j}K\Delta x) \tag{8-4-3}$$
$$R(x,y) = O_{1f}(x,y)\, a_{-1} \exp[-\mathrm{j}K(x + \Delta x)]$$
$$= T_R \exp(-\mathrm{j}K\Delta x) \tag{8-4-4}$$

这里，$T_0 = a_1 a_{-1}$ 及 $T_R = a_1 a_{-1} O_0$。由于 G_2 到 CCD 之间光学系统的光学矩阵为

$$\begin{pmatrix} A & B \\ C & D \end{pmatrix} = \begin{pmatrix} 1 & f_6 \\ 0 & 1 \end{pmatrix} \begin{pmatrix} 1 & 0 \\ -1/f_6 & 1 \end{pmatrix} \begin{pmatrix} 1 & f_5 + f_6 \\ 0 & 1 \end{pmatrix} \begin{pmatrix} 1 & 0 \\ -1/f_5 & 1 \end{pmatrix} \begin{pmatrix} 1 & f_5 \\ 0 & 1 \end{pmatrix}$$

$$= \begin{pmatrix} -f_6/f_5 & 0 \\ 0 & -f_5/f_6 \end{pmatrix} \tag{8-4-5}$$

令 x_i 及 y_i 表示 CCD 平面坐标，当物光及参考光被望远镜系统 L$_5$ 和 L$_6$ 进一步放大后，根据式 (8-3-1)，到达 CCD 的物光及参考光复振幅可以分别写为

$$O\left(x_i, y_i\right) = \frac{1}{A} T_0 O_{\text{test}} \left(\frac{x_i}{A}, \frac{y_i}{A}\right) \exp\left(\mathrm{j}K\Delta x\right) \tag{8-4-6}$$

$$R\left(x_i, y_i\right) = \frac{1}{A} T_R \exp\left(-\mathrm{j}K\Delta x\right) \tag{8-4-7}$$

在 CCD 上的干涉场强度分布则为

$$
\begin{aligned}
I\left(x_i, y_i\right) \\
&= \left|O_i\left(x_i, y_i\right)\right|^2 + \left|R\left(x_i, y_i\right)\right|^2 + 2\left|O_i\left(x_i, y_i\right)\right| \\
&\quad \times \left|R\left(x_i, y_i\right)\right| \cos\left[\varphi\left(x_i, y_i\right) + 2K\Delta x\right] \\
&= I_0\left(x_i, y_i\right) + V\left(x_i, y_i\right) \cos\left[\varphi\left(x_i, y_i\right) + 2K\Delta x\right]
\end{aligned} \tag{8-4-8}
$$

其中，$\varphi\left(x_i, y_i\right)$ 表示 $O_{\text{test}}\left(\frac{x_i}{A}, \frac{y_i}{A}\right)$ 的相位分布及被测物体横向放大后的相位分布。由于参考光波通过了低通滤波，其强度远较物光波的小，在实验中使用三个线偏振片 P$_1$ ~P$_3$ 来对两束光的强度进行调整。分别放置在物光及参考光路中的偏振片 P$_1$ 及 P$_2$ 和激光器的偏振方向有 $\pm\pi/4$ 的传输方位角，偏振片 P$_3$ 放置在 CCD 前面以用来调整两束光相应的强度。从式 (8-4-8) 可知，给移位光栅 G$_2$ 一个小的位移 Δx，在物光波及参考光波之间就可得到相移 $\varphi_s = 2K\Delta x$。关系式 $\varphi_s = 2K\Delta x$ 与波长无关，因此，相移是消色差的。

为证实上述理论及实验系统的可行性，将一个微透镜阵列中一个透镜单元作为物体进行了检测实验。为从全息图中得到物体的像，采用四步相移法拍摄了四幅全息图。为实现相移，光栅 G$_2$ 被固定在压电传感器上，光栅矢量方向在传感器的运动方向。当光栅移动八分之一的周期 $\Delta x = \Lambda/8 = 1.875\mu\mathrm{m}$ 时，可以获得 $2K\Delta x = \pi/2$ 的相移增量。使用这种方法获得的四步相移全息干涉图如图 8-4-8 所示。

通过四步相移重建的方法，图 8-4-9 给出样本的相位分布。根据测试结果及相关参数求得微透镜的横向直径为 $150\mu\mathrm{m}$，球面中心上下相位差为 36rad。

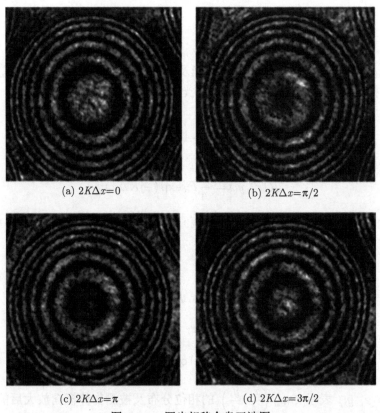

(a) $2K\Delta x=0$

(b) $2K\Delta x=\pi/2$

(c) $2K\Delta x=\pi$

(d) $2K\Delta x=3\pi/2$

图 8-4-8　四步相移全息干涉图

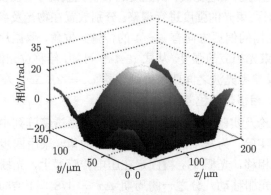

图 8-4-9　微透镜样本的重建相位分布

　　将该实验的图像处理过程与 8.3.2 节的常规显微数字全息比较可以看出，由于采用了 4f 系统对物光场成像，像光场表达式中没有附加的二次相位因子，不必再进行消除二次相位因子的工作，可以用四步像移法直接获得检测对象的相位分布。

8.4.3 弱相干光源 LED 照明的数字全息显微术

在传统的数字全息中，通常采用相干光源 —— 激光照明，因此全息图不可避免地受到激光相干噪声的污染。在数值重建的时候，物光波不仅包含了有用的相位信息，也包含了相应的相干噪声。发光二极管 (LED) 光源是一种低相干性的光源，相干长度在 $10\mu m$ 量级，可有效降低相干噪声，同时它具有低成本、结构紧凑的优点，受到了越来越多的关注。由于 LED 光源的相干长度很短，物光和参考光干涉时，在 CCD 光敏面上只会出现有限的几条干涉条纹，在频谱域中 0 级谱和 ±1 级谱不能分离，因此限制了 LED 光源在离轴数字全息中的应用。目前，LED 光源主要用于同轴相移数字全息。美国南佛罗里达大学的 Warnasooriya 等[52] 提出了基于 LED 光源照明的同轴相移数字全息显微，该方案采用迈克耳孙光路，通过在不同时刻记录四幅相移的干涉图，完成了对 MEMS 传感芯片的测量，同时为了扩大测量的轴向无包裹相位深度，该方案引入了 3 种波长的 LED 光源照明[52]。德国斯图加特大学的 Kemper 等系统地研究了 LED 光源用于数字全息显微时的特点，通过和 He-Ne 激光照明时的重建相位进行比较，定量得到了在相位噪声抑制方面的性能表现[53]。另外，Kemper 等还研究了相移的不同步长对测量结果的影响，并得到了三步相移中的最优相移步长[54]。墨西哥的 León-Rodríguez 等展示了采用 LED 光源照明的、基于马赫–曾德尔光路的透射式数字全息显微[55]。以上方案的缺点是至少需要记录 3 幅相移干涉图，不能用于实时动态过程的测量，另外需要复杂的相移装置，增加了系统的成本和复杂程度。

最近，我国西安光学精密机械研究所的研究人员提出一种采用 LED 照明的离轴数字全息显微方案，可实时测量动态变化过程[47]，图 8-4-10 是该方案的光路

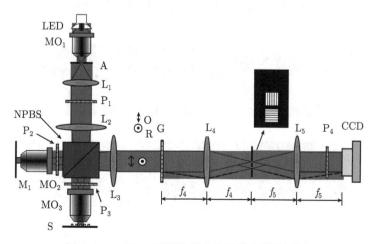

图 8-4-10   LED 照明数字全息显微实验装置图

图。图中，NPBS 是非偏振分光棱镜；$L_1 \sim L_5$ 是消色差透镜 (焦距 $f_1 = f_2 = f_3 = f_4 = 100$ mm，$f_5 = 200$ mm)；$P_1 \sim P_4$ 是偏振片；A 是针孔光阑；MO_1 是 $20\times$ 物镜；MO_2，MO_3 是物镜 ($25\times$，NA=0.4)；M_1 是反射镜；S 是测试样品；G 为光栅 (周期 15 μm)。

　　由图可见，该方案包含 Linnik 显微干涉光路和 4f 偏振滤波系统两部分。在 Linnik 光路中，显微物镜 MO_1 作聚光用，针孔光阑 A 用于提高光源的空间相干性，光波经过透镜 L_1 准直后射入 Linnik 干涉仪，偏振片 P_1 用于调节物光和参考光的光强比，在物光路和参考光路中放置两个互相垂直的偏振片 P_2 和 P_3，物光和参考光经过准直透镜 L_3 后，变为正交偏振 (水平和垂直两个方向) 的同轴平行光波。两者垂直射入光栅 G 进入 4f 偏振滤波系统。在 4f 系统中，物光和参考光经过光栅衍射，在傅里叶平面上得到完全重合的多个衍射级。在傅里叶平面上通过偏振滤波，只让 0 级和 +1 级通过，且在 0 级谱位置上放置垂直方向透振的偏振片，而在 +1 级谱的位置上放置水平方向透振的偏振片，这样物光波就从 0 级谱滤出，而参考光从 +1 级谱滤出。在输出面上物光的传播方向与光轴一致，参考光的传播方向与光轴倾斜，通过在 CCD 前放置偏振片 P_4，得到离轴干涉条纹。

　　在该方案中，物平面、光栅 G 和 CCD 平面三者共轭。Linnik 光路保证了物光、参考光的等光程。在 4f 系统当中，光栅 G 有两个作用，一是在物光、参考光之间引入离轴角；二是光栅 G 和 CCD 记录面共轭保证了在记录面上任意一点物光和参考光具有等光程，因此可得到具有最优对比度的干涉条纹，如图 8-4-11 所示。图 8-4-11(a) 所示为 LED 光源直接照明时的离轴干涉条纹，从图中可见，此时只能得到有限数目的稀疏干涉条纹，条纹中心具有最大的对比度，在视场的边缘条纹对比度迅速下降。图 8-4-11(b) 所示为采用所提出的装置得到的干涉条纹，可见条纹密集且充满整个视场。CCD 相机通过一次拍摄记录离轴干涉图，然后通过频域滤

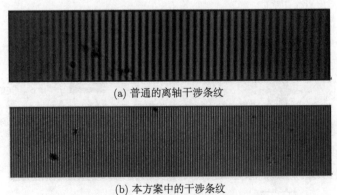

(a) 普通的离轴干涉条纹

(b) 本方案中的干涉条纹

图 8-4-11　LED 光源的干涉条纹

波法实现数值重建。

为了验证方案的可行性与测量精度,对一个硅基微结构芯片进行了测量,测量结果如图 8-4-12 所示,并与 He-Ne 激光照明的实验结果进行了对比,结果表明 LED 照明的数字全息显微的相位噪声为 2.9nm,He-Ne 激光照明时的结果为 9.1nm,与 He-Ne 激光照明时相比,其相位噪声降低了 68%。

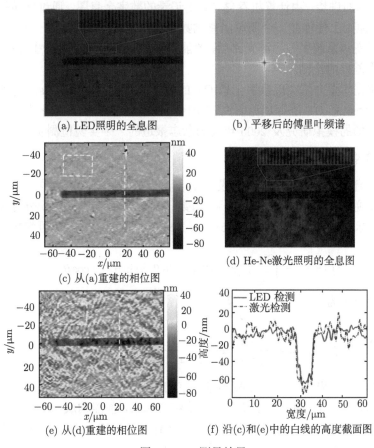

(a) LED照明的全息图

(b) 平移后的傅里叶频谱

(c) 从(a)重建的相位图

(d) He-Ne激光照明的全息图

(e) 从(d)重建的相位图

(f) 沿(c)和(e)中的白线的高度截面图

图 8-4-12 测量结果

8.5 数字全息 CT

在光学无损检测领域,CT 技术 [56] 是一项十分重要的技术。传统的 CT 检测技术是立足于光波通过透射物时物体内部不同区域对光能吸收不同的性质而实现的。然而,当光波通过具有某种折射率分布的透明介质时,光能或光波的振幅不产生变化,但透射光的相位发生变化。由于全息检测能够探测出光波的相位变化,传统的 CT 检测技术与光全息技术相结合, 便形成全息 CT 技术。由于材料的形变、应力、温度及密度分布变化将引起材料折射率分布的变化, 基于全息 CT 能够实现许多与折射率变化相关的物理量的测量。然而, 全息 CT 测量时需要同时记录下从不同方向穿过被测量物体的光信息, 如果使用需要化学湿处理的传统的感光材料进行记录, 在传统全息的框架下无论实验设计或实现都十分困难。随着计算机及 CCD 技术的进步, 由计算机存储 CCD 记录的数字全息图, 通过旋转被测量的透明试件, 原则上便能在一个简单的离轴数字全息系统中实现数字全息 CT 检测。将数字全息变焦系统引入检测光路后, 便能实现被检测物体投影尺寸与 CCD 面阵尺寸有较大差异的检测。

本节首先简要介绍实现数字全息 CT 的数学工具 —— 拉东 (Radon) 变换[56], 然后, 对数字全息 CT 进行理论研究, 基于理论研究结果, 给出数字全息 CT 测量三维折射率场的模拟研究及 2006 年美国杂志报道的一个实验检测实例[57]。

8.5.1 拉东变换简介

在二维直角坐标系 $o\text{-}x_0z_0$ 中, 设 $f(x_0,z_0)$ 为平面上的可积函数. 若 $o\text{-}xz$ 是环绕坐标原点逆时针转动 θ 角后的坐标, 函数 $f(x_0,z_0)$ 沿 z 方向的积分称为拉东变换, 利用坐标变换式 $x_0 = x\cos\theta + z\sin\theta, \quad z_0 = x\sin\theta - z\cos\theta$, 可将拉东变换表示为

$$Rf(\theta,x) = \int_{-\infty}^{\infty} f(x\cos\theta + z\sin\theta, x\sin\theta - z\cos\theta)\,\mathrm{d}z \qquad (8\text{-}5\text{-}1)$$

逆拉东变换公式为

$$f(x_0,z_0) = \frac{1}{4\pi^2} \int_0^{\pi} \mathrm{d}\theta \int_{-\infty}^{\infty} \frac{\frac{\partial}{\partial x} Rf(\theta,x)}{x_0\cos\theta + z_0\sin\theta - x}\,\mathrm{d}x \qquad (8\text{-}5\text{-}2)$$

不难看出, 如果将 $f(x_0,z_0)$ 视为某一空间分布 $N(x_0,y_0,z_0)$ 中 y_0 为给定值的二维函数, 将不同 y_0 确定的多个二维图像综合起来, 便能构成 $N(x_0,y_0,z_0)$ 的三维图像。如果将 $N(x_0,y_0,z_0)$ 视为一个透明物体的折射率分布, 式 (8-5-1) 则为光波沿物体某截面传播时的光程变化。只要通过实验得到光波从不同空间方向穿过透明物的光程变化, 便有可能通过逆拉东变换式 (8-5-2), 逐一获取透明物体每一截面层的折射率分布, 最终获得整个透明物体的折射率空间分布。

8.5.2 数字全息 CT 原理

基于拉东变换及本书对数字全息变焦系统的研究, 图 8-5-1 给出数字全息 CT 系统的原理图。物体置于可沿垂直于图面的轴线旋转的平台上, 平台通过数控进行 180° 范围的精确旋转。照明物光是振幅为常量 a, 沿光轴传播的均匀平面波。建立与光学系统固定的直角坐标 $O\text{-}xyz$ 以及与物体固定的坐标 $O\text{-}x_0y_0z_0$, 令物体转动

轴为 y 轴 (或 y_0 轴)，物体前垂直于光轴的平面 $z = z_t$ 为物平面。实验时，对于每一旋转状态记录一次数字全息图，用每一数字全息图重建与该旋转状态对应的物平面光波场

$$U_0 (x, y, \theta) = a \exp [jk (\varphi_\theta (x, y))] \qquad (8\text{-}5\text{-}3)$$

若物体的折射率三维分布为 $N(x_0, y_0, z_0)$，图示旋转状态下光波从 $z = -z_t$ 传播到 $z = z_t$ 时因折射率变化而引入的相位变化可以表为

$$\exp [jk\varphi_\theta (x, y)] = \exp \left\{ jk \left[\int_{-z_t}^{z_t} N (x_0, y_0, z_0)\, \mathrm{d}z \right] \right\} \qquad (8\text{-}5\text{-}4)$$

根据式 (8-5-3) 有

$$\varphi_\theta (x, y) = \frac{1}{k} \arctan \frac{\operatorname{Im} [U_0 (x, y, \theta)]}{\operatorname{Re} [U_0 (x, y, \theta)]} \qquad (8\text{-}5\text{-}5)$$

通常情况下，式 (8-5-5) 是含有相位包裹影响的光程值分布，但是，通过相位解包裹可以获取波前的绝对光程变化 $\varphi_\theta (x, y)$。对于给定的 $y = y_0$ 值，则有 $\varphi_\theta (x, y_0) = Rf (\theta, x)$。适当选择转角间隔让转动角 θ 在 0~180° 内变化，获取足够多的光程变化 $\varphi_\theta (x, y)$ 值，便能通过逆拉东变换式 (8-5-2) 获得透明物体的折射率分布 $N(x_0, y_0, z_0)$。逆拉东变换有许多不同的数值计算方法，在常用计算机下不难实现三维折射率场的 CT 重建。

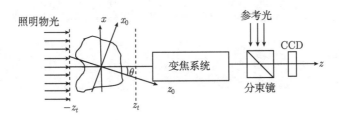

图 8-5-1　数字全息 CT 原理图

8.5.3　数字全息 CT 检测模拟

令物体为横截面为方形的透明长方体，折射率分布不均匀。为形象和直观起见，让横截面上的折射率增量分布用 0~255 级灰度表示。其分布图像为 2008 年北京奥运会吉祥物 "福娃"，并且，自物体的最下剖面层往上，灰度图像逐步往右移动。定义过截面中心并垂直于截面向上的轴为 y_0 轴，x_0 轴及 z_0 轴分别垂直于长方体的两个侧面。若将物体均匀分为 128 层，图 8-5-2 示出最下层 ($y_0 = 0$)、中间层 ($y_0 = 63$) 以及最上层 ($y_0 = 127$) 的折射率增量分布图像。可以看出，这是一个三维折射率非对称分布的透明体。

图 8-5-2　模拟研究的透明长方体及不同层面折射率分布示意图

令横截面的取样数为 256×256, 让物体围绕 y_0 轴旋转。参照图 8-5-2, 从 $\theta=0°$ 开始到 $\theta=180°$, 每间隔 $2°$ 按积分 $\int_{-z_t}^{z_t} N(x_0,y_0,z_0)\,dz$ 进行光程变化计算。计算结果形成 90 幅光程变化图。将光程变化用 $0\sim255$ 灰度归一化显示, 图 8-5-3 给出 $\theta=0°$、$20°$、$40°$、$60°$、$90°$、$120°$、$140°$、$160°$ 及 $178°$ 时的光程变化图像。

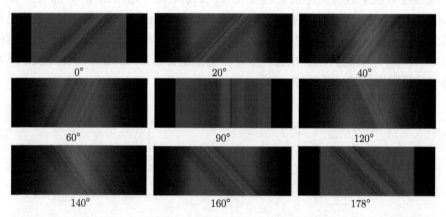

图 8-5-3　不同旋转角 θ 时垂直于投影方向的光程变化图像 (每图 128×367 像素)

选择 $y_0=0$, 63, 127, 基于 90 幅光程变化图, 用逆拉东变换式 (8-5-2) 的数值计算方法计算后, 图 8-5-4(a) 给出重建的折射率分布图像。与图 8-5-2 比较可以看出, 用间隔 $2°$ 的 90 幅投影图重建, 可以获得足够好的重建质量。

事实上, 根据实际检测精度的需要, 还可以选择不同转角间隔的投影图进行重建。图 8-5-4(b) 及图 8-5-4(c) 分别给出间隔 $4°$ 及间隔 $1°$ 的两组重建图像。显然, 投影间隔越小, 重建的折射率分布图像质量越高。

上述模拟研究表明, 对于一个需要进行折射率分布检测的三维透明体, 按照图 8-5-1 设计光路后, 对于每一旋转状态记录一次数字全息图, 将 $z=z_t$ 平面视为物平面, 重建与该旋转状态对应的物平面光波场, 并且, 通过相位解包裹技术确定

光波从 $z = -z_t$ 平面到 $z = z_t$ 平面的绝对光程变化后，便能够通过一序列的光程
变化图像获得透明体的三维折射率分布。

(a) 旋转间隔2°使用90幅投影图的重建图像

(b) 旋转间隔4°使用45幅投影图的重建图像

(c) 旋转间隔1°使用180幅投影图的重建图像

图 8-5-4   在 0~180° 范围选择不同旋转间隔重建的折射率分布图像

8.5.4   显微数字全息 CT 检测应用实例

2006 年，美国*Optical Society of America* 杂志报道了 F. Charrière[57] 等的一个
显微数字全息 CT 检测研究实例，检测系统光路如图 8-5-5 所示。图中，入射到光
学系统的激光被分束镜 PBS 分为水平方向传播的照明物光及垂直向下传播的参考
光，照明物光通过扩束准直系统后由右上方平面反射镜 M 反射，进入一个专门设

计的样品腔 CS 照明样品，样品腔主要由两个正交于光轴的显微镜盖玻片组成，被检测样品放置在机械旋转台 MP 上。穿过样品的物光通过显微物镜 MO 及分束镜 BS 后在 CCD 上形成样品的像。来自第一个分束镜 PBS 的参考光通过另一扩束准直系统后，被透镜 FL 会聚成球面波，通过左下方的平面反射镜反射后，在到达 CCD 时形成发散的球面参考波，于是 CCD 记录下物光及参考光干涉形成的数字全息图。

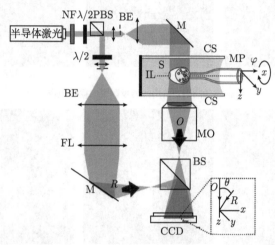

图 8-5-5　文献 [57] 的显微数字全息 CT 检测系统光路

　　由于 CCD 平面是物体的像平面，对数字全息图进行傅里叶变换，通过频域滤波、反变换及相应的相位补偿处理，便能得到物体的像光场。利用物和像的理论关系便能获得邻近样品平面的物光场。通过样品台的旋转进行多次记录后，便能按照上面介绍的全息 CT 计算方法，获得样品的三维折射率场。

　　利用上面的装置，文献 [57] 的作者实现了两种凤蝶茄壳虫的三维折射率场的 CT 检测，图 8-5-6 是他们给出的这两种样品某一剖面层的折射率分布。由于在实

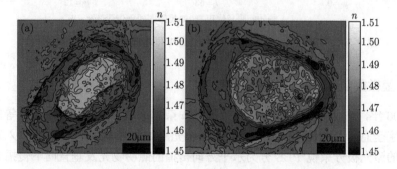

图 8-5-6　两种凤蝶茄壳虫的折射率层析重建图像

验研究中通过特殊的控制装置让样品细节部位准确地放置在旋转轴上，系统的横向和轴向分辨率优于 3μm，折射率测量精度优于 0.01。

8.6 不同形式的数字全息检测系统

为适应数字全息研究的发展，2001 年德国西门子公司制造了有多种功能的数字全息检测系统 [58]，使用这个系统能够对材料的三维面形、形变、杨氏模量、泊松比及材料热膨胀系数等物理量进行测量。图 8-6-1(a) 是该系统的结构框图，图 8-6-1(b) 是外形图。从结构框图可以看出，检测系统中的激光通过光纤分为 5 路传送到由计算机控制的输出端。其中前 4 路均分总光束功率的 95%，它们通常作为照明物光，剩余的 5% 功率的光束通过光纤传播作为测量时的参考光，其输出也受计算机控制。装置的腔体对称轴是系统的光轴，CCD 接收屏垂直于光轴放置在腔体内，接收从被测量物体散射的物光及通过内部光学元件引导的参考光。从该系统外形图可以看出，照明物光通过能方便调整照明角度的 4 个激光头输出，特别适应

于三维形变检测中位移矢量各分量的检测。该系统能用于多种数字全息检测的研究，是一个拥有多种检测功能的数字全息测量装置。作为一个应用实例，图 8-6-1(c) 是该系统安装在另一装置上形成一个热膨胀系数复合测量装置的图片。

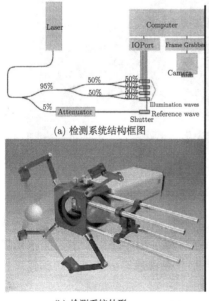

(a) 检测系统结构框图

(b) 检测系统外形

(c) 安装在热加载系统上的检测仪

图 8-6-1 用于微元件的物性参数研究的检测系统 (德国 CMW Chemnitz 制造)

在对数字全息术深入研究的基础上，2009 年来我国西北工业大学开发了多个型号的数字全息干涉仪，并将其应用于复杂流场和材料的三维面型、形变等的测量，实现了在非接触、非破坏条件下对水流场、气流场、声场、冲击波场、温度场、溶质扩散过程、以及微透镜阵列和 MEMS 器件三维面型等的全场动态显示与高精度测量[59~64]。图 8-6-2(a) 是其开发的型号为 DHI-TN101 的透射式缩微数字全息干涉仪，图 8-6-2(b) 是相应的内部结构。在该干涉仪中，激光器发出的光由光纤耦合器分为两束，分别经扩束准直后作为参考光波和物光波，其中物光波穿过测量样品后由缩微系统成像于 CCD 靶面并与参考光发生干涉。由于该干涉仪系统中缩微成像倍率可调，可以满足 5mm-100mm 不同视场范围内透明样品的测量需求。西北工业大学还开发了透反式显微数字全息干涉仪。图 8-6-2 (c) 是其型号为 DHI-T/RM010 的透反式显微数字全息干涉仪外形图。该干涉仪结合了显微放大结构模块，并进一步集成了透射式和反射式数字全息光路，可实现样品的透射式或者反射式显微测量，放大倍数 1X 至 50X。

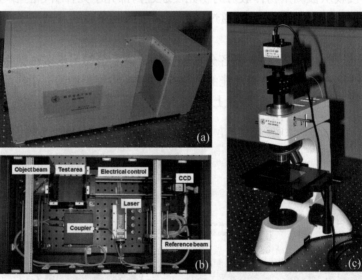

图 8-6-2　两种数字全息干涉仪. (a), (b)DHI-TN101 型透射式缩微数字全息干涉仪及其内部结构; (c)DHI-T/RM010 型透反式显微数字全息干涉仪

图 8-6-3(a)-(h) 所示为应用数字全息干涉仪测量获得的水流场卡门涡街、气流场、蛋白质结晶析出过程、液滴的热毛细对流过程、去离子水表面激光烧蚀过程、固体表面冲击波场、超声驻波场以及电脑散热器片的散热过程中的包裹相位分布图。

数字全息技术正随着计算机及 CCD 技术的进步而迅猛发展，新兴技术及理论正不断涌现。读者可以从相关文献中进一步了解该研究领域的最新信息。

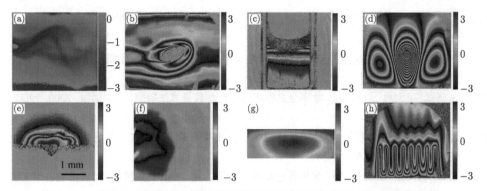

图 8-6-3 利用数字全息干涉仪测量并数值重建获得的不同物场的包裹相位图.
(a) 水流场的卡门涡街; (b) 翼型周围气流场; (c) 蛋白质结晶析出过程;
(d) 液滴的热毛细对流过程; (e) 去离子水表面激光烧蚀过程;
(f) 激光烧蚀固体表面冲击波场;(g) 超声驻波场;(h) 散热片周围空气温度场.

参 考 文 献

[1] Thomas K. Handbook of Holographic Interferometry Optical and Digital Methods. Berlin: Wiley-VCH，2004

[2] Yaroslavsky L. Digital Holography and Digital Image Processing Principles, Methods, Algorithms. ISBN: 978-1-4419-5397-1 (Print) 978-1-4757-4988-5 (Online)

[3] Picart P, Li J C. Digital Holography. London: ISTE WILEY, 2012

[4] Li J C, Picart P. Holographie Numérique: Principe, Algorithmes Et Applications. Paris: Editions Hermès Sciences, 2012

[5] Yan X B, Zhao J L, Di J L, et al. Phase correction and resolution improvement of digital holographic image in numerical reconstruction with angular multiplexing. Chinese Optics Letters, 2009, 7(12): 1072-1075

[6] Ghiglia D C, Pritt M D. Two-dimensional Phase Unwrapping: Theory, Algorithms, and Software. New York: Wiley, 1998

[7] 陈家壁, 苏显渝, 等. 光学信息技术原理及应用. 北京: 高等教育出版社, 2002

[8] 李俊昌. 散射光数字全息检测过程的统计光学讨论. 光子学报, 2008, 37(4): 734-739

[9] Ghiglia D C, Romero L A. Robust two-dimensional weighted and unweighted phase unwrapping that uses fast transforms and iterative methods. JOSA A, 1994, 11(1)

[10] 杨锋涛, 吕晓旭, 钟丽云, 等. 基于模拟退火的全局相位展开算法. 激光杂志, 2006, 27(3): 37-38

[11] 朱勇建, 栾竹, 孙建锋, 等. 光学干涉图像处理中基于质量权值的离散余弦变换解包裹相位. 光学学报, 2007, 27(5): 848-852

[12] 杨锋涛, 罗江龙, 刘志强, 等. 相位展开的 6 种算法比较. 激光技术, 2008, 32(3): 0323

[13] 朱勇建, 李安虎, 潘卫清, 等. 结构光测量中快速相位解包裹算法的讨论. 光子学报, 2009, 38(1): 184-188

[14] 王超, 冯国英. 从一幅载频全息图中实现相位重构的新算法. 光学学报, 2008, 28(7): 1269-1273

[15] 张亦卓, 王大勇, 赵洁, 等. 数字全息中实用相位解包裹算法研究. 光学学报, 2009, 29(12): 3323-3327

[16] 钱晓凡, 王占亮, 胡特, 等. 用单幅数字全息和剪切干涉原理重构光场相位. 中国激光, 2010 (7): 1821-1826

[17] 范琦, 杨鸿儒, 黎高平, 等. 欠采样包裹相位图的恢复方法. 光学学报, 2011, 31(3): 63-67

[18] 万文博, 苏俊宏, 杨丽红, 等. 干涉条纹处理的相位解包裹的新方法. 应用光学, 2011, 32(1): 70-74

[19] 钱晓凡, 李斌, 李兴华, 等. 横向剪切最小二乘相位解包裹算法的改进. 中国激光, 2012, 39(11): 1109002

[20] 王华英, 张志会, 赵宝群, 等. 欠采样包裹相位图的展开算法. 强激光与粒子束, 2012, 24(10): 2311-2317

[21] 张志会, 王华英, 刘佐强, 等. 基于快速傅里叶变换的相位解包裹算法. 激光与光电子学进展, 2012, 49(12): 120902

[22] 王华英, 于梦杰, 刘飞飞, 等. 基于快速傅里叶变换的四种相位解包裹算法. 强激光与粒子束, 2013, 25(5): 1129-1133

[23] Schofield M A, Zhu Y M. Fast phase unwrapping algorithm for interferometric applications. Opt. Lett., 2003, 28(14): 1194-1196

[24] Vyacheslav V V, Zhu Y M. Deterministic phase unwrapping in the presence of noise. Opt. Lett., 2003, 28(22): 2156-2158

[25] Li J C, Peng Z J. Statistic optics discussion on the formula of digital holographic 3D surface profiling measurement. Measurement. Journal of the International Measurement Confederation, 2010, 43(3): 381-384

[26] Wagner C, Osten W. Direct shape measurement by digital wavefront reconstruction and multiwavelength contouring. Optical Engineering, 2000, 39(1): 79-85

[27] Nadeborn W, Andra P, Osten W. A robust procedure for absolute phase measurement. Optics and Lasers in Engineering, 1996, 24: 245-260

[28] Tankam P, Song Q, Karray M, et al. Real-time three-sensitivity measurements based on three-color digital Fresnel holographic interferometry. Optics Letters, 2010, 35: 2055-2057

[29] Smigielski P. Holographie Industrielle. Toulouse: Edition Tekne'a, 1994

[30] 熊秉衡, 李俊昌. 全息干涉计量 —— 原理和方法. 北京: 科学出版社, 2009

[31] Picart P, Leval J, Mounier D, et al. Some opportunities for vibration analysis with time averaging in digital Fresnel holography. Applied Optics, 2005, 44(3): 337-343

[32] Thompson B J, Ward J H. Zinky W R. Application of hologram techniques for particle size analysis. Appl.Opt., 1967(3): 512-526

[33] Lü Q N, Chen Y L, Yuan R, et al. Trajectory and velocity measurement of a particle in spray by digital holography. Applied Optics, 2009, 48(36): 7000-7007

[34] 王绍民, 赵道木. 矩阵光学原理. 杭州: 杭州大学出版社, 1994

[35] 吕百达. 激光光学 —— 光束描述、传输变换与光腔技术物理. 第 3 版. 北京: 高等教育出版社, 2003

[36] 李俊昌, 熊秉衡. 信息光学理论与计算. 北京: 科学出版社, 2009

[37] Xu L, Peng X, Miao J, et al. Asundi, Studies of digital microscopic holography with applications to microstructure testing. Appl. Opt., 2001, 40: 5046-5051

[38] 范琦, 赵建林. 改善数字全息显微术分辨率的几种方法. 光电子激光, 2005, 16(2): 226-230

[39] 邱江磊, 赵建林, 范琦, 等. 数字全息显微术中重建物场波前的相位校正. 光学学报, 2008, 28(1): 56-61

[40] 董可平, 钱晓凡, 张磊, 等. 数字全息显微术对细胞的研究. 光子学报, 2007, 36(11): 2013-2016

[41] 王华英, 王大勇, 谢建军, 等. 显微数字全息中物光波前重建方法研究和比较. 光子学报, 2007, 36(6): 1023-1027

[42] 王云新, 王大勇, 赵洁, 等. 基于数字全息显微成像的微光学元件三维面形检测. 光学学报, 2011, 31(4): 0412003

[43] 赵洁, 王大勇, 李艳, 等. 数字全息显微术应用于生物样品相衬成像的实验研究. 中国激光, 2010, 37(11): 2906-2911

[44] 欧阳丽婷, 王大勇, 赵洁, 等. 老鼠大脑海马区神经元活细胞的数字全息相衬成像实验研究. 中国激光, 2013, 40(9): 0909001

[45] Gao P, Harder I, Nercissian V, et al. Phase-shifting point-diffraction interferometry with common-path and in-line configuration for microscopy. Optics Letters, 2010, 35(5): 712

[46] Gao P, Yao B L, Min J W, et al. Autofocusing of digital holographic microscopy based on off-axis illuminations. Optics Letters, 2012, 37(17): 3630

[47] Guo R L, Yao B L, Gao P, et al. Off-axis digital holographic microscopy with LED illumination based on polarization filtering. Applied Optics, 2013, 52(34): 8233-8238

[48] Desse J M, Picart P, Tankam P. Digital three-color holographic interferometry for flow analysis. Optics Express, 2008, 16: 5471-5480

[49] Desse J M, Picart P, Tankam P. Digital color holography applied to fluid mechanics and structure mechanics. Optics and Lasers in Engineering, 2012, 50: 18-28

[50] Wang X L, Zhai H C, Mu G G. Pulsed digital holography system recording ultrafast process of the femtosecond order. Optics Letters, 2006, 31(11): 1636-1638

[51] 翟宏琛, 王晓雷, 母国光. 记录飞秒级超快瞬态过程的脉冲数字全息技术. 激光与光电子学进展, 2007, 44(2): 19

[52] Warnasooriya N, Kim M K. LED-based multi-wavelength phase imaging interference microscopy. Optics. Express, 2007, 15: 9239-9247

[53] Kemper B, Stürwald S, Remmersmann C, et al. Characterisation of light emitting diodes (LEDs) for application in digital holographic microscopy for inspection of micro and nanostructured surfaces. Opt. Lasers Eng., 2008, 46: 499-507

[54] Remmersmann C, Stürwald S, Kemper B, et al. Phase noise optimization in temporal phase-shifting digital holography with partial coherence light sources and its application in quantitative cell imaging. Appl. Opt., 2009, 48: 1463-1472

[55] León-Rodríguez M, Rodríguez-Vera R, Rayas J A, et al. High topographical accuracy by optical shot noise reduction in digital holographic microscopy. Opt. Soc. Am. A, 2012, 29: 498-506

[56] 吴世法. 近代成像技术与图像处理. 北京：国防工业出版社, 1997

[57] Charrière F, Pavillon N, Colomb T, et al. Living specimen tomography by digital holographic microscopy: morphometry of testate amoeba. Optical Society of America, 2006, 14(16): 7005-7013

[58] Seebacher S, Osten W, Baumbach T, et al. The determination of material parameters of microcomponents using digital holography. Optics and Lasers in Engineering, 2001, 36: 103-126

[59] W. Sun, J. Zhao, J., Q. Wang, L. Wang, Real-time visualization of Karman vortex street in water flow field by using digital holography, Optics Express, 17, p.20342-20348, 2009.

[60] Y. Zhang, J. Zhao, J. Di, H. Jiang, Q. Wang, J. Wang, Y. Guo, and D. Yin, Real-time monitoring of the solution concentration variation during the crystallization process of protein-lysozyme by using digital holographic interferometry, Optics Express, 20, p.18415-18421, 2012.

[61] B Wu, J. Zhao, J. Wang, J. Di, X. Chen, and J. Liu, Visual investigation on the heat dissipation process of a heat sink by using digital holographic interferometry, Journal of Applied Physics, 114, p. 93103-1-6, 2013.

[62] J. Wang, J. Zhao, J. Di, R. Abdul, W. Yang, X. Wang, Visual measurement of the pulse laser ablation process on liquid surface by using digital holography, Journal of Applied Physics, 115, p.173106, 2014.

[63] X. Chen, J. Zhao, J. Wang, J. Di, B. Wu, J. Liu, Measurement and reconstruction of three-dimensional configurations of specimen with tiny scattering based on digital holographic tomography, Applied Optics, 53, p.4044-4048, 2014.

[64] J. Wang, J. Zhao, J. Di, B. Jiang, A scheme for recording a fast process at nanosecond scale by using digital holographic interferometry with continuous wave laser, Optics and Lasers in Engineering, 67, p.17-21, 2015.

第9章 数字全息的 3D 显示及动画算法研究

2009 年上映的电影《阿凡达》将人类的丰富想象制作成三维数字化电影,在全球范围引发了对三维 (简称 3D) 显示研究的热情。然而,这类借助于特殊眼镜而形成对场景三维感受的显示并不是真三维显示,观看这类三维场景时存在视疲劳问题[1~4]。在现实世界中,人是通过双眼接收来自物体的光形成物体的三维空间尺度感觉的,20 世纪发明的全息术才是完整记录和重建物体光场的真三维显示技术[5]。近年来,计算机及空间光调制器 (spatial light modulator,SLM) 等光电子器件技术的进步让人们看到实现数字全息真三维显示的曙光。尽管目前空间光调制器的像素及阵列尺寸还不能满足大视场角及高分辨率显示的要求,全息图的计算速度还不能实现实时显示,然而,努力提高全息图的计算速度,通过计算机在空间光调制器上生成全息图后,利用相干光照明显示出能够裸眼观看真实三维物体的像成为近来人们研究的热点[6~39]。

本章对传统全息及数字全息 3D 显示研究现状作简要介绍,对目前流行的两种空间光调制器 DMD(digital micromirror device)、LCOS(liquid crystal on silicon) 以及用这两种元件组成的全息 3D 显示系统进行分析。然后,基于空间曲面衍射场计算及数字全息的讨论,对数字全息 3D 动画的计算方法进行探索研究,给出部分实验研究结果。谨望本章的探索能成为引玉之砖,为从事该领域研究的科技工作者提供有益的参考。

9.1 传统全息及数字全息 3D 显示研究现状

在数字全息 3D 显示研究领域,国内,北京理工大学[7~9]、清华大学[10,11]、上海交通大学[12]、东南大学[13]、北京邮电大学[14,15]、上海大学[16]、中山大学[18~20]、安徽大学[21~23]、浙江大学[3] 以及昆明理工大学[24~27] 等高校近年来进行了积极研究,在计算算法的改进、三维显示系统设计方面取得许多卓有成效的进展。对于国外的研究现状,国内青年学者贾甲作了较好的总结[4]。本节主要参照文献 [4],对传统全息及数字全息 3D 显示的研究现状进行介绍。

9.1.1 传统全息 3D 显示技术的发展现状

人是通过眼睛接收自然界的光波来感受到自然界的三维场景的。这些光波携带的信息包括振幅和相位。其中,振幅信息反映了物体的表面特性,例如,颜色、材质效果等。相位信息则反映物体的空间特性，例如，空间位置及物体的几何形状。20 世纪发明的全息术是能够充分记录三维物体发出的光信息的技术，除了记录介质尺寸有限，不能记录物光场的高频信息外，传统全息的再现像能够提供人眼视觉系统所需要的全部三维感知信息。因此，全息术被广泛认为是最有发展前景的真三维显示技术。然而，传统的光学全息术主要用来显示静态图像，一个较有代表性的 3D 显示图像如图 9-1-1(a) 所示[28]，该全息图是 1999 年美国 Zebra Image 公司研制的真彩色合成全息图，面积达 1.8m×1.2m，视场角超过 100°，景深达 1.8m。但是，三维显示的媒介是一张张的全息图，由于受到光学记录材料、复杂的制造工艺、高成本、较高的实验环境要求的限制，不利于视觉信息的传输和共享。目前，这类传统的光学全息图主要用于艺术创作、室内装饰、博物馆展示、信用卡、票据和商品防伪等。近来，美国开始用这种技术制作三维军用地图，如图 9-1-1(b) 所示[29]。

(a) 汽车模型的全息像　　　　　　　(b) 城市地图的全息像

图 9-1-1　传统光学全息图再现效果

9.1.2　数字全息 3D 显示技术研究进展

随着计算机及 CCD 技术的进步，用 CCD 代替传统感光材料记录全息图，通过衍射数值计算重建物光场，在计算机屏幕上显示物体图像的数字全息获得瞩目发展。由于空间曲面光源的衍射场能够计算，可以用计算机生成虚拟三维物体的数字全息图，并在屏幕上显示物体的重建图像。这种技术称为计算全息[11]。考察这两种技术知，数字全息及计算全息形成的物体三维信息均以数字的形式存储于计算机中，对这些信息进行三维显示时经历完全相同的过程。为简单起见，本书将这类数字信息的 3D 显示技术统称为数字全息 3D 显示技术。

最早成功实现数字全息三维图像视频显示的是美国麻省理工学院媒体实验室本顿 (Benton) 领导的空间光学成像实验小组。他们自 1989 年以来先后开发了以扫描声光调制器为核心的三代全息投影显示系统[30~32]，其中，第二代系统可以显示尺寸为 150mm×75mm×150mm 的成像空间以及 30° 视场角的三维图像。为便于描述其工作原理，第一代系统的结构如图 9-1-2 所示[33]。

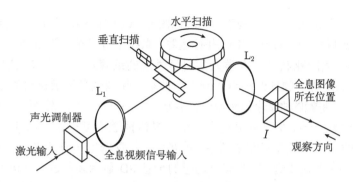

图 9-1-2 第一代数字全息三维图像视频显示系统结构示意图

声光调制器由计算全息的数据流控制的视频信号驱动,入射的扩束相干光被声光调制器进行相位调制,声光调制后的光学扫描装置将被调制的激光显示成全息图像。激光被扩束成水平状的线状光束入射在声光调制器上,声光调制就相当于一幅线性全息图的一部分,衍射光实际上就是计算全息的衍射像。由于声光调制器的输入由视频信号控制,条纹以一定速率自左向右传播,衍射像也以同一速率移动。为获得稳定的像,需要用多边形反射镜在水平方向以相反方向扫描。声光调制器的视频输入和方向的扫描形成了一完整水平方向的线全息图。垂直方向的扫描由垂直扫描反射镜完成,垂直扫描和水平扫描构成了一幅完整的计算全息图。由于声光调制器的空间有限,用 632.8nm 的氦氖激光再现时,衍射角最大只 3° 左右。为扩大视场角,用 L_1 和 L_2 组成的共焦系统把视场角放大到 15°,并将全息像成像于 I 处。由于声光调制器只有一维方向的条纹,它产生的全息图只有水平视差,通常在全息图的成像位置放置一个栅线在水平方向的柱面光栅,在垂直方向散射成像光束,扩大垂直方向的观察范围。

由于声光调制器的空间带宽积 (空间带宽积的定义是晶体的最大可调制空间频率乘以窗口的宽度) 和窗口时间 (窗口宽度/声速) 有限,第一代系统生成的图像较小。为解决这个问题,第二代系统采用多通道声光调制器取代单个调制器,其原理类似于多个微处理器组成的并行计算机,在扫描方式和成像系统上做了较大改进,从而达到 150mm×75mm×150mm 的成像空间以及 30° 视场角。由于用三组调制器和三基色激光可以显示真彩色图像,将该系统与三维传感系统结合还可组成显示真彩色图像的人机互动式的虚拟三维系统[3]。但是,由于声光调制器是一个一维装置,必须通过扫描镜来获取水平和垂直的图像,系统的结构及同步调整比较复杂。

英国 Qinetiq 公司和剑桥大学高级光子和电子技术中心于 2004 年利用电寻址液晶空间光调制器和光寻址的双稳态液晶空间光调制器研制了一台视频显示的计算全息三维投影显示系统[34],像素数超过 100M,以 30Hz 帧速刷新,可以视频方式显示宽度大于 300mm 的全视差 3D 彩色图像。该方案采用了 4×4 的光寻址液晶空间光调制器拼接和 400 个 CPU 并行运算，系统十分复杂且造价昂贵。

2010 年，美国亚利桑那大学光学科学学院的纳赛尔·佩汉姆巴瑞安 (Nasser Peyghambarian) 博士领导的小组研制了一种基于新型全息记录材料的全息显示技术，能够以 2s 每帧的刷新率显示窗口大小为 25cm×25cm 的三维图像，如图 9-1-3 所示[35]。该技术一经发表就引起了轰动，媒体报道称可望让《星球大战》(Star Wars) 电影的场景出现在真实生活中。纳赛尔·佩汉姆巴瑞安还表示：这项技术的进展使得我们离制造出远程、具有临场感的全息 3D 显示装置这一终极目标又近了一步，该装置最终能够将高分辨率、全彩色、图像尺寸与人类大小相仿的三维影像以视频形式从世界的某个地方传送到另一个地方。

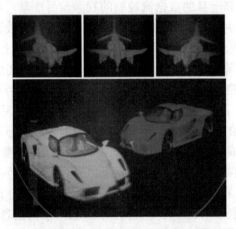

图 9-1-3　基于新型全息记录材料的全息显示技术

9.1.3　数字全息 3D 显示技术的优势与面临的挑战

数字全息及计算全息技术出现后，随着空间光调制器等光电子器件的发展和计算机计算能力的提高，动态数字全息 3D 显示逐渐成为可能。与传统的光全息术相比，计算全息术避开了传统全息术记录光路的限制，可对其他手段获得的三维数据进行全息图计算，具有灵活、可重复性好、可充分利用光能、可显示虚拟和真实物体、可让观察者从任意角度观看影像、可实现虚拟现实以及能让观察者与真实场景和虚拟场景产生互动等许多优势。然而，数字全息 3D 显示发展至今，尽管在各方面取得了进展，却始终有两个问题制约着该技术进一步发展。

其一，数字全息 3D 显示通常需要借助空间光调制器 (SLM) 来显示三维图像，因此再现像的质量受目前 SLM 的阵列大小、像素尺寸、空间带宽积、填充率、刷新频率、衍射效率等性能参数的限制。SLM 的像素数量及像素尺寸直接决定了再现三维图像的尺寸和视场角。目前基于 SLM 的计算全息术再现的三维图像尺寸还较小，假设再现光的波长为 632.8nm 的红光，理论研究表明，要想获得再现像尺寸大小为 300mm×300mm×300mm，水平与垂直视场角均为 30° 的三维图像，至少需要空间光调制器的像素数达到 10^{12} 量级。因此，要想获得大尺寸和大视场角的三维图像就需要大阵列的显示设备。但是目前市场上可以买到的纯相位型空间光调制器像素数仅为 1920×1080，显然无法满足要求。

其二，当使用计算全息显示三维信息时，全息图的计算速度还达不到实时显示的要求。计算机生成全息图时主要包括三维物体模型的建立与全息图的计算。在计算机图形学中，为精确建立物体的三维模型，通常需要使用海量的点基元或面基元，为较真实地显示与客观世界相吻合的三维物体，还包括物体的光照设计、材质渲染及物体间遮挡效果等信息，描述三维模型的数据量非常庞大。在全息图的计算过程中，通常将组成三维物体模型的点基元或面基元看成是一个个发光源，全息图计算的核心就是计算所有离散点基元或面基元发出光波在全息图平面上的复振幅分布。为此，需要对全息图上所有取样点进行计算，计算量非常巨大。众所周知，为了达到实时动态显示三维图像的目的，全息图的计算速度至少需要达到 25 帧/秒，但传统的计算方法计算三维物体上一个点基元的全息图的时间为几十毫秒，远远无法满足实时动态显示要求。

在解决上述问题的研究中，对于第一个问题，目前采用的技术手段是使用多个 SLM 无缝拼接，通过增大系统总像素数获得大尺寸和大视角的三维图像。但是，这种方法增加了系统的复杂度，成本较高。此外，当利用时分复用的方法控制空间光调制器时，则需要高帧频的 SLM。因此，发展高分辨率及高帧频的 SLM 是必须继续进行的工作。

2013 年，美国麻省理工学院在 *Nature* 上报道了他们最新研制的基于波导和声光效应的新型空间光调制器[36]。与传统的基于液晶的空间光调制器相比，该新型空间光调制器不但有效增大了空间带宽积，能够获得较大的衍射角，同时消除了空间光调制器引入的零级光和多级衍射光等噪声的干扰，制造成本大幅降低。表 9-1-1 是他们给出的新型空间光调制器与目前流行的基于像素结构的空间光调制器性能比较结果。不难看出，这项技术在数字全息 3D 显示研究领域极具诱人前景。

在解决第二个问题的研究进程中，科学家们一方面通过改进全息图计算算法降低全息图的计算时间，另一方面，由于全息图的计算依赖计算设备的计算能力，发展高性能的计算设备成为实现动态显示的重要途径。例如，为了提高全息图的计算速度，日本千叶大学的 Tomoyoshi Ito 小组开发出专门用来对全息图计算进行加速的硬件设备 HORN 系列，如图 9-1-4(a) 所示。其计算速度比当时普通计算机的计算速度提高了 4000 倍左右[37,38]。

表 9-1-1　　新型空间光调制器与基于像素结构的空间光调制器性能比较

性能	基于像素的调制器	新型空间光调制器
时域带宽	5G 像素每秒	50G 像素每秒
	(一个 8M 像素的 SLM)	(一个 500 通道的调制器)
输出视角	2.54°	24.7°
($\lambda = 532\text{nm}, \Delta = 12\mu\text{m}$)		
零级是否正交偏振输出	不是	是
输出中多余的衍射级	多个	一个也没有
制作的复杂性	20 次掩模	2 次掩模
多余的共轭模	有	没有
全息图近似的基础	取量化值的像素	正弦波
彩色复用	空间/时间复用	空间/时间/频率复用

(a) HORN-5　　　　　　　　　　(b) GPU

图 9-1-4　高性能计算设备

　　最近，图形处理器 (graphic processing unit,GPU) 的计算能力有了飞速的发展，其每秒万亿次的计算性能令人瞩目。一般说来，CPU 更擅长循环、分支、逻辑判断以及执行等逻辑程序，对于具有上百个线程的并行程序则无法在 CPU 上完成。而 GPU 擅长的是没有逻辑关系的高度并行数值计算，它的优势是可以执行上千个无逻辑关系数值的并行计算，即在同一个程序操作中执行多个并行数据。全息图的计算机生成过程是计算三维物体所有离散点发出光波在全息平面上所有抽样像素点的复振幅分布的过程。每个离散点在全息平面不同抽样点执行的计算过程完全相同，且每个过程相对独立，计算全息图的计算具有很高的并行性。正因为 GPU 的这种处理大数据量的能力和全息图的计算过程的高度并行性，科学家们纷纷开始利用 GPU 来对全息图的计算进行加速。一块普通的 GPU 芯片如图 9-1-4(b) 所示。德国学者 Lukas Ahrenberg 在 GPU 硬件下计算 10 000 个物点，像素数为 960×600 的全息图共耗时 1s。2010 年日本千叶大学的 Tomoyoshi Shimobaba 比较了市场上 GPU 主要生产厂商 ATI 和 NVIADIA 生产的 GPU 的计算性能。实验表明，在 OpenCL 架构下，ATI 生产的 GPU 计算速度是 NVIADIA 的两倍[39]。GPU 在计算全息术中的应用大大提高了全息图的计算速度，为三维图像的实时动态显示带来了曙光。

数字全息 3D 显示技术是一种理想的真三维显示技术,为让这项技术尽早进入实际应用,还需要科学家及工程技术人员的共同努力,解决大量的技术难题。

本章后续内容对目前较流行的两种空间光调制器及其组成的数字全息 3D 显示系统进行介绍。此外,由于空间曲面光源转换为垂直于光轴的平面光源后能够显著提高三维物体全息图的计算速度,为常用微机模拟研究全息 3D 动画提供了可能,因此,还将对数字全息 3D 动画的算法进行讨论。

9.2 数字微镜及其在数字全息 3D 显示中的应用

数字微镜 (digital micromirror device, DMD) 是用于全息 3D 显示研究的一种重要的空间光调制器,它是用数字电压信号控制微反射镜片执行机械运动来实现光学功能的装置[40]。它的前身是变形反射镜器件 (deformable mirror device)。两种名称的英文缩写恰好都是 DMD,数字微镜 (DMD) 由美国德州仪器公司 (TI) 的一名科学家 I. J.Hornbeck 在 1987 年发明,最初设计的目的主要用于数字投影和硬复制。由于 DMD 具有较高的分辨率、对比度、灰度等级、响应速度等优点,近几年其应用领域得到较大扩展,在光纤通信网络的路由器、衰减器和滤波器、数字相机、高频天线阵列、新一代外层空间望远镜、快速原型制造系统、物体三维轮廓测量仪、全息照相、数字图像处理、光学神经网络、显微系统中的数字可变光阑以及空间成像光谱等领域得到了成功的应用。目前,DMD 已广泛应用于 DLP (digital light processing) 投影系统,在高清晰电视 (HDTV)、微型显示、数字掩模等领域也有巨大的发展潜力。本节简要介绍数字微镜的工作原理,重点研究 DMD 用于显示全息 3D 重现像时系统的性质,导出系统的瞬时脉冲响应及重建图像的近似计算式。

9.2.1 数字微镜工作原理

数字微镜 (DMD) 由成千上万个可倾斜的铝合金微镜组成,美国德州仪器公司生产的 DMD 每个微镜面积为 16μm×16μm,相邻的镜片中心有 17μm 的间距,反射时有效镜面约占微镜单元面积的 70%,它的有效反射率达 61%[41]。单元结构如图 9-2-1 所示,图中器件的基底是硅,用大规模集成电路的技术,在硅片上制出 RAM,每一个存储器有两条寻址电极 (addressing electrodes) 和两个搭接电极 (landing electrodes)。两个支撑柱上,通过扭臂梁铰链 (torsion hinge) 安装一个微形反射镜,形成一个 "跷跷板" 的结构。器件工作时,在反射镜上加负偏压,一个寻址电极上加 +5V(数字 1),另一寻址电极接地 (数字 0),这样一来就形成一个差动电压,它产生一个力矩,使反射镜绕扭臂梁旋转,直到触及搭接电极为止。在扭转力矩的作用下, 反射镜将一直锁定于这一位置, 不管它下面的存储器的数据是否变化, 直到复位信号出现为止, 对应旋转角 $\theta_1=10°$(目前已经出现转动角 12° 的产品)。这样一来, 每一单元都有三个稳态:+10°, −10° 和 0°。$\theta=0°$ 对应于没有寻址信号 (两个寻址电极都是 0 的情况)。DMD 是通过半导体微细加工技术精密制作的, 因此反射镜列阵的三个稳态一致性相当好, 对应于 DMD 的三个平面: 与基平面成 $\pm\theta_1$ 角的倾斜平面及平行于基面的平面。

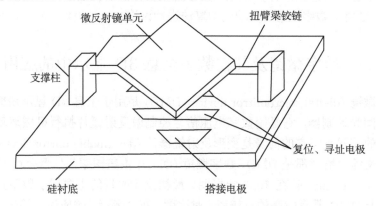

图 9-2-1　数字微镜单元结构示意图

DMD 工作原理如图 9-2-2 所示, 光源发出的光束与光学系统光轴的夹角为 20°, 倾斜照射 DMD, 当某一像素的反射镜 $\theta=0°$ 时, 反射光偏离光轴, 不进入后续光学系统。当 $\theta=10°$ 时, 它反射的光束沿光轴方向通过后续光学系统, 称此状态为"开 (ON)"; $\theta=-10°$ 则对应于 DMD 的状态"关 (OFF)"; $\theta=0°$ 称为"平态"。

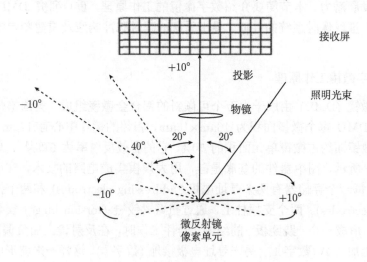

图 9-2-2　数字微镜 DMD 工作原理

由于数字微镜是一种反射式显示器件，其镜面的反射只有亮和暗两种状态。因此使用数字微镜显示灰度图像时，只能通过数字控制信号的脉冲宽度来调整每个镜片反光时间的长短得到相应灰度等级，称为二进制时间脉宽调制。图 9-2-3 给出灰度图像显示控制原理[42]。

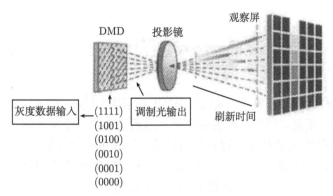

图 9-2-3 DMD 灰度图像显示控制原理

在图 9-2-3 中，中间一列微镜由输入信号控制，通过控制数字信号实现量化深度为 4bit(对应 2^4=16 种灰度) 等级的像面显示。显示屏上端为白色亮点，下端为黑色暗点，中间为灰色过渡点。其中，输入数字脉冲信号的每一位表示微镜 "开" 或 "关" 的时间间隔，间隔相应的权重值为 2^0, 2^1, 2^2, 2^3。最短的时间间隔称为最低有效位。这里，用数字脉冲信号 1111 驱动反射镜片 +10° 偏转，信号光反射到显示屏上的时间最长，人眼感觉为白色亮点。数字脉冲信号 0000 驱动反射镜片 −10° 偏转，微反射镜片将光线反射至吸收器吸收，银幕上看到的是暗点。当控制数字脉冲信号在上述两数值间取值时，银幕上呈现为灰色点。

9.2.2 全息图的数字微镜显示

由于通过实验或者理论计算均能获得数字全息图，现在研究如何使用 DMD 重现物光场的问题。

在直角坐标系 o-xyz 中定义 $z = 0$ 为全息图平面，令到达全息图的物光和参考光复振幅分别为 $O(x,y)$, $R(x,y)$，全息图平面的干涉光波场强度分布则为

$$h(x,y) = |O(x,y) + R(x,y)|^2 \tag{9-2-1}$$

若图像灰度等级为 M，每幅灰度图形在 DMD 显示时可以分为 $m = \log_2 M$ 个比特位时间段。这样灰度图形就转化成 m 幅二值图形[42]

$$h(x,y) = \sum_{p=1}^{m} 2^{p-1} b_p(x,y) \tag{9-2-2}$$

计算机内的数字全息图必须经计算机处理成二值化全息图,由 DMD 按 2^{p-1} 权重控制显示周期的占空比,依次对全息图的分量进行显示。单位振幅平面波照射 DMD 后,若显示屏到 DMD 的距离为 d,定义在 CCD 平面前距离 d 处的平面 x_iy_i 为物光场重建平面,某比特位时间段显示屏上的光波场强度图像可根据菲涅耳衍射积分表为

$$E_i\left(x_i,y_i\right)=\sum_{p=1}^{m}\frac{2^{p-1}}{\lambda^2\,d^2}\left|\int_{-\infty}^{\infty}\int_{-\infty}^{\infty}b_p\left(x,y\right)\exp\left\{\frac{\mathrm{j}\,k}{2d}\left[\left(x_i-x\right)^2+\left(y_i-y\right)^2\right]\right\}\,\mathrm{d}x\mathrm{d}y\right|^2$$

$$(9\text{-}2\text{-}3)$$

由于比特位时间段非常短,人眼对全息图显示屏上接收的光能正比于式 (9-2-3) 所表示的光能。于是,一个实时数字全息显示系统框图可绘制如图 9-2-4 所示。图中,将数字全息的拍摄及显示过程分为拍摄、计算机处理及显示三部分:在第一步拍摄过程中,激光通过半反半透镜 S 分解为照明物体的照明物光及投向 CCD 的参考光,来自物体的散射光到达 CCD 与参考光干涉,形成式 (9-2-1) 表示的数字全息图被 CCD 接收。第二步,由 CCD 实时拍摄的全息图进入计算机后,按照式 (9-2-2) 被二值化成序列二值图像,并根据相应的控制权重调整二值图像的显示时间,形成控制 DMD 的信号。第三步,让 DMD 及全反射镜 R 分别与拍摄全息图时的 CCD 及半反半透镜 S 的位置相对应,上一步形成的控制信号控制数字微镜 DMD,用反射镜 R 反射的光波照射 DMD,观测屏接收 DMD 的光波,获得物体的重建像。

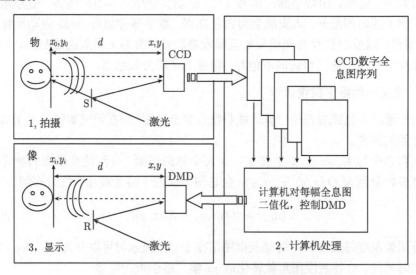

图 9-2-4　DMD 实时数字全息显示系统框图

不难看出,如果采用计算全息技术直接在计算机内生成虚拟 3D 物体的全息

图，图 9-2-4 中左上方的拍摄系统 1 可以删除，当计算机生成全息图的速度能够达到每秒 25 帧以上时，便能通过上述系统实现全息动画成像的显示。当然，为便于观看，实验研究时应该在显示系统框图 3 的 DMD 与显示介质间插入一个既能滤除干扰，又能放大重建像的子系统。例如，插入一个具有一定放大率的 4f 系统，在 4f 系统两透镜间的频谱平面上设置光阑，让光阑只允许形成物体实像的频谱通过。这时，便能较好地通过显示介质观看物体的全息 3D 重建图像。

细心的读者不难发现，按照数字全息波前重建的理论，单位平面波照射全息图后到达屏幕的衍射场强度是

$$E'_i(x_i, y_i) = \frac{1}{\lambda^2 d^2} \left| \int_{-\infty}^{\infty} \int_{-\infty}^{\infty} \sum_{p=1}^{m} 2^{p-1} b_p(x,y) \exp\left\{ \frac{\mathrm{j}k}{2d} \left[(x_i - x)^2 + (y_i - y)^2 \right] \right\} \mathrm{d}x\mathrm{d}y \right|^2$$

$$(9\text{-}2\text{-}4)$$

式 (9-2-4) 与式 (9-2-3) 表达的数学及物理意义是有区别的。因为根据积分的线性性质，式 (9-2-4) 的积分可以分解为 m 个积分之和，按二项式展开式 (9-2-4) 后，将出现各二值图衍射场的相干叠加，而式 (9-2-3) 只包含各二值图衍射场强度叠加。尽管 DMD 能用于显示全息 3D 图像已经是客观事实[6]，但理论上按照式 (9-2-3) 研究重建物光场，有重要的理论价值及实际意义。

9.2.3 数字微镜 3D 显示系统的瞬时脉冲响应

根据线性系统理论，成像系统的性质取决于系统的脉冲响应。由于 DMD 显示图像时，不同时刻的二值全息图有不同的响应，因此，必须对不同瞬时的脉冲响应进行研究。按照图 9-2-4 的坐标定义，以下基于傅里叶光学理论[43] 研究图中物平面 (ξ, η) 处的单位振幅点光源 $\delta(x_0 - \xi, y_0 - \eta)$ 通过光学系统后的瞬时脉冲响应[6]。

点光源 $\delta(x_0 - \xi, y_0 - \eta)$ 发出的光波在 xy 平面的光波场可由菲涅耳衍射积分表出

$$u_\delta(x, y; \xi, \eta) = \frac{\exp(\mathrm{j}kd)}{\mathrm{j}\lambda d} \int_{-\infty}^{\infty} \int_{-\infty}^{\infty} \delta(x_0 - \xi, y_0 - \eta)$$
$$\times \exp\left\{ \frac{\mathrm{j}k}{2d} [(x - x_0)^2 + (y - y_0)^2] \right\} \mathrm{d}x_0\mathrm{d}y_0 \qquad (9\text{-}2\text{-}5)$$

利用 δ 函数的筛选性质即得

$$u_\delta(x, y; \xi, \eta) = \frac{\exp(\mathrm{j}kd)}{\mathrm{j}\lambda d} \exp\left\{ \frac{\mathrm{j}k}{2d} [(x - \xi)^2 + (y - \eta)^2] \right\} \qquad (9\text{-}2\text{-}6)$$

为简明起见，设参考光是振幅为 a_r 在 x, y 方向的方向余弦为 $\cos(\pi/2 - \theta_x)$，$\cos(\pi/2 - \theta_y)$ 的平面波，在傍轴近似下，即 $\pi/2 \gg \theta_x, \pi/2 \gg \theta_y$ 时有

$$R(x, y) = a_r \exp[\mathrm{j}k(\theta_x x + \theta_y y)] \qquad (9\text{-}2\text{-}7)$$

由计算机形成或 CCD 记录的全息图放到 DMD 上时，参照图 9-2-2，当波矢量在 xz 平面的单位振幅重建波沿与光轴负向成 $20°$ 角照明 $z = 0$ 的 DMD 平面时，形成的反射波复振幅为

$$
\begin{aligned}
H_{w\delta}(x, y; \xi, \eta) = &\{I_\delta(x, y; \xi, \eta) + I_{\delta 1}(x, y; \xi, \eta) \exp(\mathrm{j}k\theta_1 x) \\
&+ I_{\delta 2}(x, y; \xi, \eta) \exp(\mathrm{j}k\theta_2 x)\} w(x, y)
\end{aligned} \tag{9-2-8}
$$

其中，$I_\delta(x, y; \xi, \eta)$ 表示沿光轴反射的光波，另外两项是所有处于 "关 (OFF)" 及 "平态" 的像素形成的反射波，由于没有沿光轴的负向传播，可以采用光阑滤除对重建像的影响，以下将不对这两项进行讨论。而 $w(x, y)$ 是 DMD 的窗口函数，参照图 9-2-5，引用卷积符号 "$*$" 后可以将其写为

$$
w(x, y) = \mathrm{rect}\left(\frac{x}{N_x \Delta x}\right) w_\alpha(x) \, \mathrm{rect}\left(\frac{y}{N_y \Delta y}\right) w_\beta(y) \tag{9-2-8a}
$$

$$
w_\alpha(x) = \left[\mathrm{rect}\left(\frac{x}{\alpha \Delta x}\right) * \mathrm{comb}\left(\frac{x}{\Delta x}\right)\right]
$$

$$
w_\beta(y) = \left[\mathrm{rect}\left(\frac{y}{\beta \Delta y}\right) * \mathrm{comb}\left(\frac{y}{\Delta y}\right)\right] \tag{9-2-8b}
$$

这里用微镜填充因子 $\alpha, \beta \in [0, 1]$ 来描述相邻微镜间存在一个隔离区的情况，设 $\alpha \Delta x \times \beta \Delta y$ 是单个微反射镜尺寸，相邻微镜中心间隔在 x 方向是 Δx 而在 y 方向是 Δy，N_x 和 N_y 分别是 x 和 y 方向上的微镜数。

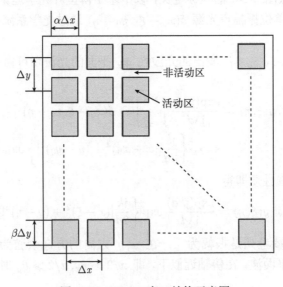

图 9-2-5　DMD 窗口结构示意图

为便于后续研究, 只考虑沿光轴传播的反射波, 并将式 (9-2-8) 简写为

$$H_{w\delta}(x, y; \xi, \eta) = w(x, y) \sum_{p=1}^{m} 2^{p-1} b_{p\delta}(x, y; \xi, \eta) \qquad (9\text{-}2\text{-}9)$$

基于 $H_{w\delta}(x, y; \xi, \eta)$ 以及式 (9-2-2) 的讨论, 对于给定的 (ξ, η) 点, 在重建光照射下某比特位时间段在 DMD 上的光波场设为 $b_{p\delta}(x, y; \xi, \eta)$, 它事实上是一个二值图像。这样, 显示屏 (x_i, y_i) 上的光波场可根据菲涅耳衍射积分写出

$$h_{p\delta}(x_i, y_i; \xi, \eta) = \frac{\exp(\mathrm{j}kd)}{\mathrm{j}\lambda d} \int_{-\infty}^{\infty} \int_{-\infty}^{\infty} b_{p\delta}(x, y; \xi, \eta)$$
$$\times \exp\left\{ \frac{\mathrm{j}k}{2d} \left[(x_i - x)^2 + (y_i - y)^2 \right] \right\} \mathrm{d}x \mathrm{d}y \qquad (9\text{-}2\text{-}10)$$

为建立 $b_{p\delta}(x, y; \xi, \eta)$ 与全息图的关系, 下面给出 $z = 0$ 平面上物光和参考光干涉场的强度分布

$$\begin{aligned} I_\delta(x, y; \xi, \eta) &= |u_\delta(x, y; \xi, \eta) + R(x, y)|^2 \\ &= \left(\frac{1}{\lambda^2 d^2} + a_r^2 \right) + u_\delta^*(x, y; \xi, \eta) R(x, y) \\ &\quad + u_\delta(x, y; \xi, \eta) R^*(x, y) \end{aligned} \qquad (9\text{-}2\text{-}11)$$

定义二值图像 $b_{p\delta}(x, y; \xi, \eta)$ 与 $I_\delta(x, y; \xi, \eta)$ 之比为瞬时比全息

$$\phi_p(x, y; \xi, \eta) = \frac{b_{p\delta}(x, y; \xi, \eta)}{I_\delta(x, y; \xi, \eta)} \qquad (9\text{-}2\text{-}12)$$

式 (9-2-10) 中某时刻的二值图像 $b_{p\delta}(x, y; \xi, \eta)$ 可以写为

$$\begin{aligned} b_{p\delta}(x, y; \xi, \eta) &= \phi_p(x, y; \xi, \eta) I_\delta(x, y; \xi, \eta) \\ &= b_{p\delta 0}(x, y; \xi, \eta) + b_{p\delta +}(x, y; \xi, \eta) + b_{p\delta -}(x, y; \xi, \eta) \end{aligned} \qquad (9\text{-}2\text{-}13)$$

其中,

$$b_{p\delta 0}(x, y; \xi, \eta) = \phi_p(x, y; \xi, \eta) \left(\frac{1}{\lambda^2 d^2} + a_r^2 \right) \qquad (9\text{-}2\text{-}13\mathrm{a})$$

$$b_{p\delta +}(x, y; \xi, \eta) = \phi_p(x, y; \xi, \eta) u_\delta^*(x, y; \xi, \eta) R(x, y) \qquad (9\text{-}2\text{-}13\mathrm{b})$$

$$b_{p\delta -}(x, y; \xi, \eta) = \phi_p(x, y; \xi, \eta) u_\delta(x, y; \xi, \eta) R^*(x, y) \qquad (9\text{-}2\text{-}13\mathrm{c})$$

由于比全息 $\phi_p(x, y; \xi, \eta)$ 是实函数, 将式 (9-2-13) 代入式 (9-2-10) 可以看出, 任意时刻从 DMD 反射的光波仍然包含零级衍射光、物光及共轭物光三部分。当三

衍射光分离时，人眼感知的重现实像取决于式 (9-2-13b) 形成的衍射波强度按权重 2^{p-1} 的叠加，为简明起见，只研究对实像有贡献的衍射波，这时有

$$
\begin{aligned}
h_{p\delta+}\left(x_i, y_i; \xi, \eta\right) = & -\frac{1}{\lambda^2 d^2} \\
& \times \int_{-\infty}^{\infty} \int_{-\infty}^{\infty} w\left(x, y\right) \exp\left\{-\frac{\mathrm{j}\,k}{2d}\left[(x-\xi)^2 + (y-\eta)^2\right]\right\} \\
& \times \phi_p\left(x, y; \xi, \eta\right) \exp\left[\mathrm{j}k\left(\theta_x^x + \theta_y y\right)\right] \\
& \times \exp\left\{\frac{\mathrm{j}\,k}{2d}\left[(x_i-x)^2 + (y_i-y)^2\right]\right\}\ \mathrm{d}x\mathrm{d}y
\end{aligned}
\tag{9-2-14}
$$

将与积分变量无关的项提到积分号前，整理得

$$
\begin{aligned}
h_{p\delta+}\left(x_i, y_i; \xi, \eta\right) = & -\frac{1}{\lambda^2 d^2} \exp\left[-\frac{\mathrm{j}\,k}{2d}\left(\xi^2 + \eta^2\right)\right] \exp\left[\frac{\mathrm{j}\,k}{2d}\left(x_i^2 + y_i^2\right)\right] \\
& \times \int_{-\infty}^{\infty} \int_{-\infty}^{\infty} w\left(x, y\right) \phi_p\left(x, y; \xi, \eta\right) \\
& \times \exp\left[-\mathrm{j}2\pi\left(f_x x + f_y y\right)\right]\ \mathrm{d}x\mathrm{d}y
\end{aligned}
\tag{9-2-15}
$$

其中，

$$
f_x = \frac{(x_i - \xi - \theta_x d)}{\lambda d}, \quad f_y = \frac{(y_i - \eta - \theta_y d)}{\lambda d}
\tag{9-2-16}
$$

将 $w\left(x, y\right)$ 的表达式代入式 (9-2-15)，并令

$$
\varPhi_\alpha\left(f_x, \Delta x\right) = \int_{-\infty}^{\infty} w_\alpha\left(x\right) \exp\left(-\mathrm{j}2\pi f_x x\right)\mathrm{d}x\ = \alpha\Delta x^2 \mathrm{sinc}\left(\alpha\Delta x f_x\right) \mathrm{comb}\left(\Delta x f_x\right)
$$

$$
\varPhi_\beta\left(f_\beta, \Delta y\right) = \int_{-\infty}^{\infty} w_\beta\left(y\right) \exp\left(-\mathrm{j}2\pi f_y y\right)\mathrm{d}y = \beta\Delta y^2 \mathrm{sinc}\left(\beta\Delta y f_y\right) \mathrm{comb}\left(\Delta y f_y\right)
$$

式 (9-2-15) 重新写为

$$
\begin{aligned}
h_{p\delta+}\left(x_i, y_i; \xi, \eta\right) = & -\frac{1}{\lambda^2 d^2} \exp\left[-\frac{\mathrm{j}\,k}{2d}\left(\xi^2 + \eta^2\right)\right] \exp\left[\frac{\mathrm{j}\,k}{2d}\left(x_i^2 + y_i^2\right)\right] \\
& \times \mathcal{F}\left[\mathrm{rect}\left(\frac{x}{N_x\Delta x}\right) \mathrm{rect}\left(\frac{y}{N_y\Delta y}\right) \phi_p\left(x, y; \xi, \eta\right)\right] \\
& * \varPhi_\alpha\left(f_x, \Delta x\right) \varPhi_\beta\left(f_y, \Delta y\right)
\end{aligned}
\tag{9-2-17}
$$

至此，导出了数字微镜显示物像的瞬时脉冲响应。

为分析瞬时脉冲响应的性质，先讨论式 (9-2-17) 卷积符号后面函数的表达式

$$
\begin{aligned}
& \varPhi_\alpha\left(f_x, \Delta x\right) \varPhi_\beta\left(f_y, \Delta y\right) \\
& = \alpha\beta\Delta x^2\Delta y^2 \mathrm{sinc}\left(\alpha\Delta x f_x\right) \mathrm{sinc}\left(\beta\Delta y f_y\right) \mathrm{comb}\left(\Delta x f_x\right) \mathrm{comb}\left(\Delta y f_y\right)
\end{aligned}
$$

该式是权重 $\mathrm{sinc}\,(\alpha \Delta x f_x)\,\mathrm{sinc}\,(\beta \Delta y f_y)$ 的二维加权 δ 函数取样阵列, 阵列周期分别为 $1/\Delta x, 1/\Delta y$, 权重值随 $\Delta x f_x = n_x = 0, \pm 1, \pm 2, \cdots$ 以及 $\Delta y f_y = n_y = 0, \pm 1, \pm 2, \cdots$ 的变化逐渐减小。根据式 (9-2-16) 即得到取样阵列在像平面的坐标

$$x_i = \xi + \theta_x d + n_x \frac{\lambda d}{\Delta x}, \quad y_i = \eta + \theta_y d + n_y \frac{\lambda d}{\Delta y} \qquad (9\text{-}2\text{-}18)$$

由于 $n_x, n_y = 0$ 与 $\Delta x f_x = \Delta y f_y = 0$ 相对应, 因此, 像平面上点 $(\xi + \theta_x d, \eta + \theta_y d)$ 具有最大的取样权重, 而当 n_x、n_y 中一个为零, 另一个为 ± 1 时, 在该点周围对称地出现 4 个取样权重次极大点。

根据上述讨论, 对式 (9-2-17) 的傅里叶变换项与加权取样阵列卷积运算后, 形成以每一取样点为中心的加权函数 $\mathcal{F}\left[\mathrm{rect}\left(\dfrac{x}{N_x \Delta x}\right)\mathrm{rect}\left(\dfrac{y}{N_y \Delta y}\right)\phi_p\,(x,y;\xi,\eta)\right]$ 的二维周期分布, 每一周期的中心坐标为 $\left(\theta_x d + n_x \dfrac{\lambda d}{\Delta x}, \theta_y d + n_y \dfrac{\lambda d}{\Delta y}\right)$。对于给定的物点 (ξ, η), 每一周期内瞬时脉冲响应形成一个以理想像点为中心的弥散斑。根据二维函数空间带宽积的理论, DMD 面阵的空间尺寸 $N_x \Delta x \times N_y \Delta y$ 越大, $\phi_p\,(x,y;\xi,\eta)$ 在空域分布越广, 由其频谱表示的弥散斑或像点尺寸越小, 重建像质量越高。此外, 分析式 (9-2-17) 还知, 由于不同 (ξ,η) 取值时的脉冲响应并不是函数的简单坐标平移, 因此 DMD 重建物像的系统不是线性空间不变系统。当物平面光波场复振幅 $O\,(x_0, y_0)$ 给定后, 用 DMD 显示的理想像平面上的强度图像应由下式表示

$$I_p\,(x_i, y_i) = \sum_{p=1}^{m} 2^{p-1} \left| \int_{-\infty}^{\infty}\int_{-\infty}^{\infty} O\,(\xi,\eta) h_{p\delta+}\,(x_i, y_i; \xi, \eta)\,\mathrm{d}\xi \mathrm{d}\eta \right|^2 \qquad (9\text{-}2\text{-}19)$$

由于 3D 物体表面可以由距离 DMD 平面不同距离的物平面空间点集构成, 既然距离为 d 的平面上的物点 (ξ, η) 在重建像平面上形成以 $(\xi + \theta_x d, \eta + \theta_y d)$ 为中心的弥散斑, 重建像平面上则形成以 $(\theta_x d, \theta_y d)$ 为中心的物平面图像。取不同的距离 d 再考查上式不难看出, 利用 DMD 可以形成围绕直线 $(\theta_x d, \theta_y d)$ 的 3D 物像。

然而, 式 (9-2-19) 给出的只是一个理论结果, 实际计算比较困难。为对这个结果进行近似及简化研究, 不妨对 DMD 显示图像的物理过程作简要分析。

当 DMD 用于全息显示时, 对于任意瞬时, 如果观测屏邻近于理想的像平面, 像平面像点的光波场将主要取决于几何光学对应的物点周围很小区域的光波场, 像点的亮度主要取决于理想物点及物点极邻近区域的亮度, 只要任意瞬时脉冲响应的模仍然是一个以理想像点为中心尺寸很小的弥散斑, 用 DMD 显示重建物光场的强度图像则是可能的。下面利用数值分析研究物面上的单位振幅点源在理想像

平面形成的强度图像, 即

$$I_{p\delta+}\left(x_i, y_i; \xi, \eta\right) = \sum_{p=1}^{m} 2^{p-1} \left|h_{p\delta+}\left(x_i, y_i; \xi, \eta\right)\right|^2 \tag{9-2-20}$$

根据图像的周期性, 可以只研究 $n_x = n_y = 0$ 时的图像。利用 sinc 函数与 rect 函数之间的傅里叶变换关系及卷积定理, 可将式 (9-2-20) 写为

$$\begin{aligned}
&I_{p\delta+}\left(x_i, y_i; \xi, \eta\right)\Big|_{n_x=0, n_y=0} \\
&= C \sum_{p=1}^{m} 2^{p-1} \left|\mathcal{F}\left[\phi_p\left(x_i, y_i; \xi, \eta\right) \operatorname{rect}\left(\frac{x_i}{N_x \Delta x}\right) \operatorname{rect}\left(\frac{y_i}{N_y \Delta y}\right)\right]\right|^2
\end{aligned} \tag{9-2-21}$$

式中, C 是实常数。

利用快速傅里叶变换 (FFT) 对式 (9-2-21) 进行的数值分析表明, 物面上不同位置的点在像平面上形成的均是它们的理想像点处尺寸很小的弥散斑。为对斑点的尺寸有一个直观的概念, 图 9-2-6 给出物面原点单位振幅点源在理想像平面形成的强度图像的剖面曲线。相关参数为: $m = 8$, $\lambda = 532\text{nm}$, $d = 1000\text{mm}$, $N_x = 1024$, $N_y = 768$, $\Delta x = \Delta y = 17\mu\text{m}$, 像平面绘图区域宽度 $\Delta L_i = \lambda d/(2\Delta x) = 15.64\text{mm}$。

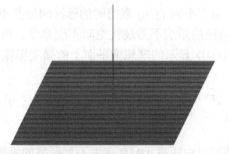

图 9-2-6　物面原点单位振幅点源在理想像平面形成的强度图像

9.2.4　数字微镜 3D 显示系统点源离焦像的讨论

对于 3D 显示, 除了研究理想像平面的脉冲响应外, 还应研究偏离理想像平面时点源的离焦像分布。类似前面对式 (9-2-14) 的讨论, 设重建距离 $d' \neq d$, 只研究对实像有贡献的衍射波, 这时有

$$\begin{aligned}
h'_{p\delta+}\left(x_i, y_i; \xi, \eta\right) = {}&-\frac{\exp\left[jk\left(d-d'\right)\right]}{\lambda^2 \, dd'} \int_{-\infty}^{\infty} \int_{-\infty}^{\infty} \exp\left\{-\frac{jk}{2d}\left[(x-\xi)^2 + (y-\eta)^2\right]\right\} \\
&\times \phi_p\left(x, y; \xi, \eta\right) \times \exp\left[jk\left(\theta_x x + \theta_y y\right)\right] \\
&\times w\left(x, y\right) \exp\left\{\frac{jk}{2d'}\left[(x_i-x)^2 + (y_i-y)^2\right]\right\} \, \mathrm{d}x \mathrm{d}y
\end{aligned} \tag{9-2-22}$$

令

$$f_x' = \frac{1}{\lambda d'}\left(x_i - \frac{d'}{d}\xi - \theta_x d'\right), \quad f_y' = \frac{1}{\lambda d'}\left(y_i - \frac{d'}{d}\eta - \theta_y d'\right)$$

以及

$$\Phi_\alpha\left(f_x', \Delta x\right) = \int_{-\infty}^{\infty} w_\alpha\left(x\right)\exp\left(-\mathrm{j}2\pi f_x' x\right)\mathrm{d}x = \alpha\Delta x^2 \mathrm{sinc}\left(\alpha\Delta x f_x'\right)\mathrm{comb}\left(\Delta x f_x'\right)$$

$$\Phi_\beta\left(f_y', \Delta y\right) = \int_{-\infty}^{\infty} w_\beta\left(y\right)\exp\left(-\mathrm{j}2\pi f_y' y\right)\mathrm{d}y = \beta\Delta y^2 \mathrm{sinc}\left(\beta\Delta y f_y'\right)\mathrm{comb}\left(\Delta y f_y'\right)$$

式 (9-2-22) 可以重新写为

$$
\begin{aligned}
h_{p\delta+}'\left(x_i, y_i; \xi, \eta\right) = &-\frac{\exp\left[\mathrm{j}k\left(d - d'\right)\right]}{\lambda^2 dd'}\exp\left[-\frac{\mathrm{j}k}{2d}\left(\xi^2 + \eta^2\right)\right]\exp\left[\frac{\mathrm{j}k}{2d'}\left(x_i^2 + y_i^2\right)\right]\\
&\times \mathcal{F}\left\{\mathrm{rect}\left(\frac{x}{N_x\Delta x}\right)\mathrm{rect}\left(\frac{y}{N_y\Delta y}\right)\phi_p\left(x, y; \xi, \eta\right)\right.\\
&\left.\times \exp\left[\frac{\mathrm{j}k}{2}\left(\frac{1}{d'} - \frac{1}{d}\right)\left(x^2 + y^2\right)\right]\right\} * \Phi_\alpha\left(f_x', \Delta x\right)\Phi_\beta\left(f_y', \Delta y\right)
\end{aligned}
$$

$$(9\text{-}2\text{-}23)$$

分析式 (9-2-23) 及 f_x'、f_y' 的定义知，偏离像平面重建的物光波场是中心在 $\left(\theta_x d' + n_x\dfrac{\lambda d'}{\Delta x}, \theta_y d' + n_y\dfrac{\lambda d'}{\Delta y}\right)$ 的二维周期光波场阵列，在给定周期内，光波场振幅受 $\mathrm{sinc}\left(\alpha n_x\right)\mathrm{sinc}\left(\beta n_y\right)$ 调制，在光波场阵列中心，即 $n_x = n_y = 0$ 处，图像强度最大。对于给定的物点 (ξ, η)，在每一图像周期内的离焦像也形成一个弥散斑。

对式 (9-2-23) 中傅里叶变换积分式中的相位因子进行合并，作配方运算后可以得到

$$
\begin{aligned}
&\mathcal{F}\left\{\mathrm{rect}\left(\frac{x}{N_x\Delta x}\right)\mathrm{rect}\left(\frac{y}{N_y\Delta y}\right)\phi_p\left(x, y; \xi, \eta\right)\exp\left[\frac{\mathrm{j}k}{2}\left(\frac{1}{d'} - \frac{1}{d}\right)\left(x^2 + y^2\right)\right]\right\}\\
&= \Theta\left(x_i, y_i; \xi, \eta\right)\int_{-\infty}^{\infty}\int_{-\infty}^{\infty}\mathrm{rect}\left(\frac{X}{(1 - d'/d)N_x\Delta x}\right)\mathrm{rect}\left(\frac{Y}{(1 - d'/d)N_y\Delta y}\right)\\
&\quad\times \phi_p\left(\frac{X}{(1 - d'/d)N_x\Delta x}, \frac{Y}{(1 - d'/d)N_y\Delta y}; \xi, \eta\right)\\
&\quad\times \exp\left[\mathrm{j}k\frac{\left(X - x_i'\right)^2 + \left(Y - y_i'\right)^2}{2d'\left(1 - \dfrac{d'}{d}\right)}\right]\mathrm{d}X\mathrm{d}Y
\end{aligned}
$$

$$(9\text{-}2\text{-}24)$$

式中，$\Theta\left(x_i, y_i; \xi, \eta\right)$ 是与 $(x_i, y_i; \xi, \eta)$ 相关的复常数，并且

$$x_i' = x_i - \frac{d'}{d}\xi - \theta_x d', \quad y_i' = y_i - \frac{d'}{d}\eta - \theta_y d' \tag{9-2-25}$$

由式 (9-2-24) 看出，离焦像振幅分布是受 ϕ_p 辐照的一个矩形孔经过距离 $d'\left(1-\dfrac{d'}{d}\right)$ 的菲涅耳衍射图像。矩形孔边宽分别是 $(1-d'/d)N_x\Delta x, (1-d'/d)N_y\Delta y$。根据菲涅耳衍射的特性，当衍射距离 $d'\left(1-\dfrac{d'}{d}\right)$ 较小时，菲涅耳衍射斑的尺寸可以近似视为矩形孔的几何投影。因此，当 d' 与 d 的差异较小或离焦距离较短时，点源的离焦像仍然会聚在一个很小的区域。根据给定的 DMD 参数及离焦距离，这个结果为估计 3D 物体的离焦像分布提供了定量依据。

9.2.5　DMD 重建图像的近似计算及实验证明

DMD 显示图像的过程同时具有相干和非相干成像的特点，从瞬时图像看，可以视为线性非空间不变的相干成像系统。然而，从人眼对图像的响应分析，则是一系列随时间变化的不同强度图像的能量叠加，具有非相干成像的性质。因此，按照式 (9-2-19) 严格地模拟成像过程比较复杂，现进行简化及近似。

首先，按照处理相干成像系统的传统方法，将脉冲响应式 (9-2-15) 中相位因子 $\exp\left[-\dfrac{\mathrm{j}k}{2d}\left(\xi^2+\eta^2\right)\right]$ 用 $\exp\left[-\dfrac{\mathrm{j}k}{2d}\left(x_i^2+y_i^2\right)\right]$ 代替[43]，当 $\theta_x=\theta_y=0$ 时的 DMD 成像系统则是一个线性空间不变系统。鉴于形成数字全息图时参考光倾角 θ_x、θ_y 通常较小，将系统近似视为线性空间不变的相干成像系统，并将系统的脉冲响应视为从物面原点发出的单位振幅球面波在像平面的光波场，式 (9-2-19) 近似为

$$I_p\left(x_i, y_i\right) = \sum_{p=1}^{m} 2^{p-1} \left| \int_{-\infty}^{\infty} \int_{-\infty}^{\infty} O\left(\xi, \eta\right) h_{p\delta+}\left(x_i-\xi, y_i-\eta; 0, 0\right) \mathrm{d}\xi \mathrm{d}\eta \right|^2 \qquad (9\text{-}2\text{-}26)$$

使用 FFT 便能对上式求解。在上述近似下，可以将 $\mathcal{F}\left[h_{p\delta+}\left(x_i-\xi, y_i-\eta; 0, 0\right)\right]$ 视为系统的传递函数。

设物平面是高度约 9mm 的 "物" 字透光孔光阑，令 $d=2200$mm，$\theta_x=\theta_y=1.3°$，$m=8$，$\lambda=532$nm，$d=2200$mm，$N_x=512$，$N_y=384$，$\Delta x=\Delta y=17\mu$m，$\alpha=\beta=16/17\approx0.94$，$N=512$，图 9-2-7 给出中心在 $(\theta_x d, \theta_y d)$ 的 +1 级衍射波的两幅重建图像，它们是同一数值结果的两种表示。事实上，由于离开 $n_x=n_y=0$ 中心的重建图像强度迅速下降，对计算结果归一化并让最大值对应于 255 时，图像上只看到中央零级重建像 (图 9-2-7(a))。计算结果作 100 倍限幅放大后，模拟结果中才能看到 n_x、n_y 不同时为 1 的四个次级重建像 (图 9-2-7(b))。

应该指出，以上理论研究仅仅是对形成物体实像的 +1 级衍射光展开的。利用类似的讨论，还可以根据式 (9-2-13a) 及式 (9-2-13c) 对 0 级衍射光及 −1 级共轭物光在实像平面的光波场进行计算。可以获得的基本结论是，0 级衍射光及 −1 级衍射光形成的图像也是二维周期图像，并且，与 +1 级衍射场相似，强度受到 sinc 函

数的同样调制，中央图像具有最强的分布。综合三种衍射光的结果，DMD 形成的图像是同时包含 0 级及 ±1 级衍射的二维周期图像，如果只对 $n_x = n_y = 0$ 的中心重建像进行研究，DMD 重建图像与传统全息或数字全息波面重建结果形式相同。以下通过实验来证实这些结论。

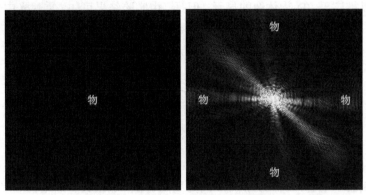

(a) 0～255 亮度归一化重建图像   (b) 限幅放大100倍的0～255亮度重建图像

图 9-2-7   数字微镜 +1 级衍射波重建图像模拟 (155mm×155mm)

按照图 9-2-7 的参数由计算机生成数字全息图后，作者进行了 DMD 显示的实验研究。图 9-2-8(a) 是实际拍摄的像平面照片。为便于与图 9-2-7 的理论模拟作比较，图 9-2-8(b) 中标注了照片上 0 级、±1 级及 n_x、n_y 不同时为 1 的四组次级重建像位置。可以看出，理论模拟与实验十分吻合。在该图中，为显示 DMD 的处于 "关 (OFF)" 及 "平态" 的微镜反射波对重建像的影响，未设计光阑清除不沿光轴传播的反射波。在重建像平面上周期性的亮斑以及不同位置的模糊像事实上是式 (9-2-8) 中表征 DMD 像素处于 "关 (OFF)" 及 "平态" 的另外两项形成的反射波造成的影响。

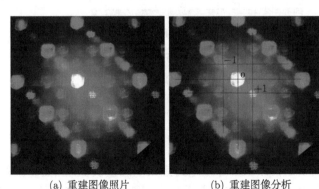

(a) 重建图像照片   (b) 重建图像分析

图 9-2-8   DMD 重建图像实验 (155mm×155mm)

综上所述, 本节较严格地导出了菲涅耳全息由 DMD 重现 3D 图像的光学系统的瞬时脉冲响应, 并根据人眼对 DMD 成像响应性质, 给出了重建图像的强度表达式。基于理论结果, 将系统近似视为线性空间不变系统, 对系统的传递函数及成像进行了研究, 导出了成像近似计算表达式, 通过实验证明了近似计算的可行性。研究结果可以推广于 3D 物体像的显示。但是, 由实验结果可知, 重建光中包含大量干扰信息, 为便于观看, 可设计光阑取出零级重建像, 较好地实现 3D 重建像的显示[27]。

9.3   空间光调制器 LCOS 原理及其在数字全息 3D 显示中的应用

LCOS(liquid crystal on silicon) 是 2000 年以后发展起来的一种新型的反射式空间光调制器[44], 它具有高分辨率、高亮度的特性, 加上其产品结构简单, 成本较低, 被广泛认为是数字投影技术及光学信息处理技术中较有应用前景的空间光调制器。本节简要介绍空间光调制器 LCOS 的工作原理[44], 讨论基于 LCOS 形成的全息 3D 显示系统的脉冲响应, 给出将系统用于 3D 全息显示的一个研究实例。

9.3.1   空间光调制器 LCOS 的结构及原理简介

LCOS 芯片是集成在硅基板上的图像芯片, 由于硅基板对可见光不透明, LCOS 一般做成反射式的产品, 其结构如图 9-3-1 所示[44]。

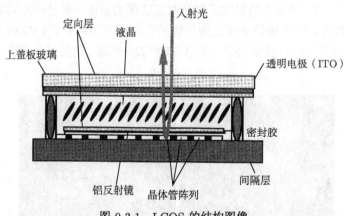

图 9-3-1   LCOS 的结构图像

在图 9-3-1 中, 芯片中像素寻址电路集成在硅基板上, 上面覆盖着镀有透明导电膜的玻璃基板, 两者之间旋转一定厚度的隔离层, 并灌装液晶。光线从玻璃基板入射, 透过液晶层到达基板上的铝电极, 经铝电极反射后再通过液晶层出射到芯片外。LCOS 芯片的寻址是由 CMOS 管来完成的，由于采用硅作为基板，可以采用比较成熟的集成电路制作工艺，将 LCOS 的驱动电路部分或全部集成在硅基板上。从而简化外驱动板的电路，减少引出电极的个数。

LCOS 投入使用时，液晶层上的电压由玻璃基板上的透明电极 (ITO) 和硅基板上的铝电极之间的电压确定，当硅基板上铝电极电压发生变化时，液晶电压发生变化，适当选择 LCOS 的结构参数，可以调制反射光的偏振状态、相位及强度，从而产生与被调制量相关的图像。

9.3.2 基于 LCOS 的全息图像显示系统研究

纯相位式的空间光调制器 LCOS 衍射效率高，基于 LCOS 组成的全息图像显示系统是目前全息 3D 显示研究中广泛采用的研究平台。由于在 LCOS 上生成的是 3D 物体的相息图。为便于研究，以下首先对相息图进行简要介绍，然后对使用 LCOS 的全息 3D 显示系统的成像特性进行讨论。

1.相息图

相息图是另一种形式的计算全息图，它与一般计算全息图的区别有两点[44]：其一，只记录物光波的相位，把物光波的振幅当为常数；其二，记录波面相位信息的方法不同，一般的计算全息是将物光波信息转化为全息图的透过率变化或干涉图形而记录在胶片上，而相息图却是将光波的相位信息以浮雕形式记录在胶片上。由于未对振幅信息进行编码处理，相息图不能完整地保存物体的全部信息。但是，在后面的研究中将看到，将光波场在全息图平面上的振幅视为常量，仅作相位编码也能较好地重现 3D 物体的图像。并且，利用特殊编码的相息图及光学显示系统，可以重建准确包含物体的振幅及相位信息的 3D 图像，9.3.4 节将对此专门介绍。

2.LCOS 重建图像系统的脉冲响应

根据线性系统理论，成像系统的成像质量取决于系统的脉冲响应[43]。由于 LCOS 调整为纯相位调制工作状态时有较高的衍射效率，在制作计算全息图时，人为地将所有像点传播到全息平面的光波振幅设定为常量。究竟这种处理对重建图像质量有何影响，有必要对系统的脉冲响应进行研究。

在空间中建立直角坐标系 $o\text{-}xyz$，图 9-3-2 给出理论研究的坐标定义图。图中，$z = 0$ 平面是 LCOS窗口平面，$z = -d$ 平面上点光源 $P(\xi, \eta, -d)$ 发出的光波在$z = 0$ 平面的光波场可借助 δ 函数由菲涅耳衍射积分表出

$$u_\delta(x, y; \xi, \eta) = \frac{\exp(\mathrm{j}kd)}{\mathrm{j}\lambda d} \int_{-\infty}^{\infty} \int_{-\infty}^{\infty} \delta(x_0 - \xi, y_0 - \eta)$$

$$\times \exp\left\{ \frac{\mathrm{j}k}{2d} [(x - x_0)^2 + (y - y_0)^2] \right\} \mathrm{d}x_0 \mathrm{d}y_0 \qquad (9\text{-}3\text{-}1)$$

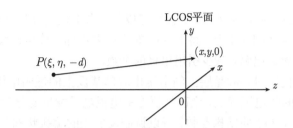

图 9-3-2　LCOS 重建图像系统坐标定义

利用 δ 函数的筛选性质即得

$$u_\delta(x,y;\xi,\eta) = \frac{\exp(\mathrm{j}kd)}{\mathrm{j}\lambda d}\exp\left\{\frac{\mathrm{j}k}{2d}[(x-\xi)^2 + (y-\eta)^2]\right\} \tag{9-3-2}$$

按照相息图的定义, 令

$$u'_\delta(x,y;\xi,\eta) = \frac{\exp(\mathrm{j}kd)}{\mathrm{j}\lambda d}\exp\left\{\frac{\mathrm{j}k}{2d}[(x-\xi)^2 + (y-\eta)^2]\right\} \tag{9-3-3}$$

LCOS 上形成的相息图由下式描述

$$H_\delta(x,y;\xi,\eta) = u'_\delta(x,y;\xi,\eta)\,w(x,y) \tag{9-3-4}$$

其中, $w(x,y)$ 是 LCOS 的窗口函数。根据图 9-3-3 给出的空间光调制器 LCOS 的像素结构示意图及坐标定义, 引用卷积符号 "$*$" 后, 窗口函数表达式可以写为

$$w(x,y) = \mathrm{rect}\left(\frac{x}{N_x\Delta x}\right)w_\alpha(x)\,\mathrm{rect}\left(\frac{y}{N_y\Delta y}\right)w_\beta(y)$$

$$w_\alpha(x) = \left[\mathrm{rect}\left(\frac{x}{\alpha\Delta x}\right)*\mathrm{comb}\left(\frac{x-\Delta x/2}{\Delta x}\right)\right] \tag{9-3-5}$$

$$w_\beta(y) = \left[\mathrm{rect}\left(\frac{y}{\beta\Delta y}\right)*\mathrm{comb}\left(\frac{y-\Delta y/2}{\Delta y}\right)\right]$$

这里用开口率 $\alpha, \beta \in [0,1]$ 来描述 LCOS 相邻像元间存在一个非活动区的情况, 设 $\alpha\Delta x \times \beta\Delta y$ 是单个像元尺寸, 相邻像元中心间隔在 x 方向是 Δx 而在 y 方向是 Δy, N_x 和 N_y 分别是 x 和 y 方向上的像元数。

　　单位振幅平面波沿 z 轴照射 LCOS 后, 反射波在 $z = -d$ 上的光波场可根据菲涅耳衍射逆运算表为

$$h_\delta(x_i, y_i; \xi, \eta) = \frac{\exp(-\mathrm{j}kd)}{-\mathrm{j}\lambda d}\int_{-\infty}^{\infty}\int_{-\infty}^{\infty} H_\delta(x,y;\xi,\eta)$$

$$\times \exp\left\{-\frac{\mathrm{j}k}{2d}\left[(x_i-x)^2 + (y_i-y)^2\right]\right\}\mathrm{d}x\mathrm{d}y \tag{9-3-6}$$

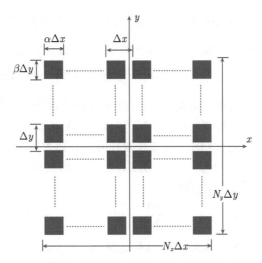

图 9-3-3 空间光调制器 LCOS 的像素结构及坐标定义

将式 (9-3-4) 代入式 (9-3-6)，根据二维逆傅里叶变换的定义，式 (9-3-6) 重新写为

$$h_\delta \left(x_i, y_i; \xi, \eta \right) = \frac{1}{\lambda d} \exp \left[\frac{\mathrm{j}\, k}{2d} \left(\xi^2 + \eta^2 \right) \right] \exp \left[-\frac{\mathrm{j}\, k}{2d} \left(x_i^2 + y_i^2 \right) \right]$$
$$\times \mathcal{F}^{-1} \left[w \left(x, y \right) \right] \tag{9-3-7}$$

其中，二维傅里叶变换的坐标是

$$f_x = \frac{(x_i - \xi)}{\lambda d}, \quad f_y = \frac{(y_i - \eta)}{\lambda d} \tag{9-3-8}$$

通过运算，式 (9-3-7) 简化为

$$h_\delta \left(x_i, y_i; \xi, \eta \right) = \frac{1}{\lambda d} \exp \left[\frac{\mathrm{j}\, k}{2d} \left(\xi^2 + \eta^2 \right) \right] \exp \left[-\frac{\mathrm{j}\, k}{2d} \left(x_i^2 + y_i^2 \right) \right]$$
$$\times N_x \Delta x N_y \Delta y \mathrm{sinc} \left(N_x \Delta x f_x \right) \mathrm{sinc} \left(N_y \Delta y f_y \right)$$
$$* \, \Phi_\alpha \left(f_x, \Delta x \right) \Phi_\beta \left(f_y, \Delta y \right) \tag{9-3-9}$$

其中，

$$\Phi_\alpha \left(f_x, \Delta x \right) = \int_{-\infty}^{\infty} w_\alpha \left(x \right) \exp \left(\mathrm{j} 2\pi f_x x \right) \mathrm{d}x$$
$$= \alpha \Delta x^2 \mathrm{sinc} \left(\alpha \Delta x f_x \right) \mathrm{comb} \left(\Delta x f_x - 1/2 \right) \tag{9-3-10}$$
$$\Phi_\beta \left(f_y, \Delta y \right) = \int_{-\infty}^{\infty} w_\beta \left(y \right) \exp \left(\mathrm{j} 2\pi f_y y \right) \mathrm{d}y$$
$$= \beta \Delta y^2 \mathrm{sinc} \left(\beta \Delta y f_y \right) \mathrm{comb} \left(\Delta y f_y - 1/2 \right) \tag{9-3-11}$$

至此，导出了 LCOS 显示物像的脉冲响应。

为分析瞬时脉冲响应的性质, 写出式 (9-3-9) 卷积符号后面函数的表达式

$$\Phi_\alpha\left(f_x, \Delta x\right) \Phi_\beta\left(f_y, \Delta y\right) = \alpha\beta \Delta x^2 \Delta y^2 \operatorname{sinc}\left(\alpha \Delta x f_x\right) \operatorname{sinc}\left(\beta \Delta y f_y\right)$$
$$\times \operatorname{comb}\left(\Delta x f_x - 1/2\right) \operatorname{comb}\left(\Delta y f_y - 1/2\right) \quad (9\text{-}3\text{-}12)$$

式中, $\operatorname{comb}\left(\Delta x f_x - 1/2\right) \operatorname{comb}\left(\Delta y f_y - 1/2\right)$ 表示横向及纵向周期分别为 $1/\Delta x$ 和 $1/\Delta y$ 的 δ 函数取样阵列, 对 $\operatorname{sinc}\left(\alpha \Delta x f_x\right) \operatorname{sinc}\left(\beta \Delta y f_y\right)$ 函数取样后, 变为权重是 $\operatorname{sinc}\left(\alpha \Delta x f_x\right) \operatorname{sinc}\left(\beta \Delta y f_y\right)$ 的二维加权取样阵列, 其数值随 $\Delta x f_x - 1/2 = n_x = 0, \pm1, \pm2, \cdots$ 以及 $\Delta y f_y - 1/2 = n_y = 0, \pm1, \pm2, \cdots$ 的变化逐渐减小。将式 (9-3-8) 代入得到取样阵列在像平面的坐标

$$x_i = \xi + \left(n_x + 1/2\right) \frac{\lambda d}{\Delta x}, \quad y_i = \eta + \left(n_y + 1/2\right) \frac{\lambda d}{\Delta y} \quad (9\text{-}3\text{-}13)$$

根据上述讨论, 在式 (9-3-9) 的卷积运算后, LCOS 显示物像的脉冲响应形成函数 $\operatorname{sinc}\left(N_x \Delta x f_x\right) \operatorname{sinc}\left(N_y \Delta y f_y\right)$ 被加权后以取样点为中心的周期分布, 每一周期的中心坐标为 $\left(\left(n_x + \dfrac{1}{2}\right) \dfrac{\lambda d}{\Delta x}, \left(n_y + \dfrac{1}{2}\right) \dfrac{\lambda d}{\Delta y}\right)$。对于给定的物点 (ξ, η), 在每一图像周期内脉冲响应形成以理想像点为中心的弥散斑, LCOS 面阵尺寸越大, 弥散斑或像点尺寸越小, 重建像质量越高; 此外, 分析式 (9-3-11) 还知, 脉冲响应 $h_\delta\left(x_i, y_i; \xi, \eta\right)$ 与 (ξ, η) 的取值相关, 因此 LCOS 重建物像的系统不是线性空间不变系统。如果我们只对原点附近的某一个周期的图像感兴趣, 例如, 对于 $n_x = n_y = 0$ 的这个周期, 式 (9-3-9) 可以进一步简化为

$$h_\delta\left(x_i, y_i; \xi, \eta\right) = \frac{1}{\lambda d} \exp\left[\frac{\mathrm{j}\,k}{2d}\left(\xi^2 + \eta^2\right)\right] \exp\left[-\frac{\mathrm{j}\,k}{2d}\left(x_i^2 + y_i^2\right)\right]$$
$$\times N_x \Delta x N_y \Delta y \operatorname{sinc}\left[N_x\left(\Delta x f_x - 1/2\right)\right]$$
$$\times \operatorname{sinc}\left[N_y\left(\Delta y f_y - 1/2\right)\right] \alpha\beta \Delta x^2 \Delta y^2 \operatorname{sinc}\left(\alpha/2\right) \operatorname{sinc}\left(\beta/2\right) \quad (9\text{-}3\text{-}14)$$

将式 (9-3-8) 代入式 (9-3-14), 最后得到

$$h_\delta\left(x_i, y_i; \xi, \eta\right) = \alpha\beta N_x \Delta x^3 N_y \Delta y^3 \frac{1}{\lambda d} \exp\left[\frac{\mathrm{j}\,k}{2d}\left(\xi^2 + \eta^2\right)\right] \exp\left[-\frac{\mathrm{j}\,k}{2d}\left(x_i^2 + y_i^2\right)\right]$$
$$\times \operatorname{sinc}\left(N_x \frac{\Delta x}{\lambda d}\left(x_i - \xi - \frac{\lambda d}{2\Delta x}\right)\right)$$
$$\times \operatorname{sinc}\left(N_y \frac{\Delta y}{\lambda d}\left(y_i - \eta - \frac{\lambda d}{2\Delta x}\right)\right) \operatorname{sinc}\left(\alpha/2\right) \operatorname{sinc}\left(\beta/2\right) \quad (9\text{-}3\text{-}15)$$

虽然 LCOS 重建图像的系统不是线性空间不变系统, 然而, 如果只对像的强度分布感兴趣, 可以将式 (9-3-15) 简化为

$$h_\delta\left(x_i, y_i; \xi, \eta\right) = \frac{1}{\lambda d} \alpha\beta N_x \Delta x^3 N_y \Delta y^3 \operatorname{sinc}\left(\alpha/2\right) \operatorname{sinc}\left(\beta/2\right)$$

$$\times \ \mathrm{sinc}\left(N_x\frac{\Delta x}{\lambda d}\left(x_i-\xi-\frac{\lambda d}{2\Delta x}\right)\right)$$

$$\times \ \mathrm{sinc}\left(N_y\frac{\Delta y}{\lambda d}\left(y_i-\eta-\frac{\lambda d}{2\Delta x}\right)\right) \qquad (9\text{-}3\text{-}16)$$

根据 sinc 函数与 δ 函数的关系[43] 容易看出，LCOS 面阵的尺寸 $N_x\Delta x$、$N_y\Delta y$ 越大，式 (9-3-16) 越接近 δ 函数，成像质量越高。将 3D 物体表面视为大量点源的集合，不同的点源将在所对应的像平面形成以其理想像点为中心的弥散斑，这意味着可以在物空间重建出 3D 物体的像，即利用相息图能够重建物体的 3D 图像。

注意到式 (9-3-16) 只是式 (9-3-9) 中 $n_x=n_y=0$ 的这个周期的讨论结果，选择不同的 n_x 及 n_y，则能得到不同的表达式，但是，由于重建图像受二维函数 $\mathrm{sinc}\,(N_x\Delta x f_x)\,\mathrm{sinc}\,(N_y\Delta y f_y)$ 的调制，在光轴周围四个象限的图像周期中形成的图像具有较大的强度。

3. LCOS 重建图像的实验证明

为证实上述结论，并对 LCOS 的重建像特点有一个较直观的概念，以下给出研究实例。图 9-3-4 是实验研究的简化光路。波长为 0.000 532mm 的绿色激光经扩束及准直后由垂直方向射向半反半透镜 PS，经 PS 反射的光波投向 LCOS 形成重建波。由 LCOS 出射的光波穿越半反半透镜 PS 到达观测屏，在屏上可以观测到重建图像。实验时加载于 LCOS 的是一个 3D 头像雕塑的相息图，LCOS 到观测屏的衍射距离 $d=1200$mm。LCOS 的像素间距 $\Delta x=\Delta y=0.0064$mm，开口率 $\alpha=\beta=0.93$，面阵数 $N_x=1920$，$N_y=1080$。

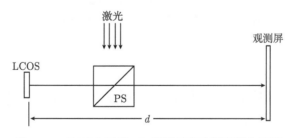

图 9-3-4　LCOS 显示 3D 图像的实验研究简化光路

图 9-3-5(a) 给出用相机对观测屏拍摄的一幅实验图像，该图主要包含了光轴周围 4 个重建图像周期。从图中可以看出，每个周期的四个角上均有一个矩形亮斑，这些光斑事实上是没有加载信号时便存在的 LCOS 像素结构形成的二维周期光栅的衍射图像。实际测量表明，矩形斑出现的周期 (或重建图像周期) 与理论预计结果 $\dfrac{\lambda d}{\Delta x}=\dfrac{\lambda d}{\Delta y}=99.75$mm 十分吻合。

从式 (9-3-16) 还可以得到的一个结论是，重建像点 (ξ, η) 越接近光轴，像点的强度越高。实验显示的图像完全证实了这个结论。然而，3D 图像显示的应用研究中，事实上只需要截取重建区域光轴附近某一成像周期的图像。基于上述分析，可以预先设计物体的位置，让某一周期的重建像尽可能地靠近光轴，或者，利用傅里叶变换的位移定理平移重建图像，即在相息图中乘上一个线性相位因子，对重建像进行平移，让某一周期的图像最接近光轴。图 9-3-5(b) 给出将图 9-3-5(a) 中第一象限的图像移近光轴的实例。

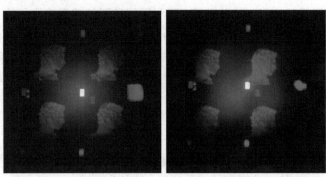

(a) 包含4个重建图像周期的像　　　(b) 引入闪耀光栅后的重建图像

图 9-3-5　三维物体 3D 显示重建实验 (275mm×275mm)

由于相息图中乘上一个线性相位因子等效于让未加载信息的 LCOS 形成一个闪耀光栅，这种增强重建像的技术被称为加载闪耀光栅的技术[45]。在彩色全息 3D 显示研究中将发现，当使用时分复用法用同一 LCOS 进行不同色光的物体像重建时，三基色重建像不在同一位置，必须利用闪耀光栅技术对不同色光的重建像进行不同的平移，让三基色光的重建像准确地重合。第 9.4.2 节将对这种技术作具体研究。

4. 基于 LCOS 的点源离焦像研究

为对基于 LCOS 的全息 3D 显示研究提供方便，下面研究偏离理想像平面时点源的离焦像分布。在式 (9-3-6) 中让重建距离 $d' \neq d$，这时有

$$h'_\delta(x_i, y_i; \xi, \eta) = \frac{\exp[-\mathrm{j}k(d'-d)]}{-\mathrm{j}\lambda d'} \int_{-\infty}^{\infty}\int_{-\infty}^{\infty} w(x,y) \exp\left\{\frac{\mathrm{j}\,k}{2d}\left[(x-\xi)^2+(y-\eta)^2\right]\right\}$$
$$\times \exp\left\{-\frac{\mathrm{j}\,k}{2d'}\left[(x_i-x)^2+(y_i-y)^2\right]\right\}\,\mathrm{d}x\mathrm{d}y \tag{9-3-17}$$

整理成傅里叶变换形式得

$$h'_\delta(x_i, y_i; \xi, \eta) = \frac{\exp[-\mathrm{j}k(d'-d)]}{-\mathrm{j}\lambda d'} \exp\left[\frac{\mathrm{j}\,k}{2d}(\xi^2+\eta^2)\right]\exp\left[-\frac{\mathrm{j}\,k}{2d'}(x_i^2+y_i^2)\right]$$

$$\times \int_{-\infty}^{\infty} \int_{-\infty}^{\infty} w\left(x, y\right) \exp\left[-\frac{\mathrm{j}\,k}{2d'}\left(x^2 + y^2\right)\right]$$

$$\times \exp\left\{\mathrm{j}2\pi\left[x\left(\frac{x_i}{\lambda d'} - \frac{\xi}{\lambda d}\right) + y\left(\frac{y_i}{\lambda d'} - \frac{\eta}{\lambda d}\right)\right]\right\} \mathrm{d}x\mathrm{d}y \quad (9\text{-}3\text{-}18)$$

令

$$f'_x = \left(\frac{x_i}{\lambda d'} - \frac{\xi}{\lambda d}\right), \quad f'_y = \left(\frac{y_i}{\lambda d'} - \frac{\eta}{\lambda d}\right) \quad (9\text{-}3\text{-}19)$$

$$\Phi_\alpha\left(f'_x, \Delta x\right) = \int_{-\infty}^{\infty} w_\alpha\left(x\right) \exp\left(\mathrm{j}2\pi f'_x x\right) \mathrm{d}x$$

$$= \alpha \Delta x^2 \mathrm{sinc}\left(\alpha \Delta x f'_x\right) \mathrm{comb}\left(\Delta x f'_x - 1/2\right) \quad (9\text{-}3\text{-}20)$$

$$\Phi_\beta\left(f'_\beta, \Delta y\right) = \int_{-\infty}^{\infty} w_\beta\left(y\right) \exp\left(\mathrm{j}2\pi f'_y y\right) \mathrm{d}y$$

$$= \beta \Delta y^2 \mathrm{sinc}\left(\beta \Delta y f'_y\right) \mathrm{comb}\left(\Delta y f'_y - 1/2\right) \quad (9\text{-}3\text{-}21)$$

可将式 (9-3-18) 再写为

$$h'_\delta\left(x_i, y_i; \xi, \eta\right) = \frac{\exp[-\mathrm{j}k(d'-d)]}{-\mathrm{j}\lambda d'} \exp\left[\frac{\mathrm{j}\,k}{2d}\left(\xi^2 + \eta^2\right)\right] \exp\left[-\frac{\mathrm{j}\,k}{2d'}\left(x_i^2 + y_i^2\right)\right]$$

$$\times \mathcal{F}^{-1}\left\{\mathrm{rect}\left(\frac{x}{N_x \Delta x}\right) \mathrm{rect}\left(\frac{y}{N_y \Delta y}\right) \exp\left[-\frac{\mathrm{j}\,k}{2d'}\left(x^2 + y^2\right)\right]\right\}$$

$$* \Phi_\alpha\left(f'_x, \Delta x\right) \Phi_\beta\left(f'_y, \Delta y\right) \quad (9\text{-}3\text{-}22)$$

合并式 (9-3-22) 中傅里叶变换积分式中的相位因子, 通过配方运算最终得到

$$h'_\delta\left(x_i, y_i; \xi, \eta\right) = \Psi\left(x_i, y_i; \xi, \eta\right) * \Phi_\alpha\left(f'_x, \Delta x\right) \Phi_\beta\left(f'_y, \Delta y\right) \quad (9\text{-}3\text{-}23)$$

式中,

$$\Psi\left(x_i, y_i; \xi, \eta\right)$$

$$= \Theta'\left(x_i, y_i; \xi, \eta\right) \times \int_{-\infty}^{\infty} \int_{-\infty}^{\infty} \mathrm{rect}\left(\frac{X}{(1 - d'/d) N_x \Delta x}\right) \mathrm{rect}\left(\frac{Y}{(1 - d'/d) N_y \Delta y}\right)$$

$$\times \exp\left\{\mathrm{j}k \frac{\left[X - \left(x_i - \frac{d'}{d}\xi\right)\right]^2 + \left[Y - \left(y_i - \frac{d'}{d}\eta\right)\right]^2}{2d'\left(1 - \frac{d'}{d}\right)}\right\} \mathrm{d}X\mathrm{d}Y \quad (9\text{-}3\text{-}24)$$

而 $\Theta'\left(x_i, y_i; \xi, \eta\right)$ 为与 $(x_i, y_i; \xi, \eta)$ 相关的复常数。

至此, 导出了 LCOS 显示系统点源离焦像的复振幅。

由式 (9-3-23) 及式 (9-3-24) 看出，离焦像振幅分布是一个矩形孔经过距离 $d'\left(1-\dfrac{d'}{d}\right)$ 的菲涅耳衍射图像。矩形孔边宽分别是 $(1-d'/d)N_x\Delta x$，$(1-d'/d)N_y\Delta y$。根据菲涅耳衍射的特性，当距离 $d'\left(1-\dfrac{d'}{d}\right)$ 较小时，菲涅耳衍射斑的尺寸可以近似视为矩形孔的几何投影。因此，当 d' 与 d 的差异较小或离焦距离较短时，点源的离焦像仍然会聚在一个很小的区域。离焦像的分布特点与使用数字微镜 DMD 构建的全息 3D 显示系统相似。在后面的研究中将看到，基于离焦像的分布可以定义 3D 全息显示像的焦深为简化相息图的计算提供了定量依据。

在后面的研究中将看到，通过 LCOS 反射的光波还可以通过光学系统形成放大率不同的 3D 像，基于离焦像的研究可以定义 3D 全息显示像的焦深或景深，为 3D 物体相息图的快速计算提供很大方便。

5. 3D 物体相息图的计算

物体表面发出的光波可以视为组成物体表面的大量点源 (或面元) 发出的光波，为使用 LCOS 显示全息 3D 图像，必须计算物面上每一个不受到遮挡的点源到达 LCOS 平面的光波场，并将所有点源的光波场进行相干叠加，再令叠加光波场的振幅为 1，才能形成加载在空间光调制器 LCOS 的相息图。以上对 LCOS 显示系统脉冲响应的讨论中已经看出，显示系统可以准确地在期待的重建空间坐标上重现点源的像，然而，像的振幅是空间坐标的函数。因此，为能够得到更接近原始物体的重建像，在应用研究中通常采用类似二元光学元件设计的迭代算法进行相息图的计算[22]。为便于说明，令物体表面的所有不受遮挡的发光点数为 N，图 9-3-6 给出设计 3D 物体相息图的程序框图。

根据程序框图，首先按照所设计物体的光照特性设定每一发光点振幅值 $A_i\,(i=1,2,\cdots,N)$，再令每一发光点的相位 $\varphi_i\,(x_i,y_i,z_i)$ 是 $0\to2\pi$ 的随机量形成初始的 3D 物光场 $A_i\exp\left[\mathrm{j}\varphi_i\,(x_i,y_i,z_i)\right]$。此后，采用一种衍射计算方法计算到达 LCOS 平面的衍射场 $U\,(p,q)=A\,(p,q)\exp\left[\mathrm{j}\phi\,(p,q)\right]$。令 $A\,(p,q)=1$ 即能得到第一次计算形成的相息图 $U'\,(p,q)=\exp\left[\mathrm{j}\phi\,(p,q)\right]$。

为验证相息图是否能够重建 3D 物体的像，对 $U'\,(p,q)$ 进行衍射逆运算，求出 3D 像光场的复振幅 $A_i'\exp\left[\mathrm{j}\varphi_i'\,(x_i,y_i,z_i)\right]$。利用计算结果验证成像点的振幅 A_i' 是否与原先设计的物点振幅 A_i 相近 (或成比例)。若像点与物点振幅相近，则认为 $U'\,(p,q)$ 是需要的相图，否则，令 $\varphi_i\,(x_i,y_i,z_i)=\varphi_i'\,(x_i,y_i,z_i)$，利用新的物光场 $A_i\exp\left[\mathrm{j}\varphi_i\,(x_i,y_i,z_i)\right]$ 重新进行下一轮的计算。

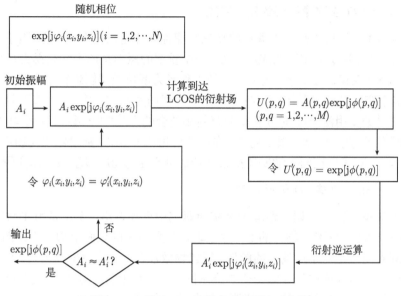

图 9-3-6 设计 3D 物体相息图的程序框图

应该指出，程序框图 9-3-6 给出的只是进行相息图计算的逻辑过程，从严格的理论意义上看，由于光传播的可逆性原理，将本来是具有振幅和相位分布的空间曲面衍射场用纯相位分布的衍射场代替后，试图完全无差别地重建原曲面光源是不可能的。实际计算表明，若将物体表面视为点的集合进行 3D 物光场的计算，其计算量十分庞大。因此，为按照框图 9-3-6 设计程序，还必须拥有一种计算速度较快的 3D 物体衍射场的计算方法。此外，在判断计算过程中所获得的相息图是否能较满意地重建物体图像时，也没有必要进行每一物点及像点振幅的比较。如果能准确知道邻近物体并垂直于光轴的空间平面上的光波场，利用熟知的衍射积分对相息图进行衍射逆运算，便能较好地了解所形成相息图的质量。基于 3.5.2 节的空间曲面光源变换为垂直于光轴的平面光源的方法，不难确定邻近物体并垂直于光轴的平面光波场，根据上面介绍的程序计算框图完成相息图的计算。

事实上，即使不进行迭代运算，直接将到达 LCOS 的衍射场的振幅分布设为1，形成相息图，也能得到可以满足人眼观看的重建图像[46]，图 9-3-5 的图像使用的相息图便是没有经过迭代运算而形成的。附录 B 中给出用 MATLAB 编写的计算相息图程序 LJCM22.m，读者可以通过该程序选择不同的迭代次数形成相息图，利用理论模拟或实验证明上述结论。

为形成 3D 物体的相息图，始终要进行空间曲面光源或来自 3D 物体表面的衍射光波场的计算，目前流行多种计算方法，9.4 节将进行专门介绍。

9.3.3　扩展 3D 重建像视场的技术简述

全息 3D 显示技术是一种理想的真三维裸视立体显示技术,但是,限于目前的技术条件,还无法进入实际的应用阶段。一个重要的原因是还不能获得大尺寸和大视场角的 3D 图像。近年来,国内外科技工作者为解决该课题进行了大量研究。例如,用多个空间光调制器按一定条件拼接扩大视场角的方法[46~58],基于单空间光调制器的时分复用法[59]、时分和空分复用相结合的方法[60,61] 以及利用 4f 系统来扩大视场角的方法[62] 等。限于篇幅,在简要讨论单一 SLM 重建像的视场后,只基于文献 [46],对多个空间光调制器拼接而成的环形全息 3D 显示系统作介绍。

1.单一 SLM 重建 3D 像的视场

以上对单一空间光调制器理论及实验研究中已经看出,无论是用 DMD 或是 LCOS 构成的显示系统,物体的 3D 像在垂直于光轴 z 的截面上均为周期图像。由于实际观看的只是一个周期内的图像,重建物像包含在这个空间周期内。因此,能够显示的物像最大横向尺寸即一个二维空间周期。利用前面对 DMD 及 LCOS 构成显示系统脉冲响应的讨论,若照明光波长为 λ,空间光调制器的像素沿 x 及 y 轴方向的间距分别是 Δx、Δy,像点所在截面到空间光调制器的距离为 d,在该截面上一个周期的图像沿 x 及 y 轴方向的宽度则分别是 $L_x = \dfrac{\lambda d}{\Delta x}$,$L_y = \dfrac{\lambda d}{\Delta y}$。由于其宽度随距离的增加而增大,观看图像时重建的 3D 像则位于如图 9-3-7 所示的立体角内。

由于光传播的高方向性,如果沿图 9-3-7 中 z 轴负向观察,人眼或观察系统不置于该立体角内则不能观察到 3D 图像。为定量描述这个特性,按下式定义以弧度为单位的 SLM 重建像的视角

$$\theta_{\max} = \frac{L}{d} \tag{9-3-25}$$

式中,L 为重建图像的宽度。若 SLM 的像素沿 x、y 轴的宽度不相等,图像在 x、y 轴方向的视角则分别是 $\dfrac{\lambda}{\Delta x}$ 及 $\dfrac{\lambda}{\Delta y}$。从图 9-3-7 还可以看出,如果人眼或观察系统部分地置于视场内,则不能充分获取物体重建像的信息,观察到的图像将是部分不清晰或不完整的[46]。

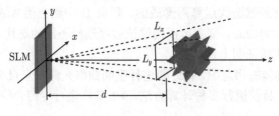

图 9-3-7　空间光调制器 3D 成像的视场立体角

目前，一块典型的 LCOS SLM 的尺寸约为 1cm×2cm，像素尺寸约为 8μm，当用波长 $\lambda=532$nm 的激光照明时，重建像的视角 θ_{max} 约为 3.8°，即人眼或观察系统必须在这个视角内进行观察。显然，这样的 3D 成像系统是令人不满意的。缩小 SLM 的像素尺寸，是扩大视场的基本途径。然而，当像素尺寸缩小后，对于给定的面阵数量 (如 1920×1080)，SLM 的面阵尺寸必然缩小，在对成像系统脉冲响应的研究中已经看出 (如式 (9-3-16))，高分辨率的重建像又需要大尺寸的 SLM。因此，如果立足于 LCOS 进行全息 3D 显示，为让这项技术得到实际应用，研制小尺寸像素及大数量面阵的 LCOS 是必须继续进行的工作。

2. 多个空间光调制器拼接而成的环形全息 3D 显示系统

基于现有的技术条件，为扩大全息 3D 成像的视场，采用将多个 SLM 沿空间曲面无缝拼接的技术是相对容易实现的。由于这种技术扩大视场的原理与目前基于全息功能屏的大视场 3D 显示系统相似[14,15]，并且，为对稍后全息 3D 成像的尺寸与全息功能屏大视场重建像尺寸有一比较，图 9-3-8 给出全息功能屏的大视场 3D 显示系统结构示意图。3D 场景采集设备由 $C_1 \sim C_{64}$ 的 64 路摄像机组成，3D 场景再现设备由 $P_1 \sim P_{64}$ 的 64 路投影机以及全息功能显示屏组成。全息功能屏是散斑全息光学元件，通过适当设计能让来自投影机的光束穿过功能屏后按预定的立体角投向观察者。于是，不同方向的观察者能够看到不同方向摄像机拍摄的物体图像。应用研究表明，利用尺寸为 1.3m×1.8m 的全息功能屏幕，可以实现高连续性 3D 场景再现，深度超过 1m[56]。

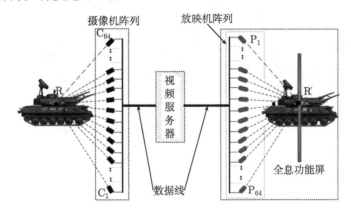

图 9-3-8 基于全息功能屏的 3D 采集与显示结构示意图

沿空间曲面拼接的全息 3D 显示系统原理如图 9-3-9 所示[46]，空间光调制器的环形布置叠加了单一空间光调制器的视角。然而，由于市面上可以买到的 SLM 都有一个封装框 (图 9-3-9(a))，简单的环形排列会使得最终的视场变得不连续

(图 9-3-9(b)),降低了 3D 显示的质量。为解决这一问题,可以用一块分束镜把 SLM 间的拼接缝隙消除。

图 9-3-10 是消除拼接缝隙的原理图,这是由 9 个 SLM 拼接的环形全息 3D 显示系统,其中,序号为 1、3、5、7、9 的 SLM 与序号为 2、4、6、8 的 SLM 分别放置在分束镜两侧,如果将观察方向定在图 9-3-10 的右侧,则半反射面反射的光波等效于序号 1、3、5、7、9 的 SLM 由半反射成像后,由其像从左边发出的光波。可以看出,根据封装框的尺寸,适当调整 SLM 的位置及半反射面角度,则能让两组 SLM 无缝隙地拼接成一个连续的环形空间光调制器,在最佳调整状态下,理论上能获得 9 倍于单一 SLM 视角的 3D 重建像。

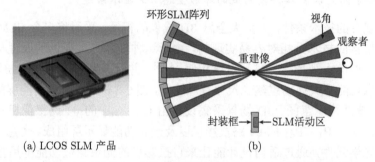

(a) LCOS SLM 产品   (b)

图 9-3-9   LCOS SLM 产品封装框对环形全息 3D 显示系统的影响

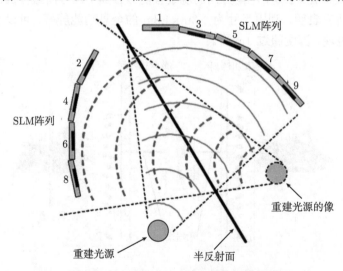

图 9-3-10   消除 SLM 拼接缝隙的原理图

为能让重建光有效投射到每一 SLM 上,采用锥形反射镜让照明光形成沿环形 SLM 的法线方向照明的重建光,图 9-3-11(a) 是照明示意图。由于锥形镜的形状,在水平轴和垂直轴上照明光束的曲率半径不相同 (图 9-3-11(b)),垂直和水平照明的光波源来自光轴上不同的位置，使得投向 SLM 的重建光不再是平行光。这种非对称照明的影响可以在全息图生成阶段乘上一个校正项加以补偿[46]，使得重构后衍射光如同平面波照射原始全息图后的衍射一样。

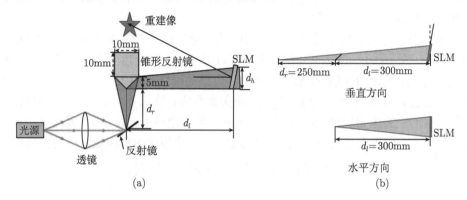

(a)

(b)

图 9-3-11　环形全息显示系统的照明光路示意图

图 9-3-12 是实际光学系统的照片，其中，图 9-3-12(a) 为环形全息 3D 显示系统正视图，从图中可看到分别放置在两侧的空间光调制器阵列；图 9-3-12 (b) 和图 9-3-12(c) 分别是实际光路和锥形反射镜的侧视图；图 9-3-12 (d) 是 SLM 阵列和分束镜在一起的照片。为能方便观察 3D 重建像，研究人员将 SLM 略微向上倾斜，在 LED 照明下能看到重构的 3D 像悬浮于光学装置上方。

(a)

(b)

(c)

(d)

图 9-3-12　环形全息显示实验系统照片

3. 环形全息 3D 显示系统重建像实例

由于实验的环形全息显示系统中 9 个 SLM 的法线沿水平方向依次有 3° 的夹角, 在形成计算全息图时, 应根据物体模型在每一 SLM 的特定坐标中的空间坐标计算出全息图[46]。

用一个马的工艺模型建模, 文献 [46] 的作者通过计算机生成相息图并进行了显示实验。图 9-3-13(a)~(c) 分别给出了某时刻三个不同角度看到的悬浮于光学装置上方的 3D 重建图像照片, 图中, 雕刻了窗口的硬纸片形成一个光阑, 只允许观察者通过窗口观看一个重建像。实验的相关参数为: 波长 $\lambda = 532\mathrm{nm}$ 的绿色激光照明, LCOS 的像素宽度 $\Delta x = \Delta y = 8\mathrm{\mu m}$, 重构距离 $d \approx 0.35\mathrm{m}$, 重构像的高度约为 1cm, 总的视角将近 24°。按照这组参数, 理论预计的重构像区域的横向宽度 $L_x = \dfrac{\lambda d}{\Delta x} \approx 2.3\mathrm{cm}$, 图 9-3-7 的理论分析得到了较好的证明。

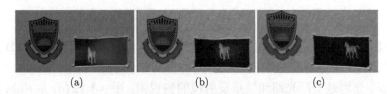

图 9-3-13　某时刻三个不同角度看到的悬浮于光学装置上方的 3D 重建图像

不难看出, 基于相干光照明及现有的空间光调制器技术能够重建的 3D 图像尺寸较小, 远小于非相干光照明的全息功能屏 3D 显示系统的重建图像。然而, 不需要任何显示介质的 3D 显示无疑更具诱人的应用前景。随着科学技术的进步, 通过科学家及工程技术人员的不懈努力, 人们一定能逐一攻克难关, 实现预期目标。

9.3.4　准确包含物体振幅及相位信息的相息图编码与 3D 显示

全息 3D 显示的应用研究中, 由于相位型液晶空间光调制器 SLM 具有较高的衍射效率, 近年来成为全息 3D 显示研究中广泛采用的器件。然而, 由于 SLM 只接受纯相位的调制信号, 通常采用只包含物光相位信息的相息图加载于 SLM 进行物体 3D 像的显示, 不能准确重现物体的 3D 图像。基于传统相位型全息图的基本理论, 作者曾经提出过一种将振幅型数字全息图变换为相位型数字全息图的编码方法 [63]。理论及实验研究表明, 将这种相位型数字全息图加载于相位型空间光调制器 SLM, 能一定程度克服传统相息图完全损失物光振幅信息的缺点, 重建出物体的 3D 图像。2013 年, 北京理工大学的研究人员提出一种编码方法 [64], 并且, 利用特殊的光学显示系统, 用单一的反射式液晶空间光调制器 LCOS 成功地实现了真彩色 3D 图像的实时显示 [65]。然而, 理论分析表明, 上述两种方法重建的物光振幅与振幅为变量的一阶贝塞尔函数成正比, 重建像带有振幅畸变。为减小畸变,必须压缩贝塞尔函数的变化区间，让贝塞尔函数的变化近似控制在线性区，其代价是减小重建像的强度。

针对存在的问题，作者最近对文献 [64] 提出的方法作了两点改进：其一，通过对物光振幅的预畸变处理，有效消除重建像的振幅畸变；其二，将物光振幅变化扩展到一阶贝塞尔函数的非线性区，最大限度地提高重建 3D 像的强度。改进后的编码方法不但能够准确地重建物体 3D 像的振幅和相位，而且能充分提高重建像的强度。

为便于介绍改进后的编码方法，以下先对文献 [63] 及文献 [64] 的编码方法及重建像的特性进行研究。

1. 两种相位型数字全息图的编码方法及成像特性研究

在直角坐标系 O-xyz 中，定义 $z = 0$ 为全息图的坐标平面，令 $j = \sqrt{-1}$，若到达全息图平面的物光波为 $O(x, y) = o(x, y) \exp[j\varphi(x, y)]$，参考光波为 $R(x, y) = A_r \exp[j\varphi_r(x, y)]$。物光与参考光干涉后形成的数字全息图则为

$$I(x, y) = o^2(x, y) + A_r^2 + 2A_r o(x, y) \cos[\varphi(x, y) - \varphi_r(x, y)] \tag{9-3-26}$$

根据文献 [63]，相位型数字全息图可以表为

$$t_H(x, y) = \exp[jgI(x, y)] \tag{9-3-27}$$

式中，g 为待定常数。令

$$K = \exp[jg(o^2(x, y) + A_r^2)] \tag{9-3-28}$$

$$\alpha = 2gA_r o(x, y) \tag{9-3-29}$$

$$\psi(x, y) = \frac{\pi}{2} - \varphi(x, y) + \varphi_r(x, y) \tag{9-3-30}$$

(9-3-27) 式可以重新写成

$$t_H(x, y) = K \exp[j\alpha \sin \psi(x, y)] \tag{9-3-31}$$

根据整数阶贝塞尔函数 $J_n(\alpha)$ 的性质，(9-3-31) 式可展开为

$$t_H(x, y) = K \sum_{n=-\infty}^{\infty} J_n(\alpha) \exp[jn\psi(x, y)] \tag{9-3-32}$$

上式表明，当用单位振幅平面波照射相位型全息图时，透射光中有沿光轴 z 传播的 $n=0$ 的零级衍射波，两侧对称地分布有 $n = \pm1, \pm2, \cdots$ 级的衍射波。由于可以

通过透镜系统构成的选通滤波器选择出对成像有贡献的光波成像[64,65]，为简明起见，下面只讨论 $n = 0$，± 1 的衍射波。

设全息图编码时，参考光是平行于 xz 平面传播并与 z 轴夹角为 θ 的光波，即 $\varphi_r(x,y) = k\theta x$（$k = 2\pi/\lambda$，$\lambda$ 是光波长）。当用该光波照射加截于 LCOS 上的相位型全息图时，被 LCOS 反射并紧接 LCOS 图面的透射波复振幅则为：

$$
\begin{aligned}
U_H(x,y) &= A_r \exp(jk\theta x) t_H(x,y) \\
&= U_{H0}(x,y) + U_{H+}(x,y) + U_{H-}(x,y)
\end{aligned}
\tag{9-3-33}
$$

其中，

$$
\begin{aligned}
U_{H0}(x,y) &= A_r \exp(jk\theta x) K J_0(\alpha) \\
U_{H+}(x,y) &= A_r \exp(jk\theta x) K J_1(\alpha) \exp[j\psi(x,y)] \\
U_{H-}(x,y) &= A_r \exp(jk\theta x) K J_{-1}(\alpha) \exp[-j\psi(x,y)] \\
&= -j A_r K J_{-1}(\alpha) \exp[j\varphi(x,y)]
\end{aligned}
$$

上结果表明，透射光波变为沿重建光方向倾斜的三束光波。其中，$U_{H0}(x,y)$ 是零级衍射光波，$U_{H+}(x,y)$ 是共轭物光，最后一项 $U_{H-}(x,y)$ 是可以形成实像的物光。由于 $\alpha = 2g A_r o(x,y)$，为得到较强的物光，应合适设计 g，让 $J_{-1}(\alpha)$ 保持单值，并能随着物光振幅 $o(x,y)$ 的变化有较大的变化范围。鉴于 $J_1(\alpha) \equiv -J_{-1}(\alpha)$，图 9-3-14 用虚线绘出贝塞尔函数 $J_1(\alpha)$ 的图像，为便于后面的讨论，在图中还标示出 $\alpha = \alpha_{\max}$ 时 $J_1(\alpha)$ 取第一极大值的位置、用 $\Phi(\alpha)$ 表示的连接坐标原点与点 $(\alpha_{\max}, J_1(\alpha_{\max}))$ 的图像。

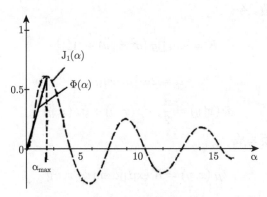

图 9-3-14　$J_1(\alpha)$ 及 $\Phi(\alpha)$ 函数曲线

为了解重建像性质，将 $U_{H-}(x,y)$ 重新写为

$$
U_{H-}(x,y) = j A_r K J_1(\alpha) \exp[j\varphi(x,y)]
\tag{9-3-34}
$$

可以看出，该列光波的传播方向与光轴相同，数字全息波前重建实验研究表明[63]，$U_{H-}(x,y)$ 表示的衍射波能够重建物光场的实像。然而，由于 $\alpha = 2g A_r o(x,y)$，$A_r J_1(\alpha)$

并不与物光振幅 $o(x,y)$ 的量值变化成正比, 重建物体的像不但带有振幅畸变, 而且还有复函数 K 引入的相位畸变。

将文献 [64] 所提出的相息图编码方法与上面的研究相比较可以看出, 文献 [64] 是利用 (9-3-26) 式中最后一项形成像息图, 即

$$t_H(x,y) = \exp\left[j2gA_ro(x,y)\cos\left[\varphi(x,y) - \varphi_r(x,y)\right]\right] \tag{9-3-35}$$

当用原参考光波照射加载于 LCOS 的相位型全息图时, 反射光中对成像有贡献的光波变为

$$U_{H-}(x,y) = jA_rJ_1(\alpha)\exp\left[j\varphi(x,y)\right] \tag{9-3-36}$$

很明显, 文献 [64] 的编码方法从理论上直接消除了复函数 K 对物光相位的影响, 相对文献 [63], 是一种较好的编码方法。

2. 编码方法的改进

考查 (9-3-36) 式及函数 $J_1(\alpha)$ 的曲线图 9-3-14 不难看出, 为让重建像的强度最大, 应让 α 的取值范围由 0 到 $J_1(\alpha)$ 的第一极大值取值点 α_{max}。令物光振幅 $o(x,y)$ 的极大值为 o_{max}, 为让 $o(x,y)$ 取极大值时与 α 的取值点 α_{max} 相对应, 令 $\alpha_{max} = 2go_{max}A_r$, 由 (9-3-29) 式求得待定常数

$$g = \frac{\alpha_{max}}{2o_{max}A_r} \tag{9-3-37}$$

由于 α 在 $(0 \leqslant \alpha \leqslant \alpha_{max})$ 范围内取值时 (9-3-36) 式表示的成像物光有振幅畸变, 理论上不能准确显示物体的 3D 图像。为此, 对文献 [64] 编码方法作下述改进:

对到达 LCOS 的物光场振幅进行预畸变处理, 让所形成的相位型数字全息图加载于 LCOS 后, 重建像的振幅承受 $J_1(\alpha)$ 的非线性畸变后能重新恢复出畸变前的真实振幅。

为导出预畸变计算式, 参照图 9-3-14 有

$$\Phi(\alpha) = \alpha J_1(\alpha_{max})/\alpha_{max} \tag{9-3-38}$$

式中, $0 \leqslant \alpha \leqslant \alpha_{max}$。将 (9-3-37) 式代入上式得

$$\Phi(2gA_ro(x,y)) = 2gA_ro(x,y)J_1(\alpha_{max})/\alpha_{max} \tag{9-3-39}$$

对到达相息图平面的物光振幅按照下式进行预畸变处理

$$\hat{o}(x,y) = \frac{\Phi(2gA_ro(x,y))}{J_1(2gA_ro(x,y))}o(x,y) \tag{9-3-40}$$

再将 (9-3-35) 式中的 $o(x,y)$ 用 $\hat{o}(x,y)$ 代替后不难看出, 用该相位型数字全息图加载于 LCOS 后, 可以准确地重建物体的 3D 像。

3.三种编码方法的模拟成像比较

　　由于 LCOS 的透射波中除了能够重建出物体实像的光波外,还包含零级衍射光及共轭物光,文献 [64] 采用 4F 成像系统,在第一面透镜的焦面上放置孔径光阑,在透镜焦平面上选择出只对成像有贡献的物光进行物体 3D 实像显示。为简明起见,下面采用图 9-3-15 所示的光学系统对不同编码方法的重建像进行模拟研究。用上面研究的相位型数字全息图加载于空间光调制器 LCOS 后,让理论计算时形成数字全息图的参考光为重现光,光阑只让沿光轴传播的重建物光通过,在系统的后续空间中则能看到重建物体的实像。

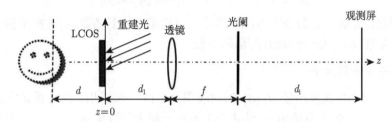

图 9-3-15　基于 LCOS 的重现物光场光路

　　由于 3D 物体表面衍射波的计算可以通过空间曲面光源转换为垂直于光轴的一序列平面光源的衍射计算 [66],通过垂直于光轴的不同空间平面的光波成像观测便能研究 3D 物体的成像质量 [64,65]。由于最需要证实的结论是改进后的编码方法能够获得消除振幅畸变的物光场,将物体设计为 $z = -d$ 平面的二维透射屏,透射率沿横向是 0~255 的亮度变化等级。只要将重建像的振幅与单位振幅平面波照射下透射屏的透射光振幅进行比较,便能考察重建像的振幅畸变。

　　根据几何光学理论,当观测屏看到实像时,图 9-3-15 中距离 d_i 满足透镜成像公式

$$\frac{1}{d_i + f} + \frac{1}{d_1 + d} = \frac{1}{f} \tag{9-3-41}$$

并且,像的横向放大率为

$$M = -\frac{d_i + f}{d_1 + d} \tag{9-3-42}$$

基于标量衍射理论,模拟计算步骤依次如下:

　　1) 计算物体沿 z 轴正向通过距离 d 衍射到达 z=0 平面的物光:

　　令物面光阑宽度为 ΔL_0,振幅透过率为 $A_0(x_0, y_0)$。沿光轴传播的单位振幅均匀平面波照射下透过光阑的物平面光波场可写为

$$O_0(x_0, y_0) = \text{rect}\left(\frac{x_0}{\Delta L_0}, \frac{x_0}{\Delta L_0}\right) A_0(x_0, y_0) \tag{9-3-43}$$

引入傅里叶变换及逆傅里叶变换变换符号 $\mathcal{F}\{\}$ 及 $\mathcal{F}^{-1}\{\}$，到达 $z = 0$ 平面的物光可由角谱衍射公式表出

$$O(x,y) = \mathcal{F}^{-1}\left\{\mathcal{F}\{O_0\,(x_0, y_0)\}\exp\left[\mathrm{j}kd\sqrt{1 - (\lambda f_x)^2 - (\lambda f_y)^2}\right]\right\} \tag{9-3-44}$$

式中，f_x, f_y 是频域坐标。

2) 求出 $z = 0$ 平面的物光振幅的极大值 $o_{\max}$。

3) 令参考光振幅 $A_r = o_{\max}$，按照 (9-3-39) 式确定参数 g。

4) 按照 (9-3-42) 式进行物光振幅预畸变处理，求出 $\hat{o}\,(x,y)$。

5) 设 LCOS 像素宽度 Δx=6.4μm，为让模拟计算满足取样定理，参考光与光轴夹角必须满足 $\lambda/\theta \geqslant 2\Delta x$。选择 $\lambda = 0.000532$mm，取 $\theta = 1.2° < \lambda/(2\Delta x)$。用 $\hat{o}\,(x,y)$ 代替 $o\,(x,y)$，按照 (9-3-35) 式求出相位型数字全息图；

$$\hat{t}_H\,(x,y) = \exp\left[\mathrm{j}2gA_r\hat{o}\,(x,y)\cos\left[\varphi\,(x,y) - \varphi_r\,(x,y)\right]\right] \tag{9-3-45}$$

6) 用参考光 $R\,(x,y) = o_{\max}\exp\left[\mathrm{j}\varphi_r\,(x,y)\right]$ 照射相位型数字全息图，计算透射光在光阑平面的光波场。利用柯林斯公式容易证明 [67]，其结果是输入平面光波场的傅里叶变换乘一个二次相位因子：

$$\begin{aligned}
O_1\,(x,y) = &\frac{\exp\left[\mathrm{j}k\,(d_1 + f)\right]}{\mathrm{j}\lambda f}\exp\left\{\frac{\mathrm{j}k}{2f}\left(1 - \frac{d_1}{f}\right)(x^2 + y^2)\right\} \\
&\times \int_{-\infty}^{\infty}\int_{-\infty}^{\infty} R\,(x_0, y_0)\,\hat{t}_H\,(x_0, y_0)\exp\left[-\mathrm{j}2\pi\left(x_0\frac{x}{\lambda f} + y_0\frac{y}{\lambda f}\right)\right]\mathrm{d}x_0\mathrm{d}y_0
\end{aligned} \tag{9-3-46}$$

7) 设选通滤波光阑的透过率为 $\Theta\,(x,y)$，透过光阑后的光波传播到像平面的光波场则为

$$\begin{aligned}
O_i\,(x_i, y_i) = &\\
&\frac{\exp\,(\mathrm{j}kd_i)}{\mathrm{j}\lambda d_i}\int_{-\infty}^{\infty}\int_{-\infty}^{\infty}\Theta\,(x,y)\,O_1\,(x,y)\exp\left\{\mathrm{j}\frac{k}{2d_i}\left[(x - x_i)^2 + (y - y_i)^2\right]\right\}\mathrm{d}x\mathrm{d}y
\end{aligned} \tag{9-3-47}$$

令 d=350mm，d_1=100mm，f=300mm，从公式 (9-3-37) 求得 d_i=600mm，代入公式 (9-3-38) 求得横向放大率 M=-2；令取样数 N=1024，即 $\Delta L_0 = N\Delta x = 6.5536$mm，选通滤波窗直径为 6mm，图 9-3-16 给出利用三种不同的编码方法重建的图像。

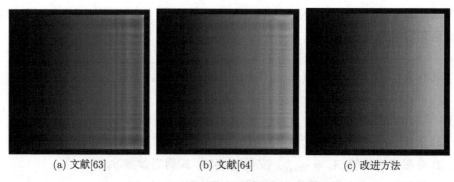

(a) 文献[63]　　　　　　　(b) 文献[64]　　　　　　　(c) 改进方法

图 9-3-16　三种不同方法编码重建图像比较

　　为定量比较重建图像质量，图 9-3-17 给出三种不同方法重建图像振幅的 x 轴上曲线。可以看出，文献 [63],[64] 编码方法的重建图像的确存在振幅畸变，而改进后的编码方法较好地消除了畸变，重建图像质量较高。

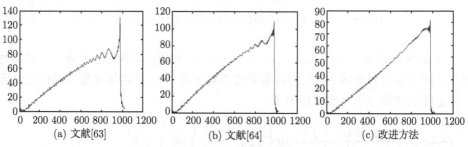

(a) 文献[63]　　　　　　　(b) 文献[64]　　　　　　　(c) 改进方法

图 9-3-17　三种不同方法重建图像振幅的 x 轴上曲线

　　为直观地了解重建像振幅畸变对重建像质量的影响，令平面透射屏的透射波振幅与 "lena" 头像的亮度分布成正比。选择 $g = g_{\max}$，图 9-3-18 给出透射屏原始图像振幅分布与三种不同的重建方法模拟重建图像的规一化振幅的比较。

(a) 投射屏原始物像振幅　　　　　　(b) 文献[64]方法重建像

(c) 文献[63]方法重建像　　　　　　(d) 改进方法重建像

图 9-3-18　原始物像振幅与三种不同的重建方法模拟重建图像振幅比较

应该指出，虽然改进方法提高了成像质量，但需要进行图像振幅的预畸变处理，增加了计算量。从人眼观察单色光成像质量的角度看，文献 [64] 提出的方法虽然包含振幅变，但仍然是一种简明适用的编码方法。然而，当进行彩色图像显示时，由于成像点是由不同色光的像点叠加形成的，像点色彩分量的畸变将导致合成色的畸变，高亮度及高质量准确显示物体的彩色 3D 像始终是人们期待达到的目标，因此，改进后的编码方法具有实际意义。

本书附录 B23 给出本节三种编码方法形成相息图的 MATLAB 程序，并且，利用程序模拟了基于图 9-3-15 所示光路的成像过程。对程序作简单修改，读者可以验证本节的所有研究结果。

9.3.5　基于 LCOS 及选通滤波系统的全息 3D 成像装置研究

在上述研究中看出，对相位型空间光调制器 SLM 进行特殊编码后，用透镜对来自 SLM 的光波进行变换，在透镜焦平面设计滤波窗取出对重建像有贡献的光波，再通过后续光学系统成像，可以获得准确包含物体振幅及相位信息的 3D 像。由于后续光学系统可以是不同形式的光学系统 [64]，为便于定量了解这类 3D 显示装置的成像质量，以下基于矩阵光学及标量衍射理论，将光波从 SLM 平面到像平面的光学系统视为可以由 4 个矩阵元素 A、B、C、D 描述的光学系统，利用柯林斯公式对光学系统的成像质量及景深进行研究 [68]。

1. 成像系统的简化描述及其脉冲响应研究

在空间中建立直角坐标系 $o\text{-}xyz$，图 9-3-19 给出空间光调制器 SLM 及傍轴光学系统组建的 3D 物体显示系统框图及坐标定义。图中，$z = 0$ 平面是 SLM 窗口平面，SLM 到像平面间的光学系统可以由 4 个元素的光学矩阵 $\begin{bmatrix} A & B \\ C & D \end{bmatrix}$ 描述。

图中标示出系统的轴上光程 L 及虚拟 3D 物体的位置。

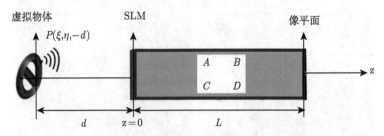

图 9-3-19 理论研究光学系统的框图及坐标定义

将光学系统视为线性系统，现研究任意给定的物点 $P(\xi,\eta,-d)$ 通过光学系统的像光场，即脉冲响应。由于光波通过光学系统的传播使用柯林斯公式计算比较方便，为此，首先确定光学系统的光学矩阵。

令 $z=-d$ 到像平面间的光学系统由矩阵 $\begin{bmatrix} A_0 & B_0 \\ C_0 & D_0 \end{bmatrix}$ 表示，按照上面的假定，有

$$\begin{bmatrix} A_0 & B_0 \\ C_0 & D_0 \end{bmatrix} = \begin{bmatrix} A & B \\ C & D \end{bmatrix}\begin{bmatrix} 1 & d \\ 0 & 1 \end{bmatrix} = \begin{bmatrix} A & Ad+B \\ C & Cd+D \end{bmatrix} \tag{9-3-48}$$

由于系统的输出平面是像平面，则有

$$B_0 = Ad + B = 0 \tag{9-3-49}$$

即

$$A = -B/d \tag{9-3-50}$$

点源 $P(\xi,\eta,-d)$ 发出的光波在 $z=0$ 平面的光波场可借助 δ 函数由菲涅耳衍射积分表出

$$U(x,y;\xi,\eta) =$$
$$\frac{\exp(\mathrm{j}\,kd)}{\mathrm{j}\,\lambda\,d}\int_{-\infty}^{\infty}\int_{-\infty}^{\infty}\delta(x_0-\xi,y_0-\eta)\exp\left\{\frac{\mathrm{j}\,k}{2d}\left[(x-x_0)^2+(y-y_0)^2\right]\right\}\mathrm{d}x_0\mathrm{d}y_0 \tag{9-3-51}$$

利用 δ 函数的筛选性质即得

$$u_\delta(x,y;\xi,\eta) = \frac{\exp(\mathrm{j}\,kd)}{\mathrm{j}\,\lambda\,d}\exp\left\{\frac{\mathrm{j}\,k}{2d}\left[(x-\xi)^2+(y-\eta)^2\right]\right\} \tag{9-3-52}$$

由于成像光通过空间光调制器形成，令 $w(x,y)$ 是 SLM 的窗口函数。利用柯林斯公式，到达像平面的光波场为

$$h_\delta(x_i, y_i; \xi, \eta) = \frac{\exp(\mathrm{j}kL)}{\mathrm{j}\lambda B} \int_{-\infty}^{\infty} \int_{-\infty}^{\infty} w(x,y) u_\delta(x,y;\xi,\eta)$$
$$\times \exp\left\{ \frac{\mathrm{j}k}{2B} \left[A(x^2 + y^2) + D(x_i^2 + y_i^2) - 2(x_i x + y_i y) \right] \right\} \mathrm{d}x\mathrm{d}y \tag{9-3-53}$$

将 $u_\delta(x,y;\xi,\eta)$ 代入 (9-3-53) 式，通过与 9.3.2 节完全相似的讨论，最后得到

$$h_\delta(x_i, y_i; \xi, \eta) = \mathrm{H}(x_i, y_i; \xi, \eta)$$
$$\times N_x \Delta x N_y \Delta y \mathrm{sinc}(N_x \Delta x f_x) \mathrm{sinc}(N_y \Delta y f_y) * \Phi_\alpha(f_x, \Delta x) \Phi_\beta(f_y, \Delta y) \tag{9-3-54}$$

其中，$\mathrm{H}(x_i, y_i; \xi, \eta)$ 是一复函数，

$$\Phi_\alpha(f_x, \Delta x) \Phi_\beta(f_y, \Delta y)$$
$$= \alpha\beta\Delta x^2 \Delta y^2 \mathrm{sinc}(\alpha\Delta x f_x) \mathrm{sinc}(\beta\Delta y f_y) \mathrm{comb}(\Delta x f_x - 1/2) \mathrm{comb}(\Delta y f_y - 1/2) \tag{9-3-55}$$

$$f_x = \frac{x_i}{\lambda B} - \frac{A\xi}{\lambda B}, \quad f_y = \frac{y_i}{\lambda B} - \frac{A\eta}{\lambda B} \tag{9-3-56}$$

$$x_i = A\xi + \left(n_x + \frac{1}{2}\right)\frac{\lambda B}{\Delta x}, y_i = A\eta + \left(n_y + \frac{1}{2}\right)\frac{\lambda B}{\Delta y} \tag{9-3-57}$$

$(n_x = 0, \pm 1, \pm 2, \ldots, n_y = 0, \pm 1, \pm 2, \ldots)$

因此，(9-3-54) 式表示的脉冲响应是以理想像点为中心的 $\mathrm{sinc}(N_x \Delta x f_x) \mathrm{sinc}(N_y \Delta y f_y)$ 函数的周期分布，每一周期的中心坐标为 $\left(\left(n_x + \frac{1}{2}\right)\frac{\lambda B}{\Delta x}, \left(n_y + \frac{1}{2}\right)\frac{\lambda B}{\Delta y} \right)$。对于给定的物点 (ξ, η)，在每一图像周期内脉冲响应形成理想像点为中心的弥散斑，SLM 面阵尺寸越大，弥散斑或像点尺寸越小；此外，分析 (9-3-54) 式还知，由于脉冲响应与 (ξ, η) 的取值相关，SLM 重建物像的系统不是线性空间不变系统。此外，由于 $\Phi_\alpha(f_x, \Delta x) \Phi_\beta(f_y, \Delta y)$ 是受 $\mathrm{sinc}(\alpha\Delta x f_x) \mathrm{sinc}(\beta\Delta y f_y)$ 函数调制的二维梳状函数，在 n_x 及 n_y 分别取值为 $0, -1$ 时，在光轴附近 4 个象限的光波场周期具有最大的强度。

如果我们只对原点附近的某一个周期的图像强度分布感兴趣，例如，对于 $n_x = n_y = 0$ 的这个周期，将 (9-3-53) 式代入 (9-3-54) 式，(9-3-54) 式可以进一步简化为

$$h_\delta(x_i, y_i; \xi, \eta) =$$
$$\mathrm{H}(x_i, y_i; \xi, \eta) \times N_x N_y \alpha\beta\Delta x^3 \Delta y^3 \mathrm{sinc}(\alpha/2) \mathrm{sinc}(\beta/2) \times$$
$$\mathrm{sinc}\left(N_x \frac{\Delta x}{\lambda B}\left(x_i - A\xi - \frac{\lambda B}{2\Delta x}\right)\right) \mathrm{sinc}\left(N_y \frac{\Delta y}{\lambda B}\left(y_i - A\eta - \frac{\lambda B}{2\Delta y}\right)\right) \tag{9-3-58}$$

根据 sinc 函数与 δ 函数的关系容易看出，SLM 面阵的尺寸 $N_x \Delta x, N_y \Delta y$ 越大，矩阵元素 B 的值越小，上式越接近 δ 函数。若 $z = -d$ 平面上每一物点在所对应的像平面形成其理想像点为中心的弥散斑，在像面上则形成放大率为 A 的局部物体图像。由于 3D 物体可以视为不同空间平面上点的集合，这意味着在物空间可以重建出 3D 物体像。

2. 光学成像系统的景深

为对 3D 物体相息图的快速计算研究提供方便，下面研究另一物平面上的点 $P(\xi, \eta, -d')$ 在原像平面的光波场。新的点源在 $z = 0$ 平面的光波场变为

$$u'_\delta(x, y; \xi, \eta) = \frac{\exp(jkd')}{j\lambda d'} \exp\left\{\frac{jk}{2d}\left[(x-\xi)^2 + (y-\eta)^2\right]\right\} \quad (9\text{-}3\text{-}59)$$

利用柯林斯公式，到达原像平面的光波场为

$$h'_\delta(x_i, y_i; \xi, \eta) = \frac{\exp(jkL)}{j\lambda B} \int_{-\infty}^{\infty} \int_{-\infty}^{\infty} w(x, y)\, u'_\delta(x, y; \xi, \eta) \times$$
$$\exp\left\{\frac{jk}{2B}\left[A(x^2 + y^2) + D(x_i^2 + y_i^2) - 2(x_i x + y_i y)\right]\right\} \mathrm{d}x\mathrm{d}y \quad (9\text{-}3\text{-}60)$$

将 $u'_\delta(x, y; \xi, \eta)$ 代入 (9-3-60) 式，可以整理成包含傅里叶变换的计算式

$$h'_\delta(x_i, y_i; \xi, \eta) = H_\delta(x_i, y_i; \xi, \eta)$$
$$\times \mathcal{F}\left\{\mathrm{rect}\left(\frac{x}{N_x \Delta x}\right)\mathrm{rect}\left(\frac{y}{N_y \Delta y}\right)\exp\left[\frac{jk}{2}\left(\frac{1}{d'} + \frac{A}{B}\right)(x^2 + y^2)\right]\right\} *$$
$$\Phi_\alpha(f'_x, \Delta x)\, \Phi_\beta(f'_y, \Delta y)$$
$$(9\text{-}3\text{-}61)$$

式中，$H_\delta(x_i, y_i; \xi, \eta)$ 为一复函数，"*" 是卷积符号，

$$\Phi_\alpha(f'_x, \Delta x) = \alpha \Delta x^2 \mathrm{sinc}(\alpha \Delta x f'_x) \mathrm{comb}(\Delta x f'_x - 1/2) \quad (9\text{-}3\text{-}61a)$$

$$\Phi_\beta(f'_\beta, \Delta y) = \beta \Delta y^2 \mathrm{sinc}(\beta \Delta y f'_y) \mathrm{comb}(\Delta y f'_y - 1/2) \quad (9\text{-}3\text{-}61b)$$

$$f'_x = \frac{x_i}{\lambda B} + \frac{\xi}{\lambda d'}, f'_y = \frac{y_i}{\lambda B} + \frac{\eta}{\lambda d'} \quad (9\text{-}3\text{-}61c)$$

将 (9-3-61) 式中二维傅里叶变换积分式写出，合并积分式中的相位因子，通过配方运算最终得到：

$$h'_\delta(x_i, y_i; \xi, \eta) = \Psi(x_i, y_i; \xi, \eta) * \Phi_\alpha(f'_x, \Delta x)\, \Phi_\beta(f'_y, \Delta y) \quad (9\text{-}3\text{-}62)$$

式中,

$$
\begin{aligned}
\Psi\left(x_i, y_i; \xi, \eta\right) = {}& \Theta'\left(x_i, y_i; \xi, \eta\right) \\
& \times \int_{-\infty}^{\infty}\int_{-\infty}^{\infty} \mathrm{rect}\left(\frac{x'}{N_x \Delta x\left(\dfrac{B}{d'} + A\right)}\right) \mathrm{rect}\left(\frac{y'}{N_y \Delta y\left(\dfrac{B}{d'} + A\right)}\right) \\
& \times \exp\left\{\mathrm{j}k \frac{\left[x_i + \dfrac{B\xi}{d'} - x'\right]^2 + \left[y_i + \dfrac{B\eta}{d'} - y'\right]^2}{2\left(\dfrac{B}{d'} + A\right)B}\right\} \mathrm{d}x'\mathrm{d}y'
\end{aligned}
$$

$$(9\text{-}3\text{-}63)$$

$\Theta'\left(x_i, y_i; \xi, \eta\right)$ 为另一个与 $\left(x_i, y_i; \xi, \eta\right)$ 相关的复函数。

至此, 导出了成像系统点源离焦像的复振幅。

由 (9-3-63) 式看出, 点源离焦像振幅分布与一个矩形孔经过距离 $\left(\dfrac{B}{d'} + A\right)B$ 的菲涅耳衍射图像强度成正比。矩形孔边宽分别是 $N_x \Delta x\left(\dfrac{B}{d'} + A\right)$, $N_y \Delta y\left(\dfrac{B}{d'} + A\right)$, 矩形孔中心坐标是 $\left(-\dfrac{B\xi}{d'}, -\dfrac{B\eta}{d'}\right)$。根据菲涅耳衍射的特性, 当距离 $\left(\dfrac{B}{d'} + A\right)B$ 较小时, 菲涅耳衍射斑的主要能量集中在矩形孔的几何投影内。根据 (9-3-50) 式, $\left(\dfrac{B}{d'} + A\right) = \left(\dfrac{1}{d'} - \dfrac{1}{d}\right)B$, 由于 d' 与 d 的差异通常较小, 点源的离焦像仍然会聚在一个很小的区域。此外, 如果将 (9-3-50) 式中的 d 用 d' 代替, 将 A 改为 A', 则矩形孔中心坐标可以改写为 $\left(A'\xi, A'\eta\right)$。由于 $A' \approx A$, $z = -d'$ 平面上的点源在原像面上也能形成很小的衍射斑。

为能通过上述研究获得重建像的景深, 考察脉冲响应 (9-3-58) 式。在该式中令 $T_x = \dfrac{\lambda B}{N_x \Delta x}$, $T_y = \dfrac{\lambda B}{N_y \Delta y}$, $x_i' = x_i - A\xi - \dfrac{\lambda B}{2\Delta x}$ 以及 $y_i' = y_i - A\eta - \dfrac{\lambda B}{2\Delta y}$, 在像点处的光强分布则与 $[\mathrm{sinc}\left(x_i'/T_x\right)\mathrm{sinc}\left(y_i'/T_y\right)]^2$ 成正比。令 $T = T_x = T_y$, 图 9-3-20 给出 $\left(\mathrm{sinc}\dfrac{x_i'}{T}\right)^2$ 的图像。

不难看出, 点源的重建像光场能量主要局限于围绕像点坐标的宽度为 $2T$ 的方形区域。从人眼观察重建像形貌的角度看, 如果离开理想像平面的离焦像宽度仍然等于 $2T$, 则仍然能够将离焦像视为足够满意的点源的像。按照这个假定, 则有

$$
2\frac{\lambda B}{N_x \Delta x} = N_x \Delta x\left(\frac{B}{d'} + A\right) \tag{9-3-64}
$$

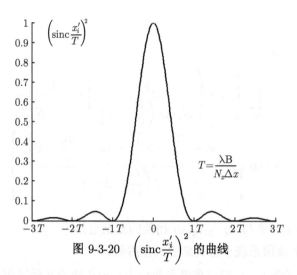

图 9-3-20 $\left(\operatorname{sinc}\dfrac{x_i'}{T}\right)^2$ 的曲线

将 (9-3-50) 式代入上式得

$$\frac{2\lambda}{(N_x\Delta x)^2} = \left(\frac{1}{d'} - \frac{1}{d}\right) = \frac{d - d'}{dd'}$$

定义 $d_h = |d - d'|$ 为像的景深，由上式得

$$d_h = \frac{2\lambda dd'}{(N_x\Delta x)^2} \tag{9-3-65}$$

由于 d, d' 的差异通常较小，为便于计算，上式也可简化为

$$d_h \approx \frac{2\lambda d^2}{(N_x\Delta x)^2} \tag{9-3-66}$$

上结论表明，对于给定的 SLM，重建像的景深随着衍射距离 d 量值的增加而增加。并且，像的景深与系统的矩阵元素无关。因此，上面的结论适用于任意给定的可以用 4 个矩阵元素描述的傍轴光学系统。由于矩阵元素 $A=1$, $B = d$, $C=0$, $D=1$ 的光学系统对应于 SLM 后方只是一段长度为 d 的空间的特例，可以证明，从 (9-3-24) 出发，可以导出完全相同的景深表达式 [66]。在下一节的讨论中将看到，景深研究为 3D 物体相息图的快速计算提供了很大方便。

本书附录 B23 给出 9.3.4 节三种编码方法形成相息图的 MATLAB 程序，并且，将物体设计为景深范围内 4 个平面图像，模拟了基于图 9-3-15 所示光路的成像过程。对程序作简单修改，并与下面将讨论的 3D 物体的衍射场计算相结合，读者可以利用修改后的程序生成相息图进行 3D 物体像的显示实验。

9.4 数字全息显示研究中 3D 物体的衍射场计算

基于空间光调制器 (SLM) 的全息 3D 显示系统既可以显示数字全息图的实际物体像，又可以显示由计算机数值计算形成的相息图的虚拟物体像。计算机形成相息图时，涉及空间曲面光源衍射场的计算，目前，其计算主要包含两类流行的方法：一是将空间曲面视为点源集合的点源法；二是将空间曲面视为不同形状面元集合的面元法。

点源法是一种原理简单、操作灵活且便于表示物体表面特性的计算方法，然而，当要用点构成能够体现物体形貌的面时，需要庞大的点源数量。由于计算量较大，为提高全息图的计算速度，美国麻省理工学院的 Lucente 提出了 LUT 算法[69]，其核心思想是预先计算 3D 空间中一定密度分布的离散点源对全息平面的贡献，将计算结果预存到计算机存储设备中，在对给定的 3D 物体作实际计算时，通过物体表面位置与已经计算的空间点的关系，采用查表方法获得物体表面的衍射场。显然，为快速准确地得到计算结果，必须预先设置庞大的存储空间。为缩小存储空间及提高计算速度，国内外不少学者进行了积极的研究，本章将介绍国内青年学者贾甲最近对 LUT 算法的改进研究成果 ——C-LUT 快速算法[7,70]。

面源法的基本计算思想是基于特殊几何形状均匀面源的频谱有解析解以及衍射的角谱理论而形成的[71]。为提高计算速度及获得高质量的重建图像，如何对复杂物体表面进行优化面元分解、研究不同面元光传播时存在的遮挡问题以及消除面元边界对重建物体形貌的影响成为主要研究内容。最近，北京理工大学的研究人员对消除面元边界对重建物体形貌的影响有很好的研究成果[72]。读者可以从该论文中了解到面元法的最新研究进展。由于第 3 章对面元法作过较详细的讨论，本章只对面元法的改进作简要介绍。

数字全息显示 3D 物体的衍射场的快速计算始终是国内外积极研究的课题。2011年，上海大学的青年学者郑华东等曾提出一种层析算法[16]，该方法将物体表面视为表面与光轴垂直的一系列等间隔平面交线的交点的集合，利用常用的空间平面间衍射场的计算公式累加计算每一平面上的点源的衍射场，获得了彩色 3D 物体的相息图，并通过理论模拟重建了彩色 3D 图像。显然，只要所选择的空间平面的间隔及每一平面上的取样点间隔满足取样定理，并能较好地累加复杂形状物体表面不受光传播阻挡的取样点的信息，便能较好地形成相息图。这是提高点源法计算速度的一种新颖的计算方法。

为能快速准确地计算复杂形状物体的相息图，基于第 3 章介绍的空间曲面光源变换为垂直于光轴的平面光源的方法，引入本章点源离焦像的研究结果及计算机编程技术，作者提出一种能够快速计算复杂形状物体相息图的 "光源变换法"。

经在同一计算机上的计算比较表明，在同等显示质量前提下，光源变换法的计算速度比传统的三角形面元法[71] 快 100 倍以上。

以下依次介绍 C-LUT 快速算法及光源变换法。

9.4.1　基于点源法的 C-LUT 快速算法

1.LUT 点源算法简介

将三维物体视为理想的漫散射体，将物体表面离散成 N 个点，每个点都看成是一个独立的点光源，它们发出的球面波均匀地照射在整个全息图平面上，如图 9-4-1 所示。设三维物体的空间坐标为 XOY，全息图平面所在的空间坐标为 $X'O'Y'$，三维物体上每个点光源的坐标为 (x_i, y_i, z_i)。全息图平面上的复振幅分布 $H(x'_p, y'_q)$ 则为

$$H\left(x'_p, y'_q\right) = \sum_{i=0}^{N-1} A_i \exp\left[\mathrm{j}\left(kr_i + \phi_i\right)\right] \tag{9-4-1}$$

式中，A_i 为第 i 个点的光波振幅，ϕ_i 表示初始相位。为表示三维物体是一个漫射体，一般初始相位取 $(0, 2\pi)$ 变化的随机相位，$k = 2\pi/\lambda$ 表示波数，λ 是全息图记录光的波长，d 为三维物体所在的空间坐标系到全息图平面的垂直距离。r_i 表示组成三维物体第 i 个点源 (x_i, y_i, z_i) 距全息图平面上像素点 $(x'_p, y'_q, 0)$ 的距离。

$$r_i = \sqrt{\left(x'_p - x_i\right)^2 + \left(y'_p - y_i\right)^2 + \left(d - z_i\right)^2}$$

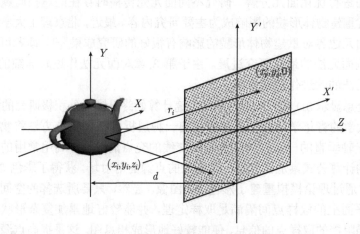

图 9-4-1　计算全息图计算模型示意图

通过对式 (9-4-1) 进行分析可以看出，在全息图计算过程中，需要计算三维物体上每个离散点光源发出的光波在全息图上所有像素点上的复振幅分布，最后将求得的所有点光源的复振幅信息进行叠加获得最终的全息图。如果三维物体表

面由 N 个点光源组成，全息图上的抽样点为 $p \times q$ 个，那么要获得一幅全息图，式 (9-4-1) 需要计算 $N \times p \times q$ 次，每次计算包含的计算符有：复数运算一次，指数运算一次，乘法和加法各五次。其中，复数运算、指数运算和乘法运算在计算机计算系统中开销巨大，整个计算过程将非常耗时。为了描述计算的复杂度，定义复杂度为全息图计算函数的计算次数和计算函数中所使用的运算符的个数。

2. 基于 LUT 的全息图编码算法的存储空间

为了提高全息图的计算速度，美国麻省理工学院的 Lucente 提出了 LUT 算法，其核心思想是在预先计算三维物体各个离散点对全息面上每个像素的贡献，将计算结果预存到计算机存储设备中，实际计算时，则直接从计算机存储设备中读取与重构目标三维物体点源相对应的全息图。整个过程是一个数据读取与叠加的过程，用下式表示

$$H\left(x_p', y_q'\right) = \sum_{i=0}^{N-1} T_i H_T\left(x_p', y_q'\right) \tag{9-4-2}$$

式中，$H_T(x_p', y_q')$ 为预先计算并存储在表格中的全息图。T_i 的取值为 0 和 1，当取 0 时，表示表格中该点所对应的全息图与目标点无关联；当取 1 时，说明表格中该点所对应全息图与目标点吻合，则进行读取叠加。每次读取与叠加只包含一次加法和一次乘法运算，计算次数总共为 $N \times p \times q$。由于简化了在线运算，该方法很大程度上提高了全息图的计算速度。但缺点是所构建的表格数据需要占据大量的存储空间，如果全息图上每个像素所占空间为 M，那么需要存储空间为 $N \times p \times q \times M$，所需存储空间达到了 Gbytes 量级。

2009 年，新加坡国立大学研究人员提出 S-LUT 算法[67]，该算法在离线下计算三维物体每一个二维截面上的点源所对应的水平调制因子 $H\left(x_p' - x_i, z_i\right) = \exp\left[-\mathrm{j}k\sqrt{\left(x_p' - x_i\right)^2 + \left(d - z_i\right)^2}\right]$ 和竖直调制因子 $V\left(y_q' - y_i, z_i\right) = \exp\left[-\mathrm{j}k\sqrt{\left(y_q' - y_i\right)^2 + \left(d - z_i\right)^2}\right]$，并存储在表格中。

如果三维物体由 N_z 个二维点阵组成，每一个二维点阵有 N_y 行和 N_x 列，总的离散点数为 $N = N_z N_y N_x$。调制因子所占存储空间为 $\left(N_z N_x p + N_z N_y q\right) \times M$。在线计算时只需调这两个方向的调制因子即可获得所需物点的全息图，具体计算公式如下

$$V_S\left(y_q'\right) = \sum_{i=0}^{N_y - 1} A_i V\left(y_q' - y_i, z_i\right) \tag{9-4-3}$$

$$H_{N_y}\left(x_p', y_q'\right) = V_S\left(y_q'\right) \times H\left(x_p' - x_i, z_i\right) \tag{9-4-4}$$

式 (9-4-3) 的计算次数为 $N_y \times q$, 式 (9-4-4) 的计算次数为 $p \times q$。最后全息图由所有坐落在不同 Y 方向与不同层的点的全息图叠加获得, 总的计算次数为 $N_z \times [N_x \times (N_y \times q + p \times q) + p \times q]$, 每次计算含有一次加法和一次乘法运算。该方法由于降低了循环次数, 大大提高了计算速度。此外, 这种算法用 X、Y 两个方向的调制因子代替全息图作为存储在表格中的数据, 减小了表格所占的存储空间, 但仍然达到百 Mbytes 量级。

计算机存储器分为内存储器与外存储器, 简称内存与外存。内存储器又常称为主存储器 (简称主存), 是 CPU 能直接寻址的存储空间, 特点是存取速率快, 但是存储量要小于外部存储器, 属于主机的组成部分; 外存储器又常称为辅助存储器 (简称辅存), 属于外部设备, 例如硬盘 (HDD)。当 CPU 从内存中读取指令与数据时, 将同时访问高速缓存 (cache)。如果所需数据不在缓存中, 才从读取速率相对较慢的内存中读取, 同时把包含这个数据的数据块调入到缓存中, 这样可以在以后的数据读取中, 以较快的读取速度从缓存中对整块数据进行读取, 不必再访问内存, 提高了数据读取速度, 同时节省了 CPU 读取数据时的等待时间。总的来说, CPU 读取数据的速度是缓存 > 内存 > 外部存储器, 其数据读取示意图如图 9-4-2 所示。

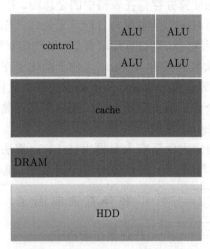

图 9-4-2　CPU 数据读取示意图

通过上述分析, 要想进一步提高 LUT 方法的计算速度, 可以通过降低在线计算时从表格数据中读取数据的时间, 这时对数据存储量的降低尤为重要。较小存储空间可以保证计算机一次性将数据读入缓存或内存中, 提高计算机的运行效率。

3. 基于点源法的 C-LUT 快速算法

表格数据压缩 (compressed look-up Table, C-LUT) 方法基于夫琅禾费衍射理

论提出。对于再现像, 可以只关注它的强度信息, 因此可以在菲涅耳区观察到夫琅禾费衍射。式 (9-4-1) 可以近似表示为

$$H_{\mathrm{FH}}\left(x_p', y_q'\right) = \sum_{i=0}^{N-1} A_i \exp\left\{jk\left[\frac{x_p'^2 + y_q'^2}{2\left(d - z_i\right)} - \frac{x_p' x_i + y_q' y_i}{\left(d - z_i\right)}\right]\right\} \qquad (9\text{-}4\text{-}5)$$

该式也可以写为

$$H_{\mathrm{FH}}\left(x_p', y_q'\right) = \sum_{i=0}^{N-1} A_i \exp\left\{jk\left[\frac{x_p'^2 + y_q'^2}{2\left(d - z_i\right)}\right]\right\} \exp\left[-jk\left(\frac{x_p' x_i + y_q' y_i}{d - z_i}\right)\right] \qquad (9\text{-}4\text{-}6)$$

式 (9-4-6) 由两部分组成, 其中, $\exp\left\{jk\left[\dfrac{x_p'^2 + y_q'^2}{2\left(d - z_i\right)}\right]\right\}$ 主要调制照明光在 Z 方向的聚焦位置, 相当于一个透镜相位因子; $\exp\left[-jk\left(\dfrac{x_p' x_i + y_q' y_i}{d - z_i}\right)\right]$ 调制照明光在 X-Y 平面内的传播方向, 相当于平面波的传播方向。如果 $d \gg z_i$, 式 (9-4-6) 可近似并进一步分解为

$$H_{FH}\left(x_p', y_q'\right) = \sum_{i=0}^{N-1} A_i \exp\left[jk\frac{x_p'^2 + y_q'^2}{2d}\right] \exp\left(-jk\frac{x_p' x_i}{d}\right) \exp\left(-jk\frac{y_q' y_i}{d}\right) \qquad (9\text{-}4\text{-}7)$$

定义 $L(z') = \exp\left[jk\dfrac{x_p'^2 + y_q'^2}{2d}\right]$ 为 Z 方向的调制因子, $H(x_p') = \exp\left(-jk\dfrac{x_p' x_i}{d}\right)$ 为 X 方向的调制因子, $V(y_q') = \exp\left(-jk\dfrac{y_q' y_i}{d}\right)$ 为 Y 方向的调制因子。式 (9-4-7) 可简化为

$$H_{\mathrm{FH}}\left(x_p', y_q'\right) = \sum_{i=0}^{N-1} A_i H\left(x_p'\right) V\left(y_q'\right) L\left(z'\right) \qquad (9\text{-}4\text{-}8)$$

可以认为三维物体是由 N_z 个二维点阵组成, 每一个二维点阵共有物点 N_{xy} 个。对于每一层上的采样点, 它们具有相同的轴向调制因子 $L(z')$, 全息图计算公式可化简为

$$H_{\mathrm{FH}}\left(x_p', y_q'\right) = \sum_{i=0}^{N_z - 1}\left[\sum_{i=0}^{N_{xy} - 1} A_i H\left(x_p'\right) V\left(y_q'\right)\right] L\left(z'\right) \qquad (9\text{-}4\text{-}9)$$

对于每一层, 若有 N_y 个点分布在同一垂直方向, 那么这些点将具有相同的水平方向调制因子 $H(x_p')$, 如果每层有 N_x 个不同垂直方向, 最后可得全息图计算公式

$$H_{\mathrm{FH}}\left(x_p', y_q'\right) = \sum_{i_z=0}^{N_z - 1}\left\{\sum_{i_x=0}^{N_x - 1}\left[\sum_{i_y=0}^{N_y - 1} A_{i_y} V\left(y_q', y_{i_y}\right)\right] H\left(x_p', x_{i_x}\right)\right\} L\left(z', z_{i_z}\right) \qquad (9\text{-}4\text{-}10)$$

　　结合 LUT 方法，本方法可由两步组成，其算法框图如图 9-4-3 所示。第一步：在离线情况下预先计算全息图，并存储于表格中。第二步：在线情况，首先从表格中读取构建目标物体点对应的 X、Y 方向的调制因子，然后乘以对应的 Z 方向调制因子，从而获得所需点的全息图。

　　由于近似，会降低 X、Y 方向的相位调制精度，引入相位调制误差。X 方向和 Y 方向的调制误差定义为

$$\left.\begin{array}{l}\varepsilon_H = \varphi'_H - \varphi_H = k\left(\dfrac{x'_p x_i}{d} - \dfrac{x'_p x_i}{d-z_i}\right) = -k\dfrac{z_i x'_p x_i}{d(d-z_i)} \\[3mm] \varepsilon_V = \varphi'_V - \varphi_V = k\left(\dfrac{y'_q y_i}{d} - \dfrac{y'_q y_i}{d-z_i}\right) = -k\dfrac{z_i y'_q y_i}{d(d-z_i)}\end{array}\right\} \quad (9\text{-}4\text{-}11)$$

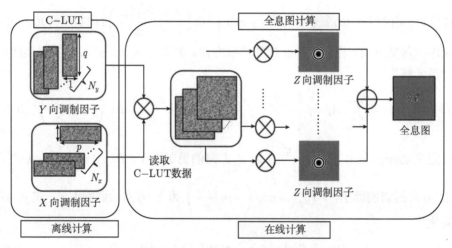

图 9-4-3　C-LUT 方法原理框图

调制误差导致再现像在 X、Y 方向上发生位置偏移，偏移误差可以表示为

$$\left.\begin{array}{l}\delta x_i = x'_i - x_i = \dfrac{d-z_i}{d}x_i - x_i = -\dfrac{z_i}{d}x_i \\[3mm] \delta y_i = y'_i - y_i = \dfrac{d-z_i}{d}y_i - y_i = -\dfrac{z_i}{d}y_i\end{array}\right\} \quad (9\text{-}4\text{-}12)$$

　　由式 (9-4-12) 可以看出，不同物点在 X、Y 方向上的位置误差大小主要由物体深度 z_i 与再现距离 d 的比值决定，如果 $z_i \ll d$，并且位置误差小于人眼分辨率可以忽略不计，但是如果误差增大时，就需要对其校正。

　　首先可以通过相位补偿的办法消除误差。相位误差补偿因子可以由前面得到的调制误差得到，由下式所示

$$\Delta\varphi_H = \Delta\varphi_V = \dfrac{d}{d-z_i} \quad (9\text{-}4\text{-}13)$$

补偿后的 X 方向调制因子变为

$$H\left(x_p'\right)^{\Delta\varphi_H} = \left[\exp\left(-\mathrm{j}k\frac{x_p'x_i}{d}\right)\right]^{\frac{d}{d-z_i}} = \exp\left(-\mathrm{j}k\frac{x_p'x_i}{d-z_i}\right) \tag{9-4-14}$$

由式 (9-4-14) 可以看出通过预补偿,调制误差得到了校正。Y 方向调制误差校正方法与 X 方向调制误差校正方法相同。但是这种方法需要在线下计算相位补偿因子,一定程度上会增加计算时间。

假设全息图上一个像素所占空间为 M,通过理论分析[7,64],传统算法 CRT、LUT、S-LUT 和 C-LUT 的计算复杂度、运算符和表格数据所占存储空间比较结果如表 9-4-1 所示。其中构建表格的立方体点阵在水平与垂直离散的点为 N_x 和 N_y,共有 N_z 个二维截面组成。

表 9-4-1   不同算法的全息图计算复杂度、运算符和存储空间的比较

算法	复杂度 (在线)	复杂度 (离线)	运算符 (在线)	运算符 (离线)	存储空间
CRT	$N_xN_yN_zpq$	0	1 exp, $1\sqrt{}$, $5\times$, $5+$	0	0
LUT	$N_xN_yN_zpq$	$N_xN_yN_zpq$	$1+$, $1\times$	1exp, $1\sqrt{}$, $5\times$, $5+$	$N_xN_yN_zpqM$
S-LUT	$N_z[N_x(N_yq +pq)+pq]$	$(N_xp+N_yq)N_z$	$1+$, $1\times$	2exp, $2\sqrt{}$, $8\times$, $2+$	$(N_xp+N_yq)MN_z$
C-LUT	$N_z[N_x(N_yq +pq)+pq]$	N_xp+N_yq	$1+$, $1\times$, 1exp, $4\times$, $1+$	2 exp, $8\times$	$(N_xp+N_yq)M$

可以看出,C-LUT 方法所占存储空间最少,离线下的运算量最小,且与三维物体层数无关,在线计算复杂度也仅比目前 S-LUT 快速算法多了一步轴向调制因子的计算。

4. 基于 C-LUT 算法的动态全息 3D 显示实验验证

为了验证上述结论,文献 [7] 作者用 MATLAB 编程进行了计算。全息图计算数据与构建的表格数据如表 9-4-2 所示。

表 9-4-2   全息图和数据表格参数

参数	数值
数据表格在水平方向的采样点数	133
数据表格在垂直方向的采样点数	133
物空间采样间隔	45μm
重建距离	1000mm

如果生成的全息图含有 512×512 个像素,每个像素所需存储空间 M 为 1bytes。对于 LUT 方法,构建一个包含 133×133×100 点全息图的表格需要的存储空间

为 512×512×1bytes×133×133×100=432Gbytes。对于 S-LUT，需要的存储空间为 (512× 1bytes×133+512×1bytes×133)×100=13Mbytes。由于本方法可以用一个二维点阵的调制因子阵表示三维点阵，所需要的存储空间为 512×133×1bytes +512×133 ×1bytes =0.13Mbytes，可以看出 C-LUT 方法从很大程度上减小了表格的存储空间。

不同方法所占存储空间的比较如表 9-4-3 所示。可以看出，LUT、S-LUT 占用存储空间随着立方体点阵层数的增加而增加，而 C-LUT 方法所需存储空间仅为一层立方体点阵数据所需的量，不随着点阵层数的增加而增加，利用本方法可以构建含有庞大数据量的表格而无需过多考虑存储空间的问题。

表 9-4-3　不同算法下存储量的比较

深度层数	LUT 使用内存/Mbytes	S-LUT 使用内存/Mbytes	C-LUT 使用内存/Mbytes
100	442 368	13	0.13
500	2 211 840	65	0.13
1000	4 423 680	130	0.13

在离线下构建表格数据消耗的时间如图 9-4-4 所示，可以看到 LUT、S-LUT 的计算时间随着立方体点阵的层数和单层点数增加而增加，C-LUT 方法与层数无关而只与单层的点数有关。

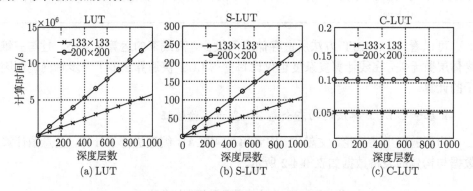

图 9-4-4　不同算法离线下计算速度的比较

如果三维物点随机分布在 10 层中，在线下计算时间的比较如图 9-4-5 所示。从图中可以看出 C-LUT 速度最快，由前面分析可知 C-LUT 在算法上比 S-LUT 多了一步轴向调制因子的运算，但是速度却比 C-LUT 快，那是因为 S-LUT 需要从三维数组读取数据，而 C-LUT 是从二维数组读取数据，并且由于 C-LUT 数据量小，可以一次性从硬盘读取到内存中，降低了数据读取时间的开支，提高了计算速度。

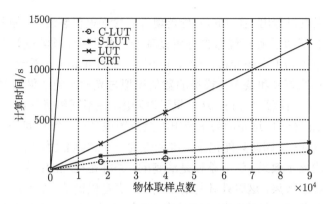

图 9-4-5   不同算法计算时间的比较

由式 (9-4-12) 可以看出，当再现距离一定，偏移误差与三维物体 x、z 有关，并在 x_{max} 处有最大值，且随着 z 增加而增加。在一定三维物体的深度范围内，调制误差引入的位置偏移量非常小，根据人眼在明视距离内能分辨的最小位移量 0.06mm，对于再现距离为 800mm，x_{max}=6mm，当物体深度小于 10mm 时，位移偏差小于人眼分辨率，误差可以忽略不计。但是随着深度的增加，位移偏差也随之增加，这时需要对其校正。

根据式 (9-4-13)，可以通过在线下计算相位补偿因子对误差进行精确校正。另外，可以通过构建一个预畸变的模型，在读取表格数据时直接读取与预畸变对应的全息图信息，为了包含所有的畸变点的全息图，所构建的表格需要以最小畸变偏移量为采样间距构建，将会增加表格的数据量。为了尽可能不增加表格的数据量，当位移偏差小于人眼观察分辨率时无需补偿，那么可以每隔 10mm 计算一次 x、y 调制因子，将其存储到内存中，对于一个深度为 20mm 的三维物体，需要计算 z=0，z=−10mm 和 z=10mm 处的调制因子，表格数据量比之前增加了 3 倍，但仍然不到 1Mbytes。

下面以五角星为模型验证误差校正的效果，如图 9-4-6 所示。

(a) 无畸变再现像 (b) z=10mm 处再现像 (c) z=20mm 处再现像 (d) 校正后再现像

图 9-4-6   误差校正

　　由实验结果可以看出，在 10mm 处再现像所含误差仍然很小，如图 9-4-6(b) 所示，在 20mm 处可以看到再现像含有明显畸变，通过所述预畸变补偿方法校正后得到的再现像与原始不含畸变再现像大小相同，如图 9-4-6(d) 所示。

　　以相同尺寸的茶杯和茶壶为模型的数值模拟与光学实验结果如图 9-4-7 所示，其中茶壶和茶杯前后相距 30mm。从结果可以看出，在不同焦面下 CCD 获得的茶壶和茶杯并不是都清楚的，这是因为重建出的全息图像是在三维空间分布的，而 CCD 是一个二维探测阵列，因此只能记录三维图像的一个二维截面。图 9-4-7(b)、(d) 表示聚焦在茶壶的显示效果，这时茶壶是清楚的，茶杯是模糊的；图 9-4-7(c)、(d) 为聚焦在茶杯的显示效果，这时茶杯是清楚的，茶壶是模糊的。从实验结果可以看出该方法很好地保留了三维物体的深度信息，并能很好地平衡 LUT 存储空间和计算速度，降低了表格数据占用的存储空间，同时提高了计算速度。

(a) 三维物体模型透视图

(b) 模拟结果聚焦在1010mm处的茶壶　　　　(c) 聚焦在980mm处的茶杯

(d) 光学实验结果聚焦在1010mm处的茶壶　　　(e) 聚焦在980mm处的茶怀

图 9-4-7　重建全息三维图像

9.4.2 曲面光源变换为平面光源的 "光源变换法"

1. 光源变换法的基本原理

第 3.5.2 节指出，可以将空间曲面光源变换为垂直于光轴的平面光源，利用标量衍射理论的基本公式计算垂直于光传播方向的任意空间平面的衍射场。从光场能量传播的角度看，这是一种能够较准确地计算空间曲面光源衍射场的方法。然而，若研究目标是重现用人眼观看的 3D 物体像，可以将着眼点放在能够较准确地重现 3D 物体的形貌方面，基于重建像景深的研究对这种方法进一步简化而提高计算速度。为便于下述讨论，将图 3-5-7 中的观测平面改为空间光调制器 (SLM)，图 9-4-8 给出描述光源变换法的坐标定义图。

图 9-4-8 中，半圆柱截面代表一 3D 物体的截面，$z = 0$ 平面是与曲面相切并垂直于光轴的平面，$z = d$ 是 SLM 平面。为将空间曲面光源的衍射场变换为 $z = 0$ 平面的衍射场，首先让一系列垂直于光轴的平面 (简称映射平面) 与空间曲面相交，，根据景深的表达式 (见 9.3.5 节) 确定映射平面的间距，将空间曲面分解为许多子曲面的集合。空间曲面光源发出的光波可以视为子曲面上的点源发出的球面波的叠加。当取样点源的分布满足取样定理时，将图中每一子曲面上所有不受到遮挡的取样点源发出的球面光波映射到与该子曲面相邻的右方映射平面上，空间曲面光源到 $z = 0$ 平面的衍射就可以等效为映射平面光源簇到 $z = 0$ 平面的衍射。

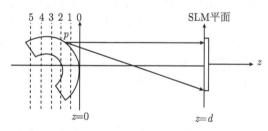

图 9-4-8 光源变换法的衍射计算坐标定义图

以图中的取样点源 p 发出的球面波映射到右方平面 1 为例，首先讨论较严格的计算方法。由于 SLM 面是一个有限尺寸的平面，当 SLM 给定后，点源 p 在平面 1 上的衍射场只包含 p 点与 SLM 窗口形成的立体角与平面 1 相交区域内 p 点发出的球面波，当平面 1 的取样点确定后，事实上点源 p 发出的球面波只映射到平面 1 的很少的几个像素点上。当子曲面上的每一取样点发出的光波通过光波场的叠加运算映射到右方平面后，映射平面则形成一个面光源。利用角谱衍射理论将每一面光源到达 $z = 0$ 平面的衍射场进行叠加，便完成空间曲面光源转换为 $z = 0$ 平面光源的变换。对于 $z = d$ 的 SLM 平面上的衍射场，可根据需要利用标量衍射理论提供的不同的计算公式进行计算。

容易看出, 通过空间曲面光源变为映射平面光源簇的方法简化了必须按照取样定理对 3D 物体较密集层析的层析法, 在同等显示质量的前提下, 映射平面的数量通常甚小于层析法使用的平面。在先前的讨论中已经指出, 3D 物体的相息图的计算可以采用点源法及面元法, 基于全息 3D 重建像景深的研究结果, 相息图的这两种计算方法能被显著简化, 9.4.3 节将对比进行专门讨论.

2. 考虑光传播遮挡效应的编程技术

3D 物体表面衍射场计算研究中, 若采用面元算法, 用最少的面元充分体现形状复杂物体的形貌是一个较复杂的问题。当面元分割完毕后, 由于部分面元因背向观察者或光传播受到物体其余部分的阻挡面不能到达观察者, 必须借助计算机图形学中较复杂的隐藏面消除理论[74] 进行程序设计。若采用上面介绍的光源变换法进行计算, 光传播的遮挡问题可以在映射面光源的形成过程中简单解决。下面, 以映射面上的一个取样点只响应最接近映射面的一个曲面上的发光点的光波为例, 作简要介绍。

基于图 9-4-8 的坐标定义, 当给定 3D 物体表面所有取样点的空间坐标并基于景深研究的最优分割宽度表达式 (9-3-66) 确定了映射面位置后, 在邻接物体的 $z = 0$ 平面首先设置一个容纳物体的观测窗, 让描述观测窗的二维数组的取样数与映射面取样数相同, 并全部置零, 表示窗口上任意位置均能观看物体。此后, 逆着光轴方向逐一考察子曲面上的取样点, 按照点源发出球面波的表达式, 让子曲面上最接近映射面的取样点发出的光波映射到映射面取样点上, 当映射面上的取样点获得了该点的光信息后, 让观测窗数组对应元素置 1, 表示从观测窗口只能看到该物点发出的光信息, 不再接受其余物点发出的光波。按照上述方法设计程序后, 便能较好地完成空间曲面光源向平面光源的转换, 完成一个视角方向的 3D 物体衍射场的计算。

3. 单色光照明的虚拟 3D 物体衍射场计算及物体像重建实验

作为上述讨论的一个实验证明, 现给出一个虚拟 3D 物体的衍射相息图计算及 LCOS 重建像实验。沿用图 9-3-4 的实验研究光路, 令虚拟的物体为立体字符 "3D", 照明光为波长 $\lambda = 0.000\ 532$mm 的绿色激光, 空间光调制器的像素宽度 $\Delta x = \Delta y = 0.0064$mm, 像素阵列为 1920×1080, 衍射距离 $d = 1200$mm。图 9-4-9 给出实验重建结果, 图中, (a) 为作者自编软件生成的有一定旋转角的 $z = 0$ 平面看到的立体字符图像 (1024×1024 像素), 按照视场宽度的研究, 令图像宽度 $\frac{\lambda d}{\Delta x} = 99.75$mm。基于字符的空间坐标数据, 利用光源变换法计算到达 LCOS 平面的衍射场并形成相息图后, 图 9-4-9(b)~(d) 分别给出观测屏上拍摄的三个图像。其中,

图 9-4-9(b) 是未加载闪耀光栅形成的图像, 图 9-4-9(c) 和 (d) 是加载了不同线性相
位的闪耀光栅的重建图像。可以看出, 由于 LCOS 的重建像存在较强烈的零级衍
射干扰, 如果没有特别的零级衍射斑消除技术, 让一个重建像周期完全平移到中央
(图 9-4-9(d)) 并不是好的选择。根据图像内容加载合适的线性相移于相息图, 能得
到强度较高却能与零级衍射斑分离的图像 (图 9-4-9(c))。

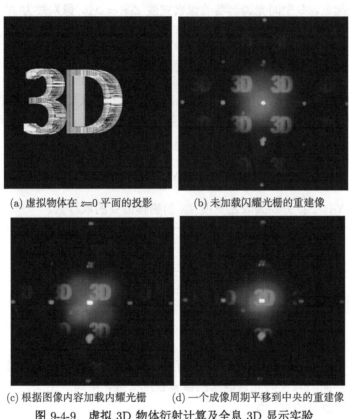

(a) 虚拟物体在 $z=0$ 平面的投影　　　　　(b) 未加载闪耀光栅的重建像

(c) 根据图像内容加载内耀光栅　　(d) 一个成像周期平移到中央的重建像

图 9-4-9　虚拟 3D 物体衍射计算及全息 3D 显示实验

(彩图见附录 C 或者见随书所附光盘)

4. 真彩色虚拟 3D 物体相息图及加载闪耀光栅的计算

在图 9-4-8 中, 将 3D 物体表面形成的曲面光源变换为平面光源时, 映射面向
$z = 0$ 平面的衍射计算采用的是 D-FFT 算法, 对于任意给定的光波长, 映射面的
取样数及取样间隔均保持不变, 在 $z = 0$ 平面得到的是同一尺寸的平面光场。然
而, 当进行 $z = 0$ 到空间光调制器 $z = d$ 平面的衍射计算时, 如果采用的是 S-FFT
算法, 当 $z = 0$ 平面的取样间隔及取样数确定后, 计算而得的空间光调制器像素间
隔将随波长而变化。由于商品化的空间光调制器的像素宽度总是确定的, 应让计算

而得的相息图的取样间隔与空间光调制器的像素宽度一致。此外, 若空间光调制器像素间隔为 Δx, 用同一空间光调制器进行物体 3D 像显示时, 视场宽度为 $\lambda d / \Delta x$, 不同色光的视场宽度不同, 视场中心点不重合。为形成真彩色物体的 3D 像, 还应引入闪耀光栅技术让三基色光的重建像相重合。现分别对这两个问题进行研究。

1) 真彩色虚拟 3D 物体相息图的计算

为简明起见, 令空间光调制器的像素宽度 $\Delta x = \Delta y$, 像素数为 $N \times N$, $z = 0$ 平面的取样数亦是 $N \times N$。当使用 S-FFT 法计算衍射时, $z = 0$ 平面上取样间隔 Δx_0 是波长的函数, 即

$$\Delta x_0 = \frac{\lambda d}{N \Delta x} \tag{9-4-15}$$

为让给定宽度 L_0 的虚拟物体在不同波长照明下的重建像具有相同物理尺寸, 应根据波长选择不同的取样间隔。令红、绿、蓝三基色激光在 $z = 0$ 平面的取样间隔依次为 Δx_R、Δx_G、Δx_B, 则有

$$L_0 = N_R \Delta x_R = N_G \Delta x_G = N_B \Delta x_B \tag{9-4-16}$$

式中, N_R、N_G、N_B 分别为表述宽度 L_0 的物体需要的取样数。

令红、绿、蓝三基色激光的波长分别为 λ_R、λ_G、λ_B, 将式 (9-4-15) 代入式 (9-4-17), 有

$$N_R \lambda_R = N_G \lambda_G = N_B \lambda_B \tag{9-4-17}$$

若固定红光的取样间隔 Δx_R, 则有

$$\Delta x_G = \Delta x_R \lambda_G / \lambda_R, \quad \Delta x_B = \Delta x_R \lambda_B / \lambda_R \tag{9-4-18}$$

按照式 (9-4-18) 对物体进行取样, 通过衍射计算形成相息图后, 则能让计算而得的相息图的取样间隔与空间光调制器的像素宽度一致, 用同一空间光调制器重现同一尺寸的三种色光的重建像。

2) 相息图加载闪耀光栅的计算

空间光调制器作全息 3D 显示时, 通常只选择光轴附近某一象限的视场。现以第一象限视场为例, 讨论三基色光重建像的空间位置重合问题。

第一象限三基色光的视场中心坐标分别为 $\left(\dfrac{\lambda_R d}{2\Delta x}, \dfrac{\lambda_R d}{2\Delta x}\right)$, $\left(\dfrac{\lambda_G d}{2\Delta x}, \dfrac{\lambda_G d}{2\Delta x}\right)$, $\left(\dfrac{\lambda_B d}{2\Delta x}, \dfrac{\lambda_B d}{2\Delta x}\right)$, 若固定红光视场, 应在其余两种色光的相息图中引入线性相位因子, 让这两种色光重建像视场沿 x 轴及 y 轴正向分别平移 $\dfrac{(\lambda_R - \lambda_G) d}{2\Delta x}$, $\dfrac{(\lambda_R - \lambda_B) d}{2\Delta x}$。

令某种色光照明下经过衍射计算获得的相息图为 $\exp[\mathrm{j}\Theta(x, y)]$, 引入线性相位因子 $\exp[\mathrm{j}k(ax + by)]$ 后, 重建光在 $z = 0$ 平面的光波场 $U_0(x_0, y_0)$ 可由菲涅耳

衍射逆运算给出

$$U_0(x_0, y_0) = \frac{\exp(-\mathrm{j}kd)}{-\mathrm{j}\lambda d} \int_{-\infty}^{\infty} \int_{-\infty}^{\infty} \{\exp[\mathrm{j}\Theta(x, y)] \exp[\mathrm{j}k(ax + by)]\}$$
$$\times \exp\left\{-\mathrm{j}\frac{k}{2d}[(x_0 - x)^2 + (y_0 - y)^2]\right\} \mathrm{d}x\mathrm{d}y \qquad (9\text{-}4\text{-}19)$$

式中, $k = 2\pi/\lambda$。

将大括号内的线性相位因子移到括号外, 容易整理为

$$U_0(x_0, y_0) = \frac{\exp(-\mathrm{j}\,kd)}{-\mathrm{j}\,\lambda\,d} \exp\left[-\mathrm{j}\frac{k}{2d}\left(x_0^2 + y_0^2\right)\right]$$
$$\times \exp\left\{\mathrm{j}\frac{k}{2d}\left[(x_0 + ad)^2 + (y_0 + bd)^2\right]\right\} \int_{-\infty}^{\infty} \int_{-\infty}^{\infty} \exp\left[\mathrm{j}\Theta\left(x, y\right)\right]$$
$$\times \exp\left\{-\mathrm{j}\frac{k}{2d}\left[(x_0 + ad - x)^2 + (y_0 + bd - y)^2\right]\right\} \mathrm{d}x\mathrm{d}y \qquad (9\text{-}4\text{-}20)$$

由于积分号前的相位因子对光强分布不产生影响, 上式表明, 线性相位因子的引入让重建像视场沿 x 轴及 y 轴产生 $(-ad, -bd)$ 的平移。

若保持红光相息图不变, 令绿光及蓝光相息图应引入的线性相位因子分别为 $\exp[\mathrm{j}ka_{\mathrm{G}}(x + y)]$、 $\exp[\mathrm{j}ka_{\mathrm{B}}(x + y)]$, 为让三种色光重建场的中心重合, 则有 $\frac{(\lambda_{\mathrm{R}} - \lambda_{\mathrm{G}})d}{2\Delta x} = -a_{\mathrm{G}}d$, $\frac{(\lambda_{\mathrm{R}} - \lambda_{\mathrm{B}})d}{2\Delta x} = -a_{\mathrm{B}}d$, 即

$$a_{\mathrm{G}} = -\frac{\lambda_{\mathrm{R}} - \lambda_{\mathrm{G}}}{2\Delta x}, a_{\mathrm{B}} = -\frac{\lambda_{\mathrm{R}} - \lambda_{\mathrm{B}}}{2\Delta x} \qquad (9\text{-}4\text{-}21)$$

线性相位因子的引入等效于对空间光调制器加载了一个闪耀光栅, 因此, 对重建像场平移的技术被称为加载闪耀光栅的技术[45]。加载闪耀光栅让图像平移后, 图像强度会发生改变, 为能够真实重建彩色物体像, 还应考虑对色彩分量强度的预先补偿问题。关于图像平移时伴随强度改变的定量讨论, 读者可以从文献 [45] 中获得更详细的信息。

9.4.3 基于全息 3D 显示像的景深对 LUT 算法及面元算法的改进

基于 LCOS 全息 3D 显示系统重建像景深的研究, 还可以对 LUT 及面元算法进行改进, 减小 LUT 算法的存储空间, 显著提高相息图的计算速度。以下先给出 3D 成像系统离焦像实验结果, 然后分别介绍对 LUT 及面元算法的改进研究[66]。

1.3D 成像系统离焦像实验研究

在空间中建直角立坐标 $o\text{-}xyz$, 图 9-4-10 是形成相息图的坐标定义图, 其中 $z = 0$ 平面是 LCOS 所在平面, 物体设计为 4 个平面发光字符 "A"、"B"、"C"、"D",

它们依次放置于 $z = -d$, $z = -(d+\Delta d)$, $z = -(d+2\Delta d)$, $z = -(d+3\Delta d)$ 的 4 个平面上。其位置如图所示。令字符沿光轴方向传播的是波长 $\lambda = 0.000532\text{mm}$ 的平面波, 到达 $z = 0$ 平面的光波场可以视为每一平面光源发出光波的光波场叠加。为考察理想像与在焦深范围内的离焦像的区别, 令成像距离 d 处的焦深为 d_h, 选择 d=400mm、d=1200mm 以及 $\Delta d = d_h/3$ 进行两组实验。由于实验时采用的 LCOS 像素宽度 $\Delta x = \Delta y$=0.0064mm, 将图 9-4-10 中每一平面的宽度设为 $\lambda d/\Delta x$ 进行相息图的计算。

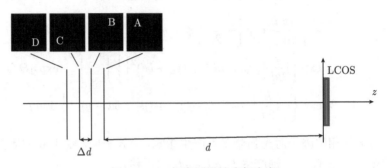

图 9-4-10　相息图设计坐标定义

通过理论计算获得相息图后, 实验研究按照图 9-3-4 的光路进行。图 9-4-11 及图 9-4-12 是利用数码相机在观测屏拍摄的靠近光轴的 4 个周期重现像。在这两组图像中, $\Delta d = 0$ 的图像对应于 4 个字符光源在 $z = -d$ 同一平面的情况, 是理想的重建像, $\Delta d \neq 0$ 对应的图像是在焦深范围内的重建像。可以看出, 焦深范围内的重建像与理想像之间没有可以察觉的区别, 式 (9-3-66) 的结论得到了实验证明。

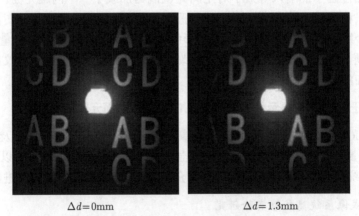

Δd=0mm　　　　　　　　　　Δd=1.3mm

图 9-4-11　d=400mm 时的重建像与焦深范围内的离焦像比较

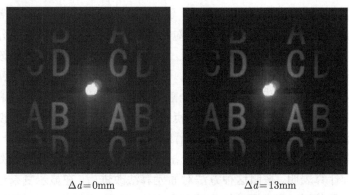

$\Delta d = 0\mathrm{mm}$ $\Delta d = 13\mathrm{mm}$

图 9-4-12 $d = 1200\mathrm{mm}$ 时的重建像与焦深范围内的离焦像比较

2. LUT 算法的改进

改进研究示意图由图 9-4-13 给出, 图中, 定义 $z=0$ 平面为 LCOS 平面, $z = -d$ 为与三维物体相切的平面。如果沿光轴负向将物体按照式 (9-3-66) 分割成厚度为焦深 d_h 的层面, 根据焦深的物理意义, 每一层物体表面上的取样点集 P_0 沿光轴方向发出的光波可以等效于点集 P_0 在前方分割面的投影点集 P_T 发出的光波, 只要在计算时引入投影光程变化产生的相位变化, 便能利用分割面上的点源衍射场代替空间曲面上的衍射场。按照这个结论, LUT 算法中预先设计的三维空间中以一定密度分布点源, 可以修改为数量较少的二维平面上的点源, 显著减少形成表格时需要的计算量及存储空间

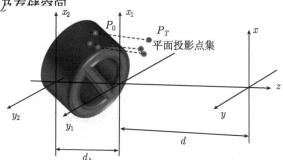

图 9-4-13 LUT 算法的改进研究示意图

3. 面源算法的改进

面源法的改进研究示意图由图 9-4-14 给出。仍然定义 $z = 0$ 平面为 LCOS 平面, $z = -d$ 为与 3D 物体相切的平面。沿光轴负向将物体按照式 (9-3-66) 分割成厚度为焦深 d_h 的层面后, 由于引起人眼对图像三维感觉的是图像的强度分布, 每一层物体表面上的倾斜微面光源沿光轴方向发出的光波, 可以等效于倾斜微面光

源在前方分割面的投影光源发出的光波。于是，给定 3D 物体及成像距离后，可以用距离为焦深且垂直于光轴的平行平面对物体进行分割，将物体表面分割为一系列曲面光带，从人眼观察物体像的角度看，每一光带发出的光波等效于该光带在光轴方向投影于分割面的光源发出的光波。于是，面元分割法的衍射计算则转化为曲面光带上不同形状的面元 P_0 在邻近分割平面上的投影面元 P_T 发出的光波。由于数值计算总是通过分割平面上的取样点进行的，事实上不必再进行投影光源分解为微面光源的烦琐计算，利用常用的衍射计算方法便能直接获得每一分割面上投影光源的衍射场。因此，简化后的面元法计算与 9.4.2 节简化后的光源变换法相似。作者编程计算表明，按照这种方法对面元算法改进后，在显示复杂形状物体的同等质量 3D 图像时，相息图的计算速度通常比常规面元法快 100 倍以上。

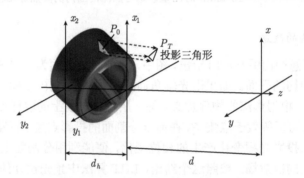

图 9-4-14　面源法的改进研究示意图

9.5　全息 3D 动画算法探析

　　20 世纪发明的全息术是适应人眼直接观看的真三维显示技术。尽管目前空间光调制器的像素及阵列尺寸还不能满足大视场角及高分辨率显示的要求，全息图的计算速度还不能实现实时显示，然而，随着科技的进步，这类问题会逐步得到解决。由于全息 3D 显示能够用裸眼直接观看 3D 物体的动态图像，对于科学研究及文化娱乐均有重要意义，基于全息 3D 显示技术的动画算法研究是应该同步进行的工作。

　　为便于全息 3D 动画显示研究，本节介绍一些必要的计算机图形学的基本知识[74]，建立描述 3D 物体表面的空间数据群概念，了解生成不同颜色及不同照明条件的虚拟物体的表示方法。讨论在 3D 重现空间中引入动画角色并让动画角色在重建空间中做不同形式运动的方法。掌握这些基本理论后，读者可以自己动手编程和通过实验进行深层次的研究。

9.5.1 3D 物体表面的数字描述及基本建模技术

1. 描述 3D 物体形貌的数据群

在 3D 传感及传统影视动画研究中，3D 物体的表面通常由表面取样点的 3 个独立坐标值描述。为描述物体的色彩，在计算机中的取样点常用三基色分量值描述，即还应再加上 3 个独立的分量，成为 6 个分量。在物体建模时，通常要考虑物体所处的照明环境，让物体表面在不同的照明条件下有不同的响应，这时还应知道取样点所处位置的法线方向。为计算这个数值，必须引入与该点最邻近取样点的空间坐标。因此，在 3D 显示的应用研究中，描述一个取样点时通常还应增加邻近取样点的信息，让取样点的描述多于 6 个分量。但是，物体表面取样点的空间坐标是最基本数据，将空间中的物体抽象为一个空间坐标数据群，利用解析几何知识，便能对物体进行平移、旋转及变形操作。作为实例，基于一个古希腊青年头像雕塑的数据群，图 9-5-1 给出对数据群作旋转操作后显示的不同视角的四幅图像。

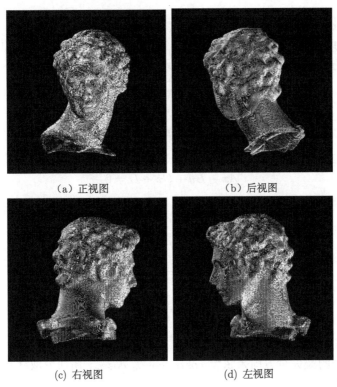

(a) 正视图   (b) 后视图

(c) 右视图   (d) 左视图

图 9-5-1 对雕塑头像数据群作旋转操作后不同视角的图像

2.物体表面颜色及光照特性的表示方法

　　物体表面的颜色取决于组成物体表面的取样点颜色。在计算机图形学中取样点由像素表示，像素的颜色通常由取值在 0~255 的红、绿、蓝三基色分量构成。根据三基色理论[74]，基色分量的大小决定了基色光的亮度，混合色的亮度等于各基色亮度之和，三基色的比例决定混合色的色调 (即颜色)，不同强度的白色是三基色按照同一量值合成的结果。在计算全息研究中，彩色物体的光波衍射由三基色光的分别衍射计算实现。在白光照明下，取样点对不同基色光的反射率正比于该点法线与照明光矢量的夹角余弦，并取决于物点对基色光的吸收特性。因此，在给定 3D 物体表面的吸收特性、取样点空间坐标及照明光的角度后，计算取样点处的表面法线方向是必须进行的工作。当物体表面由微面元的组合构成时，微面元的法线方向可以由面元上不在一条直线的三个点确定。当物体表面由大量点源构成时，取样点的法线方向可以视为该点与最邻近的两个取样点构成的三角形面元的法线方向。因此，无论是采用点源法或面源法计算，取样点或取样面元法线方向的计算方法是相同的。

　　在直角坐标系 $O\text{-}xyz$ 中，设 (x_p, y_p, z_p) 为所研究的取样点，(x_1, y_1, z_1) 与 (x_2, y_2, z_2) 为与所研究点最邻近的两点，且三点构成一个三角形的顶点，三角形所在平面的方程是[76]

$$\begin{bmatrix} x-x_1 & y-y_1 & z-z_1 \\ x_2-x_1 & y_2-y_1 & z_2-z_1 \\ x_p-x_1 & y_p-y_1 & z_p-z_1 \end{bmatrix} = 0 \tag{9-5-1}$$

展开后可以写为

$$Ax + By + Cz + D = 0 \tag{9-5-2}$$

三角形法线的方向余弦即为

$$\begin{cases} \cos\alpha = \dfrac{A}{\pm\sqrt{A^2+B^2+C^2}} \\[3mm] \cos\beta = \dfrac{B}{\pm\sqrt{A^2+B^2+C^2}} \\[3mm] \cos\gamma = \dfrac{C}{\pm\sqrt{A^2+B^2+C^2}} \end{cases} \tag{9-5-3}$$

其中，根号前的符号与 D 相反。

　　令照明光的波矢量方向余弦为 $\cos\alpha_e, \cos\beta_e, \cos\gamma_e$，所研究取样点的光波复振幅可以表示为

$$A_p = a_p \left(\cos\alpha_e\cos\alpha + \cos\beta_e\cos\beta + \cos\gamma_e\cos\gamma\right)\exp\left(\mathrm{j}\varphi_p\right) \tag{9-5-4}$$

式中，a_p 是与物体表面反射率成正比的量，φ_p 是一随机相位。

在形成相息图时，若用点源法进行衍射计算，利用式 (9-5-4) 所确定的复振幅并参照式 (9-4-1) 写出该点所发出的球面波；当用面元法进行衍射计算时，可用面元各顶点的振幅平均值作为面元振幅，相位取一随机量。

图 9-5-1 便是上述研究的一个应用实例。该图是分别设计了照明光及环境反射光的方向后，令 a_p 为常数，基于雕塑头像的空间坐标数据群形成的图像。

3. 3D 物体的二维显示及色彩渲染

在虚拟 3D 物体的建模过程中，为实时了解建模效果，通常可以像图 9-5-1 那样在计算机的屏幕上显示某一视角的图像。当拥有物体在直角坐标系 $O\text{-}xyz$ 中的空间坐标点群及每一点的色彩信息后，可以参照第 9.4.2 节中考虑光传播遮挡效应的编程技术进行显示。

例如，若期望沿 z 轴的负向观看物体，在邻接物体的 $z=0$ 平面首先设置一个容纳物体的观测窗，让描述观测窗的二维数组的取样数与显示屏上图像区的取样数相同，并全部置零。此后，逆着 z 轴方向逐一考察空间坐标点群的取样点，让最近接观测窗的取样点逐一放在图像区像素点上，每在图像区放置一个像素，观测窗数组的对应元素置 1，表示该点之后的物体表面取样点已经被前面的取样点遮挡，不能再显示在屏幕上。按照上述方法设计程序后，便能用二维屏幕较满意地显示三维图像。

当 3D 物体表面的空间坐标点群知道后，物体表面的颜色及光照特性可以参照目前流行的许多 3D 建模软件技术[70] 进行多种形式的渲染及变换。例如，选择一个色调，让物体表面的亮度由最接近观察者向离开观察者的方向逐渐减小，有效增强 3D 物体的体积感 (图 9-5-2(a))；或者，让所设计的 3D 物体表面附着一幅精美的图画，使最终全息 3D 显示图像的内容更丰富多彩 (图 9-5-2(b))。

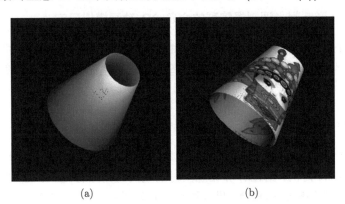

(a)　　　　　　　　　　(b)

图 9-5-2　虚拟 3D 物体的色彩渲染实例

(彩图见附录 C 或者见随书所附光盘)

4.3D 动画角色的引入与控制

建立了在空间中代表 3D 物体的坐标点群的概念后，将不同的物体作为动画角色放置于动画场景中便不再困难。并且，通过计算机编程，按照设计者或导演的意图，对每一点群分别进行旋转、平移及变形的控制，便能让场景中的动画角色上演出生动活泼的全息 3D 动画。图 9-5-3 给出将图 9-5-2(b) 的物体缩小后引入图 9-5-1 场景的两个动画瞬间图像。

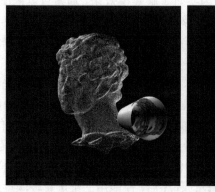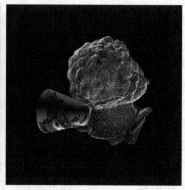

图 9-5-3　动画建模的两个瞬间图像

(彩图见附录 C 或者见随书所附光盘)

尽管目前相息图的计算速度还达不到 25 帧/秒，但预先将表示动画的一系列相息图计算好存入计算机内存，将相息图以大于 25 帧/秒的速率加载于空间光调制器，便能进行全息 3D 动画的演示。

9.5.2　基于环形空间光调制器阵列的全息 3D 动画模拟研究

利用多个空间光调制器拼接成环形 SLM 系统是一种便于实现的扩大视角的技术手段[46]。为便于应用研究，下面介绍适应于这种系统的相息图计算方法及全息 3D 动画模拟实例。

1. 与环形空间光调制器相适应的坐标定义

设空间光调制器 SLM 窗口平面间夹角为 θ，图 9-5-4 以两个沿圆环形 (图中虚线) 排列的 SLM 为例，给出计算相息图时的空间直角坐标定义。图中，每一 SLM 的 z 坐标与圆环的轴线相重合，坐标原点是垂直于每一 SLM 的窗口并通过窗口中心直线的交点。在进行计算时，每一 SLM 的相息图在它对应的坐标中进行计算。

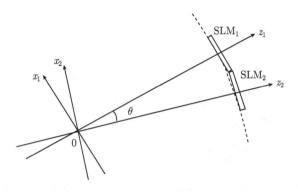

图 9-5-4　圆环形排列的 SLM 坐标定义 (z_1, z_2 轴垂直于图面)

2. 动画角色的引入及相息图的计算

建立了表示物体表面的空间坐标点群的概念后，物体或动画角色的引入即变为在物空间中放入数据点群的操作。图 9-5-5 是在图 9-5-4 的坐标中引入两个物体的图像。为了能够分别控制不同的物体，在编写程序时应分别对不同的物体分配不同的数据空间及给予不同的名称。例如，可将图中物体 1 及物体 2 在 SLM_1 及 SLM_2 坐标系中的空间坐标点群分别表示为

(1) SLM_1 坐标系。

物体 1：obj1 (x_{1i}, y_{1i}, z_{1i})　　$(i = 1, \cdots, N_1)$

物体 2：obj2 (x_{1i}, y_{1i}, z_{1i})　　$(i = 1, \cdots, N_2)$

(2) SLM_2 坐标系。

物体 1：obj1 (x_{2i}, y_{2i}, z_{2i})　　$(i = 1, \cdots, N_1)$

物体 2：obj2 (x_{2i}, y_{2i}, z_{2i})　　$(i = 1, \cdots, N_2)$

根据解析几何理论，图 9-5-5 中同一物体的坐标点在两坐标系中的关系为

$$\begin{cases} x_{2i} = x_{1i}\cos\theta + z_{1i}\sin\theta \\ z_{2i} = z_{1i}\cos\theta - x_{1i}\sin\theta \\ y_{2i} = y_{1i} \end{cases} \tag{9-5-5}$$

利用式 (9-5-5)，便能将在某一坐标系中建模的 3D 物体的坐标点群转换到需要的坐标中。

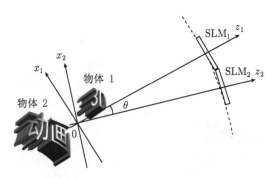

图 9-5-5　圆环形排列的 SLM 坐标中引入两物体后的图像

在进行动画建模时, 物空间中还可以根据需要再引入新的物体, 但其操作方法是类似的。当给定环形排列的 SLM 个数后, 对于给定的时刻, 所有物体的坐标在物空间中是确定值。为计算该时刻每一 SLM 上的相息图, 应先求出每一物体在每一 SLM 坐标系中的坐标点群, 然后, 按照 9.4.2 节所介绍的考虑光传播遮挡效应的编程技术, 依次计算该时刻每一空间光调制器上的相息图。

3. 几个视角的动画场景相息图计算及模拟实验

设空间光调制器 SLM 的像素宽度为 Δx, 照明光波长为 λ, 环形 SLM 系统相邻两面空间光调制器的夹角通常设计为 $\theta = \lambda / \Delta x$(弧度)。按照上面的讨论, 便能按照 θ 角为旋转单位编写程序进行不同视角 3D 动画场景的建模及通过衍射计算形成相应的相息图。在环形系统建成之前, 可以利用单一空间光调制器的模拟或实验观看不同视角的图像, 下面给出研究实例。

模拟实验研究光路与图 9-3-4 相同, 为便于阅读, 由图 9-5-6 重新给出。波长为 0.000 532mm 的绿色激光经扩束及准直后由垂直方向射向半反半透镜 PS, 经 PS 反射的光波投向 LCOS 形成重建波。由 LCOS 出射的光波穿越半反半透镜 PS 到达观测屏, 在屏上可以观测到重建图像。加载于 LCOS 的是由 "3D 动画" 4 个立体字形成的虚拟物体的相息图, LCOS 到观测屏的衍射距离 $d=1200$mm。LCOS 的像素间距 $\Delta x = \Delta y = 0.0064$mm, 开口率 $\alpha = \beta = 0.93$, 面阵数 $N_x = 1920$, $N_y = 1080$。

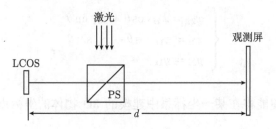

图 9-5-6　单一 LCOS 模拟研究多个 SLM 环形排列显示出大视角 3D 图像的简化光路

　　由于单一 LCOS 的重现像视角为 $\theta = \lambda/\Delta x = 4.7651°$，实验图 9-5-7 分别给出相隔 4.5° 的 6 个视角 3D 场景的理论模拟图像及实验拍摄图像的比较。其中，模拟图像是基于 3D 物体的建模及衍射计算获得相息图后，利用相息图及衍射逆运算获得的 $z = 0$ 平面的图像；实验拍摄图像是利用彩色数码相机在观测屏拍摄的。

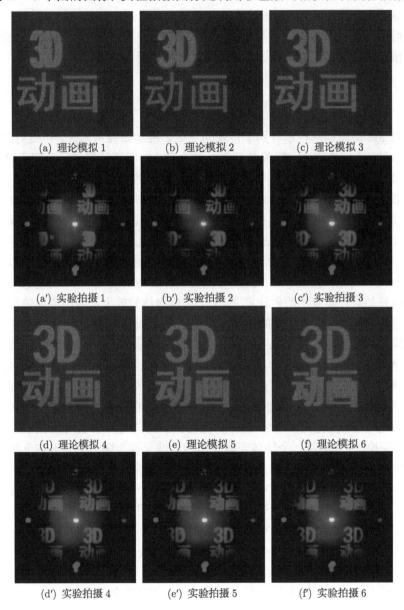

图 9-5-7　环形 SLM 系统相隔 4.5° 的 6 个视角 3D 场景的理论模拟及实验拍摄图像的比较
(彩图见附录 C 或者见随书所附光盘)

　　根据本章讨论知, 实验时在观测屏上出现周期性的重建像, 并且实际应用时只选择光轴附近某一个周期的图像, 理论模拟只给出一个周期的重建图像。将理论模拟与实验拍摄图像相比较可以看出, 理论模拟与实验测量十分吻合。所列的图像形象地反映了 "3D" 及 "动画" 两组立体字随视角变化而让观察者看到的不同侧面。

　　可以看出, 由于标量衍射理论能够非常准确地模拟光传播的物理过程, 正确使用标量衍射理论及计算机图像显示技术编写程序后, 可以利用计算机进行全息 3D 动画的模拟编导研究, 为全息 3D 动画的应用研究提供方便。

9.6　结束语

　　全息 3D 动画显示技术有别于传统的三维影视动画技术, 基于作者对全息 3D 显示技术的理解, 本章对 3D 物体衍射场及全息 3D 动画计算进行了初步讨论, 随着光电显示技术的进步, 许多内容需要在今后的研究中逐步完善。

　　在数学建模形成 3D 物体以及设计动画时, 作者只介绍了最基本的 3D 物体建模及显示的技术。实际建模时, 应借鉴目前已经比较成熟的三维影视动画技术[77,78]。然而, 与目前流行的三维影视技术相比, 全息 3D 显示又拥有完全不同的技术内容。当一个 3D 物体的相息图形成后, 物体像的横向平移及旋转可以通过相息图乘上一个线性相位因子及相息图相位的坐标旋转实现, 并不一定直接从 3D 模型的建模开始进行重复的衍射计算。此外, 重建物体的放大及缩小可以使用已经形成的相息图, 基于傅里叶变换的相似性定理实现。如何灵活应用这些理论知识, 将数字图像处理及三维影视动画技术融入全息 3D 显示, 是一个重要的研究课题。

　　全息 3D 动画的 "角色" 可以是数学建模的虚拟物体, 也可以是数字全息记录的实际物体, 将数字全息波前重建获得物平面二维光波场视为 "物", 则能通过经典的衍射计算公式计算由该物体在新的光波照明下在任意给定位置的光波场, 再形成相应的相息图 (见附录 B22 的计算实例)。回顾本章 3D 物体表面衍射场计算的 "光源变换法" 知, 将一个物体表面发出的光波变换为邻近物体并与光轴垂直的平面光波场后, 虚拟 3D 物体的发光特性也可以完全由二维光波场表示。不难想象, 当编辑或导演一个全息 3D 动画时, 可以预先将动画角色对应的二维光波场复振幅以二维数组的形式存储于计算机, 形成可以调用的 3D 全息元件, 基于衍射理论建立了相关的调用及控制这些角色运动的技术后, 便能像传统 3D 动画一样, 同时进行这两类物体 3D 像的混合显示, 形成生动活泼的全息动画。

　　全息 3D 显示研究领域还存在许多期待着科学工作者开垦与耕耘的 "处女地", 进一步研究与全息 3D 动态显示相关的理论及技术具有重要意义。

参 考 文 献

[1] 王涌天. 三维呈现. 中国计算机学会通讯, 2013, 9(11): 16-17

[2] 王琼华, 梁栋. 裸视三维显示技术. 中国计算机学会通讯, 2013, 9(11): 18-21

[3] 李海峰, 苏忱. 可探入光场三维显示. 中国计算机学会通讯, 2013, 9(11): 22-25

[4] 贾甲, 曹良才, 金国藩. 一种真三维显示技术. 中国计算机学会通讯, 2013, 9(11): 26-31

[5] Gabor D. Proc. Roy. Soc(London), Ser A, 1949, 197: 545

[6] 李俊昌, 熊秉衡. 信息光学理论与计算. 北京: 科学出版社, 2009

[7] 贾甲. 全息三维显示中计算全息图的快速生成算法及系统设计. 北京理工大学博士论文, 2013

[8] Zhang H, Xie J H, Liu J, et al. Optical reconstruction of 3D images by use of pure-phase computer-generated holograms. Chinese Optics Letters, 2009, 7(12): 1101-1103

[9] Pan Y J, Wang Y T, Liu J, et al. Analytical brightness compensation algorithm for traditional polygon-based method in computer-generated holography. Applied Optics, 2013, 52(18): 4391-4399

[10] Huang L, Chen X, Mühlenbernd H, et al. Three-dimensional optical holography using a plasmonic metasurface. Nat. Commun., 2013, 4: 2808

[11] 马建设, 夏飞鹏, 苏萍, 等. 数字全息三维显示关键技术与系统综述. 光学精密工程, 2012, 20(5): 1141-1152

[12] Gao H Y, Li X, He Z H, et al. Real-time holographic display based on a super fast response thin film. J. Phys. : Conf. Ser. 415 012052

[13] Chang C, Xia J, Jiang Y. Holographic image projection on tilted planes by phase-only computer generated hologram using fractional Fourier transformation. Journal of Display Technology, 2014, 10(2): 107-113

[14] Sang X, Fan F, Jiang C, et al. Demonstration of a large-size real-time full-color three-dimensional display. Opt. Lett., 2009, 34(24): 3803-3805

[15] Sang X, Fan F, Choi S, et al. Three-dimensional display based on the holographic functional screen. Opt. Eng., 2011, 50(9): 091303-1-4

[16] Zheng H D, Wang T, Dai L M, et al. Holographic imaging of full-color real-existing three-dimensional objects with computer-generated sequential kinoforms. Chinese Optics Letters, 2011, 9(4): 040901-4

[17] 沈永欢, 等. 实用数学手册. 北京: 科学出版社, 2004

[18] Liu Y, Dong J, Pu Y, et al. High-speed full analytical holographic computations for true-life scenes. Optics Express, 2010, 184: 334–335

[19] Liu Y Z, Dong J W, Pu Y Y, et al. Fraunhofer computer-generated hologram for diffused 3D scene in Fresnel region. Optics letters, 2011, 36(11): 2128-2130

[20] Liu Y Z, Pang X N, Jiang S J, et al. Viewing-angle enlargement in holographic augmented reality using time division and spatial tiling. Opt. Express, 2013, 21(10):

12068-12075

[21] 张公瑞, 章权兵, 韦穗, 等. LCOS 面板相位调制分析及用于全息再现系统. 激光与光电子学进展, 2009, 46(12): 95-98

[22] 韦穗. 全息成像概论. 合肥: 安徽大学出版社, 2013

[23] 沈川, 张成, 刘凯峰, 等. 基于像素结构空间光调制器的全息再现像问题研究. 光学学报, 2012, 32(3): 0309001

[24] 宋庆和, 李俊昌, 桂进斌, 等. 全息图像缩放对数字微镜重建显示的影响研究. 光子学报, 2009, 38(5): 1187-1191

[25] 李俊昌, 宋庆和, 桂进斌. 数字微镜用于菲涅耳衍射全息显示的理论研究. 光子学报, 2009, 38(6): 1459-1463

[26] 李俊昌, 桂进斌, 楼宇丽, 等. 漫反射三维物体计算全息图算法研究. 激光与光电子学进展, 2013, 50(2): 020903

[27] Zhang Y P, Zhang J Q, Chen W, et al. Research on three-dimensional computer-generated holographic algorithm based on conformal geometry theory. Optics Communications, 2013, 309: 196-200

[28] Meitzler T J, Bednarz D, Lane K, et al. Comparison of 2D and 3D displays and sensor fusion for threat detection, surveillance and telepresence. Aero Sense, 2003

[29] http://www. zebraimaging. com/products/print-a-hologram

[30] Pierre St-Hilaire S A B, Lucente M, Sutter J D, et al. Advances in holographic video. Present at the Proceedings of SPIE, 1990, 1914: 188-196

[31] Hilaire P S, Benton S A, Lucente M. Synthetic aperture holography: a novel approach to three-dimensional displays. Journal of Optics Society of American A, 1992, 9(11): 1969-1977

[32] St-Hilaire P. Scalable optical architecture for electronic holography. Optical Engineering, 1995, 34(10): 2900-2911

[33] 苏显渝, 吕乃光, 陈家璧. 信息光学原理. 北京: 电子工业出版社, 2010

[34] Stanley M, Conway P B, Coomber S D, et al. Novel electro-optic modulator system for the production of dynamic images from giga-pixel computer-generated holograms. Proceedings of SPIE, 2000, 5249: 298-308

[35] Blanche P A, Bablumian A, Voorakaranam R, et al. Holographic three-dimensional telepresence using large-area photorefractive polymer. Nature, 2010, 468(7320): 80-83

[36] Smalley D E, Smithwick Q, Bove V M, et al. Anisotropic leaky-mode modulator for holographic video displays. Nature, 2013, 498(7454): 313-317

[37] Ito T, Masuda N, Yoshimura K, et al. Special-purpose computer HORN-5 for a real time electroholography. Optics Express, 2005, 13 (6): 1923-1932

[38] Ichihashi Y, Nakayama H, Ito T, et al, HORN-6 special-purpose clustered computing system for electroholography. Optics Express, 2009, 17(16), 13895-13903

[39] Shimobaba T, Ito T, Masuda N, et al. Fast calculation of computer-generated-hologram on AMD HD5000 series GPU and OpenCL. Optics Express, 2010, 18(10): 9955-9960

[40] 郭履容, 郭永康. 微光学的发展现状及展望. 光子学报, 1994, 23(z2): 43-52

[41] 杨世宁, 李耀棠, 王天及, 等. 用数字微反射镜器件合成体视全息图拍摄系统. 光电子. 激光, 2001, 12(7): 719-721

[42] 郭小伟, 杜惊雷, 罗铂靓, 等. 基于数字微反射镜灰度光刻的成像模型. 光子学报, 2006, 35(9): 1412-1416

[43] Goodman J W. 傅里叶光学导论. 第 3 版. 秦克诚, 等译. 北京: 电子工业出版社, 2006

[44] 苏显渝. 信息光学. 第 2 版. 北京: 科学出版社, 2011

[45] 于瀛洁, 王涛, 郑华东. 基于数字闪耀光栅的位相全息图光电再现优化. 物理学报, 2009, 58(5): 3154-3160

[46] Yaras F, Kang H, Onural L. Circular holographic video display system. Opt. Express, 2011, 19(10): 9147-9156

[47] Mishina T, Okui M, Okano F. Viewing-zone enlargement method for sampled hologram that uses high-order diffraction. Appl. Opt. , 2002, 41(8): 1489-1499

[48] 陈海云, 王辉. 用空间光调制器实现全息再现像的实时重构. 光电工程, 2008, 35(3): 122-125

[49] Chen R H Y, Wilkinson T D. Field of view expansion for 3-D holographic display using a single spatial light modulator with scanning reconstruction light. IEEE 3DTV Conference, 2009: 1-4

[50] Takaki Y, Hayashi Y. Modified resolution redistribution system for frameless hologram display module. Opt. Express, 2010, 18(10): 10294-10300

[51] Kurihara T, Takaki Y. Improving viewing region of 4f optical system for holographic displays. Opt. Express, 2011, 19(18): 17621-17631

[52] Stanley M, Smith M A G, Smith A P, et al. 3D electronic holography display system using a 100-megapixel spatial light modulator. Proc. SPIE, 2004, 5249: 297-308

[53] Hahn J, Kim H, Lim Y, et al. Wide viewing angle dynamic holographic stereogram with a curved array of spatial light modulators. Opt. Express, 2008, 16(16): 12372-12386

[54] Kozacki T, Kujawinska M, Finke G, et al. Extended viewing angle holographic display system with tilted SLMs in a circular configuration. Appl. Opt. , 2012, 51(11): 1771-1780

[55] Kozacki T, Kujawinska M, Finke G, et al. Holographic capture and display systems in circular configurations. J. Disp. Tech. , 2012, 8(4): 225-232

[56] Fukaya N, Maeno K, Nishikawa O, et al. Expansion of the image size and viewing zone in holographic display using liquid crystal devices. Proc. SPIE, 1995, 2406: 283-289

[57] Maeno K, Fukaya N, Nishikawa O, et al. Electro-holographic display using 15 mega pixels LCD. Proc. SPIE, 1996, 2652: 15-23

[58] Hahn J, Kim H, Lim Y, et al. Wide viewing angle dynamic holographic stereogram with a curved array of spatial light modulators. Opt. Express, 2008, 16: 12372-12386

[59] Chen R H Y, Wilkinson T D. Field of view expansion for 3-D holographic display using a single spatial light modulator with scanning reconstruction light. IEEE. 3DTV-Con, 2009: 4244-4318

[60] Slinger C, Cameron C, Coomber S, et al. Recent developments in computer-generated holography: toward a practical electroholography system for interactive 3D visualization. Proc. SPIE, 2004, 5290: 27-41

[61] Stanley M, Smith M A, Smith A P, et al. 3D electronic holography display system using a 100-megapixel spatial light modulator. Proc. SPIE, 2004, 5249: 297

[62] Takaki Y, Hayashi Y. Increased horizontal viewing zone angle of a hologram by resolution redistribution of a spatial light modulator. Appl. Opt., 2008, 47: D6-D11

[63] 李俊昌，熊秉衡，信息光学理论与计算，北京. 科学出版社，(2008)，P551.

[64] Xin Li, Juan Liu, Jia Jia, Yijie Pan, and Yongtian Wang，"3D dynamic holographic display by modulating complex amplitude experimentally"，Opt. Express 21(18) 20577-20587(2013).

[65] Gaolei Xue, Juan Liu, Xin Li, Jia Jia, Zhao Zhang, Bin Hu, and Yongtian Wang，"Multiplexing encoding method for full-color dynamic 3D holographic display"，Opt. Express 22(15）18473-18482(2014).

[66] Junchang Li, Han-Yen Tu, Wei-Chieh Yeh, Jinbin Gui and Chau-Jern Cheng，Holo graphic three-dim ensional display and hologram calculation based on liquid crystal on silicon device [Invited]，APPLIED OPTICS，53(27)G222~231(2014)

[67] 李俊昌，熊秉衡，信息光学教程，北京. 科学出版社，(2011)，P66.

[68] Junchang Li, Yu-Chih Lin, Han-Yen Tu, Jinbin Gui, Chongguang Li, Yuli Lou, and Chau-Jern Cheng，Image formation of holographic three-dimensional display based on spatial light modulator in paraxial optical systems [Invited]，J. Micro/Nanolith. MEMS MOEMS 14(4), 041303 (2015).

[69] M. Lucente, Interactive computation of holograms using a look-up table, J. Electron. Imaging2,28–34 (1993).

[70] Jia Jia,Yongtian Wang,Juan Liu,Xin Li,Yijie Pan,Zhumei Sun,Bin Zhang, Qing Zhao and Wei Jiang，Reducing the memory usage for effective computer-generated hologram calculation using compressed look-up table in full-color holographic display，APPLIED OPTICS / Vol. 52, No. 7，1404~1412 (2013)

[71] Lukas Ahrenberg, Philip Benzie, Marcus Magnor and John Watson, Computer generated holograms from three dimensional meshes using an analytic light transport model, APPLIED OPTICS，Vol. 47, No. 10：1567(2008)

[72] Yijie Pan,Yongtian Wang,Juan Liu, Xin Li and Jia Jia, Fast polygon-based method for calculating computer-generated holograms in three-dimensional display, APPLIED

OPTICS , Vol. 52, No. 1, A290~299(2013)

[73] Y. Pan, X. Xu, S. Solanki, X. Liang, R. B. Tanjung, C. Tan, and T. C. Chong, Fast CGH computation using S-LUT on GPU, Opt. Express17, 18543–18555 (2009).

[74] [美]Peter Shirley 著，高春晓，赵清杰，张文耀译，计算机图形学 (第 2 版)[M]，北京：人民邮电出版社，2007 年 6 月：121~161.

[75] 刘骏主编, Delphi 数字图像处理及高级应用 [M]，北京：科学出版社，2003.9.

[76] 沈永欢等编，实用数学手册 [M]，北京：科学出版社，2004 年 4 月.

[77] 水晶石教育编著，影视动画模型，北京：电子工业出版社，2012 年 2 月

[78] 李金风高文胜等，3DS Max 2013 中文版基础与应用 [M]，清华大学出版社，2013 年 12 月

附录 A　计算机图像的基础知识

衍射计算及数字全息涉及大量的计算机图像显示及图像处理问题。为便于阅读本书，附录 A 对彩色图像三基色原理、图像的数字表示以及二维光波场强度分布的数字图像显示作简要介绍。

A1　三基色原理及图像的数字表示

实验研究表明，大自然中几乎所有颜色都可以用三种相互独立的颜色按不同的比例混合而得到，即三基色原理，它包括下述内容：

(1) 相互独立的颜色，即不能以其中两种混合而得到第三种的颜色. 将这三种颜色按不同比例进行组合，可获得自然界的各种色彩感觉. 如彩色电视技术中采用红 (R)、绿 (G)、蓝 (B) 作为基色，印染技术中采用黄、品红、青作为基色。

(2) 任意两种非基色的彩色相混合也可以得到一种新的颜色，但它等于把两种彩色各自分解为三基色，然后将基色分量分别相加后再相混合而得到的颜色。

(3) 三基色的大小决定彩色光的亮度，混合色的亮度等于各基色亮度之和。

(4) 三基色的比例决定混合色的色调，当三基色的混合比例相同时，色调相同。

利用三基色原理，将彩色分解和重现，最终实现在视觉上的各种不同的颜色，是彩色图像显示和表达的基本方法。在各类彩色应用技术中，人们使用多种混色方法，但本质上讲是两种：相加混色和相减混色。

白光是不同色光的混合体。相减混色即在白光中减去不需要的颜色，留下需要的颜色。相加混色不仅运用三基色原理，还进一步利用眼的视觉特性。常用的相加混色方法有如下两种。

(1) 时间混色法：将三种基色按一定比例轮流投射到同一显示屏上。由于人眼的视觉暂留特性，只要交替速度足够快，产生的彩色视觉与三基色同时出现相混时一样。这是顺序制彩色电视图像显示的基础。

(2) 空间混色法：将三种基色按一定比例同时投射到同一屏幕彼此距离很近的点上，利用人眼分辨率有限的特性产生混色。或者，使用空间坐标相同的三基色光同时投射产生合成光。这是同时制彩色电视图像和计算机图像的显示基础。国际照明委员会 (CIE) 选择红色 (波长 700.00nm)，绿色 (波长 546.10nm) 和蓝色 (波长 435.80nm) 三种基色光作为表色系统的三基色。产生 1 流明 (lm) 的白光 (W) 所需

要的三基色的近似值可用下面的亮度方程表示

$$1\mathrm{lm(W)} = 0.30\mathrm{lm(R)} + 0.59\mathrm{lm(G)} + 0.11\mathrm{lm(B)} \tag{A1-1}$$

基于三基色原理及计算机数值处理特点，在计算机显示屏上的图像通常可分为两大类：位映像图像和向量图像。位映像图像是对电视图像的数字化。可以把位映像图像视为二维点阵，点阵的每一点称为像素，即一幅完整的图像由许多像素紧密排列组合而成。位映像图像易于描述真实世界的景物，用扫描仪扫描照片、用 CCD 探测器或数码相机生成图像文件并在计算机上显示的图像通常都是位映像图像。而向量图像不记录像素的数量，而是将所描述物体视为几何图形，通过不同位置和尺寸的直线、曲线、圆形、方形构成物体。向量图像通常用于计算机辅助设计 (CAD) 和工艺美术设计、插图等。在数字全息研究中，通常用扫描仪扫描传统全息照片或用 CCD 探测器探测全息干涉图。因此，数字全息检测的图像基本都是位映像图像。

位映像图像根据彩色数可以分为以下四类：① 单色图像；② 4~16 彩色图像；③ 32~256 彩色图像；④ 256 色以上的彩色图像。   计算机中的数据是以二进制为数据表示基础的。一个二进制的位称为比特 (Bit)，它有 0 或 1 两种可能。通常将取 0 时表示黑色，取 1 时表示白色。于是，一幅单色黑白图像的一个像素可用一个比特表示。通常将 8 个比特定义为一个字节. 由于一个字节中各比特取不同的数值时可以表示 0 到 255 的十进制数，用一个字节的取值代表一个基色的亮度，用三个字节描述一个像素的色彩时就能包括颜色的亮度及色调. 按照三基色混色原理，这种方式定义的位图则能表示出 255×255×255 种色彩，通常称为真彩色。根据计算机数据的二进制表示，4 色图像的一个像素需要两个比特表示，16色图像的一个像素需要 4 个比特表示，256 色图像的一个像素需要 8 个比特或 1个字节表示。作为实例，图 A1-1(a) 给出三个字节描述一个像素色彩的真彩色图像，图 A1-1(b)，图 A1-1(c) 及图 A1-1(d) 分别是该图像的红、绿、蓝三个色彩分量。

在应用研究中，根据需要可以基于式 (A1-1) 将真彩色图像转化为单色的亮度图像 (例如，附录 B 中模拟计算光波衍射时，通常将一幅彩色图像转化为亮度图像，并用图像的亮度分布代表空间平面上的光波场振幅分布)，这时每一像素只需要一个字节表示。

利用 MATLAB 语言很容易编写读取彩色图像文件及将彩色图像分解为三基色分量或转换为单色亮度图像进行显示的程序. 程序由附录 B 中 LJCM17.m 给出。

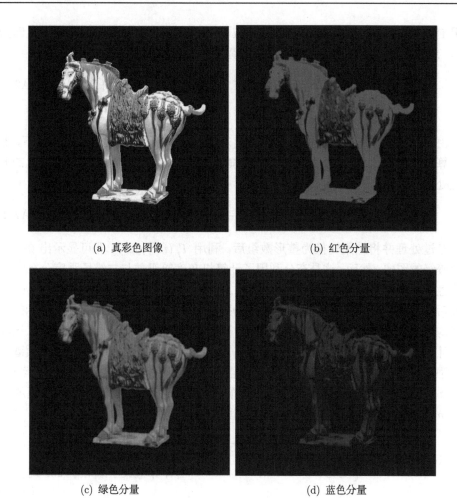

(a) 真彩色图像   (b) 红色分量

(c) 绿色分量   (d) 蓝色分量

图 A1-1 真彩色图像及其色彩分量 (256×256 像素)

(彩图见附录 C 或者见随书所附光盘)

A2 二维场强度分布的数字图像表示

衍射计算及数字全息的数值分析结果常用 0~255 灰度等级的计算机图像显示，例如，某观测平面光波场的强度分布、光波场的频谱及数字全息图的频谱分布。以下以光波场频谱的强度分布为例，建立数值计算结果与相应的物理图像的关系。

光波场频谱的计算结果通常由实部 $F_r(f_x, f_y)$ 及虚部 $F_i(f_x, f_y)$ 的离散值组成。若光波场计算宽度为 L，取样数为 $N \times N$，取样间隔则是 $\Delta x = \Delta y = L/N$。

当用 FFT 计算时，频谱图像的宽度则为 $L_f = 1/\Delta x = N/L$，频谱面取样单位即为 $\Delta f = L_f/N = 1/L$。于是，光波场频谱的强度分布可以表为

$$I_f(i\Delta f, j\Delta f) = F_r^2(i\Delta f, j\Delta f) + F_i^2(i\Delta f, j\Delta f) \tag{A2-1}$$

$$(i, j = 0, 1, 2, \cdots, N-1)$$

由于计算机灰度图像通常是以 0~255 灰度等级表示的，在给定强度单位下，上式计算结果的极大值 I_{max} 并不一定是 255。因此，必须对计算结果作规格化或归一化处理，即对上式作下运算

$$I_f'(i\Delta f, j\Delta f) = \frac{I_f(i\Delta f, j\Delta f)}{I_{max}} \times 255 \tag{A2-2}$$

经过处理并将结果转换为整形数组后，利用 $I_f'(i\Delta f, j\Delta f)$ 即可显示出 0~255 灰度等级的图像。然而，这是充分利用了计算机灰度等级并与二维场强度分布完全呈线性关系的理想图像。在应用研究中，二维场强度分布比较复杂，按照式 (A2-2) 处理后的结果不一定能直观地体现二维场强度分布。例如，求图 A2-1(a) 所示的三角形均匀面光源的频谱 (三顶点的坐标 (−4mm, 0)、(2.5mm, 0)、(0, 3.3mm)，光源平面计算宽度 10mm，取样数 256×256)，若按照式 (A2-2) 进行显示，由于频谱中央的强度极大值 I_{max} 甚大，显示图像只能看到位于图像中央的几个白色像素 (图 A2-1(b))，不能较好地了解频谱的精细分布。为解决这个问题，通常引入限幅放大系数 p，按照下式对计算结果作非线性处理

$$I_f'''(i\Delta f, j\Delta f) = \begin{cases} \dfrac{I_f(i\Delta f, j\Delta f)}{I_{max}} \times 255 \times p & \text{(当计算值小于 255 时)} \\ 255 & \text{(当计算值大于或等于 255 时)} \end{cases} \tag{A2-3}$$

令 $p=10000$，图 A2-1(c) 给出按照式 (A2-3) 显示的结果。

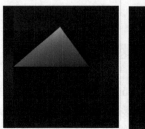  

(a) 三角形均匀面光源　　　(b) 按照式 (A2-2) 表示 (25.6mm⁻¹　(c) 令 P=1000，按照式 (A2-3) 表示
(10mm×10mm，256×256 像素)　×25.6mm⁻¹，256×256 像素)　(25.6mm⁻¹×25.6mm⁻¹，256×256 像素)

图 A2-1　三角形均匀面光源及其频谱强度图像的不同表示

附录 B   基本计算程序及应用实例

为便于阅读本书,附录 B 给出用 MATLAB7.0 编写的一些主要计算程序、程序的详细说明及运行实例。程序的源代码存在书附的光盘中,程序的文件名及功能由表 B1 给出。

表 B1   附录 B 提供的 MATLAB 文件及程序功能

附录序号	程序名	程序功能
B1	LJCM1.m	矩形孔夫琅禾费衍射的解析计算
B2	LJCM2.m	圆孔夫琅禾费衍射的解析计算
B3	LJCM3.m	三角形孔的夫琅禾费衍射解析计算及 IFFT 重建图像
B4	LJCM4.m	矩形孔菲涅耳衍射的解析计算
B5	LJCM5.m	菲涅耳衍射的 S-FFT 计算
B6	LJCM6.m	经典衍射公式的 D-FFT 计算
B7	LJCM7.m	柯林斯公式的 S-FFT 计算
B8	LJCM8.m	柯林斯公式的 D-FFT 计算
B9	LJCM9.m	倾斜三角形孔的菲涅耳衍射场及其逆运算
B10	LJCM10.m	倾斜面光源的菲涅耳衍射场及其逆运算
B11	LJCM11.m	同轴数字全息图及四步相移法波前重建模拟
B12	LJCM12.m	模拟生成单色光照明的离轴数字全息图
B13	LJCM13.m	数字全息图物光场的 1-FFT 重建
B14	LJCM14.m	数字全息图物光场的 DDBFT 重建
B15	LJCM15.m	数字全息图物光场的 VDH4FFT 重建
B16	LJCM16.m	数字全息图物光场的 FIMG4FFT 重建
B17	LJCM17.m	真彩色图像文件的读取、分解及存储
B18	LJCM18.m	模拟生成三基色光照明的真彩色离轴数字全息图
B19	LJCM19.m	真彩色数字全息图像的 FIMG4FFT 重建
B20	LJCM20.m	模拟生成物体微形变的二次曝光数字全息图
B21	LJCM21.m	基于二次曝光数字全息图的物光场波前重建及干涉图像
B22	LJCM22.m	生成加载于空间光调制器 LCOS 的相息图
B23	LJCM23.m	无振幅及相位畸变的 3D 成像相息图编码及模拟成像计算

表中所列程序均是作者编写并通过实验证实的。这些程序不但与本书衍射计算及数字全息的基本理论相呼应,而且能解决衍射计算及数字全息的许多实际问题。读者可以从光盘中找到源代码,也可以根据附录提供的源代码在计算机上重新输入程序,结合程序的说明,解决学习及研究中遇到的问题。为能对程序的功能进

行扩展，灵活应用程序解决实际问题，建议阅读作者编著的《信息光学教程》一书第 2 章、第 3 章及第 9 章的习题及解答 (李俊昌，熊秉衡，信息光学教程，北京：科学出版社，2011 年 1 月)。

B1　矩形孔夫琅禾费衍射的解析计算

矩形孔夫琅禾费衍射的解析计算程序根据第 2 章式 (2-3-3) 编写。程序名为 LJCM1.m，说明如下。

1. LJCM1.m 程序的功能

程序功能：根据程序给定的参数计算矩形孔的夫琅禾费衍射强度图样。

功能扩展：将计算参数设计为人机对话输入，可以方便计算不同波长、不同宽度矩形孔及不同观测宽度的夫琅禾费衍射场强度图样。

2. LJCM1.m 程序代码

```
%-------LJCM1.m----------------------------
%模拟计算矩形孔的夫琅禾费衍射图样(单位: mm)
%------------------------------------------
clear; close all; clc;

h=0.000532;              %波长(mm)
k=2*pi/h;                %波数
N=500                    %取样数
L0=1;                    %模拟计算屏宽(mm)
wx=10;                   %X向半宽度(mm)
wy=20;                   %Y向半宽度(mm)
d=1000;                  %距离(mm)
%------------------------------------------

n=1: N;
x=-L0/2+L0/N*(n-1);
y=x;
Lx=2*pi*wx/h/d*x;
Lx(N/2+1)=1;             %令中心值为1，避免下式分母为零
sincx=sin(Lx)./Lx;
```

```
sincx(N/2+1)=1;              %中心值恢复为sinc函数的正常值
Ly=2*pi*wy/h/d*y;
Ly(N/2+1)=1;                 %令中心值为1，避免下式分母为零
sincy=sin(Ly)./Ly;
sincy(N/2+1)=1;              %中心值恢复为sinc函数的正常值
fx=sincx.*sincx;
fy=sincy.*sincy;
I=zeros(N, N);
C=(4*wx*wy/h/d)^2;
for p=1: N
    for q=1: N
        I(p, q)=C*fx(p)*fy(q);
    end;
end;

figstr=strcat('X向宽度=', num2str(2*wx), 'mm , Y向宽度=',
num2str(2*wy), '重建物平面宽度=', num2str(L0), 'mm');
Imax=max(max(I));
p=10                          %限幅放大系数
while p
    strP=num2str(p);          %实数转换为字符串
    figure(1);
    imshow(I, [0 Imax/p]);
    title(strcat('Imax/', strP, '限幅显示的衍射斑强度图像'));
    xlabel(figstr)
    p=input('Imax/p, 限幅显示, p="? (按Enter键结束)');

end;


Tx=h*d/wx/2;
strTx=num2str(Tx);            %实数转换为字符串
Ix=I(N/2, : );               %取轴上函数值
figure,  plot(x, Ix); title(strcat('X方向周期=', strTx, 'mm'));
xlabel(figstr);
```

3. LJCM1.m 程序执行实例

图 B1-1 是执行 LJCM1.m 程序的输出图像。相关参数为：光波长 $h = 0.000532\text{mm}$、取样数 $N = 500$、模拟计算屏宽 1mm、矩形孔 X 向半宽度 10mm、Y 向半宽度 20mm、衍射距离 1000mm。

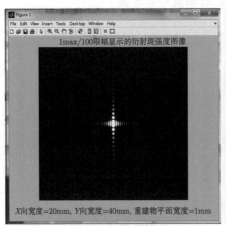 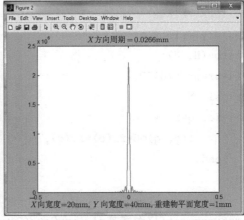

(a) 夫琅禾费衍射强度图样   (b) 夫琅禾费衍射强度图 X 方向轴向分布

图 B1-1 矩形孔的夫琅禾费衍射强度图样

B2 圆孔夫琅禾费衍射的解析计算

圆孔夫琅禾费衍射的解析计算根据第 2 章式 (2-3-7) 编写，程序名为 LJCM2.m，说明如下。

1. LJCM2.m 程序的功能

程序功能：根据程序给定的参数计算圆形孔的夫琅禾费衍射强度图样。

功能扩展：将计算参数设计为人机对话输入，可以方便计算不同波长、不同半径圆孔及不同观测宽度的夫琅禾费衍射场强度图样。

2. LJCM2.m 程序代码

```
%-------LJCM2.m----------------------------
%模拟计算圆孔的夫琅禾费衍射图样（ 长度单位: mm ）
%------------------------------------------
clear; close all; clc;
```

```
h=0.000532;              %波长
k=2*pi/h;                %波数
N=500                    %取样数
L0=1;                    %模拟计算观察屏宽度
w=10;                    %圆孔半径
d=1000;                  %衍射距离
%------------------------------------------------

n=1: N;
x=-L0/2+L0/N*(n-1);
y=x;
[yy, xx] = meshgrid(y, x); %形成二维取样坐标
zz = sqrt(xx.^2+yy.^2);
Lz=k*w/d*zz;
J1=besselj(1, Lz);       %一阶贝塞尔函数J1计算
Lz(N/2+1, N/2+1)=1;      %令中心值为1，避免下式分母为零
f=2*J1./Lz;
f(N/2+1, N/2+1)=1;       %令中心值为1，恢复准确理论值
C=(pi*w*w/h/d)^2;
I=C*f.*f;                %圆孔的夫琅禾费衍射场强度分布
Imax=max(max(I));
figstr=strcat('圆孔半径=', num2str(w), 'mm ,   重建物平面宽度=',
num2str(L0), 'mm');
p=10
while p
    strP=num2str(p);         %实数转换为字符串
    figure(1);
    imshow(I, [0 Imax/p]);
    title(strcat('Imax/', strP, '限幅显示的衍射斑强度图像'));
    xlabel(figstr)
    p=input('Imax/p, 限幅显示, p="? (按Enter键结束)');
 end;
 D=1.22*h*d/w;            %第一环直径
strD=num2str(D);         %实数转换为字符串
Ix=I(N/2, : );           %取轴上函数值
```

```
figure, plot(x, Ix);
title(strcat('第一环直径=', strD, 'mm'));
xlabel(figstr)
```

3. LJCM2.m 程序执行实例

图 B2-1 是执行 LJCM2.m 程序的输出图像。相关参数为：光波长 $h = 0.000532$mm、取样数 $N = 500$、模拟计算屏宽 1mm、圆孔半径 10mm、衍射距离 1000mm。

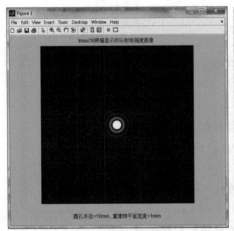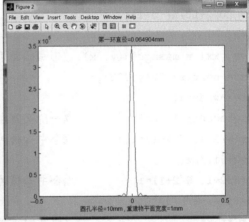

(a) 夫琅禾费衍射强度图样　　　　　　(b) 夫琅禾费衍射强度图 X 方向轴向分布

图 B2-1　圆形孔的夫琅禾费衍射强度图样

B3　三角形孔的夫琅禾费衍射解析计算及 IFFT 重建图像

根据第 2.3.3 节的讨论，下面介绍三角形孔在透镜焦平面上的衍射图像。由于计算是基于三角形孔频谱解析解完成的，为验证解析解的可靠性，在程序中引入快速傅里叶逆变换 IFFT 进行原函数的重建，重建了原三角形的图像。此外，该程序引入了坐标旋转变换，可以模拟计算三角形旋转放置时的夫琅禾费衍射图像。

三角形孔的夫琅禾费衍射解析计算及 IFFT 重建图像程序名为 LJCM3.m。

1. LJCM3.m 程序的功能

程序功能：根据程序给定的参数计算三角形孔的夫琅禾费衍射强度图样。

功能扩展：将计算参数设计为人机对话输入，可以方便计算不同波长、不同形状三角形孔及不同观测宽度的夫琅禾费衍射场强度图样。

2. LJCM3.m 程序代码

```
%----------------------------LJCM3.m----------------------------
%三角形孔的夫琅禾费衍射解析计算及IFFT重建图像
%---------------------------------------------------------------
clear; close all; clc;

h=0.000532        % 光波长 (mm)
d=1000            % 衍射距离(mm);
N=1024            % 取样数;
L0=10             % 初始场宽度(mm);
%三角形参数(mm);
a=2
c=4
b=3
k=2*pi/h;         % 波数;
Q0=pi/6           % 三角形底边顺时针旋转角(弧度);
L=h*N*d/L0;       % 观测场宽度(mm);
ff=L/h/d;         % 解析计算时观测面频率变化范围;
for p=1: N
    for q=1: N
        x=-L/2+L/N*p;
        y=-L/2+L/N*q;
        fx0=-ff/2+ff/N*p;
        fy0=-ff/2+ff/N*q;
        fx=fx0*cos(Q0)-fy0*sin(Q0);
        fy=fx0*sin(Q0)+fy0*cos(Q0);
        if (fx ~= 0) & (fx-a/c*fy ~= 0 )
            G1=(exp(-i*2*pi*c*fx)-exp(-i*2*pi*a*fy))/(4*pi*pi*fy.
                *(fx-a/c*fy));
            G2=(exp(-i*2*pi*c*fx)-1)/(4*pi*pi*fx.*fy);
        elseif (fx == 0) & (fy == 0 )
            G1=a*c/2;
            G2=0;
        elseif (fx ~= 0) & (fx-a/c*fy == 0 )
```

```
            G1=c*exp(-i*2*pi*a*fy)/(2*pi*fy);
            G2=(exp(-i*2*pi*c*fx)-1)/(4*pi*pi*fx.*fy);
        elseif (fx == 0) & ((fx-a/c*fy) ~= 0 )
            G1=(exp(-i*2*pi*c*fx)-exp(-i*2*pi*a*fy))/(4*pi*pi*fy.
                *(fx-a/c*fy));
            G2=c/(2*pi*fy);
        end
        G0=G1-G2;
        fx=fx0*cos(Q0+pi*3/2)-fy0*sin(Q0+pi*3/2);
        fy=fx0*sin(Q0+pi*3/2)+fy0*cos(Q0+pi*3/2);
        if (fx ~= 0) & (fx-b/a*fy ~= 0 )
            G1=(exp(-i*2*pi*a*fx)-exp(-i*2*pi*b*fy))/(4*pi*pi*fy.
                *(fx-b/a*fy));
            G2=(exp(-i*2*pi*a*fx)-1)/(4*pi*pi*fx.*fy);
        elseif (fx == 0) & (fy == 0 )
            G1=a*b/2;
            G2=0;
        elseif (fx ~= 0) & (fx-b/a*fy == 0 )
            G1=a*exp(-i*2*pi*b*fy)/(2*pi*fy);
            G2=(exp(-i*2*pi*a*fx)-1)/(4*pi*pi*fx.*fy);
        elseif (fx == 0) & ((fx-b/a*fy) ~= 0 )
            G1=(exp(-i*2*pi*a*fx)-exp(-i*2*pi*b*fy))/(4*pi*pi*fy.
                *(fx-b/a*fy));
            G2=a/(2*pi*fy);
        end
        Uf(N+1-q, p)=(G0+G1-G2)*exp(-i*2*pi/d*(x*x+y*y));
        Uf0(N+1-q, p)=(G0+G1-G2);                      %初始场频谱
    end
end

I=Uf.*conj(Uf)/h/h/d/d;
Imax=max(max(I));

figstr=strcat('观测平面宽度=', num2str(L), 'mm' );
p=10
```

```
while p
    strP=num2str(p);              %实数转换为字符串
    figure(1);
    imshow(I, [0 Imax/p]);
    title(strcat('Imax/', strP, '限幅显示的衍射斑强度图像'));
    xlabel(figstr)
    p=input('Imax/p, 限幅显示, p="? (按Enter键结束)');

end;
%-----------利用IFFT运算重建物平面三角形图样验证解析计算结果的可靠性
Uf=ifft2(Uf0, N, N);
Uf=ifftshift(Uf);
%-------------- calcul normal
If=abs(Uf);
figstr0=strcat('初始平面宽度=', num2str(L0), 'mm' );
figure(2), imshow(abs(Uf), []), colormap(gray); xlabel(figstr0);
title('IFFT重建平面');
```

3. LJCM3.m 程序执行实例

按照上面提供的 LJCM3.m 程序代码输入 MATLAB7.x 的程序编辑框，按执行程序键即可运行。在运行过程中，为能较好地显示衍射场分布，设计了能够调整限幅显示系数的对话语句。当显示图像满意时，按 Enter 键即可继续执行 IFFT 重建三角形图像的后续计算。

图 B3-1 是执行 LJCM3.m 程序的输出图像。相关参数为：光波长 $h = 0.000532$mm、取样数 $N = 500$、模拟计算屏宽 54.4768mm；三角形参数 $a=2$mm，$c=4$mm，$b=3$mm；旋转角 $\pi/6$，衍射距离 1000mm。

由于图像的夫琅禾费衍射场强度分布与其傅里叶变换分布相似，如果将图 B1-1(a) 视为三角形孔的傅里叶变换，可以看出，沿垂直于三角形边的方向具有较丰富的频谱，这与图像的频谱分析结果是一致的。此外，图 B1-1(b) 是基于三角形孔的傅里叶变换解析解，利用快速傅里叶逆变换 IFFT 计算获得的所形成的图像正是程序设计的三角形。因此，该程序充分证明了第 2.3.3 节的理论结果。

　　　　(a) 夫琅禾费衍射强度图像　　　　　(b) IFFT重建的三角形图像

图 B3-1　三角形孔的夫琅禾费衍射及 IFFT 重建的三角形图像

B4　矩形孔菲涅耳衍射的解析计算

　　矩形孔菲涅耳衍射的解析计算根据第 2.4.2 节的理论公式编写，程序名为 LJCM4.m。

　　1. LJCM4.m 程序的功能

　　程序功能：根据程序给定的参数计算矩形孔的菲涅耳衍射场强度图样。

　　功能扩展：将计算参数设计为人机对话输入，可以方便计算不同波长、不同形状矩形孔及不同观测宽度的菲涅耳衍射场强度图样。如果一个复杂形状的衍射孔可以分解为不同尺寸及不同位置的矩形孔的组合 (见第 2 章图 2-4-3)，该程序可以扩展其功能，形成一个能计算复杂形状衍射孔的菲涅耳衍射场强度图样的程序。

　　2. LJCM4.m 程序代码

```
%-----------LJCM4.m-----------------------
%解析法模拟计算矩形孔的菲涅耳衍射图样
%-----------------------------------------
close all; clear; clc;
h=0.000532;               %波长(mm)
k=2*pi/h;                 %波数
N=400                     %取样数
L=8;                      %模拟计算屏宽(mm)
Lx=3;                     %X向半宽度(mm)
Ly=2;                     %Y向半宽度(mm)
d=1000;                   %距离(mm)
```

```
%------
d=input('衍射距离(mm)');

shBA=sqrt(2/h/d);

 for p=1: N
        xx=-L/2+L/N*(p-1);
        afa2=shBA*(Lx+xx);
        afa1=shBA*(xx-Lx);
        x = abs(afa1);
        f=(1+0.962*x)/(2+1.792*x+3.014*x*x);
        g=1/(2+4.142*x+3.492*x*x+6.67*x*x*x);
        xt=0.5-(f*cos(pi*x*x/2)+g*sin(pi*x*x/2));
        S1= sign(afa1) * xt;
        f=(1+0.962*x)/(2+1.792*x+3.014*x*x);
        g=1/(2+4.142*x+3.492*x*x+6.67*x*x*x);
        xt=0.5-(g*cos(pi*x*x/2)-f*sin(pi*x*x/2));
        C1= sign(afa1) * xt;
        x = abs(afa2);
        f=(1+0.962*x)/(2+1.792*x+3.014*x*x);
        g=1/(2+4.142*x+3.492*x*x+6.67*x*x*x);
        xt=0.5-(f*cos(pi*x*x/2)+g*sin(pi*x*x/2));
        S2= sign(afa2) * xt;
        f=(1+0.962*x)/(2+1.792*x+3.014*x*x);
        g=1/(2+4.142*x+3.492*x*x+6.67*x*x*x);
        xt=0.5-(g*cos(pi*x*x/2)-f*sin(pi*x*x/2));
        C2= sign(afa2) * xt;
        Ix(p)=((S2-S1)^2+(C2-C1)^2)/2;
 end;
for p=1: N
        xx=-L/2+L/N*(p-1);
        afa2=shBA*(Ly+xx);
        afa1=shBA*(xx-Ly);
        x = abs(afa1);
        f=(1+0.962*x)/(2+1.792*x+3.014*x*x);
```

```
            g=1/(2+4.142*x+3.492*x*x+6.67*x*x*x);
            xt=0.5-(f*cos(pi*x*x/2)+g*sin(pi*x*x/2));
            S1= sign(afa1) * xt;
            f=(1+0.962*x)/(2+1.792*x+3.014*x*x);
            g=1/(2+4.142*x+3.492*x*x+6.67*x*x*x);
            xt=0.5-(g*cos(pi*x*x/2)-f*sin(pi*x*x/2));
            C1= sign(afa1) * xt;
            x = abs(afa2);
            f=(1+0.962*x)/(2+1.792*x+3.014*x*x);
            g=1/(2+4.142*x+3.492*x*x+6.67*x*x*x);
            xt=0.5-(f*cos(pi*x*x/2)+g*sin(pi*x*x/2));
            S2= sign(afa2) * xt;
            f=(1+0.962*x)/(2+1.792*x+3.014*x*x);
            g=1/(2+4.142*x+3.492*x*x+6.67*x*x*x);
            xt=0.5-(g*cos(pi*x*x/2)-f*sin(pi*x*x/2));
            C2= sign(afa2) * xt;
            Iy(p)=((S2-S1)^2+(C2-C1)^2)/2;

    end;
figstrX=strcat('X方向宽度=', num2str(2*Lx), 'mm');
x=1: N;
figure, plot(x, Ix); title('X方向轴向曲线');
 xlabel(figstrX)
figstrY=strcat('Y方向宽度=', num2str(2*Ly), 'mm');
y=1: N;
figure, plot(y, Iy); title('Y方向轴向曲线');
 xlabel(figstrY)


I=zeros(N, N);
for p=1: N
    for q=1: N
    I(q, p)=Ix(p)*Iy(q);
    end;
end;
figstr=strcat('矩形孔X向宽=', num2str(2*Lx), 'mm ,   Y向宽=', num2str(2*
```

```
Ly), mm, 观测面宽=', num2str(L), 'mm, 衍射距离', num2str(d), 'mm');
Imax=max(max(I));
f=uint8(I./Imax*255);
figure, imshow(I, [0 Imax]);
title('矩形孔衍射图像');
 xlabel(figstr)
 %为便于三维显示, 将取样宽度扩大1/g倍
g=0.2;
I1=imresize(I, g);
M=g*N;
n=1: M;
x=-L/2+L/M*(n-1);
y=x;
figure, surf(x, y, I1), colorbar; title('矩形孔衍射场强度分布形貌');
```

3. LJCM4.m 程序执行实例

将上面 LJCM4.m 程序代码输入 MATLAB7.x 的程序编辑框，按执行程序键并输入衍射距离后即可运行。为能较好地显示衍射场的三维分布，在程序的最后部分加入了扩大取样间隔的语句。

图 B4-1 及图 B4-2 是执行 LJCM4.m 程序的一组输出图像。相关参数为：光波长 $h = 0.000532$mm、取样数 $N = 400$、模拟计算屏宽 8mm、矩形孔尺寸为 6mm×4mm、衍射距离 1000mm。

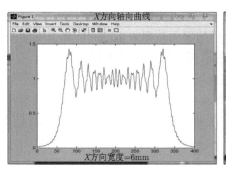 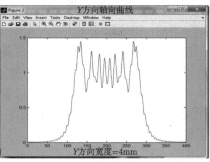

(a) X 方向　　　　　　　　　　　(b) Y 方向

图 B4-1　矩形孔衍射场强度的轴向分布

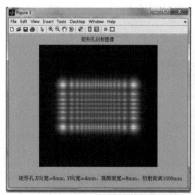 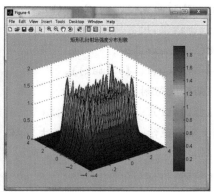

(a) 强度分布灰度图像   (b) 强度分布三维形貌

图 B4-2 矩形孔菲涅耳衍射场强度分布形貌

上面给出的矩形孔的菲涅耳衍射图像沿光轴传播的单位振幅平面波照射矩形孔的衍射结果。可以看出，衍射场的分布完全不是几何光学预计的结果，衍射条纹的波峰及波谷的值在 1 上下变化。利用实验很容易证实该程序的计算结果。

B5 菲涅耳衍射的 S-FFT 计算

将菲涅耳衍射积分表示成二维傅里叶变换的形式时，可以利用一次快速傅里叶变换完成衍射场的计算，即菲涅耳衍射的 S-FFT 计算。然而，计算后衍射场的物理宽度是取样数、衍射距离及光波长的函数，下面提供的程序 LJCM5.m 不但能验证本书第 3.2.1 节的讨论，而且可以用于实际衍射的计算。

1. LJCM5.m 程序的功能

程序功能：初始光场 U0 是沿光轴传播的平面波照射下的一计算机灰度图像。基于 S-FFT 方法计算任意给定衍射距离的菲涅耳衍射场复振幅。

功能扩展：令 U0 为任意给定的初始光场，可以进行实际的菲涅耳衍射计算。基于数字全息的理论，固定 CCD 窗口宽度及取样数，将 CCD 面阵视为目标平面，可以开发成一个模拟数字全息图的程序，也可以开发成 1-FFT 重建物光场的面向数字全息检测的应用程序。

2. LJCM5.m 程序代码

```
%---------------------------LJCM5.m---------------------------
% 功能:            菲涅耳衍射的S-FFT计算
% 执行: 调入一图像, 计算平面波照射下给定波长及距离的衍射场振幅图像
```

```
% 主要变量:
% h ——波长(mm);
% z0——衍射距离(mm);
% U0——初始光波场的复振幅;
% L0——初始场宽度(mm);
% Uf——衍射光波场的复振幅;
% L ——衍射场宽度(mm);
%-----------------------------------------------------------
clear; close all;
chemin='D: \Data\';
[nom, chemin]=uigetfile([chemin, '*.*'], ['输入初始图像'], 100, 100);
[XRGB, MAP]=imread([chemin, nom]);
X=rgb2gray(XRGB);   %-RGB图像转换为灰度图像
z0=1000    %----衍射距离(mm), 可按需要修改
z0=input('衍射距离z0=?(mm)');
h=0.532e-3; %----波长(mm), 可按需要修改
k=2*pi/h;
[M, N]=size(X);
N=min(M, N);
U0=double(X); %初始场复振幅,  修改为实际光场复振幅可进行实际衍射场的计算
L0=sqrt(h*z0*N) %FFT计算时同时满足振幅及相位取样条件的物光场宽度
L0=input('初始场宽度L0=?(mm)');
Uh=[0: N-1]-N/2; Vh=[0: N-1]-N/2;
[mh, nh]=meshgrid(Uh, Vh);
figstr=strcat('初始图像宽度=', num2str(L0), 'mm');
figure(1), imshow(X, []), colormap(gray); ylabel('衍射计算');  xlabel
(figstr); title('S-FFT方法计算衍射');
%----------------菲涅耳衍射的S-FFT计算起始
n=1: N;
x=-L0/2+L0/N*(n-1);
y=x;
[yy, xx] = meshgrid(y, x);
Fresnel=exp(i*k/2/z0*(xx.^2+yy.^2));
f2=U0.*Fresnel;    %S-FFT计算菲涅耳衍射时的傅里叶变换函数
Uf=fft2(f2, N, N); %对N*N点的离散函数f2作FFT计算
```

```
Uf=fftshift(Uf); %将FFT计算结果进行整序
L=h*z0*N/L0;          %FFT计算后观测屏的物理宽度
x=-L/2+L/N*(n-1);
y=x;
[yy, xx] = meshgrid(y, x);
phase=exp(i*k*z0)/(i*h*z0)*exp(i*k/2/z0*(xx.^2+yy.^2)); %菲涅耳衍射积分
号前方的相位因子
Uf=Uf.*phase;
T=L0/N;               %空域取样间隔
Uf=Uf*T*T;            %二维离散变换量值补偿
%----------------菲涅耳衍射的S-FFT计算结果
If=Uf.*conj(Uf); %形成衍射场强度分布
figstr=strcat('衍射场图像宽度=', num2str(L), 'mm');
%-figure, imshow(A); xlabel('重建Y'); ylabel(figstr);
figure(2), imshow(abs(Uf), []), colormap(gray); ylabel('衍射计算');
xlabel(figstr); title('S-FFT计算衍射');
```

3. LJCM5.m 程序执行实例

按照上面提供的 LJCM5.m 程序代码输入 MATLAB7.x 的 M 程序编辑框，根据提示分别输入计算机位图图像、衍射距离及初始图像宽度即可运行。

图 B5-1 是 LJCM5.m 程序的一个执行实例的输出图像。物平面是 $N \times N =$

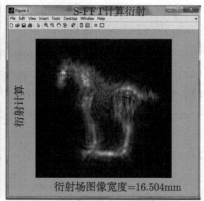

(a) 初始平面光波场振幅分布　　　　　　(b) 观测平面光波场振幅分布

图 B5-1　初始平面光波场与观测平面光波场振幅分布比较

($L0 = L = 16.5041\text{mm}$, $N \times N = 512 \times 512$, $\lambda = 532\text{nm}$, $z0 = 1000\text{mm}$)

512×512 像素的一唐三彩骏马图像 (图 B5-1(a))。由于程序默认的光波长 $h = 0.532 \times 10^{-3}$mm，令 $z0 = 1000$mm 求得衍射场宽度 $L0 =$sqrt$(h*z0*N)= 16.5041$mm。为便于在同一尺度下考察图像的衍射畸变，令 $L0 =16.5041$mm。计算后的衍射场宽度与初始场宽度一致，其振幅分布图像示于图 B5-1(b)。

比较图 B5-1 可以看出，经距离 1000mm 的衍射后，衍射效应已经使图像振幅分布产生模糊畸变。

根据本书第 3.2.1 节菲涅耳衍射积分的 S-FFT 算法的讨论，计算结果的物理尺寸是衍射距离、光波长以及取样数的函数。因此，尽管拥有一个正确的 S-FFT 计算程序，但必须在理论指导下合理的使用，否则容易出现不便使用甚至错误的结果。例如，令初始物光场的宽度分别为 10mm、30mm，图 B5-2(a)、(b) 分别给出 LIJCM1.m 的执行结果。根据 3.2.1 节的讨论，图 B5-2(a) 的计算参数在理论上能保证获得正确的衍射场振幅分布。但是，由于初始场宽度 $L0$ 选择较小，按照 $L = h \times z0 \times N/L0$ 计算后观测平面的宽度较大，衍射图像局限于输入图像中央的很小的区域，不便于实际使用。而图 B5-2(b) 的计算中，由于初始场宽度 $L0$ 选择较大，表示成傅里叶变换形式的菲涅耳衍射的积分号前方相位因子虽然能够正确取样，但是，由于积分运算中被变换函数不能正确取样，严重的频谱混叠效应使振幅分布严重畸变而形成错误的结果。

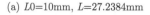
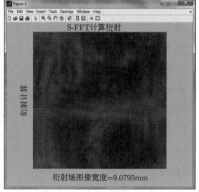

(a) $L0$=10mm, L=27.2384mm　　　　(b) $L0$=30mm, L=9.0795mm

图 B5-2　初始场宽度 $L0$ 对 S-FFT 衍射计算结果的影响

($N \times N = 512 \times 512$，$\lambda$=532nm，$z0$=1000mm)

基于 LJCM5.m 程序，读者不难研究取样数及衍射距离等参数对计算结果的影响，加深了对 S-FFT 计算方法的理解。

B6　经典衍射公式的 D-FFT 计算

在第 3.3 节指出，根据标量衍射理论，基尔霍夫公式、瑞利 - 索末菲公式以及衍射的角谱传播公式是亥姆霍兹方程的准确解。这三个公式及它们的傍轴近似 —— 菲涅耳衍射积分，可以简称为经典的衍射公式。由于经典衍射公式均能表示成卷积形式，对应地存在不同的传递函数，在数值计算中，选择不同的传递函数，利用同一结构的程序便能完成所对应的经典衍射公式的计算。

1. LJCM6.m 程序的功能

程序功能：初始光场 U0 是沿光轴传播的平面波照射下的一计算机灰度图像。基于 D-FFT 方法计算任意给定传递函数及衍射距离的衍射场。

功能扩展：让 U0 为任意给定的初始光场，可以进行实际的菲涅耳衍射计算。在下面 LJCM13.m 的介绍中将看到，该程序是开发可变放大率重建数字全息物光场程序的基础。

2. LJCM6.m 程序代码

```
%----------------------------LJCM6.m----------------------------
% 功能:          经典衍射公式的D-FFT计算
% 执行: 调入一图像, 计算平面波照射下给定波长及距离的衍射场振幅图像
% 主要变量:
% h ——波长(mm);
% z0——衍射距离(mm);
% U0——初始光波场的复振幅;
% L0——初始场及衍射场宽度(mm);
% Uf——衍射光波场的复振幅;
%---------------------------------------------------------------
clear; close all; clc;
chemin='D: \我的资料库\Pictures\';
[nom, chemin]=uigetfile([chemin, '*.*'], ['输入初始场振幅分布的模拟图
像'], 100, 100);
[XRGB, MAP]=imread([chemin, nom]);
X0=rgb2gray(XRGB);  %-RGB图像转换为灰度图像
z0=1000    %----衍射距离(mm), 可按需要修改
z0=input('衍射距离z0=?(mm)');
h=0.532e-3; %----波长(mm), 可按需要修改
```

```
k=2*pi/h;
[M0, N0]=size(X0);
N1=max(M0, N0);
N=512;
X1=imresize(X0, N/N1); %修改为最大宽度为N点的图像
[M1, N1]=size(X1);
X=zeros(N, N);
X(N/2-M1/2+1: N/2+M1/2, N/2-N1/2+1: N/2+N1/2)=X1(1: M1, 1: N1); % 修改
为N*N点的图像
U0=double(X); %初始场复振幅
L0=sqrt(h*z0*N) %FFT计算时同时满足振幅及相位取样条件的物光场宽度
L0=input('初始场宽度L0=?(mm)');
cal=input('角谱1, 菲涅耳解析2, 菲涅耳FFT3, 基尔霍夫4, 瑞利-索末菲5 ?');
Uh=[0: N-1]-N/2; Vh=[0: N-1]-N/2;
[mh, nh]=meshgrid(Uh, Vh);
figstr=strcat('初始图像宽度=', num2str(L0), 'mm');
figure(1), imshow(X, []), colormap(gray); xlabel(figstr); title('初始
场振幅分布');


%D-FFT计算
Uf=fft2(U0, N, N);
Uf=fftshift(Uf); %物光场频谱
II=Uf.*conj(Uf);
Isum=sum(sum(II))/N/N*L0/N*L0/N
Gmax=max(max(II))
Gmin=min(min(II))
figstr=strcat('频谱宽度=', num2str(N/L0), '/mm');
figure(2), imshow(II, [Gmin Gmax/100]), colormap(gray); xlabel(figstr);
title('FFT方法计算频谱');


switch cal
    case 1 %---------------角谱衍射传递函数
        method='角谱衍射传递函数计算衍射';
n=1: N;
x=h*(-N/L0/2+1/L0*(n-1));
```

```
y=x;
[yy, xx] = meshgrid(y, x);
trans=exp(i*k*z0*sqrt(1-xx.^2-yy.^2));

f2=Uf.*trans;
Uf=ifft2(f2, N, N); %对N*N点的离散函数f2作IFFT计算

    case 2 %---------------菲涅耳解析传递函数
      method='菲涅耳解析传递函数计算衍射';
n=1: N;
x=h*(-N/L0/2+1/L0*(n-1));
y=x;
[yy, xx] = meshgrid(y, x);
trans=exp(i*k*z0*(1-(xx.^2+yy.^2)/2));
f2=Uf.*trans;
Uf=ifft2(f2, N, N); %对N*N点的离散函数f2作IFFT计算

    case 3 %---------------菲涅耳传递函数的FFT计算
        method='菲涅耳传递函数的FFT计算衍射';
n=1: N;
x=-L0/2+L0/N*(n-1);
y=x;
[yy, xx] = meshgrid(y, x);
f2=exp(i*k*z0)/(i*h*z0);
f2=f2.*exp(i*k/2/z0*(xx.^2+yy.^2));
f2=fft2(f2, N, N);       %对N*N点的离散函数f2作FFT计算
trans=fftshift(f2);    %将FFT计算结果进行整序
f2=Uf.*trans;
Uf=fft2(f2, N, N);       %对N*N点的离散函数f2作FFT计算
Uf=fftshift(Uf);       %将FFT计算结果进行整序
Uf=imrotate(Uf, 180); %将图像旋转180度

    case 4%---------------基尔霍夫传递函数的D-FFT计算开始
        method='基尔霍夫传递函数计算衍射';
n=1: N;
```

```matlab
x=-L0/2+L0/N*(n-1);
y=x;
[yy, xx] = meshgrid(y, x);
f2=exp(i*k*sqrt(z0^2+xx.^2+yy.^2));
f2=f2./(i*2*h*(z0^2+xx.^2+yy.^2));
f2=f2.*(sqrt(z0^2+xx.^2+yy.^2)+z0);
f2=fft2(f2, N, N);      %对N*N点的离散函数f2作FFT计算
trans=fftshift(f2);  %将FFT计算结果进行整序
f2=Uf.*trans;
Uf=fft2(f2, N, N);      %对N*N点的离散函数f2作FFT计算
Uf=fftshift(Uf);      %将FFT计算结果进行整序
Uf=imrotate(Uf, 180); %将图像旋转180度

    case 5%--------------瑞利-索末菲传递函数的D-FFT计算开始
        method='瑞利-索末菲传递函数计算衍射';
n=1: N;
x=-L0/2+L0/N*(n-1);
y=x;
[yy, xx] = meshgrid(y, x);
f2=exp(i*k*sqrt(z0^2+xx.^2+yy.^2));
f2=f2./(i*h*(z0^2+xx.^2+yy.^2));
f2=fft2(f2, N, N);      %对N*N点的离散函数f2作FFT计算
trans=fftshift(f2);  %将FFT计算结果进行整序
f2=Uf.*trans;
Uf=fft2(f2, N, N);      %对N*N点的离散函数f2作FFT计算
Uf=fftshift(Uf);      %将FFT计算结果进行整序
Uf=imrotate(Uf, 180); %将图像旋转180度
%--------------瑞利-索末菲传递函数的D-FFT计算结束
end

If=Uf.*conj(Uf);      %衍射场强度

figstr=strcat('衍射场图像宽度=', num2str(L0), 'mm');
figure(3), imshow(abs(Uf), []), colormap(gray);  xlabel(figstr);
title(method);
```

3. LJCM6.m 程序执行实例

将 LJCM6.m 程序代码输入 MATLAB7.x 的程序编辑框，根据提示分别输入计算机位图图像、衍射距离、初始图像宽度及选择相应的传递函数即可运行 (在运行程序时出现 "角谱衍射 1，菲涅耳解析传递函数 2，菲涅耳传递函数 FFT 计算 3，基尔霍夫 4，瑞利–索末菲 5 ***?" 的对话问句时，键盘输入 "1" 即选择角谱衍射传递函数；输入 "2" 即选择菲涅耳解析传递函数；其余类推)。

利用图 B5-1 的同一计算机图像，令 $L0 = L$=10mm，$N \times N = 512 \times 512$，$\lambda$=532nm。图 B6-1 给出衍射距离 $z0$ =1000mm 时选择不同传递函数的计算结果与初始平面光波场振幅分布的比较。从比较结果可以看出，对于所有给定的计算参数，不同传递函数计算的结果基本是相同的。

为考查计算时让计算满足取样定理的必要性，将衍射距离更改为 $z0$ =100mm，图 B6-2 给出另一组计算结果。

从图 B6-2 容易看出，使用一个正确编写的程序但选择不同的传递函数计算时，有时会导致不同的结果。回顾第 3 章关于 D-FFT 的讨论知，使用角谱衍射传递函数及菲涅耳衍射解析传递函数计算衍射时，其取样条件可以用光能流守恒导出，读者可以证明，取样条件是满足的，因此，图 B6-2(b) 及图 B6-2(c) 的理论计算可以视为是能够通过实验证明的正确结果。但是，利用基尔霍夫传递函数及瑞利 - 索末菲传递函数计算时，取样条件必须满足第 3 章式 (3-3-17)，即

$$N \geqslant \frac{L_0^2}{\lambda \sqrt{d^2 + L_0^2/2}}$$

令式中 d=100mm，λ=0.000532mm，L_0=10mm，不等式右方的值是 1875。由于计算中选择 N=512，不等式不满足。因此，利用基尔霍夫传递函数及瑞利 - 索末菲传递函数计算时得到的结果不正确。

值得注意的是，采用菲涅耳衍射传递函数的解析解及菲涅耳衍射传递函数的 FFT 计算解进行计算时，菲涅耳衍射传递函数的 FFT 计算解必须满足相应的取样条件，即第 3 章式 (3-3-19)。读者不难证明，对于图 B6-2 的计算，式 (3-3-19) 不满足。因此，图 B6-2(d) 的计算结果也是不正确的。

通过上述计算不难看出，即便拥有一个正确的程序，让计算满足取样定理是必要的，在使用 D-FFT 方法计算衍射时，应尽可能使用角谱衍射传递函数或菲涅耳衍射传递函数的解析解。

衍射的 D-FFT 算法能够得到振幅和相位同时满足取样定理的衍射场，但是，由于初始场与衍射场的物理尺寸一致，不能有效计算衍射距离较长且初始场包含较高角谱分量的衍射问题。因此，合理选择 S-FFT 及 D-FFT 方法，才能较好地解决实际遇到的衍射计算问题。

(a) 初始场振幅分布

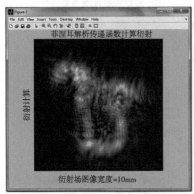

(c) 菲涅耳解析传递函数计算

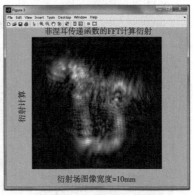

(b) 角谱衍射传递函数计算

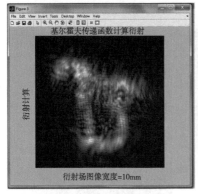

(e) 基尔霍夫传递函数计算

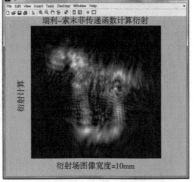

(d) 菲涅耳传递函数FFT计算

(f) 瑞利–索末菲传递函数计算

图 B6-1 $z0 = 1000\text{mm}$ 时选择不同传递函数计算结果的比较

($L0 = L = 10\text{mm}$，$N \times N = 512 \times 512$，$\lambda = 532\text{nm}$)

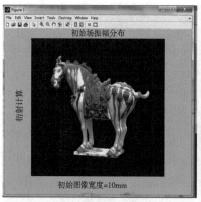

(a) 初始场振幅分布

(b) 角谱衍射传递函数计算

(c) 菲涅耳解析传递函数计算

(d) 菲涅耳传递函数FFT计算

(e) 基尔霍夫传递函数计算

(f) 瑞利–索末菲传递函数计算

图 B6-2　$z0 = 100$mm 时选择不同传递函数计算结果的比较

$(L0 = L = 10$mm，$N \times N = 512 \times 512$，$\lambda = 532nm)$

B7　柯林斯公式的 S-FFT 计算

根据第 2.5 节的讨论，当傍轴光学系统可以用 2×2 的光学矩阵 $\begin{bmatrix} A & B \\ C & D \end{bmatrix}$ 描述时，其衍射场可以用柯林斯公式进行计算。与菲涅耳衍射积分相似，存在柯林斯公式的一次傅里叶变换算法，即 S-FFT 算法。以下介绍按照第 3.4.2 节介绍的方法给出的计算程序。

1. LJCM7.m 程序的功能

程序功能：给定光学系统的 A、B、C、D 参数及光学系统入射平面的光波场，计算光波通过光学系统时的菲涅耳衍射场。本程序默认的 A、B、C、D 参数是第 3 章图 3-4-1 的光学系统参数。

功能扩展：读者可以根据实际情况修改程序中的 A、B、C、D 参数，解决实际遇到的衍射场计算问题。此外，基于该程序及第 3.4.3 节柯林斯公式逆运算的 S-IFFT 计算的讨论，很容易将程序改写为知道光学系统出射平面光波场而计算入射平面光波场的程序。

2. LJCM7.m 程序代码

```
%-------------------------LJCM7.m-------------------------
% 功能:           柯林斯公式的S-FFT计算
% 执行: 调入一图像，计算平面波照射下给定波长及距离的衍射场振幅图像
% 主要变量:
% h ——波长(mm);
% A, B, C, D——矩阵元素;
% U0——初始光波场的复振幅;
% L0——初始场宽度(mm);
% Uf——衍射光波场的复振幅;
% L ——衍射场宽度(mm);
%---------------------------------------------------------
clear; close all; clc;
chemin='D: \我的资料库\Pictures\';
[nom, chemin]=uigetfile([chemin, '*.*'], ['输入初始场振幅分布的模拟图像'], 100, 100);
[XRGB, MAP]=imread([chemin, nom]);
%X0=XRGB(: , : , 1);
```

```
X0=rgb2gray(XRGB);    %-RGB图像转换为灰度图像
A=0.4388   %可按需要修改
B=1164
C=-0.0006
D=0.7896
h=0.6328e-3; %----波长(mm), 可按需要修改
k=2*pi/h;
[M0, N0]=size(X0);
N1=max(M0, N0);
N=512;
X1=imresize(X0, N/N1); %修改为最大宽度为N点的图像
[M1, N1]=size(X1);
X=zeros(N, N);
X(N/2-M1/2+1: N/2+M1/2, N/2-N1/2+1: N/2+N1/2)=X1(1: M1, 1: N1); % 修改
为N*N点的图像
U0=double(X); %初始场复振幅
L0=sqrt(abs(h*B*N/A)) %FFT计算时同时满足振幅及相位取样条件的物光场宽度
L0=input('初始场宽度L0=?(mm)');
Uh=[0: N-1]-N/2; Vh=[0: N-1]-N/2;
[mh, nh]=meshgrid(Uh, Vh);
figstr=strcat('初始图像宽度=', num2str(L0), 'mm');
figure(1), imshow(X, []), colormap(gray);  xlabel(figstr); title('S-FFT
方法计算柯林斯公式');
%---------------柯林斯公式的S-FFT计算起始
n=1: N;
x=-L0/2+L0/N*(n-1);
y=x;
[yy, xx] = meshgrid(y, x);
Collins=exp(i*pi*A/h/B*(xx.^2+yy.^2));
f2=U0.*Collins;         %S-FFT计算柯林斯公式的傅里叶变换函数
Uf=fft2(f2, N, N);      %对N*N点的离散函数f2作FFT计算
Uf=fftshift(Uf);        %将FFT计算结果进行整序
L=abs(h*B*N/L0);        %FFT计算后观测屏的物理宽度
x=-L/2+L/N*(n-1);
y=x;
```

```
[yy, xx] = meshgrid(y, x);
phase=1/(i*h*B)*exp(i*k/2/B*D*(xx.^2+yy.^2)); %柯林斯公式积分号前方的
相位因子
Uf=Uf.*phase;
T=L0/N;                 %空域取样间隔
Uf=Uf*T*T;              %二维离散变换量值补偿
%--------------柯林斯公式的S-FFT计算结束
If=Uf.*conj(Uf); %形成衍射场强度分布
figstr=strcat('衍射场图像宽度=', num2str(L), 'mm');
%-figure, imshow(A); xlabel('重建Y');  ylabel(figstr);
figure(2), imshow(abs(Uf), []), colormap(gray);  xlabel(figstr);
title('柯林斯公式的S-FFT计算');
```

3. LJCM7.m 程序执行实例

按照上面提供的 LJCM7.m 程序代码输入 MATLAB7.x 的程序编辑框，按执行程序键即可运行。图 B7-1 是选择一唐三彩骏马图像为入射平面光波场振幅执行程序后的输出图像。相关参数为：光波长 h =0.0006328mm、取样数 N =512。光学矩阵元素 $A = 0.4388$、$B = 1164$mm、$C = -0.0006$mm^{-1}、$D =0.7896$。为让计算结果的振幅及相位均满足取样定理，根据提示选择光学系统入射平面宽 29.3165mm，相应计算后衍射场的物理宽度为 12.864mm。

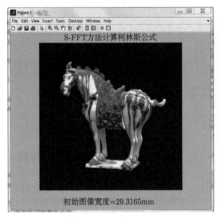
(a) 入射平面光波场振幅分布
(29.3165mm×29.3165mm)

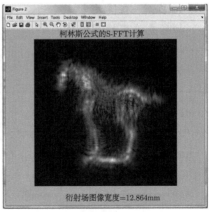
(b) 出射平面光波场振幅分布
(12.864mm×12.864mm)

图 B7-1　利用柯林斯公式的 S-FFT 算法计算光波通过光学系统的衍射场

B8 柯林斯公式的 D-FFT 计算

根据第 3.4.4 节柯林斯公式的 D-FFT 计算的讨论，柯林斯公式可以用卷积算法进行计算。以下介绍计算程序。

1. LJCM8.m 程序的功能

程序功能：给定光学系统的 A、B、C、D 参数及光学系统入射平面的光波场，计算光波通过光学系统时的菲涅耳衍射场。本程序默认的 A、B、C、D 参数是第 3 章图 3-4-1 的光学系统参数。

功能扩展：读者可以根据实际情况修改程序中的 A、B、C、D 参数，解决实际遇到的衍射场计算问题。此外，基于该程序及第 3.4.5 节柯林斯公式逆运算的 D-FFT 计算的讨论，很容易将程序改写为知道光学系统出射平面光波场而计算入射平面光波场的程序。

2. LJCM8.m 程序代码

```
%--------------------------LJCM8.m--------------------------
% 功能:            柯林斯公式的D-FFT计算
% 执行: 调入一图像，计算光波通过ABCD系统的衍射场振幅图像
% 主要变量:
% h ——波长(mm);
% A、B、C、D——矩阵元素
% U0——初始光波场的复振幅;
% L0——初始场及衍射场宽度(mm);
% Uf——衍射光波场的复振幅;
%-----------------------------------------------------------
clear; close all; clc;
chemin='D: \我的资料库\Pictures\';
[nom, chemin]=uigetfile([chemin, '*.*'], ['输入初始场振幅分布的模拟图
像'], 100, 100);
[XRGB, MAP]=imread([chemin, nom]);
%X0=XRGB(: , : , 1);
X0=rgb2gray(XRGB);        %RGB图像转换为灰度图像
A=0.4388                  %A、B、C、D参数可按需要修改
B=1164
C=-0.0006
```

```
D=0.7896
h=0.6328e-3;              %波长(mm)，可按需要修改
k=2*pi/h;
[M0, N0]=size(X0);
N1=max(M0, N0);
N=512;
X1=imresize(X0, N/N1);  %修改为最大宽度为N点的图像
[M1, N1]=size(X1);
X=zeros(N, N);
X(N/2-M1/2+1: N/2+M1/2, N/2-N1/2+1: N/2+N1/2)=X1(1: M1, 1: N1); % 修改
为N*N点的图像
U0=double(X);            %初始场复振幅
L0=input('初始场宽度L0=?(mm)');
Uh=[0: N-1]-N/2; Vh=[0: N-1]-N/2;
[mh, nh]=meshgrid(Uh, Vh);
figstr=strcat('初始图像宽度=', num2str(L0), 'mm');
figure(1), imshow(X, []), colormap(gray); xlabel(figstr); title('初始
场振幅分布');


%D-FFT计算
U1=imresize(U0, A);       %初始场放大A倍
[M1, N1]=size(U1);
U0=zeros(N, N);
if abs(A)<1;
    U0(N/2-M1/2+1: N/2+M1/2, N/2-N1/2+1: N/2+N1/2)=U1(1: M1, 1: N1)/A;
% 小图像周边补零形成N*N点的图像
else
    U0(1: N, 1: N)=U1(M1/2-N/2+1: M1/2+N/2, N1/2-N/2+1: N1/2+N/2)/A;
% 大图像周边删除形成N*N点的图像
end
Uf=fft2(U0, N, N);
Uf=fftshift(Uf);         %物光场频谱
II=Uf.*conj(Uf);
Gmax=max(max(II))
Gmin=min(min(II))
```

```
figstr=strcat('频谱宽度=', num2str(N/L0), '/mm');
figure(2), imshow(II, [Gmin Gmax/100]), colormap(gray); ylabel('频谱');
xlabel(figstr); title('FFT方法计算频谱');

n=1: N;
x=-N/L0/2+1/L0*(n-1);
y=x;
[yy, xx] = meshgrid(y, x);
trans=exp(-i*pi*h*B*A*(xx.^2+yy.^2));
f2=Uf.*trans;
Uf=ifft2(f2, N, N);          %对N*N点的离散函数f2作FFT计算
n=1: N;
x=-L0/2+L0/N*(n-1);
y=x;
[yy, xx] = meshgrid(y, x);
Uf=Uf.*exp(-i*k/2/B*(1/A-D)*(xx.^2+yy.^2));
If=Uf.*conj(Uf);          %衍射场强度

figstr=strcat('衍射场图像宽度=', num2str(L0), 'mm');
figure(3), imshow(abs(Uf), []), colormap(gray); xlabel(figstr);
title('柯林斯公式的D-FFT计算');
```

3. LJCM8.m 程序执行实例

按照上面提供的 LJCM8.m 程序代码输入 MATLAB7.x 的程序编辑框，按执行程序键即可运行。图 B8-1 是选择一唐三彩骏马图像为入射平面光波场振幅执行程序后的输出图像。相关参数为：光波长 $h = 0.0006328$mm、取样数 $N = 512$。光学矩阵元素 $A = 0.4388$、$B = 1164$mm、$C = -0.0006$mm^{-1}、$D = 0.7896$。为便于与上面的柯林斯公式的 S-FFT 计算结果相比较，选择光学系统入射平面宽度为 29.3165mm，按照 D-FFT 计算的性质，计算后衍射场的物理宽度仍然为 29.3165mm。

将图 B8-1(b) 与图 B7-1(b) 比较可以看出，两种方法的计算结果是一致的，但图 B7-1(b) 计算结果的物理宽度较小，因此，衍射场在观测区域的相对分布范围较大。

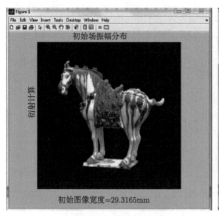
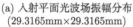
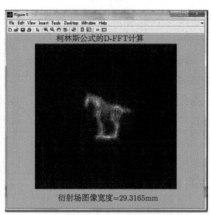

(a) 入射平面光波场振幅分布
(29.3165mm×29.3165mm)

(b) 出射平面光波场振幅分布
(29.3165mm×29.3165mm)

图 B8-1　利用柯林斯公式的 D-FFT 算法计算光波通过光学系统的衍射场

B9　倾斜三角形孔的菲涅耳衍射场及其逆运算

　　基于衍射的经典衍射公式及柯林斯公式，可以较简明地计算与光轴垂直的空间平面间的衍射场，然而，当观测平面与初始衍射平面不平行时，不能直接利用上述公式进行计算。基于第 3.5.1 节倾斜发光面及倾斜观测面的衍射计算的讨论，以下介绍三角形孔的一个边在与光轴垂直的平面上，但其孔径平面不垂直光轴的三角形孔在平行于光轴的平面波照射下的衍射场计算程序。

1. LJCM9.m 程序的功能

　　程序功能：在三维空间中定义直角坐标 $O\text{-}xyz$，波长为 h 的均匀平面照明光波沿 z 轴传播，被照明的三角形孔的一个边在 $z = 0$ 平面上，与 x 轴的夹角为 $Q0$。若给定该边上的高 a、垂足到该边两端的距离 b 和 c、垂足在 $z = 0$ 平面上的坐标 $x0$ 和 $y0$，以及孔径平面与 y 轴的夹角 $Q1$，能模拟垂直于光传播方向的后续空间平面上透射光的衍射场。并且，基于计算结果，能够通过衍射逆运算重建三角形孔在 $z = 0$ 平面上的投影图像。

　　功能扩展：基于第 3.5.1 节倾斜发光面及倾斜观测面的衍射计算的讨论，可以将功能扩展为计算空间任意位置三角形孔在均匀平面波照明下的衍射场的程序。这时，若将空间曲面视为三角形面元的组合，根据衍射场的线性叠加原理，原则上能形成计算空间曲面衍射场的程序。

2. LJCM9.m 程序代码

```
%--------------------------LJCM9.m--------------------------
```

```
% 倾斜三角形孔的菲涅耳衍射场及其逆运算
%-------------------------------------------------------------
clear; close all; clc;
h=0.000532   %光波长(mm);
k=2*pi/h;
z0=200        %衍射距离(mm);
N=1024        %取样数
L0=10         %物平面宽度(mm);
%三角形高度参数(mm);
a=4.6
c=2.5
b=1+eps
%垂足在z=0平面上的坐标(mm);
x0=1+eps
y0=0.5+eps
%三角形底边与X轴夹角(弧度);
Q0=pi/6+eps;
%三角形面与Y轴的夹角(弧度);
Q1=pi/4+eps;

for p=1: N
    for q=1: N
        fx0=-N/L0/2+1/L0*p;
        fy0=-N/L0/2+1/L0*q;
        fz0=sqrt(1/h/h-fx0*fx0-fy0*fy0);
        fx1=fx0*cos(Q0)-fy0*sin(Q0);
        fy1=fx0*sin(Q0)+fy0*cos(Q0);
        fz1=sqrt(1/h/h-fx1*fx1-fy1*fy1);
        fx=fx1;
        fy=fy1*cos(Q1)+(fz1-1/h)*sin(Q1);
        J=cos(Q1)-sin(Q1)*fx1/fz1;
                if (fx == 0) & (fy ~= 0 )
            G1=c*(1-exp(-i*2*pi*a*fy))/(4*a*pi*pi*fy.*fy);
            G2=-i*c/(2*pi*fy);
          elseif (fx ~= 0) & (fy == 0 )
```

```
    G1=-i*c*c*exp(-i*2*pi*c*fx)/(2*a*pi*fx);
    G2=(exp(-i*2*pi*c*fx)-1)*(c/(4*a*pi*pi*fx.*fx)-i*a/
        (2*pi*fx));
  elseif (fx == 0) & (fy == 0 )
    G1=a*c/2;
    G2=0;
  elseif (fx ~= 0) &  (fy ~= 0 ) & (c*fx-a*fy == 0 )
    G1=-c*exp(-i*2*pi*a*fy)/(2*pi*fy);
    G2=-(exp(-i*2*pi*c*fx)-1)/(4*pi*pi*fx.*fy);
  else

    G1=c*(exp(-i*2*pi*a*fy)-exp(-i*2*pi*c*fx))/(4*pi*pi*fy.*
        (c*fx-a*fy));
    G2=(1-exp(-i*2*pi*c*fx))/(4*pi*pi*fy.*fx);
  end
  G0=G1-G2;
 if (fx == 0) & (fy ~= 0 )
    G1=b*(exp(-i*2*pi*a*fy)-1)/(4*a*pi*pi*fy.*fy);
    G2=b/(i*2*pi*fy);
  elseif (fx ~= 0) & (fy == 0 )
    G1=-i*a*exp(i*2*pi*b*fx)/(2*pi*fx);
    G2=(exp(i*2*pi*b*fx)-1)*(a/(4*b*pi*pi*fx.*fx)+i*a/(2*pi*fx));
  elseif (fx == 0) & (fy == 0 )
    G1=a*b/2;
    G2=0;
  elseif (fx ~= 0) &  (fy ~= 0 ) & (c*fx-a*fy == 0 )
    G1=-b*exp(-i*2*pi*a*fy)/(2*pi*fy);
    G2=(exp(i*2*pi*b*fx)-1)/(4*pi*pi*fx.*fy);
  else

    G1=-b*(exp(-i*2*pi*a*fy)-exp(i*2*pi*b*fx))/(4*pi*pi*fy.
        *(b*fx+a*fy));
    G2=-(1-exp(i*2*pi*b*fx))/(4*pi*pi*fy.*fx);
  end
```

```
    if h*fy0>-cos(Q1)&h*fy<cos(Q1)%频谱的源平面倾斜损失
       Uf(N+1-q, p)=(G0+G1-G2)*exp(-i*2*pi*(x0*fx0+y0*fy0))*J;
       else
       Uf(N+1-q, p)=0;
    end
  end
end
%---------------角谱公式衍射计算衍射场
n=1: N;
x=h*(-N/L0/2+1/L0*(n-1));
y=x;
[yy, xx] =meshgrid(y, x);
trans=exp(i*k*z0*sqrt(1-xx.^2-yy.^2)); %角谱传递函数
result=Uf.*trans;
Uf=ifft2(result, N, N);
Uf=ifftshift(Uf);
%--------------- calcul normal
If=abs(Uf);
figstry=strcat('衍射距离 =', num2str(z0), 'mm, Q0=', num2str(Q0),
'弧度' );
figstrx=strcat('a=', num2str(a), 'mm,  b=', num2str(b), 'mm, c=',
num2str(c), 'mm,   屏宽=', num2str(L0), 'mm' );
figure(1), imshow(abs(Uf), []), xlabel(figstrx); ylabel(figstry);
title('衍射场振幅分布');
%---------------衍射递运算
n=1: N;
x=h*(-N/L0/2+1/L0*(n-1));
y=x;
[yy, xx] = meshgrid(y, x);
itrans=exp(-i*k*z0*sqrt(1-xx.^2-yy.^2)); %逆向角谱传递函数
result=result.*itrans;
Uf=ifft2(result, N, N);
Uf=ifftshift(Uf);
If=abs(Uf);
figstry=strcat('旋转角Q0=', num2str(Q0), '弧度, 倾角Q1=', num2str(Q1),
```

```
'弧度');
figure(2), imshow(abs(Uf), []), xlabel(figstrx); ylabel(figstry);
title('z=0平面振幅分布');
```

3. LJCM9.m 程序执行实例

将上程序执行后的输出图像示于图 B9-1，其中图 B9-1(a) 是衍射场的振幅分布图像，图 B9-1(b) 是基于衍射逆运算重建的 $z=0$ 平面的光波场振幅分布。相关计算参数为：

(a) $z=200$mm的衍射场振幅分布　　　　(b) 逆运算重建的$z=0$平面的光波场振幅分布

图 B9-1　倾斜三角形孔被平面波照射的衍射计算及其逆运算图像

光波长 $h = 0.000532$mm，衍射距离 $z0 = 200$mm，取样数 $N = 1024$；

初始平面及观测平面宽度 $L0 = 10$mm，三角形高度参数 $a = 4.6$mm，$b = 1$mm，$c = 2.5$mm；

直角形底边垂足在 $z=0$ 平面上的坐标 $x0 = 1$mm，$y0 = 0.5$mm；

三角形底边与 X 轴夹角 $Q0 = \pi/6$rad，三角形面与 Y 轴的夹角 $Q1 = \pi/4$rad。

根据衍射运算及逆运算的关系可以看出，图 B9-1(a) 是图 B9-1(b) 的衍射图像。由于图 B9-1(b) 是 $z=0$ 平面的光波场，根据所设计三角形的几何参数知，它基本上是所设计三角形孔在 $z=0$ 平面上的投影。计算结果对倾斜三角形孔的衍射计算作出了较好的证明。

上面设计的计算参数中，若将三角形高度参数修改为 $a = 4.6$mm，$b = 0$，$c = 2.5$mm；将直角形底边垂足在 $z=0$ 平面上的坐标修改为 $x0 = 0$，$y0 = 0$；将三角形底边与 X 轴夹角修改为 $Q0 = 0$，执行程序后则能对第 3 章图 3-5-3 倾斜三角形孔被平面波照射的衍射实验作出理论证明。

B10   倾斜面光源的菲涅耳衍射场及其逆运算

第 3.5.1 节倾斜平面光源衍射场的计算研究指出，对于实际问题，面光源的频谱通常无解析解，只能采用二维 FFT 进行数值计算，根据实际情况合理选择近似，将式 (3-5-13) 中的 $G_0\left(\alpha\left(\hat{f}_x, \hat{f}_y\right), \beta\left(\hat{f}_x, \hat{f}_y\right)\right)$ 直接表示成经过投影变换的平面光源的离散傅里叶变换，引入角谱的源平面倾斜损失，通常也能够得到足够满意的计算结果。下面，介绍采用这种近似的程序及计算实例。

1. LJCM10.m 程序的功能

程序功能：根据一幅任意给定的物体图像文件，将光源视为与振幅和图像亮度成正比的倾斜面光源，给定照明光波长及衍射距离，能模拟来自平面光源的平面波或散射波的衍射场。

功能扩展：将来自复杂曲面光源的衍射波视为具有某种振幅分布的三角形面光源的组合，将每一三角形面元视为对应倾斜平面的光波场，根据线性叠加原理，原则上能够通过功能扩展，编写成计算任意空间曲面光源衍射场的程序。

2. LJCM10.m 程序代码

```
%---------------------------LJCM10.m---------------------------
% 倾斜面光源的菲涅耳衍射场及其逆运算
%-------------------------------------------------------------
clear; close all; clc;
chemin='D: \我的资料库\Pictures\';
[nom, chemin]=uigetfile([chemin, '*.*'], ['输入初始场振幅分布的模拟图
像'], 100, 100);
[XRGB, MAP]=imread([chemin, nom]);
%X0=XRGB(: , : , 1);
X0=rgb2gray(XRGB);   %-RGB图像转换为灰度图像
[M0, N0]=size(X0);
N1=max(M0, N0);
N=512      %取样数
X1=imresize(X0, N/N1); %修改为最大宽度为N点的图像
[M1, N1]=size(X1);
X=zeros(N, N);
```

```
X(N/2-M1/2+1: N/2+M1/2, N/2-N1/2+1: N/2+N1/2)=X1(1: M1, 1: N1);
% 修改为N*N点的图像
L0=10        %物平面宽度(mm);
figstr=strcat('初始图像宽度=', num2str(L0), 'mm');
figure, imshow(X, []);  xlabel(figstr); title('物平面振幅分
布');


h=0.000532   %光波长(mm);
k=2*pi/h;
z0=200        %衍射距离(mm);


%初始平面与Y轴的夹角(弧度);
Q1=pi/4+eps;
N1=fix(N*cos(Q1));
B=imresize(X, [N1, N]);
X=zeros(N, N);
X(N/2-N1/2+1: N/2+N1/2, : )=B(1: N1, : ); %图像预先沿Y方向作cos(Q1)
倍的缩小
figure, imshow(X,[]);  xlabel(figstr); title('物平面投影图像振幅分布');
U0=double(X);
b=rand(N, N)*2*pi;
%b=zeros(N, N);
U0=U0.*exp(i.*b);     %叠加随机相位噪声，形成振幅正比于图像的初始场复振幅
Uf0=fft2(U0, N, N);     %对N*N点的离散函数f2作FFT计算
Uf0=fftshift(Uf0);  %将FFT计算结果进行整序
pb=10000
Is=Uf0.*conj(Uf0);
Gmax=max(max(Is))
Gmin=min(min(Is))
figure; imshow(Is+eps, [Gmin Gmax/pb]);  title('物平面图像频谱');
Uf=zeros(N, N);
for p=1: N
    for q=1: N
        fx0=-N/L0/2+1/L0*p;
        fy0=-N/L0/2+1/L0*q;
```

```
                fz0=sqrt(1/h/h-fx0*fx0-fy0*fy0);
                fx=fx0;
                fy=fy0*cos(Q1)+(fz0-1/h)*sin(Q1);
                J=cos(Q1)-sin(Q1)*fx0/fz0;

                if h*fy0>-cos(Q1)&h*fy<cos(Q1)% 角谱的源平面倾斜损失
                    Uf(q, p)=Uf0(q, p)*J;
                    Pr(q, p)=abs((fz0-1/h)*sin(Q1)/(fy0*cos(Q1)));
                else
                    Uf(q, p)=0;
                end
        end
end
Uf0=Uf;
Is=Uf.*conj(Uf);
Gmax=max(max(Is))
Gmin=min(min(Is))
figure; imshow(Is+eps, [Gmin Gmax/pb]);  title('插值物平面频谱');
Uf=ifft2(Uf, N, N);
figure; imshow(abs(Uf), []); title('插值物平面频谱逆变换重建的物平面');
Uf=Uf0;
%---------------角谱衍射公式计算衍射场
n=1: N;
x=h*(-N/L0/2+1/L0*(n-1));
y=x;
[yy, xx] = meshgrid(y, x);
trans=exp(i*k*z0*sqrt(1-xx.^2-yy.^2)); %角谱传递函数
result=Uf.*trans;
Uf=ifft2(result);
%Uf=ifftshift(Uf);
%--------------- 正向传播
If=abs(Uf);
figstry=strcat('衍射距离 =', num2str(z0), 'mm,  Q1=', num2str(Q1), '弧
度' );
figstrx=strcat('屏宽=', num2str(L0), 'mm' );
```

```
figure, imshow(abs(Uf), []), xlabel(figstrx); ylabel(figstry);
title('衍射场振幅分布');
%---------------角谱公式的衍射逆运算
n=1: N;
x=h*(-N/L0/2+1/L0*(n-1));
y=x;
[yy, xx] = meshgrid(y, x);
itrans=exp(-i*k*z0*sqrt(1-xx.^2-yy.^2)); %逆向角谱传递函数
result=result.*itrans;
Uf=ifft2(result);
If=abs(Uf);
figstry=strcat('倾角Q1=', num2str(Q1), '弧度' );
figure, imshow(abs(Uf), []), xlabel(figstrx); ylabel(figstry);
title('z=0平面振幅分布');
```

3. LJCM10.m 程序执行实例

执行上程序，输入一幅唐三彩骏马图像，程序执行后的输出图像示于图 B10-1，其中图 B10-1(a) 是唐三彩骏马图像，图 B10-1(b) 是将光阑表面视为散射面时获得的衍射场振幅分布，图 B10-1(c) 是将光阑表面视为非散射面时获得的衍射场振幅分布。利用图 B10-1(b) 及图 B10-1(c) 的衍射场，通过衍射逆运算重建的 $z = 0$ 平面的物光场示于图 B10-1(d)。相关计算参数为：光波长 $h = 0.000532$mm，衍射距离 $z0 = 200$mm，取样数 $N = 1024$；初始平面及观测平面宽度 $L0 = 10$mm，倾斜面光源与 Y 轴夹角 $Q0 = \pi/4$rad。

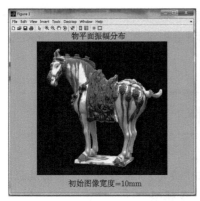

(a)倾斜面光源振幅分布   (b)散射面源的衍射场

(c) 非散射面源的衍射场　　　　　　　(d) 逆运算重建 $z=0$ 平面的光场

图 B10-1　倾斜面光源的菲涅耳衍射场及其逆运算

B11　同轴数字全息图及四步相移法波前重建模拟

在应用研究中，四步相移法通常用于同轴数字全息中物光信息的提取与物光场重建。程序设计思想详见第 5.2.3 节。

1. LJCM11.m 程序的功能

程序功能：根据一幅任意给定的物体图像文件、照明光波长、衍射距离及 CCD 物理宽度，能根据参考光四步相移 $(0、\pi/2、\pi、3\pi/2)$ 模拟表面为散射面的任意物体的四幅同轴数字全息图，并利用这四幅全息图获得到达 CCD 的物光场，再通过衍射逆运算重建物平面的物光场。该程序默认的参数是：CCD 像素数 1024×1024，像素间距 0.00465mm，照明光波长 0.000532mm，衍射距离 1000mm。读者可以修改相关参数进行新的模拟研究。

功能扩展：根据第 5.2.3 节物光复振幅直接获取法的讨论，可以修改程序，让程序模拟不同相移的同轴数字全息图，并利用相应的方法重建物光场。

2. LJCM11.m 程序代码

```
%--------------------LJCM11.m--------------------------------
% 功能：四步相移法生成同轴数字全息图及1-IFFT重建模拟
%------------------------------------------------------------
% 1，读取一幅图像，加相位噪声
% 2，模拟该图像在距离z0处形成的同轴1-FFT的4步相移数字全息图及强度图像
% 3，利用4步相移公式获取到达CCD的物光复振幅
% 4，利用1-IFFT重建物光复振幅
```

```
% 主要变量:
%            h ——波长(mm);              Ih ——数字全息图;
%            L ——全息图宽度(mm);        z0——记录全息图的距离(mm);
%------------------------------------------------------------
clear; close all;
chemin='D: \我的资料库\Pictures\';
[nom,chemin]=uigetfile([chemin,'*.*'],['调入模拟物体图像'],100,100);
[XRGB, MAP]=imread([chemin, nom]);
figure, imshow(XRGB);
X0=rgb2gray(XRGB);
figure, imshow(X0, []);
[M0, N0]=size(X0);
N1=min(M0, N0);
X1=zeros(N1, N1);
X1(1: N1, 1: N1)=X0(1: N1, 1: N1);
N=1024;           %设定取样数
pix=0.00465       %设定CCD像素间隔
L=N*pix           %CCD宽度
X1=imresize(X1, N/N1);
z0=1000;          % 衍射距离 mm(可以根据需要修改)
h=0.532e-3;       %光波长 mm(可以根据需要修改)
k=2*pi/h;
L0=h*z0*N/L;      %S-FFT计算时初始场宽度mm
Y=double(X1);
bb=rand(N, N)*pi*2;
X=Y.*exp(i.*bb); %叠加随机相位噪声模拟散射物体
Uh=[0: N-1]-N/2; Vh=[0: N-1]-N/2;
[mh, nh]=meshgrid(Uh, Vh);
T=L0/N;           % 物光场像素间距 mm;
figstr=strcat('物平面宽度=', num2str(L0), 'mm');
figure(1),
imagesc(Uh*T, Vh*T, abs(X)); colormap(gray);  xlabel(figstr);
title('物平面图像');
U0=double(X);
%---------------菲涅耳衍射的S-FFT计算起始
```

```
n=1: N;
x=-L0/2+L0/N*(n-1);
y=x;
[yy, xx] = meshgrid(y, x);
Fresnel=exp(i*k/2/z0*(xx.^2+yy.^2));
f2=U0.*Fresnel;
Uf=fft2(f2, N, N); %对N*N点的离散函数f2作FFT计算
Uf=fftshift(Uf); %将FFT计算结果进行整序
x=-L/2+L/N*(n-1);
y=x;
[yy, xx] = meshgrid(y, x);
phase=exp(i*k*z0)/(i*h*z0)*exp(i*k/2/z0*(xx.^2+yy.^2)); %菲涅耳衍射
积分号前方的相位因子
Uf=Uf.*phase;
Uf=Uf*T*T;          %二维离散变换量值补偿
%--------------菲涅耳衍射的S-FFT计算结果
figure(2); imagesc(Uh*pix, Vh*pix, abs(Uf)); colormap(gray);
axis equal; axis tight; title('到达CCD的物光场振幅');
%--------------4步相移形成4幅全息图
Ar=mean(mean(abs(Uf))); %将衍射场振幅平均值设为参考光振幅
figstr1=strcat('全息图宽度=', num2str(L), 'mm');
%--------------------------------0相移
Ur=Ar;
Uh=Ur+Uf;
Ih=Uh.*conj(Uh); %浮点型数字全息图
Imax=max(max(Ih));
I1=uint8(Ih./Imax*255); %变换为极大值255的整型数
figure(3); imshow(I1, []); colormap(gray); xlabel(figstr1);
axis equal; axis tight; title('全息图I1');
%--------------------------------pi/2相移
Ur=Ar*exp(i*pi/2);
Uh=Ur+Uf;
Ih=Uh.*conj(Uh); %浮点型数字全息图
Imax=max(max(Ih));
I2=uint8(Ih./Imax*255); %变换为极大值255的整型数
```

```
figure(4); imshow(I2, []); colormap(gray); xlabel(figstr1);
axis equal; axis tight; title('全息图I2');
%--------------------------------pi相移
Ur=Ar*exp(i*pi);
Uh=Ur+Uf;
Ih=Uh.*conj(Uh); %浮点型数字全息图
Imax=max(max(Ih));
I3=uint8(Ih./Imax*255); %变换为极大值255的整型数
figure(5); imshow(I3, []); colormap(gray); xlabel(figstr1);
axis equal; axis tight; title('全息图I3');
%--------------------------------3*pi/2相移
Ur=Ar*exp(i*3*pi/2);
Uh=Ur+Uf;
Ih=Uh.*conj(Uh); %浮点型数字全息图
Imax=max(max(Ih));
I4=uint8(Ih./Imax*255); %变换为极大值255的整型数
figure(6); imshow(I4, []); colormap(gray); xlabel(figstr1);
axis equal; axis tight; title('全息图I3');
%利用4幅全息图获取到达CCD的物光复振幅
I1=double(I1);
I2=double(I2);
I3=double(I3);
I4=double(I4);
U=((I4-I2)+i*(I1-I3))/4/Ar; %到达CCD的共轭物光复振幅
%1-IFFT重建
%---------------菲涅耳衍射的S-IFFT计算起始
n=1: N;
x=-L/2+L/N*(n-1);
y=x;
[yy, xx] = meshgrid(y, x);
Fresnel=exp(-i*k/2/z0*(xx.^2+yy.^2));
f2=U.*Fresnel;
Uf=ifft2(f2, N, N); %对N*N点的离散函数f2作IFFT计算
x=-L0/2+L0/N*(n-1);
y=x;
```

```
[yy, xx] = meshgrid(y, x);
phase=exp(-i*k*z0)/(i*h*z0)*exp(i*k/2/z0*(xx.^2+yy.^2)); %菲涅耳衍射
积分号前的相位因子
Uf=Uf.*phase;
T=L/N;              %CCD取样间隔
Us=Uf*T*T;          %二维离散变换量值补偿
%---------------菲涅耳衍射的S-IFFT计算结果
Uh=[0: N-1]-N/2; Vh=[0: N-1]-N/2;
[mh, nh]=meshgrid(Uh, Vh);
T=L0/N;            % 物光场像素间距 mm;
figstr=strcat('物平面宽度=', num2str(L0), 'mm');
figure(6),
imagesc(Uh*T, Vh*T, abs(Us)); colormap(gray);  xlabel(figstr);
title('重建物平面图像');
```

3. LJCM11.m 程序执行实例

按照上面提供的 LJCM11.m 程序代码输入 MATLAB7.x 的程序编辑框，按执行程序键。根据提示输入一幅方形图像即可运行。图 B11-1(a) 给出执行程序时选择的一幅京剧猴王脸谱灰度图像，图 B11-1(b) 是执行程序后利用四幅全息图获取到达 CCD 的物光场后用衍射逆运算重建的物平面图像。容易看出，重建图像使原图像非常完美的重现。为简明起见，参考光四步相移的图像未列出，读者在执行程序时可以看到。

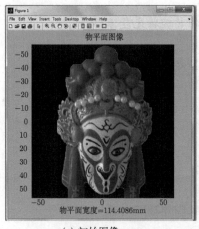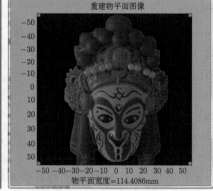

(a) 初始图像   (b) 重建图像

图 B11-1   四相移法重建图像模拟 (1024×1024 像素)

B12 模拟生成单色离轴数字全息图

在数字全息的应用研究中,被研究物体的尺寸通常与 CCD 面阵尺寸有较大差异,利用 S-FFT 计算菲涅耳衍射积分时初始平面与观测平面物理宽度不一致的特点,在给定物体的投影宽度及 CCD 面阵宽度后,可以利用菲涅耳衍射积分的 S-FFT 计算模拟形成一个数字全息图。该全息图将为后面的物光场波前重建程序所使用。程序设计思想详见第 5.1.4 节。

1. LJCM12.m 程序的功能

程序功能:根据一幅任意给定的物体图像文件、照明光波长、衍射距离及 CCD 物理宽度,能模拟表面为散射面的任意给定尺寸物体的单色离轴数字全息图,全息图的像素数为 1024×1024。

功能扩展:本程序将物体彩色图像转化为灰度图像后生成单色光照明的离轴数字全息图,若将彩色图像的三基色分量图像视为三基色光照明下的复振幅分布,可以扩展为模拟形成彩色数字全息图的程序。

2. LJCM12.m 程序代码

```
%--------------------------LJCM12.m--------------------------
%    用菲涅耳衍射的S-FFT计算模拟形成平面参考光单色离轴数字全息图。
%       数字全息图文件名——D: \data\Ih.tif
%------------------------------------------------------------
clear; close all;
chemin='D: \我的资料库\Pictures\';
[nom, chemin]=uigetfile([chemin, '*.*'], ['调入模拟物体图像'], 100,
100);
[XRGB, MAP]=imread([chemin, nom]);
%XR=XRGB(: , : , 1);
figure, imshow(XRGB);
X0=rgb2gray(XRGB);
figure, imshow(X0, []);
%X0=XR;
[M0, N0]=size(X0);
N1=min(M0, N0);
N=1024;            %模拟形成的全息图取样数
```

```
X1=imresize(X0, N/4/N1);
[M1, N1]=size(X1);
X=zeros(N, N);
X(N/2-M1/2+1: N/2+M1/2, N/2-N1/2+1: N/2+N1/2)=X1(1: M1, 1: N1);


h=0.532e-3;              %波长(mm)，可按需要修改
k=2*pi/h;
pix=0.00465 ;           %CCD像素宽度(mm)，可按需要修改
L=N*pix;                %CCD宽度(mm)
z0=1000                 %----衍射距离(mm)，可按需要修改
L0=h*N*z0/L             %物平面宽度(mm)


Y=double(X);
a=ones(N, N);
b=rand(N, N)*2*pi;
f=Y.*exp(i.*b);         %叠加随机相位噪声，形成振幅正比于图像的初始场复振幅


figstr=strcat('初始物平面宽度=', num2str(L0), 'mm');
figure, imshow(X, []), colormap(gray); xlabel(figstr); title('物平面图
像');
%---------------菲涅耳衍射的S-FFT计算开始
n=1: N;
x=-L0/2+L0/N*(n-1);
y=x;
[yy, xx] = meshgrid(y, x);
Fresnel=exp(i*k/2/z0*(xx.^2+yy.^2));
f2=f.*Fresnel;
Uf=fft2(f2, N, N);
Uf=fftshift(Uf);
x=-L/2+L/N*(n-1); %CCD宽度取样(mm)
y=x;
[yy, xx] = meshgrid(y, x);
phase=exp(i*k*z0)/(i*h*z0)*exp(i*k/2/z0*(xx.^2+yy.^2)); %菲涅耳衍射
积分前方的相位因子
Uf=Uf.*phase;
```

```
%----------------菲涅耳衍射的S-FFT计算结束
figstr=strcat('模拟CCD宽度=', num2str(L), 'mm');
figure, imshow(abs(Uf), []), colormap(gray);  xlabel(figstr);
title('到达CCD平面的物光振幅分布');
%----------------形成0-255灰度级的数字全息图
fex=N/L;
Qx=(4-2.5)*L0/8/z0;                %按照优化设计定义参考光方向余弦
Qy=Qx
x=[-L/2: L/N: L/2-L/N];
y=x;
[X, Y]=meshgrid(x, y);
Ar=max(max(abs(Uf)));             %按物光场振幅最大值定义参考光振幅
Ur=Ar*exp(i*k*(X.*Qx+Y.*Qy));  %参考光复振幅
Uh=Ur+Uf;                          %物光与参考光干涉
Wh=Uh.*conj(Uh);                  %干涉场强度
Imax=max(max(Wh));
Ih=uint8(Wh./Imax*255);          %形成0-255灰度级的数字全息图
imwrite(Ih, 'D: \data\Ih.tif'); %形成数字全息图文件
figstr=strcat('全息图宽度=', num2str(L), 'mm');
figure, imshow(Ih, []), colormap(gray); xlabel(figstr); title('模拟形
成的数字全息图');
```

3. LJCM12.m 程序执行实例

基于一个 624×678 像素京剧猴王脸谱的彩色图，程序执行过程中首先将彩色图像转换为灰度图像（图 B12-1(a)，(b)）；然后，将灰度图像缩小后置入一个 $N \times N = 1024 \times 1024$ 像素的图像框架中央，缩小后的图像只在中央占有 $N/4 \times N/4 = 256 \times 256$ 像素（图 B12-1(c)）。

令光波长 $h = 0.000532\text{mm}$，衍射距离 $z0 = 1000\text{mm}$，CCD 面阵宽度 $L = 1024 \times 0.00465\text{mm} \approx 4.76\text{mm}$。由式 $L0 = h \times N \times z0/L$ 得物平面的宽度为 114.4mm。图 B12-1(d) 是该程序执行后获得的数字全息图。后续程序将给出根据这幅全息图用不同方法重建物体图像的实例。

(a) 彩色图像文件(624×678像素)　　　(b) 灰度图像文件(624×678像素)

(c) 物平面(114.4mm×114.4mm)　　(d) 数字全息图(4.76mm×4.76mm)

图 B12-1　单色离轴数字全息图模拟实例 (1024×1024 像素)

B13　数字全息图物光场的 1-FFT 重建

结合第 5 章关于 1-FFT 重建的基本理论及程序注释，阅读下程序可以加深对菲涅耳衍射积分的 S-FFT 算法重建物光场理论的理解。

1. LJCM13.m 程序的功能

程序功能：利用 1-FFT 方法重建单色光照明的数字全息物光场强度图像，可以通过参数调整进行限幅放大显示重建图像。

功能扩展：由于该程序能够重建物平面光波场的振幅及相位，CCD 或数字全息图的尺寸通常小于物平面，按照 S-FFT 算法的理论，重建场的相位取样不满足取样定理。但是，取样点的数值是正确的，对于数字实时全息检测，只要物体物理量变化前后的重建物光场的干涉条纹能够正确取样，便能进行相关物理量变化的检测。因此，基于该程序，可以开发成许多面向数字全息检测的实用程序。

以下是 LJCM13.m 程序的代码。

2. LJCM13.m 程序代码

```
%-------------------------LJCM13.m-------------------------
%              数字全息图物光场的1-FFT重建
%
%         调入实际测量的数字全息图进行重建
%         输入重建距离，可以通过大于1的参数p的选择进行限幅放大显示
            重建图像
%主要变量:
% h ——波长(mm);              Ih ——数字全息图;
% L ——全息图宽度(mm);         L0 ——重建平面宽度(mm);
% z0——记录全息图的距离(mm);   U0 ——重建物平面光波场的复振幅;
%-----------------------------------------------------------
clear; clc;
close all;
chemin='D: \Data\'; %路径
[nom, chemin]=uigetfile([chemin, '*.*'], ['选择数字全息图'],
100, 100);
I1=imread([chemin, nom]);

figure(1); imshow(I1); title('数字全息图');
f0 = double(I1);
[N1, N2]=size(f0);
N=min(N1, N2);

h=0.000532;            %波长(mm)
pix=0.00465;           %像素宽(mm)
z0=1000;               %重建距离(mm)
z0=input('重建距离z0=');
L=pix*N;               %CCD宽度(mm)
f=zeros(N, N);
Ih(1: N, 1: N)=f0(1: N, 1: N);
```

```
%----------------------------1-FFT重建开始
n=1: N;
x=-L/2+L/N*(n-1);
y=x;
[yy, xx] = meshgrid(y, x);
k=2*pi/h;
Fresnel=exp(i*k/2/z0*(xx.^2+yy.^2));
f2=Ih.*Fresnel;
Uf=fft2(f2, N, N);
Uf=fftshift(Uf);
L0=h*z0*N/L
x=-L0/2+L0/N*(n-1);
y=x;
[yy, xx] = meshgrid(y, x);
phase=exp(i*k*z0)/(i*h*z0)*exp(i*k/2/z0*(xx.^2+yy.^2));
U0=Uf.*phase; %积分运算结果乘积分号前方相位因子
%----------------------------1-FFT重建结束
If=U0*conj(U0);
Gmax=max(max(abs(U0)))
Gmin=min(min(abs(U0)))
figstr=strcat('重建物平面宽度=', num2str(L0), 'mm');
figure(2),
imshow(abs(Uf), [Gmin Gmax/1]), colormap(gray);  xlabel(figstr);
title('1-FFT物平面重建图像');
p=10;
while p
    figure(3);
    IMSHOW(abs(Uf), [Gmin Gmax/p]), colormap(gray); xlabel(figstr);
    title('1-FFT物平面重建图像');
    p=input('Gmax/p, p=10?');
end;
```

3. LJCM13.m 程序执行实例

按照上面提供的 LJCM13.m 程序代码输入 MATLAB7.x 的程序编辑框，按执

行程序键。根据提示输入上面程序建立的数字全息图 Ih.tif 以及衍射距离 1000mm
等参数即可运行。应该注意的是，由于 1-FFT 重建像平面中央有强烈的零级衍斑，
物体的重建像强度通常低于零级衍斑，MATLAB 根据直接计算结果显示图像时，
是将整个平面的极大值视为 255 进行归一化处理而显示的，这时，通常不能清楚显
示物体的图像 (图 B13-1(a))。为此，程序在最后增加了限幅放大显示重建图像的功
能。适当选择显示参数 p，则能得到清楚的物体图像 (图 B13-1(b))。

(a) 显示参数 $p=1$　　　　　　　　　(b) 显示参数 $p=20$

图 B13-1　全息图文件 "Ih.tif" 的 1-FFT 重建物光场振幅分布

($L = 4.76$mm, $L0 = 114.4$mm, $N \times N = 1024 \times 1024$, $\lambda = 532$mm, $z0 = 1000$mm)

　　当读者有一幅实际测量的数字全息图时，不难证明该程序可以对实际记录的
数字全息图进行物光场重建。例如，第 5 章图 5-1-3(d) 便是用该程序重建的物光
场图像。

B14　数字全息图物光场的 DDBFT 局域重建

　　上面所述的 1-FFT 波前重建方法虽然简单，但由于重建物光场只占有重建平
面的一小部分，如果需要较高分辨率的重建图像，则需要对全息图周边补零，形成
较大的补零全息图进行重建，在执行程序时需要占用较大的计算机内存。根据第
5.3.1 节 DBFT 重建算法的改进 ——DDBFT 算法的讨论，以下介绍通过衍射的
"接力" 计算，能对需要重建物体的局部区域用全息图的全部像素数高分辨率重建
的程序。

1. LJCM14.m 程序的功能

程序功能：在 1-FFT 重建平面上选择需要重建的局域图像，通过衍射逆运算形成无干扰数字全息图，利用衍射的"接力"计算，用全息图的全部像素数重建物光场。

功能扩展：由于该程序能够重建物平面光波场的振幅及相位，并且，能够按照需要的物理尺寸重建物光场，基于该程序，可以开发成多波长照明的彩色数字全息物光场重建程序，形成面向彩色数字全息检测的实用程序。

2. LJCM14.m 程序代码

```
%***************LJCM14.m***************************
%   数字全息图物光场的DDBFT局域重建
% 在1-FFT重建平面上选择需要重建的区域
%***************************************************

close all; clear; clc;
chemin='D: \Data\'; %路径

[nom, chemin]=uigetfile([chemin, '*.*'], ['选择数字全息图'],
100, 100);
I1=imread([chemin, nom]);

figure(1); imshow(I1); title('数字全息图');
f0 = double(I1);
[N1, N2]=size(f0);
N=min(N1, N2);
h=0.000532;              %波长(mm)
pix=0.00465;             %像素宽(mm)
z0=1000;                 %重建距离(mm)
z0=input('重建距离z0=');
L=pix*N;                 %CCD宽度(mm)
f=zeros(N, N);
Ih(1: N, 1: N)=f0(1: N, 1: N);

%----------------------------1-FFT重建开始
n=1: N;
```

```
x=-L/2+L/N*(n-1);
y=x;
[yy, xx] = meshgrid(y, x);
k=2*pi/h;
Fresnel=exp(i*k/2/z0*(xx.^2+yy.^2));
f2=Ih.*Fresnel;
Uf=fft2(f2, N, N);
Uf=fftshift(Uf);
L0=h*z0*N/L
x=-L0/2+L0/N*(n-1);
y=x;
[yy, xx] = meshgrid(y, x);
phase=exp(i*k*z0)/(i*h*z0)*exp(i*k/2/z0*(xx.^2+yy.^2));
Uf=Uf.*phase;
%---------------------------1-FFT重建结束

figstr0=strcat('重建物平面宽度=', num2str(L0), 'mm');
figure(2),
Gmax=max(max(abs(Uf)))
Gmin=min(min(abs(Uf)))
imshow(abs(Uf)+eps, [Gmin Gmax/10]), xlabel(figstr0);
title('1-FFT物平面重建图像');

[xc, yc]=ginput(1)          %鼠标左键选择重建局部图像中心
xc=xc
yc=yc
Ly=L0/N*(N-xc)
Lx=L0/N*(N-yc)
r=sqrt(Lx*Lx+z0*z0)
Qx=Lx/r
Qy=Ly/r
Ufi=zeros(N, N);
dx=input('X向半宽度(像素)=?');
dy=input('Y向半宽度(像素)=?');
dxy=max(dx, dy);
```

```
figstr1=strcat('重建物平面宽度=', num2str(L0/N*dxy*2), 'mm');
if xc-dx<1,  xb0=1;  else xb0=xc-dx;   end
if yc-dy<1,  yb0=1;  else yb0=yc-dy;   end
if xc+dx>N,  xb1=N;  else xb1=xc+dx;   end
if yc+dy>N,  yb1=N;  else yb1=yc+dy;   end

Ufi(yb0: yb1, xb0: xb1)=Uf(yb0: yb1, xb0: xb1); %提取所选择的局部物
体像
Uf=Ufi;
Gmax=max(max(abs(Uf)))
Gmin=min(min(abs(Uf)))
figure(3); imshow(abs(Uf)+eps, [Gmin Gmax/1]); xlabel(figstr0);
title('提取局部物体像');

%建立无干扰全息图
Uf=ifft2(Uf, N, N);
Uf=ifftshift(Uf);
U0=Uf.*conj(Fresnel); %
figstr=strcat('全息图宽度=', num2str(L), 'mm');
figure(4); imshow(abs(U0), []); xlabel(figstr); title('无干扰数字
全息图振幅分布');
d0=z0;
f=U0;
L=N*pix;
L1=N*h*d0/L;
Lv=2*dxy/N*L0;
d1=d0*L/(Lv+L)            %第一次衍射距离
L1=h*d1*N/L              %第一次衍射重建场宽度
Lr=sqrt(h*d1*N)
if Lr>L;  resultat='满足振幅取样条件'
else resultat='满足相位取样条件'
end;
Nt=h*d1*N*N/L1/L1          %满足取样定理的区域宽度
% ---------距离d1的 S-FFT菲涅耳衍射运算
n=1: N;
```

```
x=-L/2+L/N*(n-1);
y=x;
[yy, xx] = meshgrid(y, x);
k=2*pi/h;
Fresnel=exp(i*k/2/d1*(xx.^2+yy.^2));
f1=f.*Fresnel.*exp(i*k*(Qx*xx+Qy*yy)); %变换传播方向让物光沿光轴传播
Uf=fft2(f1, N, N);
Uf=fftshift(Uf);
x=-L1/2+L1/N*(n-1);
y=x;
[yy, xx] = meshgrid(y, x);
phase=exp(i*k*d1)/(i*h*d1)*exp(i*k/2/d1*(xx.^2+yy.^2));
Uf=Uf.*phase;
Uf0=Uf;
v=(N-Nt)/2
Uf(1: v, : )=0;
Uf(: , N-v: N)=0;
Uf(N-v: N, : )=0;
Uf(: , 1: v)=0;
rapport=sum(sum(Uf.*conj(Uf)))/sum(sum(Uf0.*conj(Uf0)))%中间平面上满足
取样定理的区域强度与总强度之比
figure(5);
srapport=strcat('用于计算的衍射波能量损失: ', num2str((1-rapport)*100),
'%');
imshow(abs(Uf), []), colormap(gray); xlabel(srapport); title('中间平面
满足取样定理的区域');


% 距离d2的 S-FFT菲涅耳衍射运算
d2=d0-d1
n=1: N;
x=-L1/2+L1/N*(n-1);
y=x;
[yy, xx] = meshgrid(y, x);
k=2*pi/h;
Fresnel=exp(i*k/2/d2*(xx.^2+yy.^2));
```

```
f1=Uf.*Fresnel;
Uf=fft2(f1, N, N);
x=-Lv/2+Lv/N*(n-1);
y=x;
[yy, xx] = meshgrid(y, x);
phase=exp(i*k*d2)/(i*h*d2)*exp(i*k/2/d2*(xx.^2+yy.^2));
diff1=Uf.*phase;
diff=filter2(fspecial('average', 3), abs(diff1));
Gmax=max(max(abs(diff1)))
Gmin=min(min(abs(diff1)))
figure(6);
imshow(abs(diff1), [Gmin Gmax]), colormap(gray); xlabel(figstr1);
title('DDBFT重建像');
p=1
while p
    figure(7);
    IMSHOW(abs(diff1),[Gmin Gmax/p]),colormap(gray); xlabel(figstr1);
    title('DDBFT重建像');
    p=input('Gmax/p, p=1?');
end;
```

3. LJCM14.m 程序执行实例

　　上面提供的 LJCM14.m 程序代码输入 MATLAB7.x 的程序编辑框, 按执行程序键。根据提示输入数字全息图以及衍射距离等参数即可运行。在程序形成 1-FFT 重建像平面后, 移动鼠标, 让与鼠标移动图标相连的十字叉中心与需要选择重建的图像中心相吻合, 点击鼠标左键确认后, 根据对话提示, 输入需要重建的以像素为单位的局部图像宽度及高度, 程序即可重建局部物光场。利用图 B12-1(d) 的模拟全息图及相关参数, 程序输出的主要图像示于图 B14-1。其中, 图 B14-1(a) 是 1-FFT 重建像平面, 图 B14-1(b) 是选择 160×180 像素滤波窗的像面滤波图像。衍射逆运算得到无干扰数字全息图后, 为让重建像位于 DDBFT 重建平面中央, 根据鼠标选择的中心位置确定一倾斜平面波照射数字全息图, 再进行衍射 "接力" 运算重建。图 B14-1(c) 给出中间衍射平面上设计滤波窗后用于后续计算的光波场振幅图像 (图下方示出滤波后能量损失为 21.28%), 图 B14-1(d) 是选择显示参数 $p = 1.5$ 后的 DDBFT 重建像。

(a) 宽度为114.4mm的1-FFT重建像平面

(b) 160×180像素的像面滤波图像

(c) 满足取样定理的中间衍射平面

(d) 宽度为20.11mm的重建像

图 B14-1　全息图文件 "Ih.tif" 的 DDBFT 重建物光场振幅分布

$(L = 4.76\text{mm}，L0 = 114.4\text{mm}，N \times N = 1024 \times 1024，\lambda = 532\text{nm}，z0 = 1000\text{mm})$

B15　数字全息图物光场的 VDH4FFT 重建

　　上面所述的 DDBFT 波前重建方法虽然能够重建需要物理尺寸的局部物光场，但是，为让计算满足取样定理，在中间衍射平面上设计滤波窗滤除了不满足取样定理的光波场，有能量损失。根据第 5.3.2 节基于虚拟数字全息图的波前重建算法的讨论，以下介绍设计虚拟全息图重建物光场的 VDH4FFT 方法。该方法能对需要重建物体的局部区域用全息图的全部像素数高分辨率重建，没有能量损失。

1. LJCM15.m 程序的功能

程序功能：在 1-FFT 重建平面上选择需要重建的局域图像，通过衍射逆运算在空间中形成一个与重建局部图像物理尺寸相同的虚拟的无干扰数字全息图，利用角谱衍射理论计算到达像平面的衍射场，用全息图的全部像素数重建局部物体图像。

功能扩展：由于该程序能够重建物平面光波场的振幅及相位，并且，能够按照物体的物理尺寸重建物光场，基于该程序，可以开发成多波长照明的彩色数字全息物光场重建程序，形成面向彩色数字全息检测的实用程序。

2. LJCM15.m 程序代码

```
%----------------LJCM15.m----------------------------------
%   数字全息图物光场的VDH4FFT重建
%----------------------------------------------------------

clear; close all; clc;

chemin='D: \Data\';
[nom, chemin]=uigetfile([chemin, '*.*'], ['选择数字全息图'], 100,
100);
[XRGB, MAP]=imread([chemin, nom]);
figure;
imshow(XRGB); title('全息图');
XR=XRGB(: , : , 1);  %红色分量   对于单色图则为单色强度信息
IR=double(XR);
I1=IR;
h=0.000532;      %光波长(mm)
pix=0.00465;     %CCD像素间距
d0=1000;         %记录全息图时物平面到CCD平面的距离(mm)
d0=input('d0=');
f0 = double(I1);
[N1, N2]=size(f0);
N1=min(N1, N2);
N=N1;            %选择短边取样数为N
L=pix*N;         %全息图宽度(mm)
f=zeros(N, N);
```

```
f(1: N, 1: N)=f0(1: N1, 1: N1);

%------------------------1-FFT重建物光场
n=1: N;
x=-L/2+L/N*(n-1);
y=x;
[yy, xx] = meshgrid(y, x);
k=2*pi/h;
Fresnel=exp(i*k/2/d0*(xx.^2+yy.^2));
f2=f.*Fresnel;
Uf=fft2(f2, N, N);
Uf=fftshift(Uf);
L0=h*d0*N/L                 %1-FFT重建平面物理宽度
n=1: N;
x=-L0/2+L0/N*(n-1);
y=x;
[yy, xx] = meshgrid(y, x);
phase=exp(i*k*d0)/(i*h*d0)*exp(i*k/2/d0*(xx.^2+yy.^2));
Uf=Uf.*phase;              %乘积分号前的相位因子得到像平面光场
figstr0=strcat('1-FFT重建平面宽度=', num2str(L0), 'mm');
Gmax=max(max(abs(Uf)))
Gmin=min(min(abs(Uf)))
figure;
imshow(abs(Uf)+eps, [Gmin Gmax/10]); xlabel(figstr0); title('1-FFT重建
平面');
[xc, yc]=ginput(1)          %像面局域物光场中心选择
xc=xc
yc=yc
Ufi=zeros(N, N);
dx=input('X向半宽度(像素)=?');
dy=input('Y向半宽度(像素)=?');
dxy=max(dx, dy)
if xc-dx<1,  xb0=1;  else xb0=xc-dx;  end
if yc-dy<1,  yb0=1;  else yb0=yc-dy;  end
if xc+dx>N,  xb1=N;  else xb1=xc+dx;  end
```

```
if yc+dy>N,  yb1=N;  else yb1=yc+dy;   end
Ufi(yb0-yc+N/2: yb1-yc+N/2, xb0-xc+N/2: xb1-xc+N/2)=Uf(yb0: yb1, xb0:
xb1); %提取物体像并将像平移到中央

Gmax=max(max(abs(Ufi)))
Gmin=min(min(abs(Ufi)))
figure;
imshow(abs(Ufi)+eps, [Gmin Gmax/1]); xlabel(figstr0); title('局部像
平移到中央');
Uf=imrotate(Ufi, 180);
d1=h*2*dxy/L/L*d0*d0        %虚拟全息图距离像平面的距离
L1=h*d1*N/L0               %虚拟全息图宽度
figstr1=strcat('虚拟全息图宽度=重建物平面宽度=', num2str(L1), 'mm');
% ------------------通过距离d1的S-IFFT菲涅耳衍射逆运算求虚拟面光源复振幅
n=1: N;
x=-L0/2+L0/N*(n-1);
y=x;
[yy, xx] = meshgrid(y, x);
k=2*pi/h;
Fresnel=exp(-i*k/2/d1*(xx.^2+yy.^2));
f2=Uf.*Fresnel;
Uf=fft2(f2, N, N);
Uf=fftshift(Uf);
n=1: N;
x=-L1/2+L1/N*(n-1);
y=x;
[yy, xx] = meshgrid(y, x);
phase=exp(-i*k*d1)/(-i*h*d1)*exp(-i*k/2/d1*(xx.^2+yy.^2)); %积分号前
的相位因子
Uf=Uf.*phase;         %乘积分号前的相位因子得到虚拟面光源光场
Gmax=max(max(abs(Uf)))
Gmin=min(min(abs(Uf)))
figure;
imshow(abs(Uf), [Gmin Gmax]), xlabel(figstr1); title('虚拟面光源
振幅分布 ');
```

```
%--------------------------------------D-FFT重建局部像
Us=fft2(Uf);
Is=Us.*conj(Us);
figstrf=strcat('虚拟面光源频谱宽度=', num2str(N/L1), '/mm');
Gmax=max(max(Is))
Gmin=min(min(Is))
figure;
imshow(abs(Is)+eps, [Gmin Gmax/10]); xlabel(figstrf); title('虚拟面光源
频谱振幅图像');
result=Us;
% -------------------------------------距离d1的正向传播
fex=N/L1;
fx=[-fex/2: fex/N: fex/2-fex/N];
fy=fx;
[FX, FY]=meshgrid(fx, fy);
H=exp(i*k*d1*sqrt(1-(h*FX).^2-(h*FY).^2)); % 角谱衍射传递函数
spectre2=result.*H;
diff1=ifft2(spectre2);
Gmax=max(max(abs(diff1)))
Gmin=min(min(abs(diff1)))
figure;
imshow(abs(diff1), []), xlabel(figstr1); title('局域物光场的二次重建像
振幅分布');
p=1
while p
    figure(6);
    IMSHOW(abs(diff1), [Gmin Gmax/p]);  xlabel(figstr1); title('VDH4FFT
    重建像');
    p=input('Gmax/p, p=1?');
end;
```

3. LJCM15.m 程序执行实例

将 LJCM15.m 程序代码输入 MATLAB7.x 的程序编辑框，按执行程序键。根据提示输入数字全息图以及衍射距离等参数即可运行。在程序形成 1-FFT 重建像平面后，移动鼠标，让与鼠标移动图标相连的十字叉中心与需要选择重建的图像中

心相吻合，点击鼠标左键确认后，根据对话提示，输入需要重建的以像素为单位的局部图像宽度及高度，程序继续执行后则输出与计算相关的主要图像。

利用图 B12-1(d) 的模拟单色离轴数字全息图，图 B15-1(a) 给出执行程序后得到的 1-FFT 重建像平面，图 B15-1(b) 是选择 200×240 像素滤波窗后将图像平移到中央的像面滤波图像，衍射逆运算得到的无干扰虚拟数字全息图示于图 B15-1(c)，图 B15-1(d) 是选择显示参数 $p = 2$ 后的重建像。

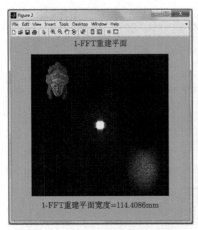

(a) 宽度为114.4mm的1-FFT重建像平面

(b) 200×240像素的像面滤波图像

(c) 虚拟全息图振幅分布

(d) 宽度为26.8145mm的重建像

图 B15-1 全息图文件 "Ih.tif" 的 VDH4FFT 重建图像

$(L = 4.76\text{mm},\ L0 = 114.4\text{mm},\ N \times N = 1024 \times 1024,\ \lambda = 532\text{nm},\ z0 = 1000\text{mm})$

B16 数字全息图物光场的 FIMG4FFT 重建

上面介绍的 VDH4FFT 波前重建方法是综合衍射的 S-FFT 及 D-FFT 算法的特点而形成的一种可对局域物光场进行高分辨率重建的方法。事实上,基于传统全息重建物光场的理论,用球面波为重建波,利用像面滤波技术,也能高分辨率地重建物光场。根据第 5.4 节的讨论,以下介绍 FIMG4FFT 方法的 MATLAB 程序。为便于实际应用,该程序设计成可以对参考光为球面波的数字全息图进行重建。若记录全息图时使用的是平面参考光,只需将波面半径视为一个很大的值输入程序即可运行。

1. LJCM16.m 程序的功能

程序功能:可控放大率重建球面参考光记录的数字全息物光场,可以通过参数调整进行限幅放大显示重建图像。

功能扩展:由于可以按照期待的放大率对不同色光的物光场按照统一的物理尺寸进行重建,可以开发成数字全息检测及真彩色重建物体图像的实用程序。

2. LJCM16.m 程序代码

```
%----------------------LJCM16.m----------------------------------
% 数字全息图物光场的FIMG4FFT重建
%----------------------------------------------------------------
clear; close all; clc;
chemin='D: \Data\';
[nom, chemin]=uigetfile([chemin, '*.*'], ['选择数字全息图'], 100, 100);
[XRGB, MAP]=imread([chemin, nom]);
figure(1); imshow(XRGB); title('全息图');
XR=XRGB(: , : , 1);
IR=double(XR);

[M, N]=size(IR);
N=min(M, N);
Ih=zeros(N, N);
Ih(1: N, 1: N)=IR(1: N, 1: N);
h=0.532e-3;

d0=1000              % 衍射距离(mm)
```

```
d0=input('d0=?');
lambda=h;

k=2*pi/lambda;
pix=0.00465;
L1=N*pix

L0=lambda*N*d0/L1; %1-FFT重建物平面宽度(mm)
zr=100000000
zr=input('参考光波面半径=?');

%-------------------------确定重建光半径
dx=input('X 方向半宽度=100像素?');
dy=input('Y 方向半宽度=100像素?');
dxm=dx;
dym=dy;

dxy=max(dx, dy)
Mi=L1*L1/(lambda*d0*dxy*2)%重建像充满重建平面的放大率
figstr1=strcat('重建物平面宽度=', num2str(L1), 'mm, 放大率M= ',
num2str(Mi));
zi=Mi*d0                %重建距离
zc=1/(1/d0-1/zr-1/zi)   %重建波面半径
x=[-L1/2: L1/N: L1/2-L1/N];
y=x;
[X, Y]=meshgrid(x, y);       %形成数据矩阵
Uc=exp(i*k/2/zc*(X.^2+Y.^2));
Ih=Ih.*Uc;                %球面波照射全息图
%-------------------------1-FFT衍射重建
Fresnel=exp(i*k/2/zi*(X.^2+Y.^2));
f2=Ih.*Fresnel;
Uf=fft2(f2, N, N);
Uf=fftshift(Uf);
px=lambda*d0/L1;  py=px;
Uh=[0: N-1]-N/2; Vh=[0: M-1]-M/2;
```

```
Is=Uf.*conj(Uf);
figstr0=strcat('1-FFT重建平面宽度=', num2str(L0), 'mm');
Gmax=max(max(Is))
Gmin=min(min(Is))
p=400;
figure(2); imshow(abs(Is)+eps, [Gmin Gmax/p]); xlabel(figstr0);
title('1-FFT重建平面');
[xc, yc]=ginput(1)          %鼠标选择局域重建像中心
xc=xc
yc=yc
Ufi=zeros(N, N);
if xc-dx<1,  xb0=1;  else xb0=xc-dx;  end
if yc-dy<1,  yb0=1;  else yb0=yc-dy;  end
if xc+dx>N,  xb1=N;  else xb1=xc+dx;  end
if yc+dy>N,  yb1=N;  else yb1=yc+dy;  end
Ufi(yb0-yc+N/2: yb1-yc+N/2, xb0-xc+N/2: xb1-xc+N/2)=Uf(yb0: yb1, xb0:
xb1); %提取物体像并将像平移到中央
Uf=Ufi;
Gmax=max(max(abs(Uf)))
Gmin=min(min(abs(Uf)))
figure(3); imshow(abs(Uf)+eps, [Gmin Gmax]); xlabel(figstr0);
title('物体像平移到中央');


%-----------------------递运算返回全息图面重建无干扰数字全息图
Uf=ifftshift(Uf);
Uf=ifft2(Uf, N, N);
Ih=Uf.*conj(Fresnel); %
figure(4); imshow(abs(Ih+eps), []);  xlabel(figstr1); title('无干扰数
字全息图物光场');
%----------------------- %无干扰数字全息图频谱
Us=fft2(Ih, N, N);
Us=fftshift(Us);
% ----------------------形成角谱传递函数
fex=N/L1;
fx=[-fex/2: fex/N: fex/2-fex/N];
```

```
fy=fx;
[FX, FY]=meshgrid(fx, fy);
H=exp(i*k*zi*sqrt(1-(lambda*FX).^2-(lambda*FY).^2));
spectre2=Us.*H;
diff1=ifft2(spectre2);   %重建的局域物光场复振幅
Gmax=max(max(abs(diff1)))
Gmin=min(min(abs(diff1)))
p=1
while p
    figure(5);
    IMSHOW(abs(diff1), [Gmin Gmax/p]);  xlabel(figstr1);
    title('FIMG4FFT重建像');
    p=input('Gmax/p, p=1?');
end;
```

3. LJCM16.m 程序执行实例

将上面提供的 LJCM16.m 程序代码输入 MATLAB7.x 的程序编辑框, 按执行程序键。根据提示输入数字全息图及衍射距离等参数即可运行。在程序形成 1-FFT 重建像平面后, 移动鼠标, 让与鼠标移动图标相连的十字叉中心与需要选择重建的图像中心相吻合, 点击鼠标左键确认后, 根据对话提示, 输入需要重建的以像素为单位的局部图像宽度及高度, 程序继续执行后则输出与计算相关的主要图像。

利用图 B12-1(d) 的模拟单色离轴数字全息图, 图 B16-1(a) 给出执行程序后得

(a) 宽度为114.4mm的1-FFT重建像平面   (b) 100×80像素的像面滤波图像

(c) 无干扰全息图振幅分布   (d) 放大率为0.426的重建像

图 B16-1 全息图文件 "Th.tif" 的 FIMG4FFT 重建图像

$$(L=4.76\text{mm}, L0=114.4\text{mm}, N\times N=1024\times1024, \lambda=532\text{nm}, z0=1000\text{mm})$$

到的 1-FFT 重建像平面，图 B16-1(b) 是选择 100×80 像素滤波窗后将图像平移到中央的像面滤波图像，衍射逆运算得到无干扰虚拟数字全息图示于图 B16-1(c)，图 B16-1(d) 是选择显示参数 $p=2$ 后的重建像。从形式上看，程序执行后输出的图像与 VDH4FFT 重建法无区别，但值得注意的是，FIMG4FFT 法重建像平面的宽度始终是数字全息图的宽度，重建局部图像是按照一定的放大率充满重建平面的。

B17 真彩色图像文件的读取、分解及存储

在第 5 章及第 8 章关于彩色数字全息的理论及应用研究已经看出，根据 CCD 或彩色 CCD 记录的每种基色光的全息图，不但可以在计算机中重建来自物体的各基色光波场，并且能够通过屏幕逼真地显示出物体的真彩色图像。研究物体对三基色光的不同响应，能更充分地揭示物体的信息。为能较好地阅读后面与彩色数字全息波前重建、图像显示及光学检测相关的程序，下面先介绍一个可以读取真彩色图像，将图像转换为灰度图像以及分解为三基色图像，又重新合成真彩色图像并能以不同形式的图像文件存储于计算机的 MATLAB 程序，程序名为 LJCM17.m。

1. LJCM17.m 程序的功能

程序功能：真彩色图像的读取、分解、综合与存储。

功能扩展：基于对色彩分量显示系数的 pr、pg、pb 的调整，可以观测色彩分量的相对强度发生变化时真彩色图的色彩变化。只要修改最后一条程序代码的程序扩展名，便能将图像存储成另外的图像格式。

2. LJCM17.m 程序代码

```
%--------------------------LJCM17.m--------------------------
%
% 功能:      真彩色图像的读取、分解与综合
% 执行准备:  需要一真彩色图像文件
% 执行:    调入真彩色图像文件, 程序将生成三基色分量图像及
%          由三基色分量合成的真彩色图
%
%------------------------------------------------------------
clear; close all; clc;

chemin='D: \我的资料库\Pictures\';
[nom, chemin]=uigetfile([chemin, '*.*'], ['调入真彩色图像'], 100, 100);
[XRGB, MAP]=imread([chemin, nom]);
figure;
imshow(XRGB); title('彩色图像');
figure;
X0=rgb2gray(XRGB);  %-RGB图像转换为灰度图像
imshow(X0); title('灰度图像');
%------------------------------------------------------------
%  红光分量
%------------------------------------------------------------
X=XRGB(: , : , 1);
[M, N]=size(X);
imgR=double(X);
mR=imgR;
maxR=max(max(imgR));
imgR=imdivide(imgR, maxR);
imgG=zeros(M, N);
imgB=zeros(M, N);
W=zeros(M, N, 3);
W(: , : , 1)=imgR(: , : );
W(: , : , 2)=imgG(: , : );
W(: , : , 3)=imgB(: , : );
```

```
figure; imshow(W); title('红光分量');
%-----------------------------------------------------------
%   绿光分量
%-----------------------------------------------------------
X=XRGB(: , : , 2);
[M, N]=size(X);
imgG=double(X);
mG=imgG;
maxG=max(max(imgG));
imgG=imdivide(imgG, maxG);
imgR=zeros(M, N);
imgB=zeros(M, N);
W=zeros(M, N, 3);
W(: , : , 1)=imgR(: , : );
W(: , : , 2)=imgG(: , : );
W(: , : , 3)=imgB(: , : );
figure; imshow(W); title('绿光分量');
%-----------------------------------------------------------
%   蓝光分量
%-----------------------------------------------------------
X=XRGB(: , : , 3);
[M, N]=size(X);
imgB=double(X);
mB=imgB;
maxB=max(max(imgB));
imgB=imdivide(imgB, maxB);
imgR=zeros(M, N);
imgG=zeros(M, N);
W=zeros(M, N, 3);
W(: , : , 1)=imgR(: , : );
W(: , : , 2)=imgG(: , : );
W(: , : , 3)=imgB(: , : );
figure; imshow(W); title('蓝光分量');
%===========================================================
%   合成真彩色图
```

```
%================================================================
imgR=mR; imgG=mG; imgB=mB;
W=zeros(M, N, 3);
W(: , : , 1)=imgR(: , : );
W(: , : , 2)=imgG(: , : );
W(: , : , 3)=imgB(: , : );
maxR=max(max(imgR))
maxG=max(max(imgG))
maxB=max(max(imgB))
pr=1;  % 红色分量显示调整系数
pg=1;  % 绿色分量显示调整系数
pb=1;  % 蓝色分量显示调整系数
imR=imdivide(imgR, maxR/pr);
imG=imdivide(imgG, maxG/pg);
imB=imdivide(imgB, maxB/pb);
W=zeros(M, N, 3);
W(: , : , 1)=imR(: , : );
W(: , : , 2)=imG(: , : );
W(: , : , 3)=imB(: , : );
figure; imshow(W); title('重新合成的彩色图像');
imwrite(W, 'D: \data\couleurimage.jpg');
```

3. LJCM17.m 程序执行实例

按照上面提供的 LJCM17.m 程序代码输入 MATLAB7.x 的 M 程序编辑框，按
执行程序键。根据提示输入计算机位图图像即可运行。图 B17-1 给出从计算机中调

(a) 彩色图像

(b) 红色分量

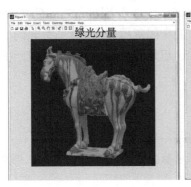

(c) 绿色分量　　　　　　　　　　　　(d) 蓝色分量

图 B17-1　唐三彩骏马彩色图像及其三基色分量图像

入一 600×600 像素的唐三彩骏马彩色图像后的主要输出图像。更改程序中 pr、pg 及 pb 的量值，读者不难观察到三基色分量的相对强度发生变化时重建彩色图像的色彩变化。

B18　模拟生成三基色光照明的真彩色离轴数字全息图

彩色数字全息应用研究中，根据实验条件，可以使用一个字节描述一个像素的单色探测器，也可以使用三个字节描述一个像素的真彩色探测器。当使用真彩色探测器记录数字全息图时，全息图是以彩色图像的形式存储全息图的。下面，基于数字全息的基本理论，将一幅彩色物体图像的三基色分量视为物体发出的三色光，模拟形成物体的彩色数字全息图，并将全息图作为一彩色图像文件存储于计算机。

该程序可以视为附录 B11 中模拟生成单色光照明的离轴数字全息图程序的功能扩展，但值得注意的是，当 CCD 面阵宽度 L、取样数 N 及物平面与 CCD 平面距离 d 给定后，物平面的宽度 $L0$ 是波长 λ 的函数，即 $L0 = \lambda dN/L$。因此，在模拟形成物平面时，不同色光的物平面必须进行预处理，让物理尺度与波长相适应，才能正确生成彩色数字全息图。

1. LJCM18.m 程序的功能

程序功能：将一幅真彩色图像视为物平面，将图像的三基色视为物平面发出的三色光波，给定光波长、衍射距离、CCD 面阵宽度及取样数后，模拟形成真彩色离轴数字全息图，并按照给定的文件名将全息图作为一真彩色图像文件存储于计算机。

功能扩展：可以将程序改写为三个单色 CCD 分别记录三基色光的干涉图像，形成三幅数字全息图；也可以基于 CCD 的空间复用技术，让三色光的参考光取不同的方向，将程序改写为用一个单色 CCD 记录光的干涉图像，形成一幅记录了三色光干涉信息的彩色数字全息图。

　　2. LJCM18.m 程序代码

```
%-------------------------LJCM18.m-------------------------
% 功能:      用菲涅耳衍射的S-FFT计算模拟形成平面参考光离轴三彩色数字
             全息图
%            数字全息图文件名——'D:\data\IhRGB.tif'
% 执行:      调入所准备的数字图像、输入记录距离
% 主要变量:
%          h——波长(mm);           Ih——数字全息图;
%          L——全息图宽度(mm);      z0——记录全息图的距离(mm);
%-----------------------------------------------------------
clear; close all; clc;

chemin='D:\我的资料库\Pictures\';
[nom, chemin]=uigetfile([chemin, '*.*'], ['调入模拟物体图像'], 100,
100);
[XRGB, MAP]=imread([chemin, nom]);  %读取彩色图像文件

NN=1024;        %模拟全息图的取样数, 可按需要修改
hr=0.6328e-3;   %红光波长(mm),  可按需要修改
hg=0.532e-3;    %绿光波长(mm),  可按需要修改
hb=0.473e-3;    %蓝光波长(mm),  可按需要修改
pix=0.00465;    %CCD像素宽度(mm),  可按需要修改
L=NN*pix;       %CCD宽度(mm)
z0=1000         %物体到CCD的距离(mm),  可按需要修改
z0=input('物体到CCD距离z0=?(mm)');

%-----------------------------------------------------------
%----红光
%-----------------------------------------------------------
h=hr;
```

```
X=XRGB(: , : , 1); %红色分量
[M, N]=size(X);
M=max(M, N);
XR=imresize(X, 256/M*hr/h); %根据光波长对图像尺寸预放大
[M, N]=size(XR);
Ar=zeros(NN);
Ar(NN/2-M/2: NN/2+M/2-1, NN/2-N/2: NN/2+N/2-1)=XR(1: M, 1: N);
%提取物体像
N=NN;

k=2*pi/h;

L0=h*N*z0/L %物平面宽度(mm)

Y=double(Ar);
b=rand(N, N)*2*pi;
f=Y.*exp(i.*b); %叠加随机相位噪声, 形成振幅正比于图像的初始场复振幅

figstr=strcat('初始物平面宽度=', num2str(L0), 'mm');
figure, imshow(Y, []), colormap(gray); xlabel(figstr); title('物平面
图像');
%---------------菲涅耳衍射的S-FFT计算开始
n=1: N;
x=-L0/2+L0/N*(n-1);
y=x;
[yy, xx] = meshgrid(y, x);
Fresnel=exp(i*k/2/z0*(xx.^2+yy.^2));
f2=f.*Fresnel;
Uf=fft2(f2, N, N);
Uf=fftshift(Uf);
x=-L/2+L/N*(n-1); %CCD宽度取样(mm)
y=x;
[yy, xx] = meshgrid(y, x);
phase=exp(i*k*z0)/(i*h*z0)*exp(i*k/2/z0*(xx.^2+yy.^2)); %-菲涅耳衍射
```
积分前方相位因子

```
Uf=Uf.*phase;
%---------------菲涅耳衍射的S-FFT计算结束
figstr=strcat('模拟CCD宽度=', num2str(L), 'mm');
figure, imshow(abs(Uf), []), colormap(gray);  xlabel(figstr);
title('CCD平面物光振幅');
%---------------形成0-255灰度级的数字全息图
fex=N/L;
Qx=(4-2.5)*L0/8/z0; %按照优化设计定义参考光方向余弦
Qy=Qx
x=[-L/2: L/N: L/2-L/N];
y=x;
[X, Y]=meshgrid(x, y);
Ar=max(max(abs(Uf))); %按物光场振幅最大值定义参考光振幅
Ur=Ar*exp(i*k*(X.*Qx+Y.*Qy)); %参考光复振幅
Uh=Ur+Uf; %物光与参考光干涉
Wh=Uh.*conj(Uh); %干涉场强度
Imax=max(max(Wh));
mR=uint8(Wh./Imax*255); %形成0-255灰度级的红光数字全息图
%------------------------------------------------------------
%----绿光
%------------------------------------------------------------
h=hg;
X=XRGB(: , : , 2);
[M, N]=size(X);
M=max(M, N);
XG=imresize(X, 256/M*hr/h);
[M, N]=size(XG);
Ag=zeros(NN);
Ag(NN/2-M/2: NN/2+M/2-1, NN/2-N/2: NN/2+N/2-1)=XG(1: M, 1: N); %提取
物体像
N=NN;
k=2*pi/h;
L0=h*N*z0/L %物平面宽度(mm)
Y=double(Ag);
b=rand(N, N)*2*pi;
```

```
f=Y.*exp(i.*b);  %叠加随机相位噪声，形成振幅正比于图像的初始场复振幅
figstr=strcat('初始物平面宽度=', num2str(L0), 'mm');
figure, imshow(Y, []), colormap(gray); xlabel(figstr); title('物平面
图像');
%---------------菲涅耳衍射的S-FFT计算开始
n=1: N;
x=-L0/2+L0/N*(n-1);
y=x;
[yy, xx] = meshgrid(y, x);
Fresnel=exp(i*k/2/z0*(xx.^2+yy.^2));
f2=f.*Fresnel;
Uf=fft2(f2, N, N);
Uf=fftshift(Uf);
x=-L/2+L/N*(n-1);  %CCD宽度取样(mm)
y=x;
[yy, xx] = meshgrid(y, x);
phase=exp(i*k*z0)/(i*h*z0)*exp(i*k/2/z0*(xx.^2+yy.^2));  %-菲涅耳衍射积
分前方相位因子
Uf=Uf.*phase;
%---------------菲涅耳衍射的S-FFT计算结束
figstr=strcat('模拟CCD宽度=', num2str(L), 'mm');
figure, imshow(abs(Uf), []), colormap(gray);  xlabel(figstr);
title('CCD平面绿光振幅');
%---------------开始形成0-255灰度级的数字全息图
fex=N/L;
Qx=(4-2.5)*L0/8/z0;  %按照优化设计定义参考光方向余弦
Qy=Qx
x=[-L/2: L/N: L/2-L/N];
y=x;
[X, Y]=meshgrid(x, y);
Ar=max(max(abs(Uf)));  %按物光场振幅最大值定义参考光振幅
Ur=Ar*exp(i*k*(X.*Qx+Y.*Qy));  %参考光复振幅
Uh=Ur+Uf;  %物光与参考光干涉
Wh=Uh.*conj(Uh);  %干涉场强度
Imax=max(max(Wh));
```

```
mG=uint8(Wh./Imax*255); %形成0-255灰度级的数字全息图
%------------------------------------------------------------
%----蓝光
%------------------------------------------------------------
h=hb;
X=XRGB(: , : , 3);
[M, N]=size(X);
M=max(M, N);
XB=imresize(X, 256/M*hr/h);
[M, N]=size(XB);
Ab=zeros(NN);
Ab(NN/2-M/2: NN/2+M/2-1, NN/2-N/2: NN/2+N/2-1)=XB(1: M, 1: N);
%提取物体像
N=NN;
k=2*pi/h;
L0=h*N*z0/L %物平面宽度(mm)
Y=double(Ab);
b=rand(N, N)*2*pi;
f=Y.*exp(i.*b);   %叠加随机相位噪声，形成振幅正比于图像的初始场复振幅
figstr=strcat('初始物平面宽度=', num2str(L0), 'mm');
figure, imshow(Y, []), colormap(gray); xlabel(figstr);
title('物平面图像');
%----------------菲涅耳衍射的S-FFT计算开始
n=1: N;
x=-L0/2+L0/N*(n-1);
y=x;
[yy, xx] = meshgrid(y, x);
Fresnel=exp(i*k/2/z0*(xx.^2+yy.^2));
f2=f.*Fresnel;
Uf=fft2(f2, N, N);
Uf=fftshift(Uf);
x=-L/2+L/N*(n-1); %CCD宽度取样(mm)
y=x;
[yy, xx] = meshgrid(y, x);
phase=exp(i*k*z0)/(i*h*z0)*exp(i*k/2/z0*(xx.^2+yy.^2)); %-菲涅耳衍射
```

积分前方相位因子

```
Uf=Uf.*phase;
%---------------菲涅耳衍射的S-FFT计算结束
figstr=strcat('模拟CCD宽度=', num2str(L), 'mm');
figure, imshow(abs(Uf), []), colormap(gray); xlabel(figstr);
title('CCD平面蓝光强度');
%---------------开始形成0-255灰度级的数字全息图
fex=N/L;
Qx=(4-2.5)*L0/8/z0; %按照优化设计定义参考光方向余弦
Qy=Qx
x=[-L/2: L/N: L/2-L/N];
y=x;
[X, Y]=meshgrid(x, y);
Ar=max(max(abs(Uf))); %按物光场振幅最大值定义参考光振幅
Ur=Ar*exp(i*k*(X.*Qx+Y.*Qy)); %参考光复振幅
Uh=Ur+Uf; %物光与参考光干涉
Wh=Uh.*conj(Uh); %干涉场强度
Imax=max(max(Wh));
mB=uint8(Wh./Imax*255); %形成0-255灰度级的数字全息图
%================================================================
%   合成真彩色数字全息图
%================================================================
imgR=mR/255; imgG=mG/255; imgB=mB/255;
W=zeros(N, N, 3);
W(: , : , 1)=imgR(: , : );
W(: , : , 2)=imgG(: , : );
W(: , : , 3)=imgB(: , : );
figstr=strcat('全息图宽度=', num2str(L), 'mm');
figure, imshow(W, []), xlabel(figstr); title('S-FFT方法模拟形成的
真彩色全息图');
imwrite(W, 'D: \data\IhRGB.tif');
```

3. LJCM18.m 程序执行实例

按照上面提供的 LJCM18.m 程序代码输入 MATLAB7.x 的 M 程序编辑框,按执行程序键。根据提示输入计算机位图图像即可运行。将图 B17-1(a) 的唐三彩骏

马彩色图像视为模拟物体，图 B18-1(a) 给出程序执行后形成的离轴真彩色数字全息图。为便于直观地理解三种色光物平面物理尺度的变化，图 B18-1(b)、(c)、(d) 分别给出模拟计算时红、绿、蓝三种色光物平面图像。相关参数分别为：红光波长 0.0006328mm、绿光波长 0.000532mm、蓝光波长 0.000473mm、CCD 像素宽度 0.00465mm、取样数 1024×1024、物平面到 CCD 平面的距离 1000mm。

(a) 彩色数字全息图

(b) 物平面红色分量

(c) 物平面绿色分量

(d) 物平面蓝色分量

图 B18-1　唐三彩骏马彩色数字全息图及其三基色物平面图像

从物平面图像可以看出，由于红光重建平面宽度较大，物体在物平面的相对尺度较小，而蓝光波长较小，物体在物平面的相对尺度较大。附录 B19 将对模拟全息图的可行性作出验证。

B19 真彩色数字全息图像的 FIMG4FFT 重建

基于第 5 章彩色数字全息的研究，现介绍利用 FIMG4FFT 方法重建真彩色物体图像的程序。该程序可以较好地用于实际物体的真彩色数字全息图像重建。

1. LJCM19.m 程序的功能

程序功能：输入一幅真彩色数字全息图，重建真彩色物体的图像。

功能扩展：基于该程序的基本结构，可以将程序转化为用 VDH4FFT 方法重建真彩色图像的程序。

2. LJCM19.m 程序代码

```
%--------------------LJCM19.m--------------------------
% 真彩色数字全息图像的FIMG4FFT重建
% 文件是1幅真彩色数字全息图
%------------------------------------------------------
clear; close all; clc;
chemin='D: \Data\';
[nom, chemin]=uigetfile([chemin, '*.*'], ['选择彩色数字全息图'],
100, 100);
[XRGB, MAP]=imread([chemin, nom]);
figure; imshow(XRGB); title('全息图');
XR=XRGB(: , : , 1); %红色分量
IR=double(XR);
XG=XRGB(: , : , 2); %绿色分量
IG=double(XG);
XB=XRGB(: , : , 3); %蓝色分量
IB=double(XB);
[M, N]=size(IR);
N=min(M, N);
hr=0.6328e-3;    %红光波长
hg=0.532e-3;     %绿光波长
hb=0.473e-3;     %蓝光波长
d0=1000        % 衍射距离 mm
d0=input('d0=?');
%======================================================
```

```
%            红色光重建
%==========================================================
Ih=zeros(N, N);
Ih(1: N, 1: N)=IR(1: N, 1: N);
lambda=hr;

k=2*pi/lambda;
pix=0.00465;
L1=N*pix                    %CCD面阵宽度

L0=lambda*N*d0/L1;          %物平面宽度(mm)
zr=100000000
zr=input('参考光波面半径=10000?');
%------------------------确定重建放大率, 重建距离及重建球面波复振幅
dx=input('X方向滤波窗口宽度=100像素?');
dy=input('Y方向滤波窗口宽度=100像素?');
dxm=dx;
dym=dy;
dxy=max(dx, dy)
Mi=L1*L1/(lambda*d0*dxy*2)   %放大率
zi=Mi*d0                     %重建距离
figstr0=strcat('重建物平面距离=', num2str(zi), 'mm, 放大率=', num2str
(Mi), ',
Nx=', num2str(dxm), ',  Ny=', num2str(dym));
zc=1/(1/d0-1/zr-1/zi)        %重建球面波的波面半径(mm)
x=[-L1/2: L1/N: L1/2-L1/N];
y=x;
[X, Y]=meshgrid(x, y);
Uc=exp(i*k/2/zc*(X.^2+Y.^2)); %重建球面波复振幅
Ih=Ih.*Uc;                    %重建球面波照射全息图
%------------------------S-FFT衍射重建
Fresnel=exp(i*k/2/zi*(X.^2+Y.^2));
f2=Ih.*Fresnel;
Uf=fft2(f2, N, N);
Uf=fftshift(Uf);
```

```
Is=Uf.*conj(Uf);
Gmax=max(max(Is))
Gmin=min(min(Is))
pr=6;
figure; imshow(Is+eps, [Gmin Gmax/pr]); title('红色光S-FFT重建图像');
[xc, yc]=ginput(1)          %用鼠标确定重建局部图像中心坐标
xc=xc
yc=yc
Ufi=zeros(N, N);

if xc-dx<1,  xb0=1;  else xb0=xc-dx; end
if yc-dy<1,  yb0=1;  else yb0=yc-dy; end
if xc+dx>N,  xb1=N;  else xb1=xc+dx; end
if yc+dy>N,  yb1=N;  else yb1=yc+dy; end
Ufi(yb0-yc+N/2: yb1-yc+N/2, xb0-xc+N/2: xb1-xc+N/2)=Uf(yb0: yb1, xb0:
xb1); %提取物体像并将像平移到中央
Uf=Ufi;
Is=Uf.*conj(Uf);
Gmax=max(max(Is))
Gmin=min(min(Is))
figure; imshow(Is+eps, [Gmin Gmax/pr]); title('红光物体像平移到中央');
%---------------1-IFFT逆运算建立无干扰数字全息图
Uf=ifftshift(Uf);
Uf=ifft2(Uf, N, N);
Ih=Uf.*conj(Fresnel); %
figure; imshow(Ih.*conj(Ih)+eps, []); title('红光无干扰数字全息图');
%---------------角谱衍射重建红光分量图像
Us=fft2(Ih, N, N);
Us=fftshift(Us);
fex=N/L1;
fx=[-fex/2: fex/N: fex/2-fex/N];
fy=fx;
[FX, FY]=meshgrid(fx, fy);
H=exp(i*k*zi*sqrt(1-(lambda*FX).^2-(lambda*FY).^2)); %角谱衍射传递函数
spectre2=Us.*H;
```

```
Uf=ifft2(spectre2);
Is=Uf.*conj(Uf);
Gmax=max(max(Is))
Gmin=min(min(Is))
figure;
imshow(Is+eps, [Gmin Gmax/pr]); title('D-FFT重建场'); xlabel(figstr0);
title('红光分量D-FFT重建场');
imgR=getimage;
mR=imgR;
maxR=max(max(imgR));
imgR=imdivide(imgR, maxR/pr);
imgG=zeros(N, N);
imgB=zeros(N, N);
W=zeros(N, N, 3);
W(: , : , 1)=imgR(: , : );
W(: , : , 2)=imgG(: , : );
W(: , : , 3)=imgB(: , : );
figure; imshow(W); xlabel(figstr0); title('红光D-FFT重建场');
%===========================================================
%               绿色光重建
%===========================================================
Ih=zeros(N, N);
Ih(1: N, 1: N)=IG(1: N, 1: N);
lambda=hg;
k=2*pi/lambda;
L1=N*pix

L0=lambda*N*d0/L1; %taille objet en mm
zc=1/(1/d0-1/zr-1/zi)
x=[-L1/2: L1/N: L1/2-L1/N];
y=x;
[X, Y]=meshgrid(x, y);
Uc=exp(i*k/2/zc*(X.^2+Y.^2));
Ih=Ih.*Uc;
Fresnel=exp(i*k/2/zi*(X.^2+Y.^2));
```

```
f2=Ih.*Fresnel;
Uf=fft2(f2, N, N);
Uf=fftshift(Uf);
px=lambda*d0/L1;  py=px;
Uh=[0: N-1]-N/2; Vh=[0: M-1]-M/2;
Is=Uf.*conj(Uf);
Gmax=max(max(Is))
Gmin=min(min(Is))
pg=6;
figure; imshow(abs(Is)+eps, [Gmin Gmax/pg]); title('绿光S-FFT重建图
像');
[xc, yc]=ginput(1)          %用鼠标确定重建局部图像中心坐标
yc=yc
dx=dxm*hr/lambda;
dy=dym*hr/lambda;
Ufi=zeros(N, N);

if xc-dx<1,  xb0=1; else xb0=xc-dx; end
if yc-dy<1,  yb0=1; else yb0=yc-dy; end
if xc+dx>N,  xb1=N; else xb1=xc+dx; end
if yc+dy>N,  yb1=N; else yb1=yc+dy; end
Ufi(yb0-yc+N/2: yb1-yc+N/2, xb0-xc+N/2: xb1-xc+N/2)=Uf(yb0: yb1, xb0:
xb1); %提取物体像并将像平移到中央
Uf=Ufi;
figure; imshow(abs(Uf)+eps, []); title('绿光物体像平移到中央');
%---------------1-IFFT逆运算建立无干扰数字全息图
Uf=ifftshift(Uf);
Uf=ifft2(Uf, N, N);
Ih=Uf.*conj(Fresnel); %
figure; imshow(Ih.*conj(Ih)+eps, []); title('绿光无干扰数字全息图');
%---------------角谱衍射重建绿光分量图像
Us=fft2(Ih, N, N);
Us=fftshift(Us);
fex=N/L1;
fx=[-fex/2: fex/N: fex/2-fex/N];
```

```
fy=fx;
[FX, FY]=meshgrid(fx, fy);
H=exp(i*k*zi*sqrt(1-(lambda*FX).^2-(lambda*FY).^2)); %角谱衍射传递函数
spectre2=Us.*H;
Uf=ifft2(spectre2);
Is=Uf.*conj(Uf);
Gmax=max(max(Is))
Gmin=min(min(Is))
figure;imshow(Is+eps,[Gmin Gmax/pg]);xlabel(figstr0);title('绿光D-FFT
重建场');
imgG=getimage;
mG=imgG;
maxG=max(max(imgG));
imgG=imdivide(imgG, maxG/pg);
imgR=zeros(N, N);
imgB=zeros(N, N);
W=zeros(N, N, 3);
W(: , : , 1)=imgR(: , : );
W(: , : , 2)=imgG(: , : );
W(: , : , 3)=imgB(: , : );
figure; imshow(W); xlabel(figstr0); title('绿光D-FFT重建场');
%=============================================================
%                   蓝色光重建
%=============================================================

Ih=zeros(N, N);
Ih(1: N, 1: N)=IB(1: N, 1: N);

lambda=hb;
k=2*pi/lambda;
L1=N*pix

L0=lambda*N*d0/L1; %taille objet en mm
zc=1/(1/d0-1/zr-1/zi)
x=[-L1/2: L1/N: L1/2-L1/N];
```

```
y=x;
[X, Y]=meshgrid(x, y);
Uc=exp(i*k/2/zc*(X.^2+Y.^2));
Ih=Ih.*Uc;
Fresnel=exp(i*k/2/zi*(X.^2+Y.^2));
f2=Ih.*Fresnel;
Uf=fft2(f2, N, N);
Uf=fftshift(Uf);
px=lambda*d0/L1; py=px;
Uh=[0: N-1]-N/2; Vh=[0: M-1]-M/2;
Is=Uf.*conj(Uf);
Gmax=max(max(Is))
Gmin=min(min(Is))
pb=6;
figure; imshow(abs(Is)+eps, [Gmin Gmax/pb]); title('蓝光S-FFT重建图
像');
[xc, yc]=ginput(1)          %用鼠标确定重建局部图像中心坐标
xc=xc
yc=yc
dx=dxm*hr/lambda;
dy=dym*hr/lambda;
Ufi=zeros(N, N);

if xc-dx<1,  xb0=1; else xb0=xc-dx;  end
if yc-dy<1,  yb0=1; else yb0=yc-dy;  end
if xc+dx>N,  xb1=N; else xb1=xc+dx;  end
if yc+dy>N,  yb1=N; else yb1=yc+dy;  end
Ufi(yb0-yc+N/2: yb1-yc+N/2, xb0-xc+N/2: xb1-xc+N/2)=Uf(yb0: yb1, xb0:
xb1); %提取物体像并将像平移到中央
Uf=Ufi;
figure; imshow(abs(Uf)+eps, []); title('蓝光物体像平移到中央');
%---------------1-IFFT逆运算建立无干扰数字全息图
Uf=ifftshift(Uf);
Uf=ifft2(Uf, N, N);
Ih=Uf.*conj(Fresnel); %
```

```
figure; imshow(Ih.*conj(Ih)+eps, []); title('蓝光无干扰数字全息图');
%---------------角谱衍射重建蓝光分量图像
Us=fft2(Ih, N, N);
Us=fftshift(Us);
fex=N/L1;
fx=[-fex/2: fex/N: fex/2-fex/N];
fy=fx;
[FX, FY]=meshgrid(fx, fy);
H=exp(i*k*zi*sqrt(1-(lambda*FX).^2-(lambda*FY).^2)); %角谱衍射传递函数
spectre2=Us.*H;
Uf=ifft2(spectre2);
Is=Uf.*conj(Uf);
Gmax=max(max(Is))
Gmin=min(min(Is))
figure; imshow(Is+eps, [Gmin Gmax/pb]); ; xlabel(figstr0); title('蓝光
D-FFT重建场');
imgB=getimage;
mB=imgB;
maxB=max(max(imgB));
imgB=imdivide(imgB, maxB/pb);
imgR=zeros(N, N);
imgG=zeros(N, N);
W=zeros(N, N, 3);
W(: , : , 1)=imgR(: , : );
W(: , : , 2)=imgG(: , : );
W(: , : , 3)=imgB(: , : );
figure; imshow(W); xlabel(figstr0); title('蓝光D-FFT重建场');

%============================================================
%                合成真彩色图
%============================================================
imgR=mR;
imgG=mG;
imgB=mB;
W=zeros(N, N, 3);
```

```
W(: , : , 1)=imgR(: , : );
W(: , : , 2)=imgG(: , : );
W(: , : , 3)=imgB(: , : );
maxR=max(max(imgR))
maxG=max(max(imgG))
maxB=max(max(imgB))
%------------------------调整显示参数显示重建真彩色图像
p=1
while p
imR=imdivide(imgR, maxR/p);
imG=imdivide(imgG, maxG/p);
imB=imdivide(imgB, maxB/p);
W=zeros(N, N, 3);
W(: , : , 1)=imR(: , : );
W(: , : , 2)=imG(: , : );
W(: , : , 3)=imB(: , : );
figure(17);
figstr=strcat('重建物平面距离d0=', num2str(d0), 'mm, 重建参数
p=', num2str(p), ',
Nx=', num2str(dxm), ', Ny=', num2str(dym));
6imshow(W); xlabel(figstr); title('真彩色重建像');
p=input('Gmax/p, p=1?');
end;
```

3. LJCM19.m 程序执行实例

利用图 B18-1 唐三彩骏马彩色数字全息图及相关参数,图 B19-1 给出执行程序 LJCM19.m 后的几幅输出图像。图中,图 B19-1(a)、(b)、(c) 分别是重建图像的红、绿、蓝三基色分量图像,B19-1(d) 是合成的真彩色图像。将这几幅图像与图 B17-1 相比可以看出,重建图像上有强烈的散斑结构。这是由于模拟全息图是将物体表面视为非光学光滑的散射面作出的,与实际物体的彩色数字全息重建像的性质相近。此外,一个明显的事实是,重建图像质量显著低于用于模拟形成全息图的原彩色图像,其主要原因是模拟的离轴数字全息系统不能充分记录物光场的高频信息。如果模拟研究中引入第 5.7 节介绍的超分辨率离轴记录系统,让重建物光场由多个子全息图拼接而成的大全息图完成,则能让重建图像充分接近原彩色图像。

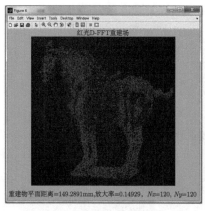

(a) 图像红色分量

(b) 图像绿色分量

(c) 图像蓝色分量

(d) 真彩色重建像

图 B19-1　基于唐三彩骏马的模拟彩色数字全息图的真彩色图像重建

(彩图见附录 C 或者见随书所附光盘)

B20　模拟生成物体微形变的二次曝光数字全息图

　　在第 8.1.2 节散射光全息干涉图像的理论模型的讨论中，式 (8-1-18) 虽然是从物体的微形变研究导出的，但应用研究容易证明，只要将式中 $\delta_p(r)$ 视为其他物理量变化所引起的物光场相位变化，根据对实际问题的分析，建立待测物理量变化引起物光场相位变化物理模型，便能利用该式模拟其他物理量变化而形成的全息干涉图。基于式 (8-1-18) 正确编写程序，不但能对相位解包裹的正确性作出定性判断，而且能做辅助相位解包裹的工作。

作为式 (8-1-18) 的一个应用研究实例, 第 8.1.3 节的式 (8-1-26) 给出一个垫圈沿垂直于表面方向有一复杂形变的双曝光干涉图像。以下介绍用 MATLAB 编写的模拟垫圈表面微形变的双曝光干涉图像程序。

1. LJCM20.m 程序的功能

程序功能: 模拟形成垫圈沿垂直于表面方向有一复杂形变的双曝光干涉图像, 并形成图像文件存储于计算机。

功能扩展: 对于实际遇到的光学检测问题, 只要正确建立变化物理量与物光场相位变化的关系, 可以按照式 (8-1-18) 修改相应模拟参数, 便能将程序转化为新的模拟研究程序。

2. LJCM20.m 程序代码

```
%--------------------------LJCM20.m--------------------------
%      理论模拟垫圈形变的双曝光数字全息图
%-----------------------------------------------------------
clear; close all; clc;
N=1024;        %取样数
h=0.532e-3;   %波长(mm)
k=2*pi/h
pix=0.00465; %CCD像素宽度(mm)
L=N*pix;       %CCD面阵宽度(mm)
z0=1000        %物体到CCD距离(mm)
L0=26;         %模拟图像宽度(mm)
R0=4;          %垫圈内径(mm);
R1=12;         %垫圈外径(mm);
Q=pi/4;        %照明光角度

W0=ones(N, N);

n=1: N;
x=-L0/2+L0/N*(n-1);
y=x;
[xx, yy] = meshgrid(x, y);
dh=3*h*exp(-5*((xx-5).^2+(yy+2).^2)/L0/L0)+2*h*exp(-90*((xx+9).^2+
(yy-5).^2)/L0/L0); %高度按照高斯函数变化的模拟
```

```
%-------------------设计垫圈投影窗口 W0
for p=1: N
    for q=1: N
        rx=-L0/2+L0/N*p;
        ry=-L0/2+L0/N*q;
        r2=rx*rx+ry*ry;
        if r2>R1*R1 || r2<R0*R0
            W0(p, q)=0;
        end
    end
end
WW=dh.*W0;                %垫圈形变分布
Imax=max(max(WW));
Ih=uint8(WW./Imax*255); %形成0-255灰度级的图像
figure, imshow(WW, []), colormap(gray); title('高度变化按灰度标示
的图像');


%==================================================================
%                    模拟物平面双曝光干涉图像
%==================================================================
fai=rand(N, N)*2*pi;      %随机相位值
A0=rand(N, N);            %表面振幅分布的随机值
U0=A0.*exp(i.*fai).*W0; %形变前物光复振幅分布
U1=A0.*exp(i.*(fai+k*(1+cos(Q))*dh)).*W0; %考虑照明光角度的形变后在
观测方向的物光复振幅
figure, imshow(abs(U0), []); title('物体形变前的振幅分布U0');
figure, imshow(abs(U1), []); title('物体形变后的振幅分布U1');
a=rand(N, N);
b=rand(N, N);
Wh0=2*a.*(1+cos(mod(k*(1+cos(Q))*dh/2, pi)))+b; %取2pi模的干涉图
WW0=Wh0.*W0;
figure, imshow(WW0, []), colormap(gray); title('高度变化形成的2pi为
模的干涉图像');  Imax=max(max(WW0));
%==================================================================
```

```
%                    双曝光数字全息图的形成
%=================================================================
%---------------------------形变前
X1=imresize(U0, 1/4);    %将初始场取样数缩小为原取样数的1/4
[M1, N1]=size(X1);
X=zeros(N, N);
X(N/2-M1/2+1: N/2+M1/2, N/2-N1/2+1: N/2+N1/2)=X1(1: M1, 1: N1); %形成
N*N点初始物平面，中央为N1*N1点的初始场
U0=X;
L0=h*N*z0/L              %根据CCD宽度L及S-FFT计算的规律定义物平面宽度(mm)
f=double(X);
figstr=strcat('初始物平面宽度=', num2str(L0), 'mm');
figure, imshow(abs(X), []), xlabel(figstr); title('形变前物平面振幅分
布');
%------------------菲涅耳衍射的S-FFT计算
n=1: N;
x=-L0/2+L0/N*(n-1);
y=x;
[yy, xx] = meshgrid(y, x);
Fresnel=exp(i*k/2/z0*(xx.^2+yy.^2));
f2=f.*Fresnel;
Uf=fft2(f2, N, N);
Uf=fftshift(Uf);
x=-L/2+L/N*(n-1); %CCD宽度取样(mm)
y=x;
[yy, xx] = meshgrid(y, x);
phase=exp(i*k*z0)/(i*h*z0)*exp(i*k/2/z0*(xx.^2+yy.^2)); %-菲涅耳衍射
积分前方相位因子
Uf=Uf.*phase;
%-------------------菲涅耳衍射的S-FFT计算结束
figstr=strcat('模拟CCD宽度=', num2str(L), 'mm');
figure, imshow(abs(Uf), []); xlabel(figstr); title('到达CCD的初始场振幅
分布');


%-------------------按照优化设计定义参考光
```

```
fex=N/L;
Qx=(4-2.5)*L0/8/z0;
Qy=Qx
x=[-L/2: L/N: L/2-L/N];
y=x;
[X, Y]=meshgrid(x, y);
Ar=max(max(abs(Uf))); %按物光场振幅最大值定义参考光振幅
Ur=Ar*exp(i*k*(X.*Qx+Y.*Qy)); %参考光复振幅
Uh=Ur+Uf;                %物光与参考光干涉
Wh=Uh.*conj(Uh);        %干涉场强度
Imax=max(max(Wh));
Ih=uint8(Wh./Imax*255); %形成0-255灰度级的数字全息图
imwrite(Ih, 'D: \data\IhU0.tif'); %存储形变前第一幅数字全息图文件
figstr=strcat('全息图宽度=', num2str(L), 'mm');
figure, imshow(Ih, []); xlabel(figstr); title('形变前数字全息图');
%---------------------------形变后
X1=imresize(U1, 1/4);
[M1, N1]=size(X1);
X=zeros(N, N);
X(N/2-M1/2+1: N/2+M1/2, N/2-N1/2+1: N/2+N1/2)=X1(1: M1, 1: N1);
U1=X;
f=double(X);
figstr=strcat('初始物平面宽度=', num2str(L0), 'mm');
figure, imshow(abs(X), []), xlabel(figstr); title('形变后物平面振幅分
布');
%---------------菲涅耳衍射的S-FFT计算
n=1: N;
x=-L0/2+L0/N*(n-1);
y=x;
[yy, xx] = meshgrid(y, x);
Fresnel=exp(i*k/2/z0*(xx.^2+yy.^2));
f2=f.*Fresnel;
Uf=fft2(f2, N, N);
Uf=fftshift(Uf);
x=-L/2+L/N*(n-1); %CCD宽度取样(mm)
```

```
y=x;
[yy, xx] = meshgrid(y, x);
phase=exp(i*k*z0)/(i*h*z0)*exp(i*k/2/z0*(xx.^2+yy.^2)); %-菲涅耳衍射积
分前方相位因子
Uf=Uf.*phase;
%---------------菲涅耳衍射的S-FFT计算结果
figstr=strcat('模拟CCD宽度=', num2str(L), 'mm');
figure, imshow(abs(Uf), []),xlabel(figstr);title('到达CCD的形变场振幅
分布');
%---------------形成0-255灰度级的数字全息图
Uh=Ur+Uf;              %物光与参考光干涉
Wh=Uh.*conj(Uh);       %干涉场强度
Imax=max(max(Wh));
Ih=uint8(Wh./Imax*255); %形成0-255灰度级的数字全息图
imwrite(Ih, 'D: \data\IhU1.tif'); %形成数字全息图文件
figstr=strcat('全息图宽度=', num2str(L), 'mm');
figure, imshow(Ih, []), colormap(gray); xlabel(figstr); title('形变后
数字全息图');
```

3. LJCM20.m 程序执行实例

根据 LJCM20.m 程序的默认参数执行程序后，图 B20-1 给出几幅输出图像。其中，图 B20-1(a) 及 B20-1(b) 为表面为散射面的垫圈形变前后的图像。由于形变微小，事实上不能用肉眼觉察到物体的形变。

基于图 B20-1 对应的形变前后的光波场，图 B20-2(a) 模拟以 2π 为模的干涉图像，B20-2(b) 模拟干涉图像正确相位解包裹后获得的用灰度分布表示的高度变化图像。图 B20-2(b) 可以作为编写程序进行相位解包裹时解包裹是否正确的参考。

图 B20-3(a) 及 B20-3(b) 是程序执行后生成的垫圈形变前后的全息图。这两幅全息图已经按照程序的默认路径存入计算机中，程序名分别是 D\data\IhU0.tif 及 D: \data\IhU1.tif。稍后，将通过附录 B21 介绍利用这两幅全息图重建物光场及形成双曝光干涉图像的程序，图 B20-1 及图 B20-2 将成为所编写的程序是否正确运行的重要参考。

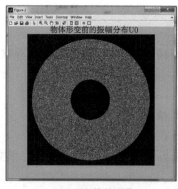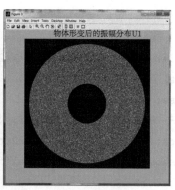

(a) 形变前的图像 (b) 形变后的图像

图 B20-1 表面为散射面的垫圈形变前后的图像

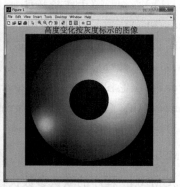

(a) 双曝光干涉图像 (b) 用灰度分布表示的高度变化图像

图 B20-2 垫圈形变的双曝光干涉图像及用灰度分布表示的高度变化图像

(a) 形变前的数字全息图 (b) 形变后的数字全息图

图 B20-3 模拟形成的垫圈形变前后的数字全息图

B21　基于二次曝光数字全息图的物光场波前重建及干涉图像

光学无损检测是数字全息的一个重要应用, 在该应用研究领域, 基于检测物体物理量变化前后记录的数字全息图, 准确重建物光场形成相应的干涉图像是实现检测的基础。以下以双曝光数字全息图的物光场波前重建及形成干涉图像为目的, 介绍用 MATLAB 编写的程序。

1. LJCM21.m 程序的功能

程序功能: 基于物体物理量发生变化前后记录的两幅全息图重建物体图像, 并形成物光场形变前后的干涉图像。

功能扩展: 对于实际遇到的另外的光学检测问题, 只要正确建立变化物理量与物光场相位变化的关系, 则可以根据干涉图获得待测物理量的变化信息。

2. LJCM21.m 程序代码

```
%-------------------------LJCM21.m-----------------------------------
% 基于二次曝光数字全息图的物光场波前重建及干涉图像
%-----------------------------------------------------------
clear; close all; clc;
chemin='D: \Data\';
[nom, chemin]=uigetfile([chemin, '*.*'], ['读取第一幅全息图'], 100,
100);
[XRGB, MAP]=imread([chemin, nom]);
figure; imshow(XRGB); title('全息图1');
XR=XRGB(: , : , 1);
IR1=double(XR);
[nom, chemin]=uigetfile([chemin, '*.*'], ['读取第二幅全息图'], 100,
100);
[XRGB, MAP]=imread([chemin, nom]);
figure; imshow(XRGB); title('全息图2');
XR=XRGB(: , : , 1);
IR2=double(XR);
%%%%%%%%%%%%%%%%%%%%%%%%%%%%%%%%%%%%
%  处理第一幅全息图
%%%%%%%%%%%%%%%%%%%%%%%%%%%%%%%%%%%%
IR=IR1;
```

```
fm=filter2(fspecial('average', 3), IR); %邻域平均处理
IR=IR-fm;
[M, N]=size(IR);
N=min(M, N);
Ih=zeros(N, N);
Ih(1: N, 1: N)=IR(1: N, 1: N);
%--------------------以下参数可以根据实际情况修改
d0=1000                    % 记录全息图的距离 mm
lambda=0.532e-3;           %光波长(mm)
k=2*pi/lambda;
pix=0.00465;               %全息图像素宽度(mm)
L1=N*pix                   %全息图宽度(mm)
L0=lambda*N*d0/L1          %1-FFT重建物平面宽度(mm)
zr=100000000               %参考光波面半径(mm)
%--------------------根据像面滤波窗宽度确定重建放大率 Mi
dx=input('X方向1-FFT重建像截取半宽度=100像素?');
dy=input('Y方向1-FFT重建像截取半宽度=100像素?');
dxy=max(dx, dy)
Mi=L1*L1/(lambda*d0*dxy*2) %重建放大率 Mi
zi=Mi*d0                   %重建距离(mm)
figstr0=strcat('宽度=', num2str(L0), 'mm ');
figstr=strcat('放大率 M =', num2str(Mi), ' (', num2str(dx*2/N*L0),
'mm X ', num2str(dx*2/N*L0), 'mm)');
%--------------------确定重建球面波
zc=1/(1/d0-1/zr-1/zi)
x=[-L1/2: L1/N: L1/2-L1/N];
y=x;
[X, Y]=meshgrid(x, y);
Uc=exp(i*k/2/zc*(X.^2+Y.^2));
Ih=Ih.*Uc;                 %球面波照射
%--------------------1-FFT重建
Fresnel=exp(i*k/2/zi*(X.^2+Y.^2));
f2=Ih.*Fresnel;
Uf=fft2(f2, N, N);
Uf=fftshift(Uf);
```

```
Is=Uf.*conj(Uf);
Gmax=max(max(Is))
Gmin=min(min(Is))
figure; imshow(abs(Is)+eps, [Gmin Gmax/10]); xlabel(figstr0);
title('1-FFT重建平面1');
[xc, yc]=ginput(1)            %像面滤波窗中心选择
xc=xc
yc=yc
hold on;                      %绘像面滤波窗
xt=[xc-dx xc-dx];
yt=[yc-dy yc+dy];
plot(xt, yt, 'y');
xt=[xc+dx xc+dx];
yt=[yc-dy yc+dy];
plot(xt, yt, 'y');
xt=[xc-dx xc+dx];
yt=[yc-dy yc-dy];
plot(xt, yt, 'y');
xt=[xc-dx xc+dx];
yt=[yc+dy yc+dy];
plot(xt, yt, 'y');
hold off;
Ufi=zeros(N, N);
if xc-dx<1, xb0=1; else xb0=xc-dx; end
if yc-dy<1, yb0=1; else yb0=yc-dy; end
if xc+dx>N, xb1=N; else xb1=xc+dx; end
if yc+dy>N, yb1=N; else yb1=yc+dy; end
Ufi(yb0-yc+N/2: yb1-yc+N/2, xb0-xc+N/2: xb1-xc+N/2)=Uf(yb0: yb1,
xb0: xb1); %像面滤波
Uf=Ufi;
Uf=ifftshift(Uf);
Uf=ifft2(Uf, N, N);
Ih=Uf.*conj(Fresnel); %S-IFFT衍射逆运算获得全息平面的局部初始物光场
%D-FFT重建
Us=fft2(Ih, N, N);
```

```
Us=fftshift(Us);
% 角谱衍射公式重建
fex=N/L1;
fx=[-fex/2: fex/N: fex/2-fex/N];
fy=fx;
[FX, FY]=meshgrid(fx, fy);
H=exp(i*k*zi*sqrt(1-(lambda*FX).^2-(lambda*FY).^2)); % 角谱衍射传递函数
spectre2=Us.*H;
diff1=ifft2(spectre2);
Gmax=max(max(abs(diff1)))
Gmin=min(min(abs(diff1)))
figure;
imshow(abs(diff1), [Gmin Gmax/2]), xlabel(figstr);
title('形变前FIMG4FFT重建图像');
 %%%%%%%%%%%%%%%%%%%%%%%%%%%%%%%
%  读取并处理第二幅全息图
%%%%%%%%%%%%%%%%%%%%%%%%%%%%%%%%%
IR=IR2;
fm=filter2(fspecial('average', 3), IR);
IR=IR-fm;
[M, N]=size(IR);
N=min(M, N);
Ih=zeros(N, N);
Ih(1: N, 1: N)=IR(1: N, 1: N);
Uc=exp(i*k/2/zc*(X.^2+Y.^2));
Ih=Ih.*Uc;
Uff=fft2(Ih, N, N);
Uff=fftshift(Uff);
%S-FFT重建
Fresnel=exp(i*k/2/zi*(X.^2+Y.^2));
f2=Ih.*Fresnel;
Uf=fft2(f2, N, N);
Uf=fftshift(Uf);
Is=Uf.*conj(Uf);
Gmax=max(max(Is))
```

```
Gmin=min(min(Is))
figure; imshow(abs(Is)+eps, [Gmin Gmax/20]); xlabel(figstr0);
title('1-FFT重建平面2');
Ufi=zeros(N, N);
if xc-dx<1,  xb0=1;  else xb0=xc-dx;  end
if yc-dy<1,  yb0=1;  else yb0=yc-dy;  end
if xc+dx>N,  xb1=N;  else xb1=xc+dx;  end
if yc+dy>N,  yb1=N;  else yb1=yc+dy;  end
Ufi(yb0-yc+N/2: yb1-yc+N/2, xb0-xc+N/2: xb1-xc+N/2)=Uf(yb0: yb1, xb0:
xb1);
Uf=Ufi;
Uf=ifftshift(Uf);
Uf=ifft2(Uf, N, N);
Ih=Uf.*conj(Fresnel);
%D-FFT重建
Us=fft2(Ih, N, N);
Us=fftshift(Us);
% 角谱衍射公式重建
fex=N/L1;
fx=[-fex/2: fex/N: fex/2-fex/N];
fy=fx;
[FX, FY]=meshgrid(fx, fy);
H=exp(i*k*zi*sqrt(1-(lambda*FX).^2-(lambda*FY).^2)); % 角谱衍射传递函数
spectre2=Us.*H;
diff2=ifft2(spectre2);
Gmax=max(max(abs(diff2)))
Gmin=min(min(abs(diff2)))
figure;
imshow(abs(diff2),[Gmin Gmax/2]),xlabel(figstr);title('形变后FIMG4FFT
重建图像');
%========================================
% 绘制两重建图像2pi为模的干涉图像
%========================================
II=127.5+127.5*cos(mod(angle(diff1)/2-angle(diff2)/2, pi));
figure;
```

`imshow(II, []), xlabel(figstr); title('双曝光全息干涉图');`

3. LJCM21.m 程序执行实例

利用上面 LJCM21.m 程序的默认参数建立的两幅数字全息图，图 B21-1 给出执行程序后的几幅输出图像。其中，图 B21-1(a) 和 (b) 分别是物体形变前后的 1-FFT 重建平面。这两幅图像是进行像面滤波的基础，图 B21-1(a) 上用浅色框绘出像面滤波窗 (程序中采用了消除全息图局域平均值的方法，重建平面上零级衍射光的干扰基本消除)。由于形变微小，事实上不能用肉眼在 1-FFT 重建平面上觉察到物体的形变。

基于所选择的像面滤波窗，图 B21-2 给出利用 FIMG4FFT 方法重建的物体形

(a) 形变前的1-FFT重建平面　　　　　　　　(b) 形变后的1-FFT重建平面

图 B21-1　消除零级衍射干扰的物体形变前后的 1-FFT 重建平面

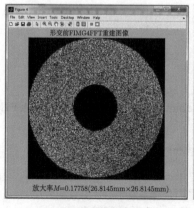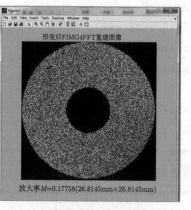

(a) 形变前的重建图像　　　　　　　　　　(b) 形变后的重建图像

图 B21-2　垫圈形变前后的 FIMG4FFT 重建图像

变前后的振幅图像。利用图 B21-2 对应的形变前后的物平面光波场,图 B21-3(a) 给出以 2π 为模的干涉图像。为考查该程序的正确性,将程序 LJCM20.m 生成全息图时的模拟干涉图像图 B20-1(a) 重新示于图 B21-3(b)。对比两幅干涉图不难看出,程序的可行性获得了非常满意的证明。对于实验检测的双曝光全息图,只要根据实验修改相关参数,便能用 LJCM21.m 对全息图进行处理,再进行相位解包裹,则能获得相应的检测结果。

(a) 程序LJCM21.m获得的干涉图   (b) 理论设计的理想干涉图

图 B21-3 程序 LICM20.m 的可行性验证

B22 生成加载于空间光调制器 LCOS 的相息图

空间光调制器 LCOS 是目前较广泛采用的全息 3D 显示研究平台。以下介绍生成加载于空间光调制器 LCOS 相息图的 MATLAB 程序。

1) LJCM22.m 程序的功能

程序功能:基于一 BMP 图像,形成能够由空间光调制器 LCOS 显示图像的相息图。

功能扩展:① 基于第 9 章闪耀光栅的讨论,可以根据重建像平移的需要,在相息图上引入线性相位因子,形成让重建像平移的相息图。② 将该程序与数字全息重建的实际物体物平面光波场相结合,让物平面光波场为输入信息,可以按需要形成实际物体的相息图。

2) LJCM22.m 程序代码

```
%---------------------------LJCM22.m---------------------------
% 功能:调入一图像,用菲涅耳衍射的S-FFT计算形成
```

```
%              能够由空间光调制器LCOS显示图像的相息图
% 主要变量:
%          h——波长(mm);        Ih——相息图;
%          L——SLM宽度(mm);   z0——记录相息图的距离(mm);
%------------------------------------------------------------
clear;close all;
chemin='D:\我的资料库\Pictures\3D\figs\';
[nom,chemin]=uigetfile([chemin,'*.*'],['调入模拟物体图像'],100,100);
[XRGB,MAP]=imread([chemin,nom]);
figure,imshow(XRGB);
X0=rgb2gray(XRGB);
figure,imshow(X0,[]);
[M0,N0]=size(X0);
N1=min(M0,N0);
N=1080;            %相息图取样数, 可按需要修改
m0=0.5             %图像在重建周期中的显示比例
m0=input('图像在重建周期中的显示比例(0->1)');
X1=imresize(X0,N/N1*m0);
[M1,N1]=size(X1);
X=zeros(N,N);
X(N/2-M1/2+1:N/2+M1/2,N/2-N1/2+1:N/2+N1/2)=X1(1:M1,1:N1);

h=0.532e-3;        %波长(mm), 可按需要修改
k=2*pi/h;
pix=0.0064;        %SLM像素宽度(mm), 可按需要修改
L=N*pix;           %SLM宽度(mm)
z0=1200            %----衍射距离(mm),
z0=input('衍射距离(mm)');
L0=h*z0/pix        %重建像平面宽度(mm)

Y=double(X);
a=ones(N,N);
b=rand(N,N)*2*pi;
U0=Y.*exp(i.*b);   %叠加随机相位噪声,形成振幅正比于图像的初始场复振幅
X0=abs(U0);        %初始场振幅,后面迭代运算用
```

```
figstr=strcat('SLM平面宽度=',num2str(L),'mm');
figstr0=strcat('初始物平面宽度=',num2str(L0),'mm');
figure(1),imshow(X,[]),colormap(gray); xlabel(figstr);title('物平面图
像');
np=input('迭代次数');
for p=1:np+1%迭代次数
%---------------菲涅耳衍射的S-FFT计算开始
n=1:N;
x=-L0/2+L0/N*(n-1);
y=x;
[yy,xx] = meshgrid(y,x);
Fresnel=exp(i*k/2/z0*(xx.^2+yy.^2));
f2=U0.*Fresnel;
Uf=fft2(f2,N,N);
Uf=fftshift(Uf);
x=-L/2+L/N*(n-1);%SLM宽度取样(mm)
y=x;
[yy,xx] = meshgrid(y,x);
phase=exp(i*k*z0)/(i*h*z0)*exp(i*k/2/z0*(xx.^2+yy.^2));
Uf=Uf.*phase;
%---------------菲涅耳衍射的S-FFT计算结束
figstr=strcat('SLM宽度=',num2str(L),'mm');
figure(2),imshow(abs(Uf),[]),colormap(gray); xlabel(figstr);title('到达
SLM平面的物光振幅分布');
Phase=angle(Uf)+pi;
Ih=uint8(Phase/2/pi*255);%形成0-255灰度级的相息图
figure(3),imshow(Phase,[]),colormap(gray); xlabel(figstr);title('相息图');
%---------------菲涅耳衍射的S-IFFT计算开始
U0=cos(Phase-pi)+i*sin(Phase-pi);
n=1:N;
x=-L/2+L/N*(n-1);
y=x;
[yy,xx] = meshgrid(y,x);
Fresnel=exp(-i*k/2/z0*(xx.^2+yy.^2));
f2=U0.*Fresnel;
```

```
Uf=ifft2(f2,N,N);
x=-L0/2+L0/N*(n-1);%SLM宽度取样(mm)
y=x;
[yy,xx] = meshgrid(y,x);
phase=exp(-i*k*z0)/(-i*h*z0)*exp(-i*k/2/z0*(xx.^2+yy.^2));
Uf=Uf.*phase;
figure(4),imshow(abs(Uf),[]),colormap(gray); xlabel(figstr0);title('逆
运算重建的物平面振幅分布');
%----------------保持相位不变，引用原图振幅，重新开始新一轮计算
Phase=angle(Uf);
U0=X0.*(cos(Phase)+i*sin(Phase));
end;
figure(5),imshow(Ih,[]),colormap(gray); xlabel(figstr);title('相息图');
imwrite(Ih,'D:\我的资料库\Pictures\3D\1-28\jm0SFFT1200.bmp');
%存相息图,可根据需要修改存储路径
```

3) LJCM22.m 程序执行实例

执行上面的 LJCM22.m 程序，图 B22-1 给出执行程序后的几幅输出图像。其中，图 B22-1(a) 是调入进行相息图计算的图像，选择图像在重建周期中的显示比例 $m0=1$，衍射距离 $z0=1200mm$ 及迭代计算次数 np=0，图 B22-1(b) 给出计算过程中让相息图平面的振幅为 1，逆运算重建的物平面图像。可以看出，不采用迭代计算仍然能够较好地重建物平面图像。

(a) 调入程序的图像   (b) 无迭代的相息图重建图像

图 B22-1 程序 LICM22.m 的运行实例

计算得到的相息图输入到空间光调制器后，可以进一步验证理论计算结果。

4) LJCM22.m 程序与 LJCM15.m 相结合形成实际物体的相息图

LJCM22.m 程序虽然设计成输入一二维图像后形成相息图，但是，对程序作简单修改，便能让输入变为一三维物体的全息信息 (例如，数字全息检测研究中重建的物平面光波场)，形成三维物体的相息图。

修改程序 LJCM22.m，让输入图像是 LJCM1.5m 程序调用所附的全息图 lh.tif (巴黎 2000 年长跑比赛奖牌全息图) 的执行结果，图 B22-2(a) 给出执行程序后衍射距离为 1200mm 的相息图 (照明光波长及相息图像素宽度场均可按照需要修改)。

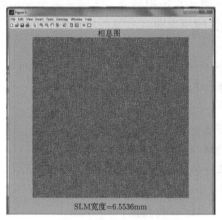

(a) 基于文件 lh.tif 形成的相息图　　　　　　(b) 基于相息图的重建图像

图 B22-2　实际三维物体相息图的计算及模拟重建图像实例

根据相息图的性质，可以调用衍射的 S-FFT 计算程序 LJCM5.m 来模拟验证相息图是否能够让空间光调制器成像。图 B22-2(b) 是基于图 B22-2(a) 相息图重建的物平面光波场振幅分布图像。应该指出，该图与图 B22-1(b) 有本质的不同，可以认为这是一幅透过二维窗口看到的三维物体的图像。

B23　无振幅及相位畸变的 3D 成像相息图编码及模拟成像计算

相位型空间光调制器 LCOS 是目前较广泛采用的全息 3D 显示研究器件。然而，使用 9.3.2 节的讨论，利用简单的相息图加载于空间光调制器 LCOS 后，由于相息图损失了物光的振幅信息，重建图像质量不高。基于 9.3.4 节的准确包含物体振幅及相位信息的相息图编码与 3D 显示的研究，以下介绍三种不同编码方法的相息图形成程序，介绍单一透镜焦平面选通滤波成像系统成像计算的 MATLAB 程序。

　　1) LJCM23.m 程序的功能

　　程序功能：①在景深范围形成 4 幅间距相等与光轴平行的图像，这 4 幅图像的 1、2、3、4 象限分别放置一 BMP 图像，由这 4 幅图像构成一 3D 物体。利用第 9 章 9.3.4 节介绍的编码方法，形成控制空间光调制器 SLM 的相息图存入计算机。②模拟重建光照射 SLM 后，通过单一透镜构成的选择通滤波成像系统的 3D 成像。

　　功能扩展：①比较第 9 章 9.3.4 节介绍的三种不同的编码方法的成像质量。②将该程序与数字全息重建的实际物体物平面光波场相结合，让物平面光波场为输入信息，可以形成能够准确显示 3D 物体像的相息图。

　　2) LJCM23.m 程序代码

```
%---------------------------LJCM23.m---------------------------
% 功能:       无振幅及相位畸变的3D成像相息图编码及模拟成像计算
%
%           1\调入图案自动形成间隔可选择的4空间平面图像
%           2\选择第9章9.3.4节介绍的编码方法之一形成相息图
%           3\模拟滤波孔宽度变化对单透镜选通滤波成像分辨率影响
% 主要变量:
%           h --波长 (mm);           Ih --相息图;
%           L0 --LCOS宽度 (mm);       d--虚拟物体到LCOS的距离(mm);
%-------------------------------------------------------------
clear;close all;clc;
chemin='D:\我的资料库\Pictures\3D\figs\';%调入图像路径,可按需要修改
[nom,chemin]=uigetfile([chemin,'*.*'],['调入模拟物体图像'],100,100);
[XRGB,MAP]=imread([chemin,nom]);
figure,imshow(XRGB);
X0=rgb2gray(XRGB);
N=1024;            %相息图取样数, 可按需要修改
h=0.532e-3;        %波长(mm), 可按需要修改
k=2*pi/h;
pix=0.0064;        %SLM像素宽度(mm), 可按需要修改
L0=N*pix;          %SLM宽度(mm)
ft1=300;           %透镜焦距(mm), 可按需要修改
d1=100;            %SLM到透镜距离(mm), 可按需要修改
M=-1
```

```
M=input('放大率=-1?');
d=(1-1/M)*ft1-d1        %物面到SLM距离(mm),
di=-(M*(d1+d)+ft1)      %像面到透镜焦面距离(mm),
m=-(di+ft1)/(d1+d)
dmax=11
dmax=input('滤波窗直径=11mm?');
dh=2*h*d*d/N/N/pix/pix
dd=dh/3  %----焦深/3 视为图元平面间隔(mm),
dd=input('空间图面间隔(mm)');
methode=input('编码方法=1[带振幅及相位畸变];2[带振幅畸变];
                      3[消振幅及相位畸变]?');
d0=d;
Um=zeros(N,N);
for p=1:4               %----形成1-4象限分布的四个虚拟物面,
    z0=d0+(p-1)*dd;
    X=zeros(N,N);
if p==1
    X(1:N/2,N/2+1:N)=X0(:,:);   %----1象限虚拟物面
end;
if p==2
    X(1:N/2,1:N/2)=X0(:,:);     %----2象限虚拟物面
end;
if p==3
    X(N/2+1:N,1:N/2)=X0(:,:);   %----3象限虚拟物面
end;
if p==4
    X(N/2+1:N,N/2+1:N)=X0(:,:);%----4象限虚拟物面
end;


Y=double(X);
b=rand(N,N)*0.2*pi;
U0=Y.*exp(i.*b);   %叠加随机相位噪声,形成振幅正比于图像的初始场复振幅

%---------------角谱衍射公式计算开始
Uf=fft2(U0,N,N);
```

```
Uf=fftshift(Uf);      %物光场频谱
n=1:N;
x=h*(-N/L0/2+1/L0*(n-1));
y=x;
[yy,xx] = meshgrid(y,x);
trans=exp(i*k*z0*sqrt(1-xx.^2-yy.^2));

f2=Uf.*trans;
Uf=ifft2(f2,N,N);      %对N*N点的离散函数f2作IFFT计算
Um=Um+Uf;
%---------------角谱衍射计算结束
end

Uf=Um;                 %SLM平面振幅
US=Uf;
I0=Uf.*conj(Uf);
figstr=strcat('SLM宽度=',num2str(L0),'mm');
figure,imshow(abs(Uf),[]),colormap(gray); xlabel(figstr);
title('到达SLM平面的物光振幅分布');

%%%%%%%%%%%%%%%%%%%%%%%%%%%%%%%%%%%%%%%%%%%%%%%%%%%%%%%%%%%%%%%
%%   形成数字全息图及相位型数字全息图
%%%%%%%%%%%%%%%%%%%%%%%%%%%%%%%%%%%%%%%%%%%%%%%%%%%%%%%%%%%%%%%

fex=N/L0;
Qx=1*3.14/180;
x=[-L0/2:L0/N:L0/2-L0/N];
y=x;
[X,Y]=meshgrid(x,y);
Ar=max(max(abs(Uf)));         %按物光场振幅最大值定义参考光振幅
Ur=Ar*exp(i*k*(X.*Qx));       %参考光复振幅
amax=1.9;
g=amax/(2*Ar*Ar);
Uh=Ur+Uf;                     %物光与参考光干涉
Wh=Uh.*conj(Uh);              %形成数字全息图
```

```
%----------------------------选择不同的编码方法
if methode==1
    %-----相位型数字全息图
    Smethde='带振幅及相位畸变的重建像';
    Th=exp(i*g*Wh);             %形成相息图
elseif methode==2
    %-----消除零级项的相位型数字全息图
    Smethde='带振幅畸变的重建图像';
    Wh2=Wh-I0-Ar*Ar;
    Th=exp(i*g*Wh2);            %形成相息图
else
    %-----振幅预畸变
    Smethde='消除振幅及相位畸变的重建像';
    A0=abs(US);                 %形成振幅为变量的二维数组
    bmax=bessel(1,amax);        %贝塞耳函数J1的第一极大值
    aa=2*g*Ar*A0;
    J1=bessel(1,aa);            %形成振幅为变量的二维数组J1
    Uf=(US.*aa*bmax/amax)./J1;  %完成振幅预畸变
    Uh=Ur+Uf;                   %物光与参考光干涉
    Wh=Uh.*conj(Uh);           %形成数字全息图
    I0=Uf.*conj(Uf);
    Wh3=Wh-I0-Ar*Ar;
    Th=exp(i*g*Wh3);           %形成相息图

end
Phase=angle(Th)+pi;


%----------------形成0-255灰度级的SLM相息图控制信号Th
Ih=uint8(Phase/2/pi*255);
fignom=strcat(Smethde,'的相息图');
figure,imshow(Ih,[]),colormap(gray); xlabel(figstr);title(fignom);
imwrite(Ih,'D:\我的资料库\Pictures\科研\3D\Ih.bmp');%存相息图,可根据需
要修改存储路径


%%%%%%%%%%%%%%%%%%%%%%%%%%%%%%%%%%%%%%%%%%%%%%%%%%%%%%%%%%%%%%%%%%%
```

```
%透镜焦平面选通滤波模拟成像计算
%%%%%%%%%%%%%%%%%%%%%%%%%%%%%%%%%%%%%%%%%%%%%%%%%%%%%%%%%%%%%%%
Ut=Ur.*Th;
%透镜焦面光场的柯林斯公式S-FFT计算
Uf=fft2(Ut,N,N);
T1=L0/N;
Uf=Uf*T1*T1;        %FFT计算的量值恢复
L1=h*ft1*N/L0        %滤波面衍射场宽度
x=-L1/2+L1/N*(n-1);
y=x;
[yy,xx] = meshgrid(y,x);
phase0=exp(i*k*(ft1+d1))/(i*h*ft1);
phase=phase0.*exp(i*k/2/ft1*(1-d1/ft1)*(xx.^2+yy.^2));%柯林斯公式积分
号前方的相位因子
Uf=Uf.*phase;
II=Uf.*conj(Uf);
Gmax=max(max(II))
Gmin=min(min(II))
figstr=strcat('透镜后焦面图像宽度=',num2str(L1),'mm');
figure,imshow(II,[Gmin Gmax/10000]),colormap(gray); xlabel(figstr);
title('透镜后焦面"频谱"强度分布');
Ufm=Uf;
xc=N/2
yc=N/2

dr=dmax/2
Nr=dr/L1*N;
Ufi=zeros(N,N);

for p=1:N
    for q=1:N
        if (xc-p)*(xc-p)+(yc-q)*(yc-q)<Nr*Nr
        Ufi(p,q)=Ufm(p,q);%提取所选择的局部'频谱'
        end;
    end;
```

```
end;
Uf=Ufi;
Gmax=max(max(abs(Uf)))
Gmin=min(min(abs(Uf)))
ftrou=strcat('滤波孔直径=',num2str(dmax),'mm');
figure;imshow(abs(Uf)+eps,[Gmin Gmax/100]);title('提取的局部"频谱"');

%使用菲涅耳衍射积分的S-FFT算法计算透镜后焦面到像平面的光波场
n=1:N;
x=-L1/2+L1/N*(n-1);
y=x;
[yy,xx] = meshgrid(y,x);

Fresnel=exp(i*k/2/di*(xx.^2+yy.^2));
f2=Uf.*Fresnel;
Uf=fft2(f2,N,N);
Uf=imrotate(Uf,180);%旋转180度是为了得到便于观察的正像光场

Li=h*di*N/L1;          %像平面宽度
x=-Li/2+Li/N*(n-1);
y=x;
[yy,xx] = meshgrid(y,x);
phase=exp(i*k*di)/(i*h*di)*exp(i*k/2/di*(xx.^2+yy.^2));
Uf=Uf.*phase;          %积分运算结果乘积分号前方相位因子
T1=L1/N;
Uf=Uf*T1*T1;           %FFT计算的量值恢复
figst0=strcat('滤波窗直径=',num2str(dmax),'mm---',Smethde);
figstr=strcat('像平面宽度=',num2str(Li),'mm---横向放大率',num2str(m));
figure,imshow(abs(Uf),[]),colormap(gray);title(figst0); xlabel(figstr);
```

3) LJCM23.m 程序执行实例

　　执行上面的 LJCM23.m 程序，调用光盘"梦娜丽莎"图像后，选择程序提示的默认参数，图 B23-1(a) 是到达空间光调制器平面的衍射场强度图像。依次选择三种不同的编码方法后，图 B23-1 (b)、B23-1 (c)、B23-1 (d) 给出对应的程序输出图像。可以看出，采用改进后的编码方法能够较好地重建物平面图像。并且，考查

4 个象限的重建像知，在景深范围内，视觉观察的重建图像没有本质区别。

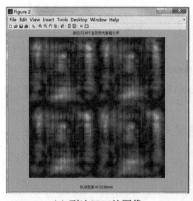

(a) 到达SLM的图像

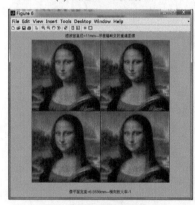

(c) 带振幅畸变的图像

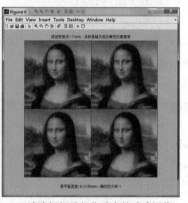

(b) 带振幅及相位畸变的重建图像

(d) 消除振幅及相位畸变的重建图像

图 B23-1　程序 LICM23.m 的运行实例

　　本书提供的程序均得到实验证实，根据实际需要对程序作简单修改便能解决应用研究中的许多问题。

附录 C 本书彩色图像二维码

附录 D 《衍射计算及数字全息》封底二维码内容

1. 《衍射计算及数字全息》书附 MATLAB 程序说明
2. 《衍射计算及数字全息》附录 B 的 MATLAB 程序源代码
3. 执行程序时调用的图像文件及全息图
4. 《衍射计算及数字全息》附录 A~C
5. 索引

索　引

后　记

在衍射计算及数字全息研究领域,作者有幸完成过多项国家自然科学基金项目,并且,借助改革开放形成的国际科技合作环境,与法国里昂应用科技学院 (Institut National des Sciences Appliquée)、里昂中央理工大学 (Ecole Centrale de Lyon),巴黎高等工业技术大学 (Ecole Nationale Supérieure des Arts et Méties de Paris) 以及缅茵大学 (Université du Maine) 开展了科研及教学合作,指导了中法双方的博士生。长期的科研及教学实践让作者深切体会到,正确使用标量衍射理论能够十分满意地解决激光应用研究中的大量实际问题。然而,衍射的数值计算始终是一个较复杂的课题,系统总结作者在该研究领域的体会,为国内外从事激光应用研究的科研人员及高等院校学生提供有益的参考,是作者多年来的愿望。

在法国教育及科技部的支持下,2012 年,作者撰写的法文版"数字全息"《Holographie numérique》在巴黎 HERMES 出版社出版。同年,法国合作者 P. PICART 教授将法文版"数字全息"译为英文,以《Digital holography》为书名在英国 WILEY 出版社出版,在国外有较好影响。然而,回顾由法文及英文出版的这本书,由于"数字全息"书名的限制,未系统介绍衍射数值计算理论。此外,这本书 2011 年完稿后,国内外在衍射计算及数字全息研究领域又有一些新的进展,特别是数字全息 3D 显示逐渐形成国内外的一个研究热点。为弥补这个遗憾,以"衍射计算及数字全息"为书名用中文重写一部书,将空间曲面衍射场计算及其在全息 3D 显示的应用作为重要补充,成为作者两年来努力进行的工作。现在,这本书能在国家科学技术学术著作出版基金的资助下出版,在此衷心感谢周炳琨院士、金国藩院士、余重秀教授及张静娟教授的热情推荐与支持。

该书 2014 年 6 月出版后,受到国内光学界科技工作者及研究生的广泛欢迎,第一次印刷已进售罄. 近一年来,作者先后应清华大学、中国科学院大学、北京工业大学及北京邮电大学的邀请,为研究生进行相关内容的讲座. 现在,借科学出版社重印该书及为该书出英文版的机会,在重印及英文版中补充了作者最近取得的一些新的研究成果. 谨望通过努力,让本书既能成为国内从事激光应用研究的科研人员、研究生及工程技术人员的有益参考,又能为我国的国际科技交流做出贡献.

30 多年来,作者潜心于科学研究及教育工作,得到了爱人李天婴的理解与全身心的支持。期望所成之书,不负爱人数十年如一日所付出的辛劳。

本书的实验基本取材于作者在国内外的科研工作,第 9 章中基于 LCOS 的全息 3D 显示实验得到台湾师范大学郑超仁教授的热情协助,全书的程序是作者在 MATLAB7.0 平台下编写并通过实验证实的。谨望通过努力,让本书能成为国内从事激光应用研究的科研人员、高等院校学生及工程技术人员的有益参考,为我国激光技术的进步作出贡献。限于作者水平,书中不足及疏漏之处敬请读者指正。

李俊昌

2015 年 12 月